金属切削原理及刀具

（第三版）

张维纪　编著

内容简介

本书是参考全国高等工业学校机制专业教学指导委员会制订的《金属切削原理与刀具》教学大纲(征求意见稿)编写的。分切削原理与切削刀具两篇。包括基本定义,刀具材料、切屑的形成、切削力、切削热和切削温度、刀具的磨损及耐用度、已加工表面的形成及其质量、工件材料的切削加工性、切削液、刀具合理几何参数的选择、切削用量的制订、磨削、车刀、铣刀、麻花钻、盘形齿轮铣刀、插齿刀、齿轮滚刀、剃齿刀、成形车刀、铲齿成形铣刀、拉刀、蜗轮滚刀、花键滚刀齿形的求法等共24章。附有专用刀具设计实例和设计所需要的参考资料。

本书也可供成人教育、业余大学、电大的教师和学生以及有关工程技术人员参考。

图书在版编目(CIP)数据

金属切削原理及刀具/张维纪编著. —杭州:浙江大学出版社,2005.6(2022.1重印)
ISBN 978-7-308-00777-1

Ⅰ.金… Ⅱ.张… Ⅲ.①金属切削—高等学校—教材 ②刀具(金属切削)—高等学校—教材 Ⅳ.TG

中国版本图书馆CIP数据核字(2005)第050745号

金属切削原理及刀具(第三版)
张维纪 编著

责任编辑 杜希武
出版发行 浙江大学出版社
(杭州市天目山路148号 邮政编码310007)
(网址:http://www.zjupress.com)
排　　版 杭州青翊图文设计有限公司
印　　刷 广东虎彩云印刷有限公司绍兴分公司
开　　本 787mm×1092mm 1/16
印　　张 17.25
字　　数 442千
版 印 次 2013年7月第3版 2022年1月第17次印刷
书　　号 ISBN 978-7-308-00777-1
定　　价 49.00元

再版说明

本书自 1991 年 8 月第 1 版起，已经十余年的教学使用，至今已重印 12 次，然而仍常有读者索书时希望再印。

据此，为了适应多种教学层次的具体要求，我们对原来的铅版版本作了全面的修订与校正，特别是对原版中的插图用电脑作了重新绘制，并对全书的内容也作了删改和补充，以体现学科的现代进展状况，使整书质量有了较大的提高。

浙江大学出版社

2013 年 7 月

前　言

本书是参考全国高等工业学校机制专业教学指导委员会制订的《金属切削原理与刀具》教学大纲(征求意见稿)编写的。

全书共分两篇。第一篇"切削原理",它是机制专业的专业基础理论,是学习专业课必须掌握的基础知识。教材内容以理论上认识金属切削过程的一般现象和基本规律为主,着重阐述了基本定义、切屑形成、切削力、切削热和切削温度、刀具磨损和耐用度。为使学生能以所学的知识,初步解决生产中的一些实际问题,也对已加工表面的形成及其质量、刀具合理几何参数的选择、切削用量的制订进行了分析讨论;对刀具材料、工件材料的切削加工性、切削液也作了介绍,还对磨削加工及工具作了介绍。

第二篇"切削刀具",它对于提高劳动生产率、保证加工精度与表面质量、改进生产技术、降低加工成本都有直接的影响。如何正确选择、合理使用、不断改进刀具,以及设计专用刀具,是机械加工中一项重要工作。

刀具的种类很多,随着生产的不断发展,还会日益增加,按设计、制造、使用,可分为:

1. 标准通用工具。如:切刀类中的可转位式刀具;铣刀类中的圆柱平面铣刀、平面端铣刀、槽铣刀、角度铣刀;孔加工刀具类中的钻头、扩孔钻、锪钻、铰刀;螺纹刀具类中的丝锥、扳牙、螺纹梳刀、螺纹铣刀、螺纹切头等。

2. 标准专用刀具。如齿轮刀具类中的盘形齿轮铣刀、插齿刀、滚刀、剃齿刀、锥齿轮刀具等。

3. 专用刀具。如成形车刀、成形铣刀、拉刀、蜗轮滚刀、花键滚刀等。

前两类刀具,一般由国家专门机构按标准化设计,让专业厂生产,提供给用户。对标准通用刀具主要是正确选择、合理使用;对标准专用刀具还有使用前的验算问题。

在本教材中主要以铣削、麻花钻为典型实例,阐述标准通用刀具的合理使用与革新中的一些问题,并对先进的可转位式刀具也作了介绍;对常用的盘形齿轮铣刀、插齿刀、滚刀、剃齿刀等标准专用刀具,着重阐述了它们的工作原理、结构特点、应用范围、使用前的验算等。

为使学生初步掌握专用刀具的设计方法,本教材还较详细地介绍了常用的成形车刀、成形铣刀、拉刀、蜗轮滚刀等的设计原理,设计、计算方法,列举了设计实例,并附有相应的设计参考资料,对花键滚刀齿形的求法也作了较详细的介绍。

以上编选的内容是否详尽、合适,还望同行、读者赐教。

编者

1990 年 12 月

目　录

第一篇　切削原理

第二篇 切削刀具

第一部分 标准通用刀具

第一篇　切削原理

第一章　基本定义

金属切削过程是工件和刀具相互作用的过程。刀具要从工件上切去一部分金属，并在保证高生产率和低成本的前提下，使工件得到符合技术要求的形状、尺寸精度和表面质量。为了实现这一过程，必须具备以下三个条件：工件与刀具之间要有相对运动，即切削运动；刀具材料必须具有一定的切削性能；刀具必须具有适当的几何参数，即切削角度等。

本章主要以外圆车刀为对象，叙述了切削过程中的切削运动、切削用量、刀具切削部分的组成要素、刀具几何角度的基本定义、工作角度、切削层要素和残留面积，并且分析了刀具几何角度之间的相互关系及其换算方法。

这些基本概念也适用于其他刀具，是选用、革新、设计刀具必须首先掌握的内容之一。

§1-1　切削运动

在金属切削中，为了要从工件上切去一部分金属，刀具和工件间必须完成一定的切削运动。以图 1-1 所示的外圆车削的情况，工件旋转，刀具连续纵向直线进给，于是形成工件外圆柱表面。

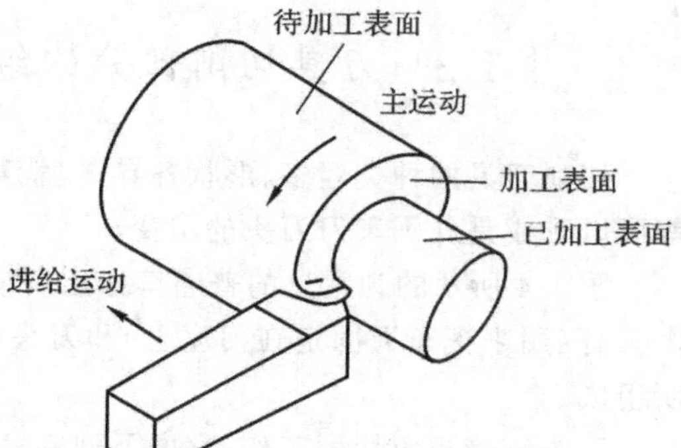

待加工表面
主运动
加工表面
已加工表面
进给运动

图 1-1　车削时的切削运动

切削运动包括：主运动和进给运动。

主运动　切削运动中速度最高、消耗功率最大的运动称主运动，是切下金属所必须的基本运动，如车削中工件的旋转或铣削中刀具的旋转等。主运动速度即切削速度 v，外圆车削或用旋转刀具进行切削时，以下式计算：

$$v=\frac{\pi dn}{1000}(\text{m/s 或 m/min}) \qquad (1\text{-}1)$$

式中　d——工件或刀具直径(mm)；

n——工件或刀具转速(r/s 或 r/min)

进给运动　使新的金属层不断投入切削，以便切完工件表面上全部余量的运动。进给运动的大小可用**进给量** f(mm/r)表示。对于外圆车削，进给量指工件转一转，刀具沿工件轴向的移动距离；对多刃旋转刀具常用到每齿进给量 a_f(mm/z)及每秒进给量 v_f(mm/s)。

在整个切削过程中，工件上有三个表面：

(1) 待加工表面：即将被切去金属层的表面；

(2) 加工表面：切削刃正在切削的表面；

(3) 已加工表面：已经切去一部分金属而形成的新表面。

这些定义也适用于其他切削。图 1-2,a)、b)、c)分别表示了刨削、钻削、铣削、铣削时的切削运动。

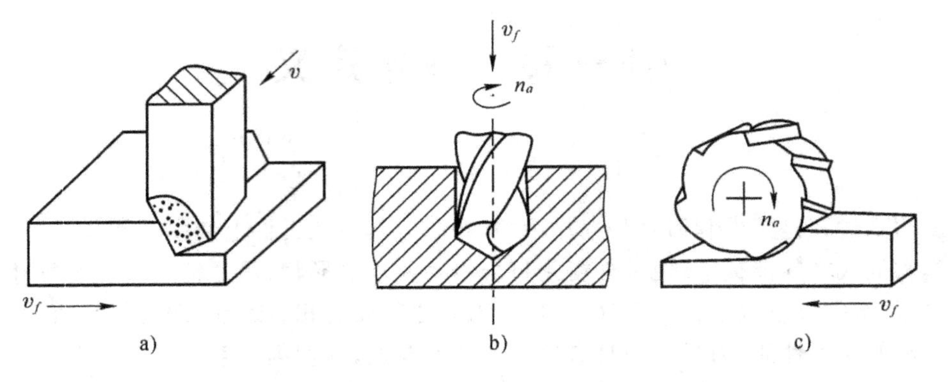

图 1-2 刨、钻、铣的切削运动

主运动和进给运动的合成 车削时主运动和进给运动同时进行，刀具上切削刃某一点相对于工件的合成运动称合成切削运动，可用合成速度向量 $\boldsymbol{v}_e$ 表示。由图 1-3 可知，合成速度向量 $\boldsymbol{v}_e$ 等于主运动速度 $\boldsymbol{v}$ 与进给速度 $\boldsymbol{v}_f$ 的向量和，即

$$\boldsymbol{v}_e=\boldsymbol{v}+\boldsymbol{v}_f \tag{1-2}$$

显然，沿切削刃各点的合成速度向量并不相等。

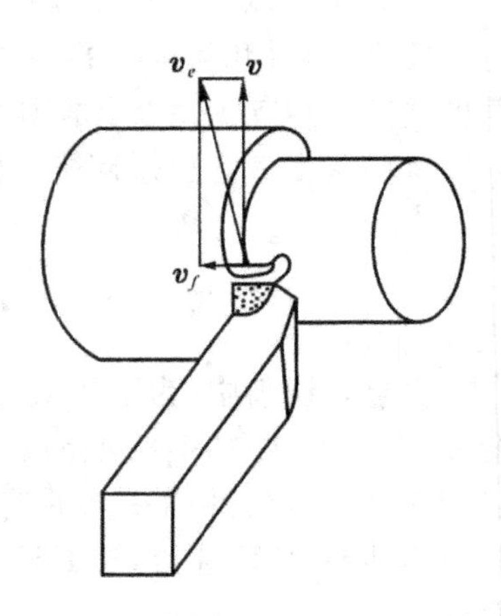

图 1-3 车削时的合成速度向量

§1-2 刀具切削部分的组成要素

切削刀具的种类繁多、形状各异，但就其切削部分而言，则都可以看成是外圆车刀刀头的演变。

图 1-4 所示的为常见的普通车床上所使用的外圆车刀，它由刀杆(用来把车刀固定在刀座上)和刀头(切削部分)所组成。

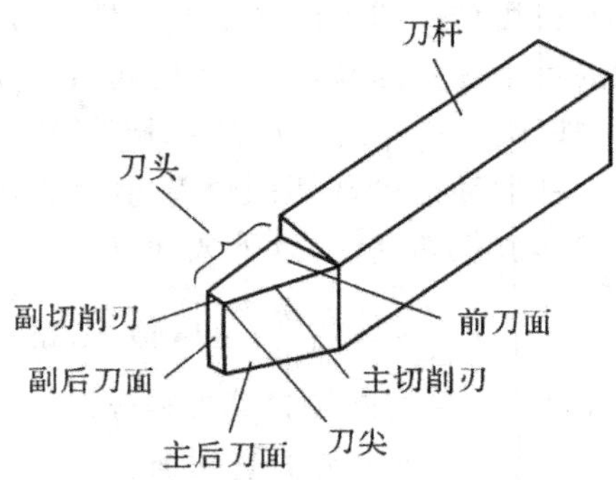

图 1-4 刀具切削部分组成要素

刀头直接担负切削工作，它由下列要素组成：

刀面：

前刀面(A_γ)：刚形成的切屑沿其上流出的表面；

主后刀面(A_α)：和工件加工表面相对的表面；

副后刀面(A_α')：和工件已加工表面相对的表面。

切削刃：两个面相交形成了切削刃。

主切削刃：前刀面和主后刀面的交线，它担任主要切削工作；

副切削刃：前刀面和副后刀面的交线。

刀尖：主切削刃和副切削刃的交点。

§1-3 刀具角度

在表达刀具几何角度时,仅靠刀头上的几个面是不够的,要人为地再建立几个坐标平面,以便与刀具刀头上的各个面组成相应的角度。

一、刀具切削角度的坐标平面

刀具的切削角度,是刀具在同工件和切削运动相联系的状态下确定的角度,所以刀具的角度的坐标系应该以合成切削速度向量 $\boldsymbol{V}_e$ 来说明。

由于大多数加工表面都不是平面,而是空间曲面,不便于直接用来做为坐标平面,因此需通过切削刃某一选定点,作工件加工表面的切削平面和法平面,以构成刀具角度的坐标系,它们的定义如下(见图 1-5):

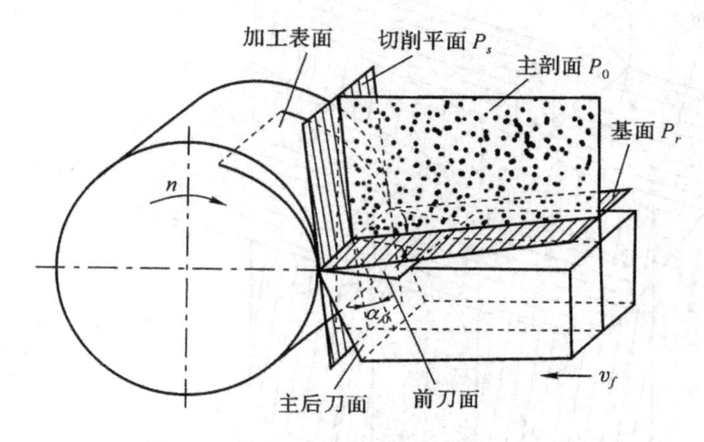

图 1-5　横车的基面、切削平面和主剖面

切削平面:通过切削刃某选定点,切于加工表面的平面。

基面:通过切削刃某选定点,垂直于合成切削速度向量 $\boldsymbol{V}_e$ 的平面。

显然,切削平面与基面互相垂直。

图 1-5 所示为横车时的基面和切削平面,它们分别是运动轨迹面(加工表面为阿基米德螺旋面)的法平面和切平面,并相应地与刀头的前刀面和主后刀面组成了夹角。

但如众所共知,两平面间的夹角,当采取的测量平面不同时,其值亦异。因此为了正确地测量出两平面间的夹角,还必须规定其测量平面。

主剖面:垂直于主切削刃在基面上的投影的平面。

这样,在主剖面内量得的两平面间的夹角值就是惟一的了。

同理,有副切削刃的主剖面:垂直于副切削刃在基面上的投影的平面。

二、刀具标注角度的坐标系(主剖面坐标系)

为便于刀具设计者在设计刀具时的标注,一般先均需合理地规定一些条件。在车削时,这些条件是:

(1) 装刀时,刀尖恰在工件的中心线上;

(2) 刀具的轴线垂直工件的轴线;

(3) 没有进给运动;

(4) 工件已加工表面的形状是圆柱表面。

基于这些条件,以常见的普通外圆车刀为例,当主切削刃处在水平线上,在没有进给运动时,则主切削刃任一点 M 的基面、切削平面、主剖面如图 1-6 所示。此时,切削平面(P_s)包含了主切削刃并垂直于刀杆支承面;基面(P_r)包含了主切削刃并垂直于切削平面,即与刀杆支承面平行;主剖面(P_0)是垂直于主切削刃在基面上的投影的平面(在图 1-6 中主切削刃与主切削刃在基面上的投影相互平行)。因此,主剖面坐标系内三个坐标平面互相垂直,构成一个空间直角坐标系。

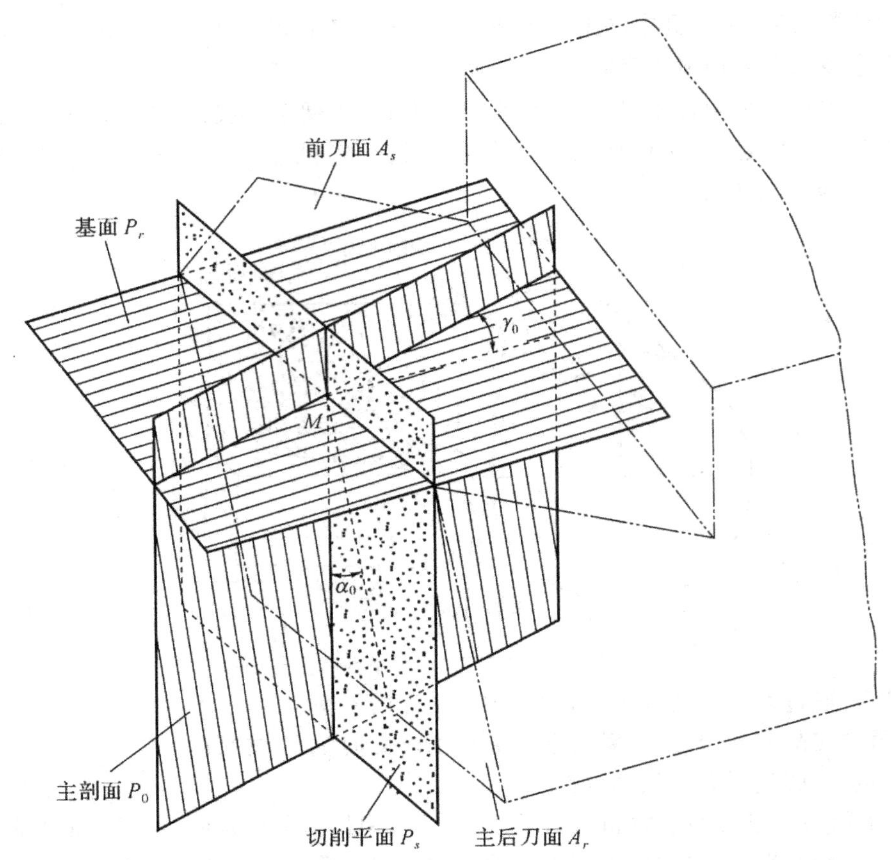

图 1-6 刀具标注角度坐标系(主剖面)

有了这些坐标平面之后,就可以确定刀具上的角度了。这些角度及其定义有(见图 1-7):

在主剖面 P_0 中:

前角 γ_0:前刀面与基面之间的夹角;前刀面在基面之下时称正前角;前刀面在基面之上时称负前角。

后角 α_0:后刀面与切削平面之间的夹角;

楔角 β_0:前刀面与主后刀面之间的夹角;

当 γ_0、α_0 已定,β_0 可按下式求得:

$$\beta_0 = 90° - (\gamma_0 + \alpha_0) \tag{1-3}$$

在基面 P_r 中:

主偏角 κ_r:进给方向与主切削刃在基面上的投影之间的夹角;

副偏角 κ_r':进给方向与副切削刃在基面上的投影之间的夹角;

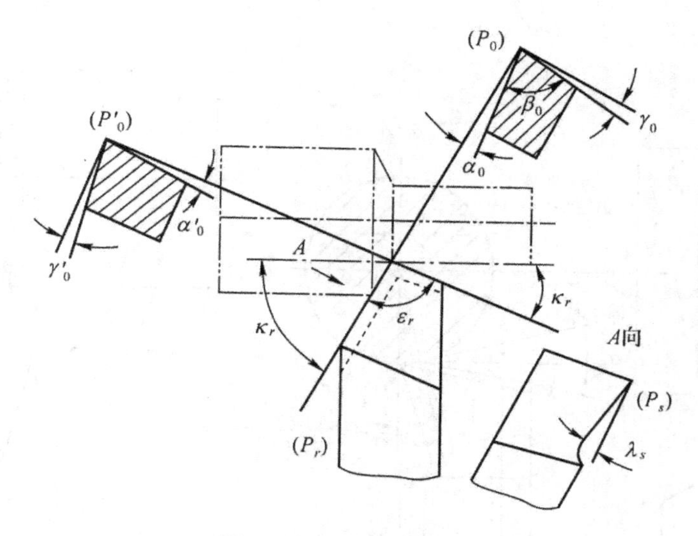

图 1-7　车刀的标注角度

刀尖角 ε_r：主切削刃与副切削刃在基面上的投影之间的夹角，有：

$$\varepsilon_r = 180° - (\kappa_r + \kappa_r') \tag{1-4}$$

在切削平面 P_s 中：

刃倾角 λ_s：主切削刃与基面之间的夹角。

根据 ISO 规定，当刀尖是主切削刃上最低点时，λ_s 为负值（见图 1-8b））；当刀尖是主切削刃上最高点时，λ_s 为正值（图 1-8c））。

$\lambda_s = 0°$（见图 1-8a））的切削称**直角切削**或正切削（图 1-9a）），这时主切削刃与切削速度方向相垂直；

$\lambda_s \neq 0$ 的切削称**斜角切削**或斜切削（图 1-9b）），这时主切削刃与切削速度方向不垂直。

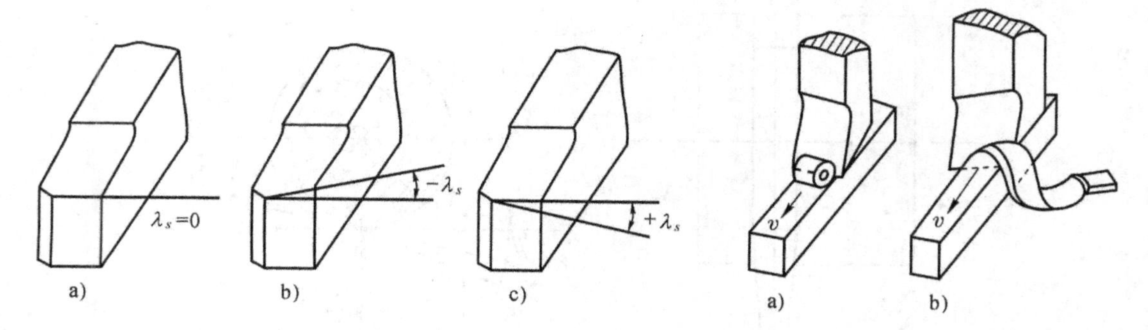

图 1-8　刃倾角的符号

图 1-9　直角切削和斜角切削

在副切削刃的主剖面 P_0' 中：

副后角 α_0'：副后刀面与切削平面之间的夹角；

副前角 γ_0'：在副切削刃的主剖面中前刀面与基面之间的夹角。

当 κ_r、κ_r'、λ_s、r_0 为已定值，主、副切削刃共前面时，r_0' 即被惟一决定了。

但应指出，在切削中，随着切削条件的变化，这些角度也将发生变化。例如：

（1）装刀时，刀尖不在工件的中心线上

如图 1-10 所示，当割刀的刀尖通过工件的中心线时，所得的前、后角为 γ_0、α_0；当刀尖不在工件中心线时，如低 h 值，由于基面、切削平面已变为 P_{re}、P_{se}，此时的实际工作前、后角将变为

γ_{0e}、α_{0e}。

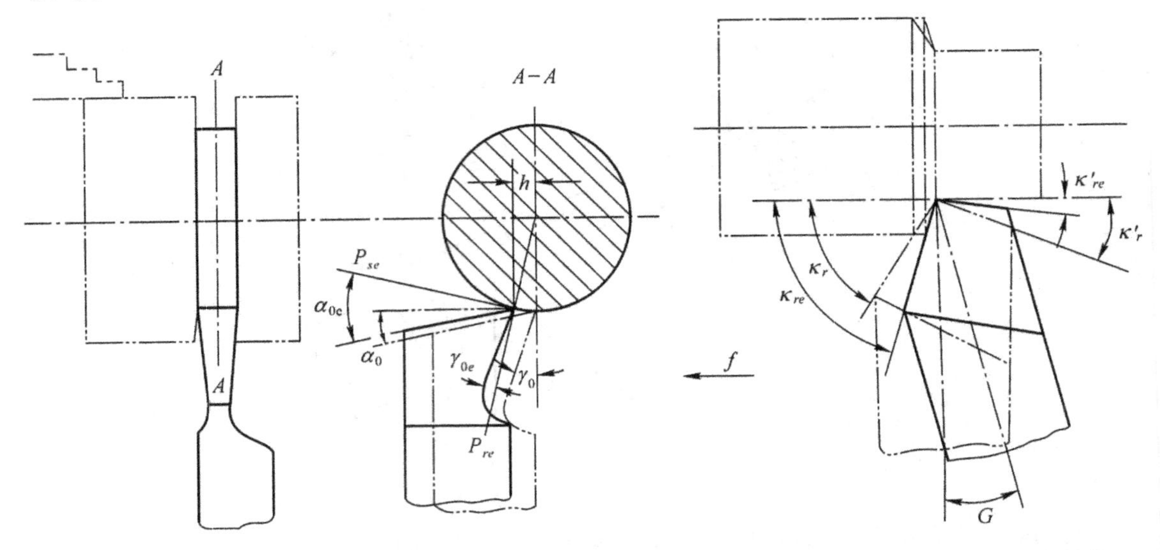

图 1-10　刀尖不通过工件中心线　　　　图 1-11　刀具轴线不垂直于工件轴线

（2）刀具轴线不垂直于工件轴线

如图 1-11 所示，当两轴线互不垂直时，将引起主偏 κ_r 和副偏角 κ_r' 数值的变化。

（3）考虑进给运动

如图 1-12 所示，为割刀工作时的情况，切削刃相对于工件的运动轨迹为一阿基米德螺旋线，切削平面为通过切削刃切于螺旋线的平面，而基面又恒与其垂直，因而就引起了实际切削时前、后角的变化。

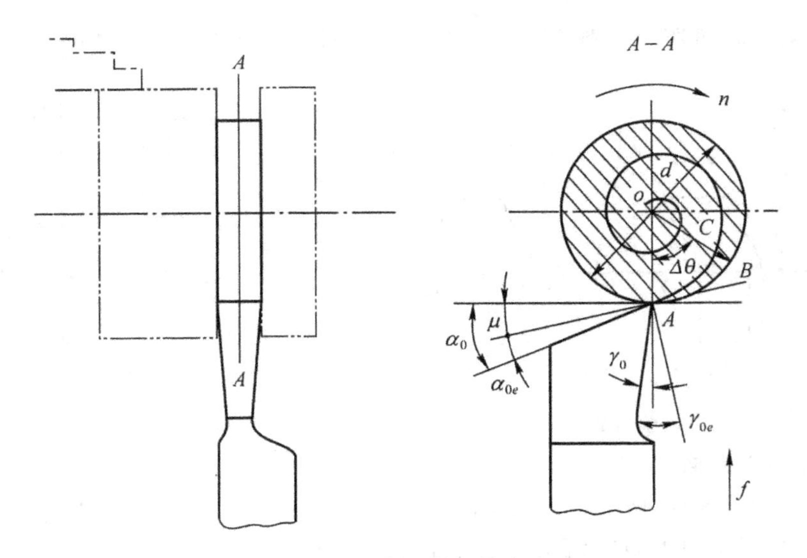

图 1-12　割刀的工作角度

角度变化值 μ 可从图中求得。

设当工件转过 $\Delta\theta$ 角时，因进给量 f 的关系，其加工表面为 AC，则曲线三角形 ABC 中 $\angle CAB$ 即为 μ 角

$$\tan\mu=\frac{BC}{AB}=\frac{BC}{d/2\cdot\Delta\theta}$$

式中 d——工件直径。

因工件每转一转(2π),刀具进给量为 f,所以有

$$\frac{f}{2\pi}=\frac{BC}{\Delta\theta}$$

则得

$$\tan\mu=\frac{f}{\pi d} \tag{1-5}$$

这说明 μ 值随切削刃趋近工件中心而增大,在常用进给量下,当切削刃距离工件中心1mm 时,$\mu\approx1°40'$,再近中心,μ 值急剧增大,实际工作后角变为负值(即切削平面进入刀具的主后刀面之内)。切断工件时,往往遇到剩下约 1mm 时就被折断,就是这个道理。

(4) 非圆柱表面的工件形状

如图 1-13 所示,加工凸轮轴类零件时,由于加工表面为非圆柱表面,所以必然引切削时切削平面、基面的变化,因而引起切削时实际前、后角的变化。

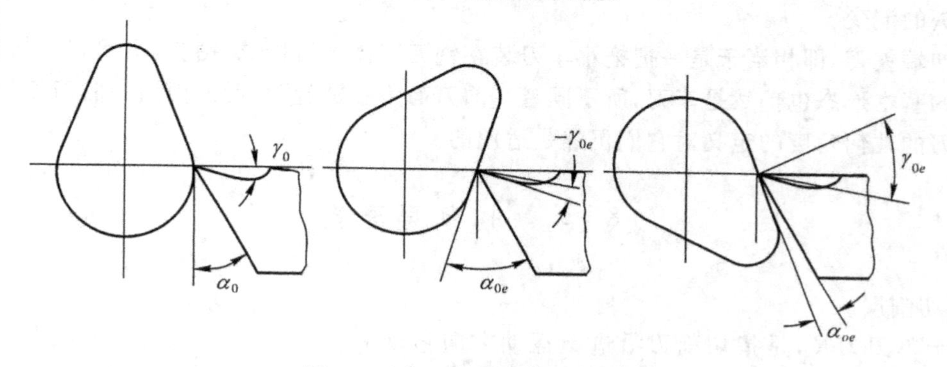

图 1-13 加工非圆柱表面的工件

作为刀具的使用者或刀具的设计者,都应注意上述这些问题。例如纵车外圆时,因进给量较小,由进给量值所引起的实际前、后角的变化较小,可以忽略不计。但当铲削成形刀具齿背或车削螺纹时,进给量 f 均较大,由它所引起的实际前、后角的变化也大,设计此类刀具时就应事先考虑到这种影响。

以图 1-14 车削螺纹为例,设计螺纹刀具时,其主剖面后角为 α_0,但切削时,由于进给运动的关系(这时的进给量 f 即为所车螺纹的螺距 s),切削平面为切于螺纹表面的平面 bc,刀具工作角度的坐标系倾斜了一个 μ 角,则主剖面内的工作后角 α_{0e} 为:

$$\alpha_{0e}=\alpha_0-\mu$$

μ 值可由下式求得:

$$\tan\mu=\frac{ac}{\pi d_w}$$

因

$$ac=AC$$

而

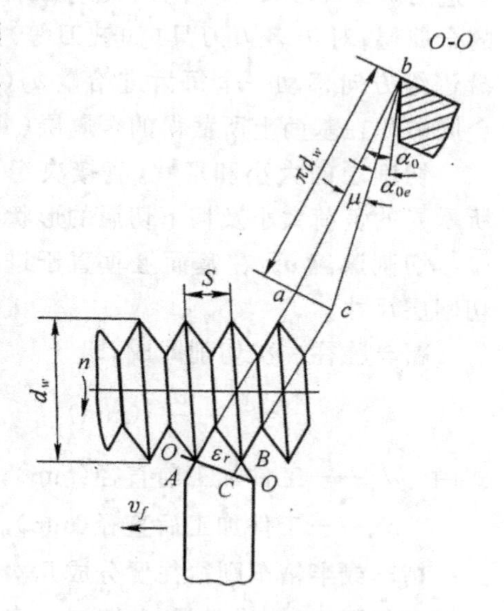

图 1-14 车削螺纹

$$AC = AB \cdot \cos\varepsilon_r/2$$

又

$$AB = s$$

所以

$$\tan\mu = \frac{s \cdot \cos\varepsilon_r/2}{\pi d_w} \tag{1-6}$$

式中 s——螺纹螺距；

ε_r——螺纹角；

d_w——螺纹外径。

车削螺纹，尤其是车削多头螺纹时，螺距很大，μ 值也大。设计螺纹车刀时，就应考虑到它对工作前、后角的影响。

上面叙述的是车刀，但是对于其他类型的刀具，其切削部分几何形状的基本形态也仍然是车刀刀头的演变。

例如端铣刀，即相当于是一把把小车刀装在铣刀刀体上所构成；钻头，虽然其形状复杂，但其刀头的基本形态也仍然是车刀，所不同者其前刀面为一螺旋面，后刀面为一曲面而已。所以，有关车刀的几何角度的定义对它们仍然是适用的。

§1-4 切削层要素

1. 切削层

对于单刃刀具，是指切削刃沿进给运动方向移动一个进给量 f(mm/r)后所切下的金属体积在基面上所截得的金属层；对于多刃刀具(如铣刀等)则是两个相邻刀齿沿进给方向移动一个每齿进给量 a_f(mm/z)后所切下的金属体积在基面上所截得的金属层(见图 1-15)。

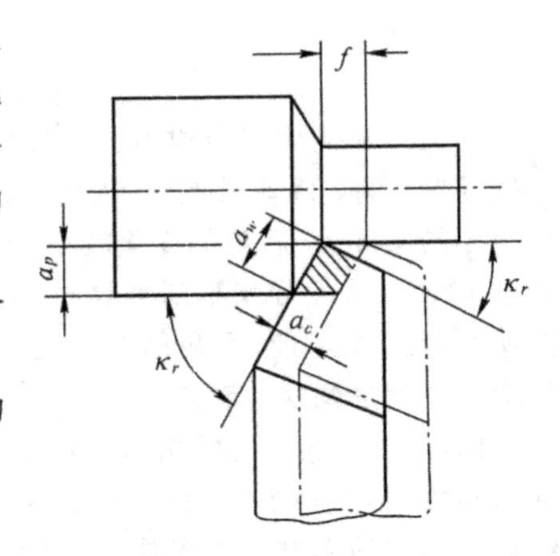

图 1-15 切削层要素

切削层的大小和形状，直接决定了切削刃切削部分所承受的负荷大小及切下切屑的形状和尺寸。

切削深度 a_p：在基面上垂直于进给运动方向测量的切削层尺寸。

粗车往往一次切削即成，即

$$a_p = \frac{d_w - d_m}{2} \text{ (mm)} \tag{1-7}$$

式中 d_w——工件加工前直径(mm)；

d_m——工件加工后直径(mm)。

精车或半精车则往往要分成几次切削。

切削深度 a_p、进给量 f、切削速度 v 称切削用量三要素。

a_p、f 又称切削层的工艺参数。

应该指出，不论何种切削，能够说明切削机理的，乃是由决定切削本质的切削层截形中的厚度和宽度。

切削厚度 a_c：即切削层厚度，也就是相邻两个加工表面之间在基面上测量的垂直距离；

切削宽度 a_w：即切削层宽度，它是沿加工表面在基面上测量的切削层尺寸。

当 $\lambda_s=0°$时，a_c、a_w 与 f、a_p 的关系为：

$$a_c=f\cdot\sin\kappa_r(\text{mm}) \tag{1-8}$$

$$a_w=a_p/\sin\kappa_r(\text{mm}) \tag{1-9}$$

可见，当进给量 f、切削深度 a_p 一定时，主偏角 κ_r 越大，切削厚度 a_c 增大，切削宽度 a_w 减小(见图 1-16)。

对于曲线的切削刃，切削层各点的切削厚度是互不相等的(见图 1-17)。

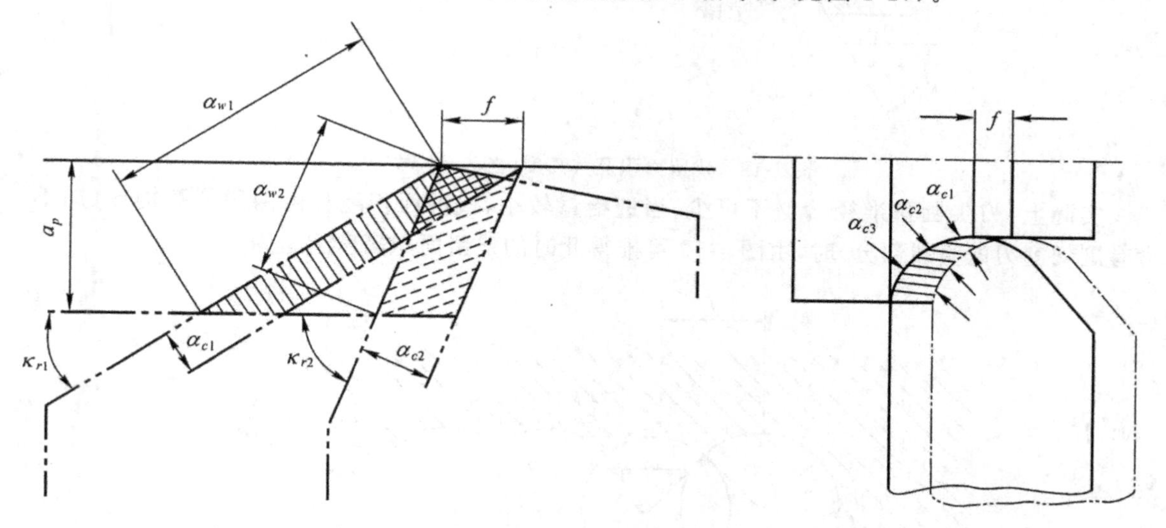

图 1-16　不同 κ_r 时 a_c、a_w 的变化　　图 1-17　曲线切削刃 a_c 的变化

切削面积 A_c：即切削层在基面内的面积

$$A_c\approx a_w\cdot a_c(\text{mm}^2) \tag{1-10}$$

或者

$$A_c\approx f\cdot a_p(\text{mm}^2) \tag{1-11}$$

2. 自由切削和非自由切削

自由切削系指只有一个直线切削刃的切削，如图 1-9(a)的直角自由切削和图 1-9(b)的斜角自由切削。

非自由切削是指切削刃为折线形(有主切削刃和副切削刃)，如图 1-16 所示；或曲线形，如图 1-17 所示的切削。非自由切削时，刃口上各点切屑流动方向不一致，因此互相干涉，切屑变形比较复杂。当直线主切削刃的工作长度远大于副切削刃的工作长度时，在分析某些问题时，为简化起见，可视为自由切削。

3. 残留面积及其高度

按式(1-10)或式(1-11)计算的切削面积 A_c 是近似的，称为名义切削面积。这是由于切削运动和刀具几何形状的关系(见图 1-18)，加工后仍有一部分金属未被切除，而"残留"在已加工表面上，构成已加工表面的横向不平度(或粗糙度)，即所谓"残留面积"。

当刀尖没有圆弧半径 r_ε 时，残留面积将由直线所构成，残留面积的高度 $R_{\max}$可由图 1-18 推导出：

$$R_{\max}=\frac{f}{\cot\kappa_r+\cot\kappa_r'} \tag{1-12}$$

即进给量 f、主偏角 κ_r、副偏角 κ_r' 对横向不平度都有影响。

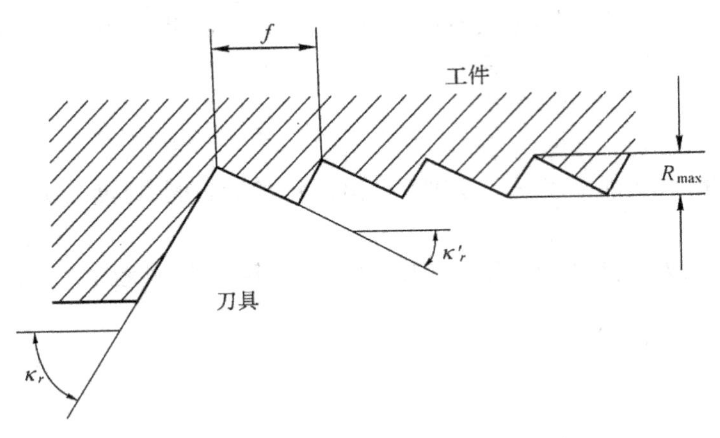

图 1-18 残留面积及其高度(当 $\gamma_\varepsilon=0$ 时)

实际上,刀尖圆弧半径 r_ε 必不可少,当进给量较小,残留面积纯粹由两段圆弧构成(即不含有副切削刃的直线部分)时,由图 1-19 可推得此时的残留面积高度 R_{max} 为:

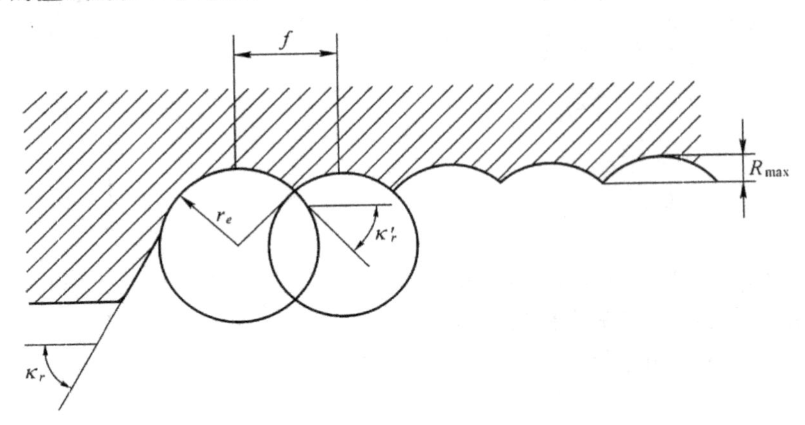

图 1-19 残留面积及其高度(当 $r_\varepsilon>0$ 时)

$$R_{max}\approx\frac{f^2}{8r_\varepsilon} \tag{1-13}$$

(推导式(1-13)时,因 $r_\varepsilon\gg R_{max}$,所以 R_{max}^2 忽略不计)

§1-5 刀具角度的换算

一、法剖面坐标系

§1-3 所叙述的刀具角度定义为一般刀具设计时的标注角度。

图 1-6 所示的是刃倾角 $\lambda_s=0°$时的情况(见图 1-8a)),实际切削中尚有刃倾角 λ_s 为负值(见图 1-8b))、λ_s 为正值(见图 1-8c))时的情况。在许多大刃倾角的切削刀具中,往往还需要知道或者需要标注法剖面的角度。

所谓**法剖面**,即垂直于主切削刃的剖面。图 1-6 所示的为 $\lambda_s=0°$时的情况,所以主剖面与法剖面重合。

图 1-20 所示的是刃倾角 λ_s 为正值时主剖面、法剖面之间的角度关系。

其关系式可用解析法容易地从图 1-20 中求得,也可用向量计算法求得。

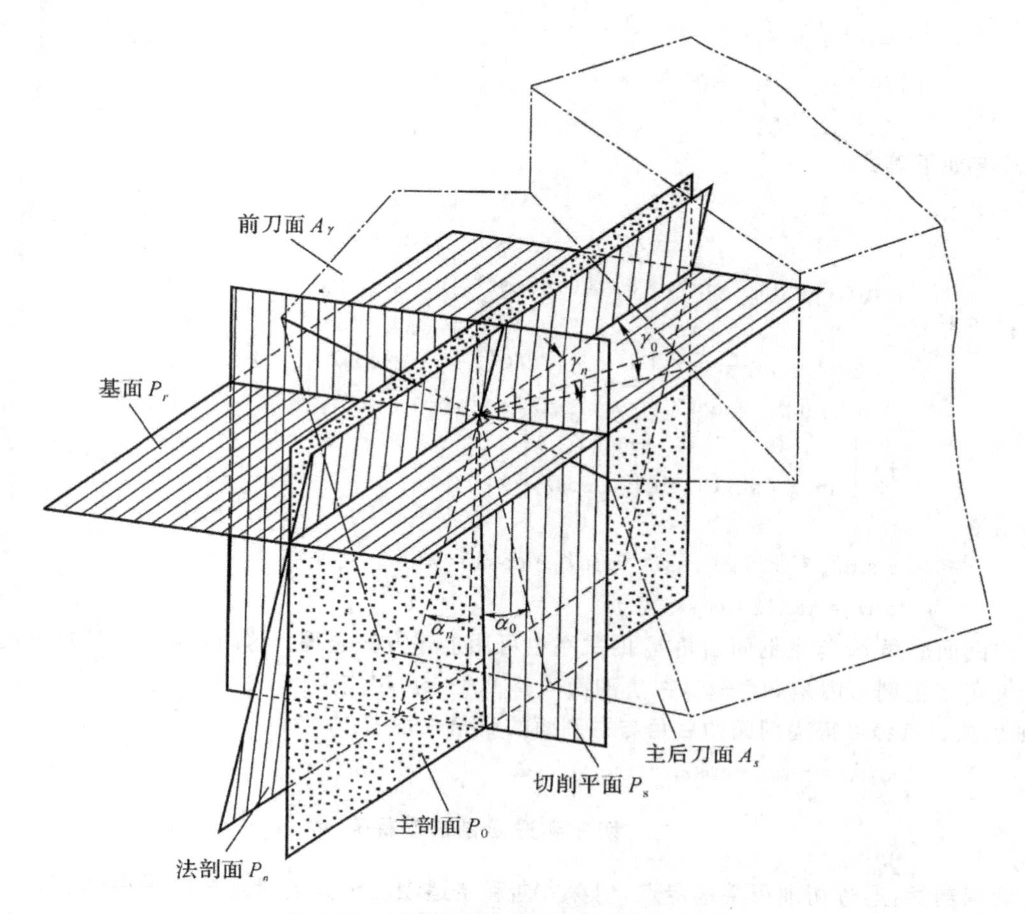

图 1-20　刀具标注角度坐标系(主、法剖面)

用向量计算时应建立的坐标系如图 1-21 所示。

设以法剖面法向为 i 轴,以法剖面与切削平面的交线的方向为 j 轴,以切削平面的法向为 k 轴,ijk 组成右手坐标系。

A 为沿主切削刃的单位向量(单位向量系指长度为 1 的向量);

B 为法剖面与前刀面的交线的单位向量;

C 为主剖面与前刀面的交线的单位向量;

λ_s 为刃倾角,γ_n 为法剖面前角,γ_0 为主剖面前角。

由于切削刃向量 **A**、法剖面前角 r_n 向量 **B**、主剖面前角 r_0 向量 **C** 都在前刀面上,即三个向量共面,故混合积为 0,则建立如下关系式:

$$[\boldsymbol{A}\quad \boldsymbol{B}\quad \boldsymbol{C}]=0$$

即

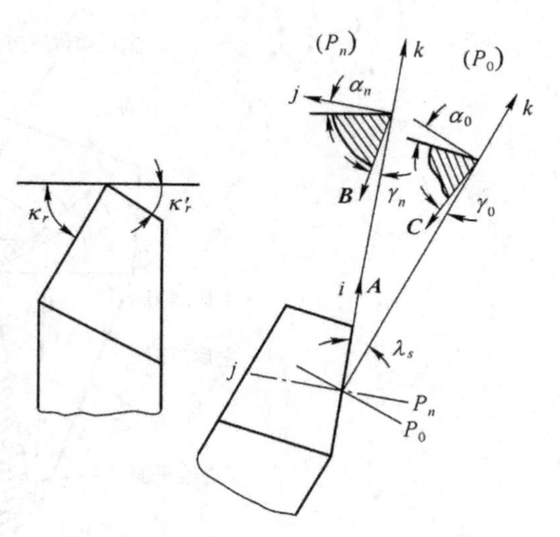

图 1-21　向量计算所建立的坐标系

$$\begin{vmatrix} A_i & A_j & A_k \\ B_i & B_j & B_k \\ C_i & C_j & C_k \end{vmatrix} = 0$$

故有如下等式

$$\begin{vmatrix} 1 & 0 & 0 \\ 0 & \sin\gamma_n & -\cos\gamma_n \\ \sin\gamma_0 \cdot \sin\lambda_s & \sin\gamma_0 \cdot \cos\lambda_s & -\cos\gamma_0 \end{vmatrix} = 0$$

展开为

$$\begin{vmatrix} \sin\lambda_n & -\cos\gamma_n \\ \sin\gamma_0 \sin\lambda_s & -\cos\gamma_0 \end{vmatrix} - 0 \begin{vmatrix} 0 & -\cos\gamma_n \\ \sin\gamma_0 \cdot \sin\lambda_s & -\cos\gamma_0 \end{vmatrix}$$

$$+0 \begin{vmatrix} 0 & -\sin\gamma_n \\ \sin\gamma_0 \cdot \sin\lambda_s & \sin\gamma_0 \cdot \cos\gamma_s \end{vmatrix} = 0$$

则得

$$-\sin\gamma_n \cdot \cos\gamma_0 + \cos\gamma_n \cdot \sin\gamma_0 \cdot \cos\lambda_s = 0$$

$$\tan\gamma_n = \tan\gamma_0 \cdot \cos\lambda_s \qquad (1\text{-}14)$$

法剖面后角 α_n 与主剖面后角 α_0 的关系也可用上述方法求得。这时，因为后刀面与基面之间的夹角在主剖面内是 $90°-\alpha_0$，在法剖面内是 $90°-\alpha_n$，相应地以 $90°-\alpha_0$ 代 γ_0，以 $90°-\alpha_n$ 代 γ_n，则由式(1-14)可得法剖面的后角与主剖面的后角关系为：

$$\cot\alpha_n = \cot\alpha_0 \cdot \cos\lambda_s \qquad (1\text{-}15)$$

二、切深和进给剖面坐标系

切深剖面：通过切削刃某选定点，切深方向和主运动假定方向所组成的平面(如图 1-22 所示的 XOZ 平面)。

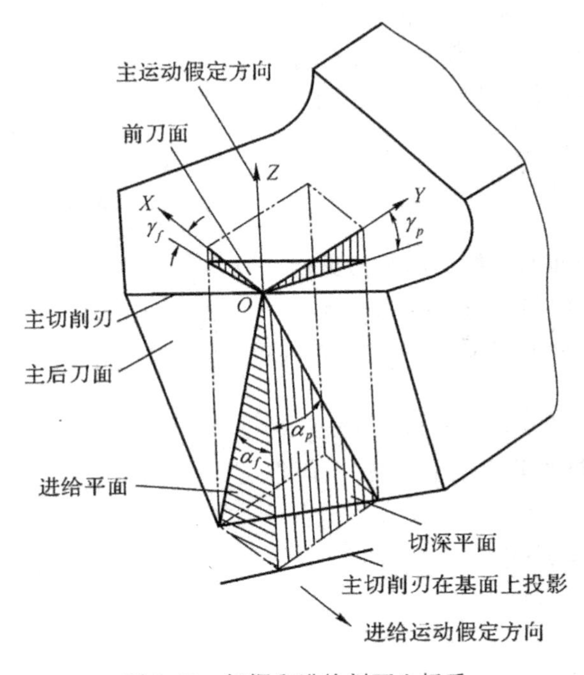

图 1-22　切深和进给剖面坐标系

进给剖面:通过切削刃某选定点,进给运动方向和运动假定方向所组成的平面(如图 1-22 所示的 XOZ 平面)。

切深平面和进给平面为互相垂直的平面,由它们的法向量和基面的法向量构成切深和进给剖面坐标系。如图 1-22 所示,在切深剖面中可得切深方向前角 γ_p、切深方向后角 α_p;在进给剖面中可得进给方向前角 γ_f 和进给方向后角 α_f。

这是为刃磨刀具需要而规定的坐标系。因为刀具上标注角度(主剖面或法剖面)的准确获得,大多数应靠专门刃磨夹具,即三向转盘磨刀夹具,在工具磨床上刃磨来完成。刃磨时,因车刀仅可绕该夹具的横轴线 X、纵轴线 Y、垂直轴线 Z 转动(见图 1-23),即车刀刃磨时所需转动的角度坐标系——切深和进给剖面坐标系(见图 1-22)与设计时主剖面(或法剖面)标注的角度坐标系不一致,因此应进行换算。

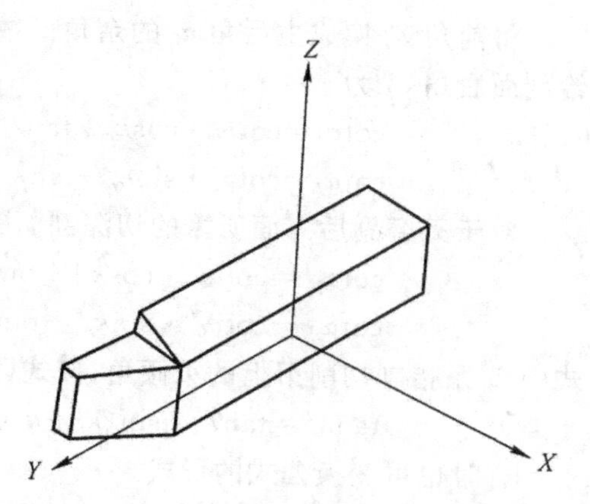

图 1-23 车刀刃磨时转动角度坐标系

换算可用解析法也可以用向量法。

(1) 解析法(见图 1-24)

先求出任意剖面 $P_\theta - P_\theta$ 前角 γ_θ 与主剖面 $P_0 - P_0$ 前角 γ_0 的关系:

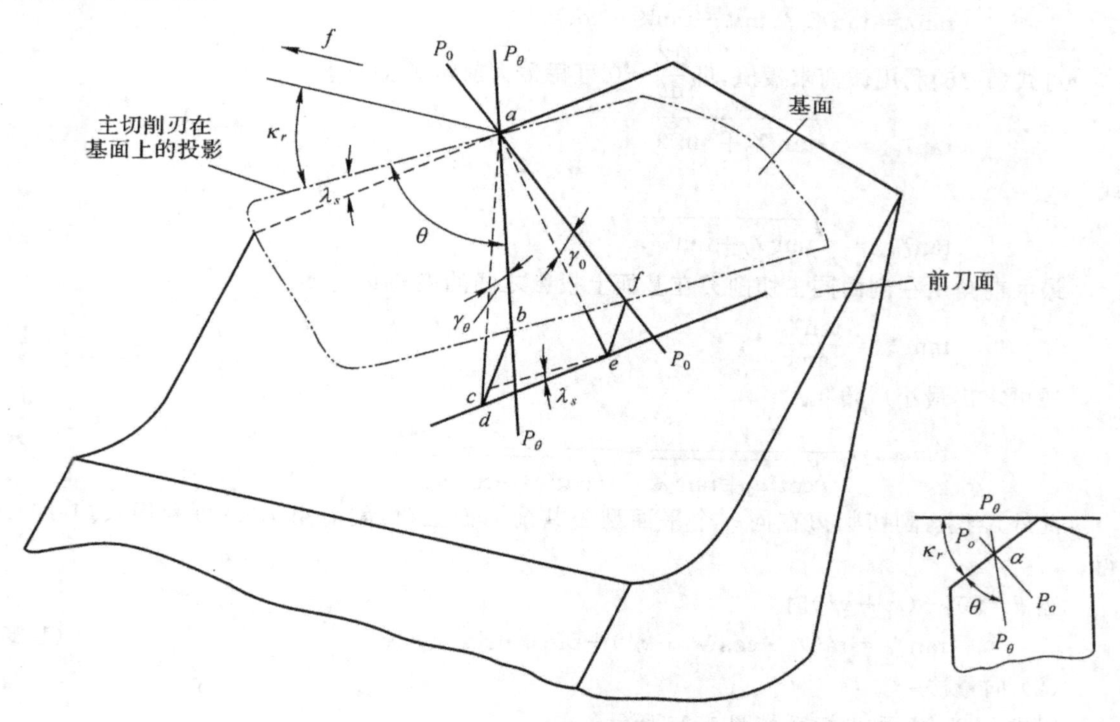

图 1-24 角度换算解析法

从图 1-24 中可求

$$\tan\gamma_\theta = \frac{bd}{ab} = \frac{ef + cd}{ab} = \frac{af \cdot \tan\gamma_0 + ce \cdot \tan\lambda_s}{ab}$$

所以有

$$\tan\gamma_\theta = \tan\gamma_0 \cdot \sin\theta + \tan\lambda_s \cdot \cos\theta \tag{1-16}$$

当 $\theta=0°$时，则 $\gamma_\theta=\lambda_s$

当 $\theta=90°-\kappa_r$ 时，得刃磨前刀面时所需的切深剖面前角 γ_p 为

$$\tan\gamma_p=\tan\gamma_0\cdot\cos\kappa_r+\tan\lambda_s\cdot\sin\kappa_r \tag{1-17}$$

当 $\theta=180°-\kappa_r$ 时，得刃磨前刀面时所需的进给剖面前角 γ_f 为

$$\tan\gamma_f=\tan\gamma_0\cdot\sin\kappa_r-\tan\lambda_s\cdot\cos\kappa_r \tag{1-18}$$

将前角 γ_0 换成主后角 α_0 的余角函数，则可得刃磨主后刀面时所需的切深剖面后角 α_p、进给剖面后角 α_f 为

$$\cot\alpha_p=\cot\alpha_0\cdot\cos\kappa_r+\tan\lambda_s\cdot\sin\kappa_r \tag{1-19}$$

$$\cot\alpha_f=\cot\alpha_0\cdot\sin\kappa_r-\tan\lambda_s\cdot\cos\kappa_r \tag{1-20}$$

对于刃磨副后刀面所需的切深剖面副后角 α_p'、进给剖面副后角 α_f'，也可求得为

$$\cot\alpha_p'=\cot\alpha_0'\cdot\cos\kappa_r'+\tan\lambda_s'\cdot\sin\kappa_r' \tag{1-21}$$

$$\cot\alpha_f'=\cot\alpha_0'\cdot\sin\kappa_r'-\tan\lambda_s'\cdot\cos\kappa_r' \tag{1-22}$$

式中 λ_s' 系指副切削刃上的刃倾角，按式(1-16)，当 $\theta=180°-(\kappa_r-\kappa_r')$时，即可得 λ_s' 值为

$$\tan\lambda_s'=\tan\gamma_0\cdot\sin(\kappa_r+\kappa_r')-\tan\lambda_s\cdot\cos(\kappa_r+\kappa_r') \tag{1-23}$$

有时也可变换公式的形式。

如变换式(1-17)、(1-18)可得 γ_0、λ_s 计算式为

$$\tan\gamma_0=\tan\gamma_p\cdot\cos\kappa_r+\tan\gamma_f\cdot\sin\kappa_r \tag{1-24}$$

$$\tan\lambda_s=\tan\gamma_p\cdot\sin\kappa_r-\tan\gamma_f\cdot\cos\kappa_r \tag{1-25}$$

对式(1-16)利用微商求极值，即$\frac{d\gamma_\theta}{d\theta}=0$ 可得最大前角 γ_{max}

$$\tan\gamma_{max}=\sqrt{\tan^2\gamma_0+\tan^2\lambda_s} \tag{1-26}$$

或

$$\tan\gamma_{max}=\sqrt{\tan^2\gamma_f+\tan^2\gamma_p} \tag{1-27}$$

最大前角所在剖面同主切削刃在基面上投影之间的夹角 θ_{max}为：

$$\tan\theta_{max}=\frac{\tan\gamma_0}{\tan\lambda_s} \tag{1-28}$$

还可求出最小后角 α_{min}

$$\tan\alpha_{min}=\frac{1}{\sqrt{\cot^2\alpha_0+\tan^2\lambda_s}}=\frac{1}{\sqrt{\cot^2\alpha_f+\cot^2\alpha_p}} \tag{1-29}$$

此外，当主、副切削刃在同一个平面型公共前刀面上时，副前角 γ_0'也可利用式(1-16)求得。

当 $\theta=90°-(\kappa_r+\kappa_r')$时

$$\tan\gamma_0'=\tan\gamma_0\cdot\cos(\kappa_r+\kappa_r')+\tan\lambda_s\cdot\sin(\kappa_r+\kappa_r') \tag{1-30}$$

(2) 向量法

以求 r_p 为例，取坐标系如图 1-25 所示。

建立如下关系

$$[\boldsymbol{A}\quad\boldsymbol{B}\quad\boldsymbol{C}]=0$$

$$\begin{vmatrix}\cos\lambda_s & 0 & -\sin\lambda_s\\ 0 & \cos\gamma_0 & -\sin\gamma_0\\ \cos\gamma_p\cdot\cos(90-\kappa_r) & \cos\gamma_p\cdot\sin(90-\kappa_r) & -\sin\gamma_p\end{vmatrix}=0$$

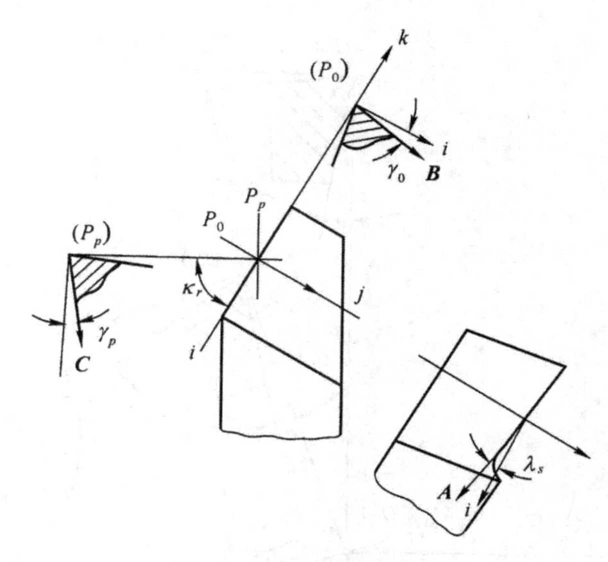

图 1-25　角度换算向量法

即

$$\begin{vmatrix} 1 & 0 & -\tan\lambda_s \\ 0 & 1 & -\tan\gamma_0 \\ \sin\kappa_r & \cos\kappa_r & -\tan\gamma_p \end{vmatrix}=0$$

展开为

$$1\begin{vmatrix} 1 & -\tan\gamma_0 \\ \cos\kappa_r & -\tan\gamma_p \end{vmatrix}-0\begin{vmatrix} 0 & -\tan\gamma_0 \\ \sin\kappa_r & -\tan\gamma_p \end{vmatrix}-\tan\lambda_s\begin{vmatrix} 0 & 1 \\ \sin\kappa_r & \cos\kappa_r \end{vmatrix}=0$$

则得

$$\tan\gamma_p+\tan\gamma_p \cdot \cos\kappa_r+\tan\lambda_s \cdot \sin\kappa_r=0$$

所以

$$\tan\gamma_p=\tan\gamma_0 \cdot \cos\kappa_r+\tan\lambda_s \cdot \sin\kappa_r$$

其余各式同理可推。

综上所述，国际标准组织(ISO3002/1)已对车刀的标注角度作了规定(见图 1-26)。其主要视图是车刀在基面上的投影图(P_r)；另一视图为车刀在切削平面的投影(P_s)。在 P_r 视图中作主剖面 P_0，可得主剖面的剖视图(P_0)(主剖面坐标系)；在 P_s 视图中作垂直于主切削刃的剖面 P_n，可得法剖面的剖视图(P_n)(法剖面坐标系)；在 P_r 视图中作平行切深平面的剖视 P_p，可得切深剖面的视图(P_p)，作平行进给平面的剖视 P_f，可得进给剖面的视图(P_f)(切深和进给剖面坐标系)。

由此可知，图 1-26 所示的 ISO 标准中，三个坐标系内共有 17 个角度，现把这些角度及其所在的坐标平面进行归类，列于表 1-1。

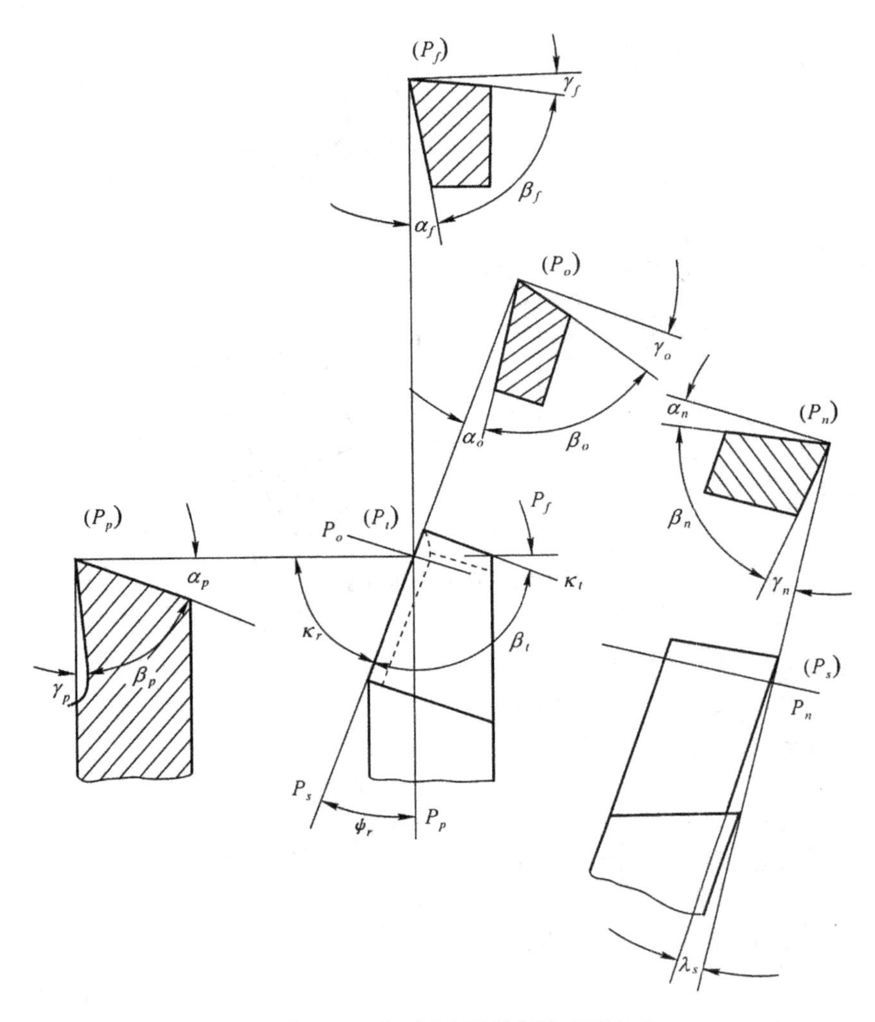

图 1-26 "ISO"车刀的标注角度

表 1-1 刀具标注角度及其坐标平面

切削刃	基本角度	坐标平面	派生角度
主切削刃	前角 γ_0	P_o	
	γ_n	P_n	
	γ_p	P_p	
	γ_f	P_f	
	后角 α_0	P_o	β_o
	α_n	P_n	β_n
	α_p	P_p	β_p
	α_f	P_f	β_f
	刃倾角 λ_s	P_s	
	主偏角 κ_r	P_{γ}	ψ_r
副切削刃	副偏角 κ_r'	P_{γ}	ε_r

注：ψ_r 称余偏角：是进给方向的垂线与主切削刃在基面上的投影之间的夹角

即 $\psi_r=90°-\kappa_r$。

§1-6 车刀刃磨时转动角度的修正计算

按§1-5所列公式求得γ_p、γ_f、α_p、α_p'、α_f'，就是刃磨前刀面、主后刀面、副后刀面时夹具需转的角度值。但是在实际刃磨中，仅有这些换算角度还不够，尚应对其中的某些角度进行修正，才能准确地获得车刀设计时的标注角度。

1. 刃磨前刀面时的修正计算

修正计算的几何模型见图1-27。图1-27a)标明了车刀主切削刃某选定点A的γ_p、γ_f角，图1-27b)是其放大图。刃磨前刀面时，砂轮端面与基面XAY相平行，刃磨时应将前刀面ACE转到与基面XAY相平行的平面上。设先绕Y轴转动γ_f轴转动γ_f角，则原先γ_p角所在的$ABCD$平面也转过γ_f角而处在$ABC'D'$的位置，因此要使现已处在$AC'E'$位置的前刀面转到XAY基面上，要绕X轴转动的角度已不是γ_p角，而应是处在与$ABCD$平面平行的$A'B'C'D'$平面上的γ_{pm}角，其值不难从图中求得：

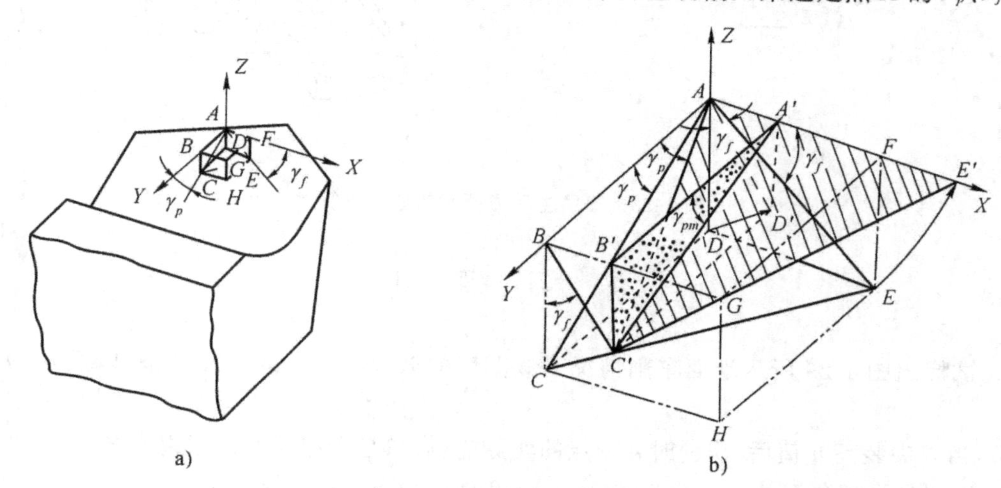

图1-27 刃磨前刀面时的修正计算

$$\tan\gamma_{pm}=\tan\gamma_p\cdot\cos\gamma_f \tag{1-31}$$

2. 刃磨主后刀面时的修正计算

修正计算的几何模型见图1-28。图1-28,a)标明了车刀主切削刃上某选定点A的α_p、α_f角，图1-28,b)是其放大图。刃磨主后刀面时，砂轮端面与进给平面XAZ相平行，刃磨时应将主后刀面AHF转到与进给平面XAZ相平行的平面上。设先绕Y轴转α_f角，则原先α_p角所在的$ABEF$平面也转过α_f角而处在$ABE'F'$的位置，因此要使现已处在$AH'F'$位置的主后刀面转到进给平面XAZ上，要绕Z轴转动的角度将是κ_{rm}。从图中可得：

$$\cot\kappa_{rm}=\cot\alpha_p\cdot\sin\alpha_f \tag{1-32}$$

3. 刃磨副后刀面时的修正计算

参照刃磨主后刀面时的κ_{rm}，可得刃磨副后刀面时应修正的κ_{rm}'为：

$$\cot\kappa_{rm}'=\cot\alpha_p'\cdot\sin\alpha_f' \tag{1-33}$$

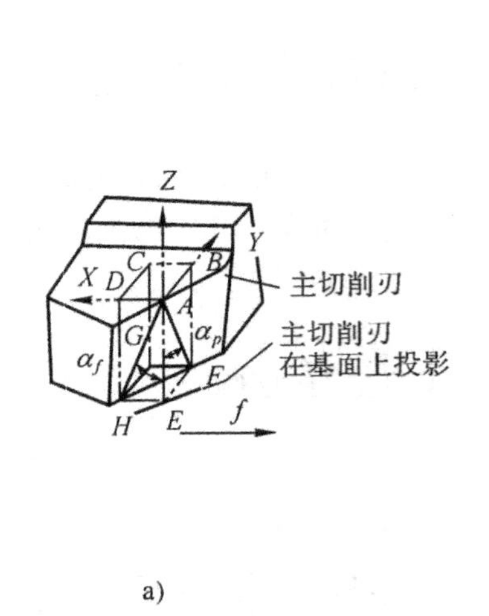

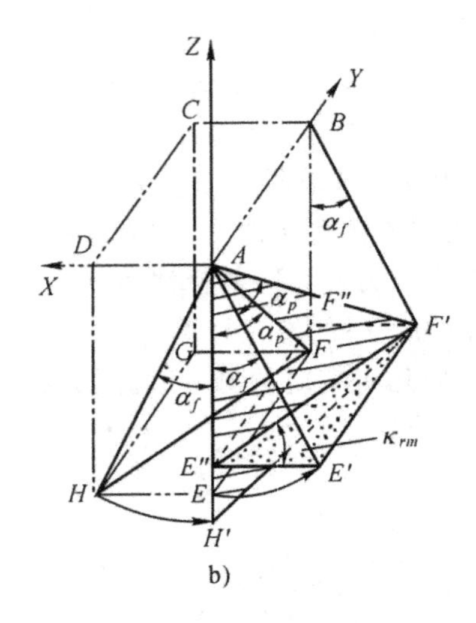

图 1-28　刃磨主后刀面时的修正计算

练　习　题　1

1. 试标出图 1-29 所示端面车削情况下该车刀的 γ_0、α_0、λ_s、γ_n、α_n、κ_r、κ_r'、α_0' 以及 a_p、f、a_w、a_c。

又，当刀尖装高 h 值后，切削时 a、b 点的实际前、后角是否相同？以图说明之。

2. 以图表示切断刀的 κ_r、κ_r'、γ_0、α_0、α_0'、λ_s；以及 a_p、f、a_w、a_c。

3. 试表示图 1-30 所示的螺旋圆柱平面铣刀的 γ_0、α_0、γ_r、α_n。

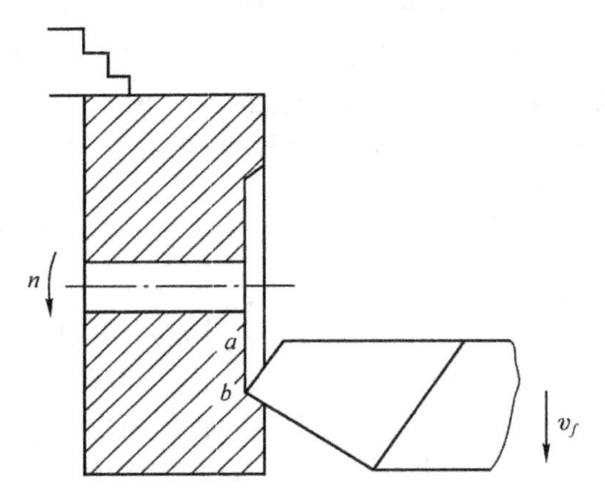

图 1-29　车削端面

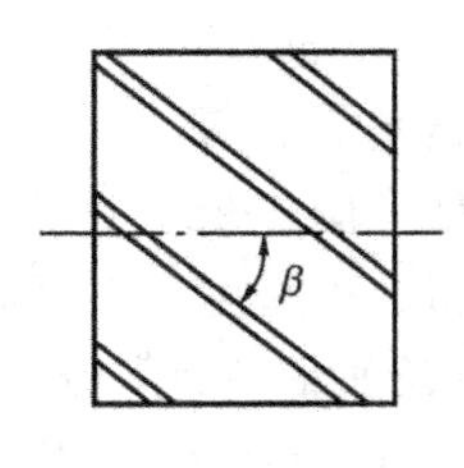

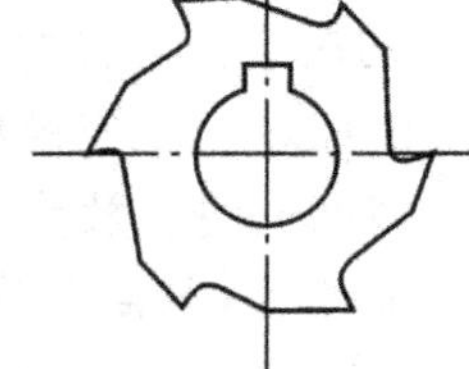

图 1-30　螺旋圆柱铣刀

4. 为什么要对主剖面、切深剖面、进给剖面之间的角度进行换算，有何实用意义？

5. 为什么按理论公式计算的切削面积要比实际切下的切削面积小？

第二章　刀具材料

金属切削的生产率、成本、质量在很大程度上取决于刀具材料的合理选择。

§2-1　刀具材料应具备的性能

切削时，由于变形与摩擦，刀具承受了很大的压力、很高的温度。作为刀具材料应满足的要求是：

1. 高的硬度和耐磨性，即比工件材料更硬和更具抗磨损的能力；
2. 足够的强度和韧性，以承受切削中的冲击和振动，避免崩刃和折断；
3. 高的耐热性（热稳定性），即高温下能保持硬度、耐磨性、强度和韧性；
4. 良好的工艺性，如锻造性、热处理性、磨加工性等，以便于刀具的制造；
5. 经济性，即经济效果。

§2-2　常用的刀具材料

目前，生产中所用的刀具材料以高速钢和硬质合金居多。碳素工具钢（如 T10A、T12A）、工具钢（如 9SiCr、CrWMn）因耐热性差，仅用于一些手工或切削速度较低的刀具。

一、高速钢

高速钢是一种加入较多的钨、钼、铬、钒等合金元素的高合金工具钢。有较高的热稳定性，切削温度达 500～650℃时仍能进行切削；有较高的强度、韧性、硬度和耐磨性。适合于各类刀具的要求，其制造工艺简单，容易磨成锋利的切削刃，可锻造，这对一些形状复杂的刀具，如钻头、成形刀具、拉刀、齿轮刀具等尤为重要，是制造这类刀具的主要材料。

高速钢按用途分有通用型高速钢和高性能高速钢。按制造工艺不同分有熔炼高速钢和粉末冶金高速钢。

1. 通用型高速钢

1）钨钢

典型牌号为 W18Cr4V（简称 W18），含 W18%、Cr4%、V1%。有较好的综合性能，在 600℃时的高温硬度为 HRC48.5，可以制造各种复杂刀具。优点是淬火时过热倾向小；含钒量较少，磨加工性好；碳化物含量较高，塑性变形抗力较大。缺点是碳化物分布不均匀，影响薄刃刀具或小截面刀具的耐用度；强度和韧性显得不够；热塑性差，很难用热成形方法制造刀具（如热轧钻头）。

2）钨钼钢

将钨钢中的一部分钨以钼代替而得。

典型牌号为W6Mo5Cr4V2(简称M2),含W6%、Mo5%、Cr4%、V2%;碳化物分布细小、均匀,具有良好的机械性能,抗弯强度比W18高10%~15%,韧性高50%~60%;可做尺寸较大、承受冲击力较大的刀具;热塑性特别好,更适用于制造热轧钻头等;磨加工性也好。目前各国广为应用。

2. 高性能高速钢

是在通用型高速钢的基础上再增加一些含碳量、含钒量及添加钴、铝等合金元素。按其耐热性,又称高热稳定性高速钢。在630~650℃时仍可保持HRC60的硬度,具有更好的切削性能,耐用度较通用型高速钢高1.3~3倍,适合于加工高温合金、钛合金、超高强度钢等难加工材料。

典型牌号有高碳高速钢9W18Cr4V、高钢高速钢W6Mo5Cr4V4、钴高速钢W6Mo5Cr4V2Co8、超硬高速钢W2Mo9Cr4VCo8等。

3. 粉末冶金高速钢

用高压氩气或纯氮气雾化熔融的高速钢钢水,直接得到细小的高速钢粉末,高温下压制成致密的钢坯,然后锻轧成钢材或刀具形状。有效地解决了一般熔炼高速钢在铸锭时要产生的粗大碳化物共晶偏析,得到细小均匀的结晶组织,因而有良好的机械性能,强度和韧性分别是熔炼高速钢的2倍和2.5~3倍;磨加工性好;物理机械性能高度各向同性,淬火变形小;碳化物颗粒均匀分布的表面较大,不易从切削刃上剥落,耐磨性提高20%~30%。适合于制造切削难加工材料的刀具、大尺寸刀具(如滚刀、插齿刀)、精密刀具、磨加工量大的复杂刀具,高压动载荷下使用的刀具等。

但目前它的造价还较贵。

二、硬质合金

由难熔金属碳化物(如WC、TiC)和金属粘结剂(如Co)经粉末冶金法制成。

因含有大量熔点高、硬度高、化学稳定性好、热稳定性好的金属碳化物,其硬度、耐磨性、耐热性都很高。HRA89~93,在800~1000℃还能承担切削,耐用度较高速钢高几十倍,当耐用度相同时,切削速度可提高4~10倍。

惟抗弯强度较高速钢低,仅为0.9~1.5GPa(90~150kgf/mm^2)、冲击韧性差,切削时不能承受大的振动和冲击负荷。

碳化物含量较高时,硬度高,但抗弯强度低;粘结剂含量较高时,抗弯强度高,但硬度低。

硬质合金以其切削性能优良被广泛用作刀具材料(约占50%),如大多数的车刀、端铣刀以至深孔钻、铰刀、拉刀、齿轮刀具等。它还可用于加工高速钢刀具不能切削的淬硬钢等硬材料。

ISO将切削用的硬质合金分三类:

1. YG(K)类,即WC-Co类硬质合金:由WC和Co组成,牌号有YG6、YG8、YG3X、YG6X,含Co量分别为6%、8%、3%、6%,硬度为HRA89~91.5,抗弯强度为1.1~1.5GPa(110~150kgf/mm^2)。有粗晶粒、中晶粒、细晶粒、超细晶粒之分,一般(如YG6、YG8)为中晶粒,细晶粒(如YG3X、YG6X)在含钴量相同时比中晶粒的硬度、耐磨性要高些,但抗弯强度、韧性则低些。

此类合金韧性、磨削性、导热性较好,较适于加工产生崩碎切屑、有冲击性切削力作用在刃口附近的脆性材料,如铸铁、有色金属及其合金以及导热系数低的不锈钢和对刃口韧性要求高

(如端铣)的钢料等。

2. YT(P)类,即 WC-TiC-Co 类硬质合金:硬质合金除 WC 外,还含有 5%～30%的 TiC,牌号有 YT5,YT14、YT15、YT390,TiC 的含量分别为 5%、14%、15%、30%;相应的钴含量为10%、8%、6%、4%,硬度为 HRA89.5～92.5,抗弯强度为 0.9～1.4GPa(90～140kgf/mm^2),TiC 含量提高、Co 含量降低,硬度和耐磨性提高,抗弯强度,特别是冲击韧性显著降低。

此类合金有较高的硬度和耐磨性、抗粘结扩散能力和抗氧化能力好;但抗弯强度、磨削性和导热系数下降,低温脆性大、韧性差。适于高速切削钢料。

含钴量增加,抗弯强度和冲击韧性提高,适于粗加工;含钴量减少,硬度、耐磨性及耐热性增加,适于精加工。

但应注意,此类合金不宜用于加工不锈钢和钛合金,因 YT 中的钛元素和工件中的钛元素之间的亲合力会产生严重粘刀现象,在切削高温、摩擦系数大的情况下会加剧刀具磨损。

3. YW(M)类,即 WC-TiC-TaC 类硬质合金:在 YT 类中加入 TaC(NbC)可提高其抗弯强度、疲劳强度、冲击韧性、高温硬度和强度、抗氧化能力、耐磨性等。它们既可用于加工铸铁,也可加工钢。因而又有通用硬质合金之称。

以上三类的主要成分均为 WC,所以又称 WC 基硬质合金。

尚有以 TiC 为主要成分的 TiC 基硬质合金,即 TiC-Ni-Mo 合金。因 TiC 在所有碳化物中硬度最高,所以此类合金硬度很高,达 HRA90～94,有较高的耐磨性、抗月芽洼磨损能力、耐热性、抗氧化能力,以及化学稳定性好、与工件材料的亲合力小、摩擦系数小、抗粘结能力强,刀具耐用度比 WC 提高好几倍,可加工钢,也可加工铸铁。牌号 YN10 与 YT30 相比,硬度较接近,焊接性及刃磨性均较好,基本可代替 YT30 使用。唯抗弯强度还赶不上 WC,当前主要用于精加工及半精加工。因其抗抗塑性变形、抗崩韧性差,所以不适于重切削及断续切削。

§2-3 其他刀具材料

1. 涂层刀具:它是在韧性较好的硬质合金基体上,或在高速钢刀具基体上,涂覆一薄层耐磨性高的难熔金属化合物而获得的。涂层硬质合金一般采用化学气相沉积法(CVD 法),沉积温度 1000℃左右;涂层高速钢刀具一般采用物理气相沉积法(PVD 法),沉积温度 500℃左右。

常用的涂层材料有 TiC、TiN、Al_2O_3 等,硬质合金涂层厚度为 4～5μm,表层硬度可达 HV2500～4200;高速钢深层厚度为 2μm,表面硬度达 HRC80。

涂层刀具有较高的抗氧化性能和抗粘结性能,因而有高的耐磨性和抗月牙洼磨损能力;有低的摩擦系数,可降低切削时的切削力及切削温度,可提高刀具耐用度(硬质合金 1～3 倍,高速钢 2～10 倍)。但也存在着锋利性、韧性、抗剥落性、抗崩刃性差及成本昂贵之弊。

2. 陶瓷:有纯 Al_2O_3 陶瓷及 Al_2O_3-TiC 混合陶瓷两种,以其微粉在高温下烧结而成。有很高的硬度(HRA91～95)和耐磨性;有很高的耐热性,在 1200℃以上仍能进行切削;切削速度比硬质合金高 2～5 倍;有很高的化学稳定性,与金属的亲合力小,抗粘结和抗扩散的能力好。

可用于加工钢、铸铁;车、铣加工也都适用。

但其脆性大、抗弯强度低,冲击韧性差,易崩刃,使其使用范围受到限制。但作为连续切削用的刀具材料,还是很有发展前途的。

3. 金刚石:是目前人工制造出的最硬物质,是在高温、高压和其他条件配合下由石墨转化而成。硬度高(HV10000),耐磨性好,可用于加工硬质合金、陶瓷、高硅铝合金及耐磨塑料等高硬度、高耐磨的材料，刀具耐用度比硬质合金可提高几倍到几百倍。其切削刃锋利，能切下极薄的切屑，加工冷硬现象较少；有较低的摩擦系数，切屑与刀具不易产生粘结，不产生积屑瘤，很适于精密加工。

其主要缺点是热稳定性低，切削温度不宜超过 700～800℃；强度低、脆性大，对振动敏感，只宜微量切削；与铁有强的化学亲合力，不适于加工黑色金属。

目前主要用于磨具及磨料，也可在高速下对有色金属及非金属材料进行精细车削及镗孔，加工铝合金、铜合金时，切速可达 800～3800m/min。

4. 立方氮化硼：由软的立方氮化硼在高温、高压下加入催化剂转变而成。有很高的硬度（HV8000～9000）及耐磨性；有比金刚石高得多的热稳定性（达 1400℃），可用来加工高温合金；化学惰性很大，与铁族金属直至 1200～1300℃时也不易起化学作用，可用于加工淬硬钢及冷硬铸铁；有良好的导热性、较低的摩擦系数。

它目前不仅用于磨具，也逐渐用于车、镗、铣、铰。

它有两种类型：整体聚晶立方氮化硼，能像硬质合金一样焊接，并经多次重磨；立方氮化硼复合片，即在硬质合金基体上烧结一层厚度约 0.5mm 的立方氮化硼而成。

练 习 题 2

1. 既然硬质合金刀具材料所允许的切削速度比高速钢高，但为什么高速钢刀具材料至今仍未被淘汰？

2. YT、TG 类的硬质合金刀具材料各适用于什么场合？为什么？

第三章　切屑的形成

掌握金属切削规律，对于提高切削效率、降低成本、改善加工质量是至关重要的。

§3-1　切屑的形成过程

切削过程中切屑是怎样切下来的?应首先了解，否则切削中出现的诸如切削力、切削热(温度)、刀具磨损、已加工表面质量等就无从研究起，更不用说去解决实际生产中所出现的问题了。通过实验研究，现在人们都认识到:金属切削过程是工件被切削层在受到刀具前刀面的挤压后而产生的以滑移为主的变形过程。

这一现象与挤压试验有些类似。图 3-1，a)是普通挤压试验示意图，试件受压时，内部产生剪切应力、应变，滑移面 DA、CB 与作用力 F 的方向大致成 45°。图 3-1b)是切削过程示意图，与挤压试验比较，差别仅在于工件只切削层受挤压，DB 以下有工件母体的阻碍，所以金属只沿 DA 方向滑移，这就是切削过程中的剪切面。

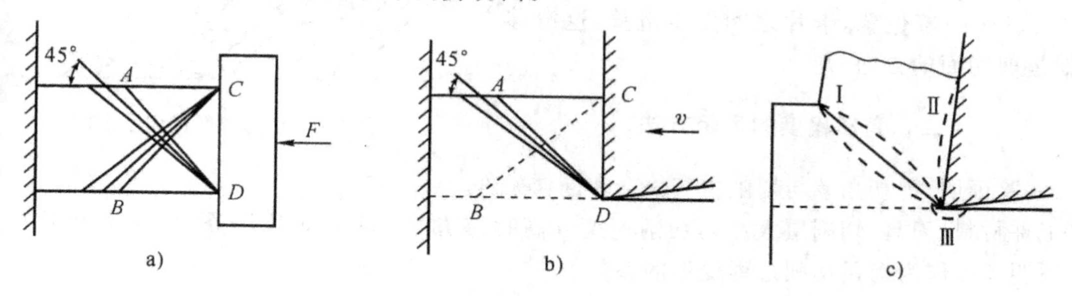

图 3-1　挤压与切削的比较

实际切削情况还要复杂一些(图 3-1c))。这是因为切削层在受到前刀面挤压而产生剪切(称第一变形区)后的切屑，还要沿前刀面流出，其底层将受到前刀面挤压与摩擦，继续变形(称第二变形区)，再者，刀具刃口并非绝对锋利，而是存在着钝圆半径 γ_β，在整个切削层的厚度中，将有很小一部分被 γ_β 挤压下去，经变形后，最终形成已加工表面(称第三变形区)。

本章主要讨论第一、二变形区，第三变形区将在已加工表面质量中讨论。

§3-2　第一变形区的变形

一、变形区内金属的剪切变形

第一变形区内的金属的剪切滑移可以这样来理解:如图 3-2 所示，在 AM 外表面上，由于只受到单向应力，所以滑移线与外表面成 45°;但切削层内部，由于切屑与前刀面上有摩擦，所以滑移线略有扭曲，现在追踪切削层上的任一点 P，来观察切屑的变形过程。当 P 点向切削刃逼近到达点 1 时，其剪应力达到材料的屈服强度 τ_s，点 1 在向前移动的同时，也沿 OA 滑移，其合成运动将使点 1 流动到点 2，$2'$-2 就是它的滑移量，随着不断地移动和滑移量的增加，剪应力也将逐渐增加，直到点 4 位置，此时其流动方向与前刀面平行，不沿 OM 线滑移。所以 OM 称终滑移线，OA 称始滑移线。在一般切削速度范围内，OA-OM 间（即第一变形区的宽度）约在 0.02～0.2mm，速度低此区宽；速度高此区窄。常以一个面来代替，称剪切面（见图 3-3），剪切面与切削速度方向之间的夹角称剪切角，以 ϕ 表示。

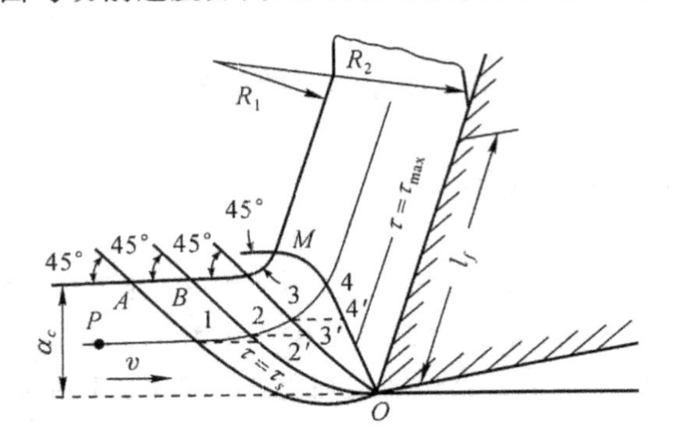

图 3-2 第一变形区金属的滑移

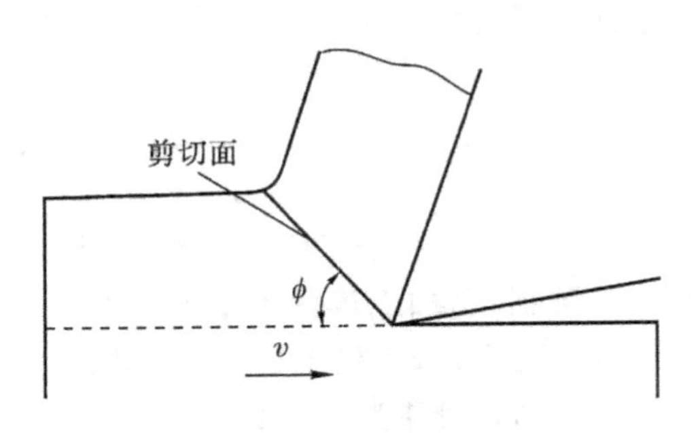

图 3-3 剪切角 ϕ

根据上述的变形过程，可以把塑质金属的切削过程模拟如图 3-4 示意图。被切材料好比一叠卡片 $1'$、$2'$、$3'$……等，当刀具切入时，这叠卡片受力被摞到 1、2、3……等位置，卡片之间发生滑移，这滑移方向就是剪切面的方向。

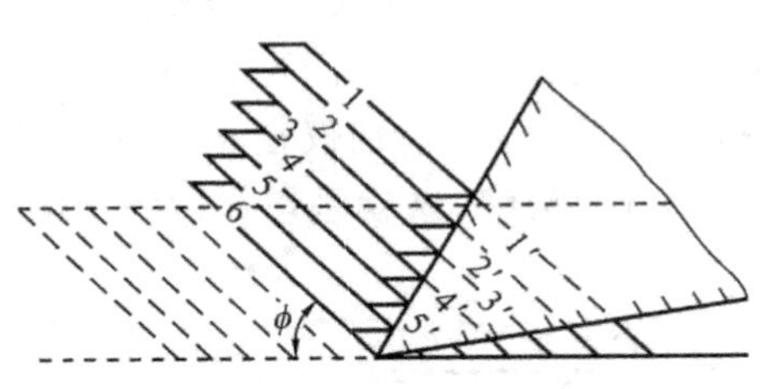

图 3-4 金属切削过程示意图

二、变形程度的表示方法

实验证明，剪切角 ϕ 与切削力有关。在同样条件下（工件材料、刀具、切削层大小），切削速度 v 高时，ϕ 角大、剪切面积小（图 3-5），切削比较省力，说明 ϕ 可作为衡量切削过程变形的参数。

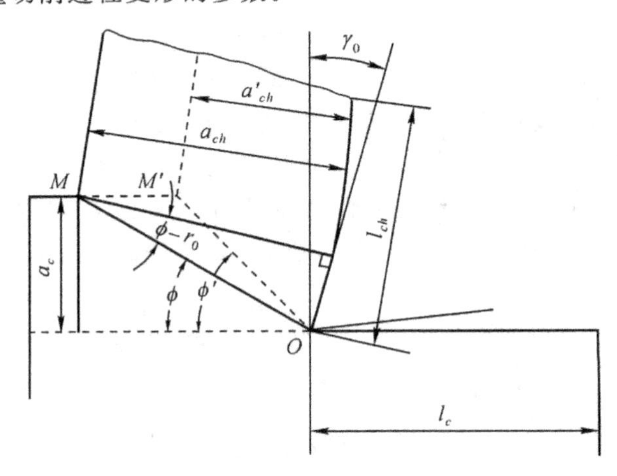

图 3-5 ϕ 角与剪切面积关系

既然切削中金属变形的主要形式是剪切滑移，因此可进一步考察 ϕ 与剪应变即相对滑移 ε 的关系。

如图 3-6 所示，当平行四边形 $OHNM$ 发生剪切变形后，变为 $OGPM$，其相对滑移为：

$$\varepsilon=\frac{\Delta s}{\Delta Y}$$

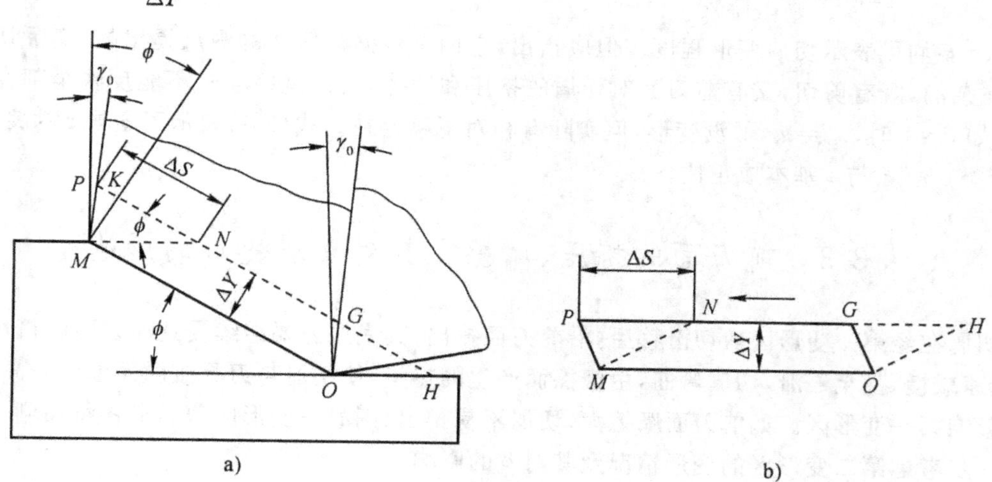

图 3-6　剪切变形示意图

由图可见，剪切面 NH 被推到 PG 位置，

$$\Delta S=NP$$

$$\Delta Y=MK;$$

$$\varepsilon=\frac{NP}{MK}=\frac{NK+KP}{MK};$$

$$\varepsilon=\cot\phi+\tan(\phi-\gamma_0); \tag{3-1}$$

或

$$\varepsilon=\frac{\cos\gamma_0}{\sin\phi\cdot\cos(\phi-\gamma_0)} \tag{3-2}$$

用 ϕ 衡量变形大小，必须用快速落刀装置获得切屑根部金相图片才能量出，比较麻烦。

事实上，切削中刀具切下的切屑厚度 a_{ch} 通常大于工件上切削层的厚度 a_c（见图 3-5），它们的比值称厚度变形系数 ξ_a，即

$$\xi_a=\frac{a_{ch}}{a_c} \tag{3-3}$$

而切屑长度 L_{ch} 却小于切削层长度 L_c，它们的比值称长度变形系数 ξ_L，即

$$\xi_L=\frac{L_c}{L_{ch}} \tag{3-4}$$

因工件上切削层的宽度与切屑平均宽度的差异很小，切削前、后的体积视为不变，故有

$$\xi_a=\xi_L=\xi \tag{3-5}$$

ξ 称变形系数，直观地反映了切屑变形程度，且 L_c、L_{ch} 容易测量。

ξ 越大，变形越大。

从图 3-5 中还可推导出 ξ 与 ϕ 的关系如下：

$$\xi=\frac{a_{ch}}{a_c}=\frac{OM\cdot\sin(90-\phi+\gamma_0)}{OM\cdot\sin\phi}=\frac{\cos(\phi-\gamma_0)}{\sin\phi} \tag{3-6}$$

经变换后也可写为

$$\tan\phi=\frac{\cos\gamma_0}{\xi-\sin\gamma_0} \tag{3-7}$$

将式(3-7)代入式(3-1)，可得 ξ 和 ε 的关系：

$$\varepsilon=\frac{\xi^2-2\xi\cdot\sin\gamma_0+1}{\xi\cdot\cos\gamma_0} \tag{3-8}$$

ϕ、ε、ξ 均可表示切屑变形程度。但应指出，它们是根据纯剪切的观点提出的，实际切削过程是复杂的，既有剪切，又有前刀面对切屑的挤压和摩擦，所以这些公式不能反映全部变形实质，例如 $\xi=1$ 时，$a_{ch}=a_c$，似没变形，但实际有相对滑移存在。式(3-8)表示了 ξ 与 ε 的关系，也只当 $\xi>1$ 时，ξ 与 ε 基本成正比。

§3-3　前刀面的挤压、摩擦及其对切屑变形的影响

切屑在经第一变形区剪切滑移后，沿前刀面排出，其底层还要继续受到前刀面的挤压与摩擦，流速减慢，甚至停滞，切屑弯曲，由摩擦而产生的热量，使切屑与刀具接触面温度升高等，反过来影响第一变形区。如前刀面摩擦大，切屑不易排出，则第一变形区剪切滑移将加剧。所以应进一步考虑第二变形区的变形情况及其对 ϕ 的影响。

一、作用在切屑上的力

在直角自由切削时，作用在切屑上的力有：前刀面上的法向力 F_n 和摩擦力 F_f，在剪切面上也有一个正压力 F_{ns}和剪切力 F_s，如图 3-7a)所示。这两对力的合力应该互相平衡。如果把所有的力都画在切削刃前方，可得如图 3-7b)所示的各力的关系。F_r 是 F_n 和 F_f 的合力，称切屑形成力；ϕ 是剪切角；β 是 F_n 和 F_r 的夹角，称摩擦角；γ_0 是刀具前角；F_z、F_y 分别是切削运动方向水平的切削分力和垂直的切削分力；a_c 是切削厚度；a_{ch}是切屑厚度。

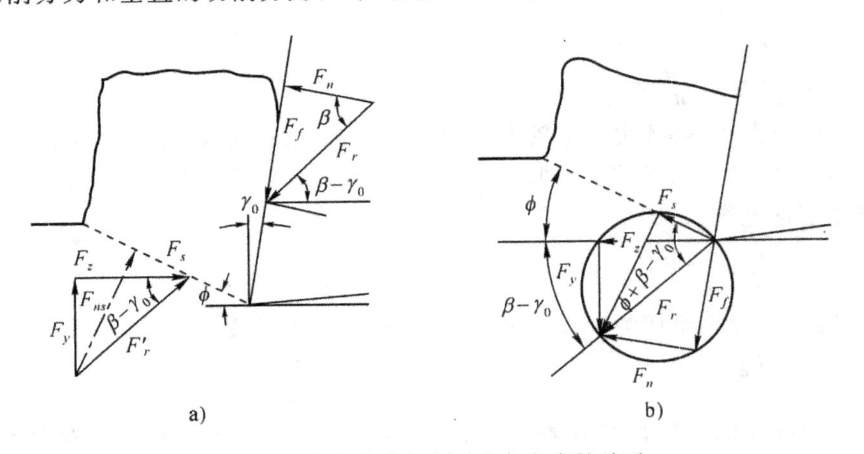

图 3-7　直角自由切削时力与角度的关系

以 a_w 表示切削宽度，则切削层面积 A_c 和剪切面面积 A_s(见图 3-8)分别为：

$$A_c=a_w\cdot a_c;$$

$$A_s=\frac{A_c}{\sin\phi}.$$

以 a 以 τ 表示剪切面上的剪切应力，有

$$F_s=\tau\cdot A_s=\frac{\tau\cdot A_c}{\sin\phi}$$

$$F_s=F_r\cdot\cos(\phi+\beta-r_0)$$

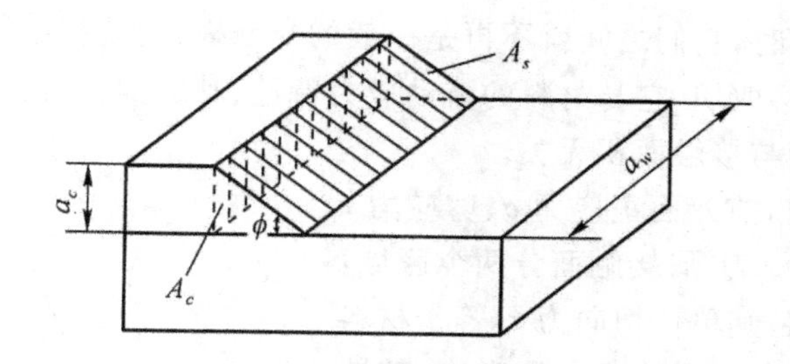

图 3-8　切削层、剪切面面积

$$F_r=\frac{F_s}{\cos(\phi+\beta-r_0)}=\frac{\tau A_c}{\sin\phi\cdot\cos(\phi+\beta-\gamma_0)} \tag{3-9}$$

$$F_z=F_z\cdot\cos(\beta-r_0)=\frac{\tau\cdot A_c\cos(\beta-r_0)}{\sin\phi\cdot\cos(\phi+\beta-r_0)} \tag{3-10}$$

$$F_y=F_y\cdot\sin(\beta-r_0)=\frac{\tau\cdot A_c\sin(\beta-r_0)}{\sin\phi\cdot\cos(\phi+\beta-r_0)} \tag{3-11}$$

式(3-10)、(3-11)说明了 β 对 F_z、F_y 的影响，如以测力仪测得 F_z、F_y，且忽略后刀面的作用力，则 β 可求得：

$$\tan(\beta-r_0)=\frac{F_y}{F_z}$$

$\tan\beta$ 即等于前刀面上的平均摩擦系数 μ，这就是通常测定 μ 的方法。

二、ϕ 与 β 的关系

如上述，F_r 是 F_n 和 F_f 的合力，在主应力方向；F_s 是剪切面上的剪切力，在最大剪应力方向。其间夹角，根据材料力学应为$\frac{\pi}{4}$。由图 3-7b)有：

$$\frac{\pi}{4}=\phi+\beta-r_0$$

或

$$\phi=\frac{\pi}{4}-(\beta-r_0)=\frac{\pi}{4}-\omega \tag{3-12}$$

式中 ω 称作用角，即合力 F_r 与切削速度方向间的夹角。

据式(3-12)可知：

1. r_0 增大，ϕ 增大，变形小，可见在保证切削刃强度的前提下，增大 r_0 对改善切削过程是有利的；

2. β 增大，ϕ 减小，变形大，因此提高刀具的刃磨质量、施加切削液以减小前刀面上的摩擦对切削是有利的。

应说明，式(3-12)与实验结果比较，在定性上是一致的，在定量上则有差异。主要是：前刀面上的摩擦情况复杂，以一简单的平均摩擦系数 μ 来表示与实际不符；在以上分析中把第一变形区作为一假想平面；切削刃看作绝对锋利；把加工材料看成是各向同性的；不考虑加工硬化以及切屑底面和刀具的粘结现象等都和实际情况有出入。

三、前刀面上的摩擦

在塑性金属切削过程中，切屑与前刀面之间的压力很大，达 2～3GPa（2000～3000 N/mm²），再加上几百度的高温，使切屑底部与前刀面发生粘结现象，如轴颈与轴瓦间润滑失

效时发生的胶着。粘结时，它们之间就不再是一般的外摩擦，而是粘结层与其上层金属间的内摩擦，即金属内部的滑移剪切，它与材料的流动应力特性、粘结面积有关；不同于外摩擦力仅与摩擦系数、压力有关，而与接触面积无关。

经光弹性实验测定，前刀面正应力 σ、剪应力 τ 分布情况如图 3-9 所示。刀-屑接触面分两个区域：粘结部分(l_{f1})为内摩擦，其单位切向力 τ_r 等于材料的剪切屈服强度 τ_s；滑动部分(l_{f2})为外摩擦，其单位切向力 τ_r 由 τ_s 逐渐减小到零。整个接触区的正应力 σ_r 以刀尖处最大，逐渐减小到零。

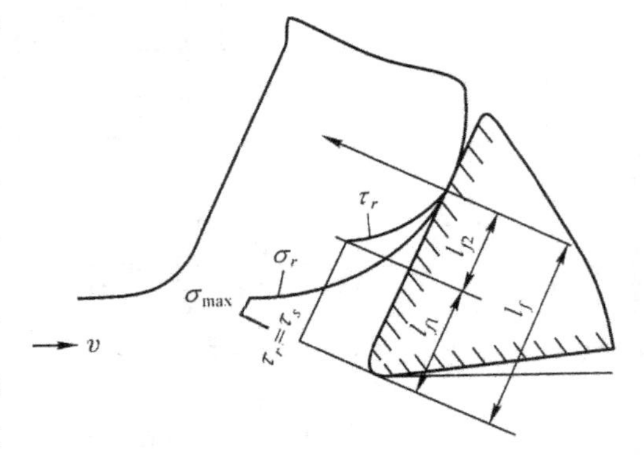

图 3-9　切屑和前刀面摩擦情况示意图

由此可见，如以 τ_r/σ_r 表示摩擦系数，则沿前刀面是变化的。沿用 $\mu=\tan\beta$ 描述前刀面摩擦情况是过于简化了。显然，金属内摩擦力要比外摩擦力大得多，在这里的分析中应着重以内摩擦考虑。

以 μ 代表前刀面上的平均摩擦系数，按内摩擦有

$$\mu=\frac{F_f}{F_n}\approx\frac{\tau_s\cdot A_{f1}}{\sigma_{av}\cdot A_{f1}}=\frac{\tau_s}{\sigma_{av}} \tag{3-13}$$

式中　A_{f1}——内摩擦部分接触面积；

σ_{av}——该部分的平均正应力，随材料硬度、a_c、v、r_0 而变；

τ_s——工件材料的剪切屈服强度，随温升而下降。

这说明 μ 是个变数，与外摩擦不同。

四、影响前刀面摩擦系数的主要因素

据习惯的摩擦系数表示方法，以实验探索前刀面上的摩擦系数的变化规律如下：

1. 工件材料

不同材料在相同切削条件下的摩擦系数如表 3-1 所示。

表 3-1　不同材料在各种切削厚度时的摩擦系数 μ

工件材料	抗弯强度 σ_b GPa(kgf/mm^2)	硬度 HB	切削厚度 a_c(mm)			
			0.1	0.14	0.18	0.22
铜	0.213 (21.3)	55	0.78	0.76	0.75	0.74
10 钢	0.362 (36.2)	102	0.74	0.73	0.72	0.72
10Cr 钢	0.48 (48)	125	0.73	0.72	0.72	0.71
1Cr18Ni9Ti	0.634 (63.4)	170	0.71	0.70	0.68	0.67

表 3-1 表明，当速度不变时，工件材料硬度、强度愈大，切削温度增高，μ 下降。

2. 切削厚度

a_c 增大，正应力随之增大，μ 下降。表 3-1 及图 3-10 说明了这一规律。

3. 切削速度

如图 3-11 所示，当 v 在 30m/min 以下，v 愈高，μ 愈大，这是因为 v 低时，切温较低，刀屑间不易粘结，粘结情况随 v 或切温增高而发展，使 μ 上升；v 超过 30m/min 后，切温升高，材料塑性增加，流动应力减少，μ 下降。

4. 刀具前角

在一般切速范围内，γ_0 愈大，μ 值愈大，如图 3-12 所示。这是因为 γ_0 增大后使正应力减小，材料剪切屈服强度与正应力之比增加。

这些变化规律对切削力、切削温度、积屑瘤等也都有影响。

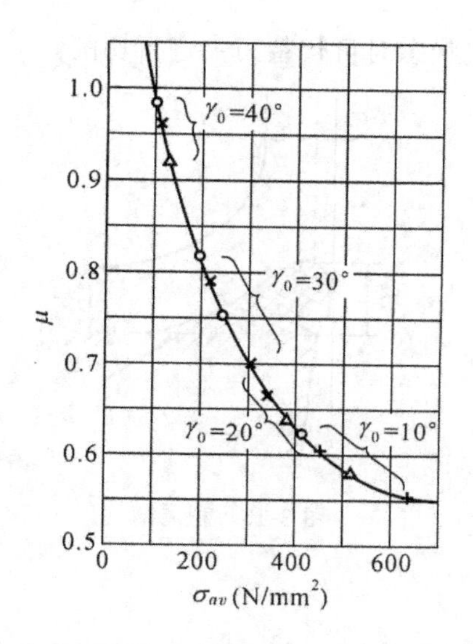

图 3-10　切削厚度对 μ 的影响

工件材料：40 钢；

刀具材料：高速钢，$\gamma_0=10°、20°、30°、40°$；

切削厚度：○—$a_c=0.05$mm；＋—$a_c=0.1$mm；△—$a_c=0.2$mm；×—$a_c=0.4$mm。

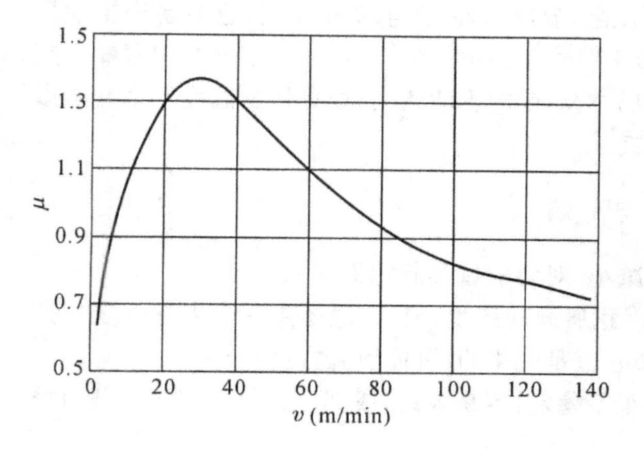

图 3-11　切削厚度对 μ 的影响

工件材料：30Cr；

刀具材料：高速钢；

切削用量：$a_c=0.149$mm；$a_w=5$mm；

刀具前角：$r°=30°$。

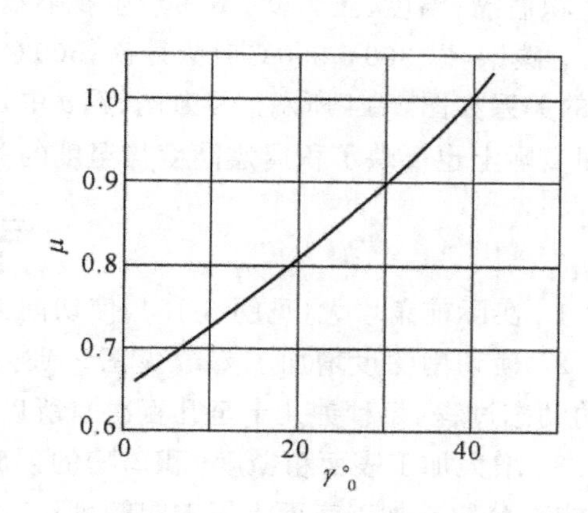

图 3-12　前角对 μ 的影响

工件材料：30Cr；

刀具材料：高速钢；

切削用量：$a_c=0.14$mm；$a_w=5$mm；$v=80$m/min。

§3-4　积屑瘤的形成及其对切削过程的影响

一、现　象

在切削速度不高而又能形成连续切屑，加工一般钢料或其他塑性材料，常在前刀面切削处粘着一块剖面呈三角状的硬块（见图 3-13），称积屑瘤。其硬度很高，为工件材料的 2～3 倍，处于稳定状态时可代替刀尖进行切削。

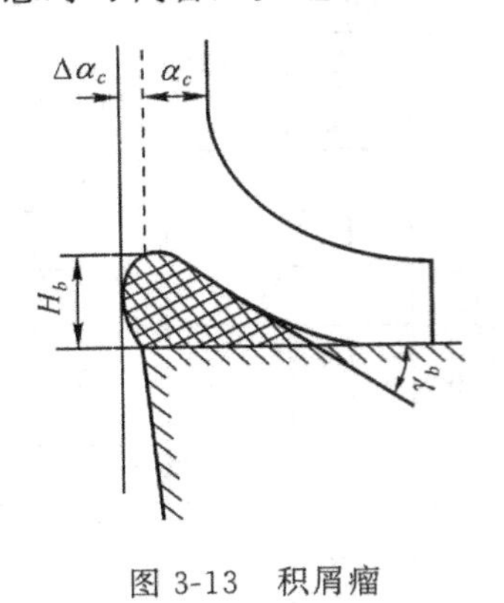

图 3-13　积屑瘤

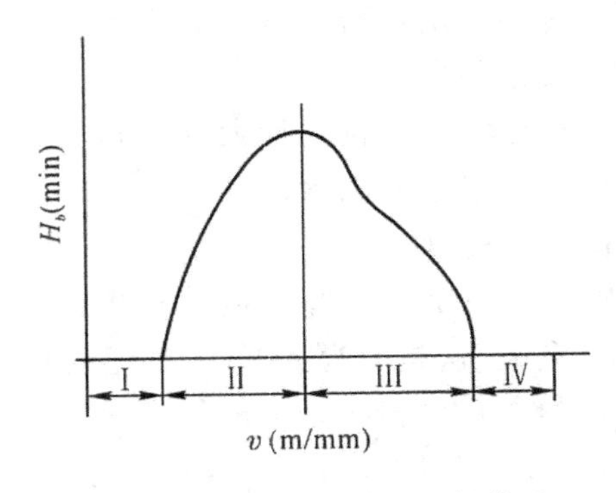

图 3-14　积屑瘤高度与 v 的关系

二、产　生

切屑对前刀面接触处的摩擦，使前刀面十分洁净，当接触面达到一定温度，压力又较高时，会产生粘结现象。这时切屑从粘在刀面的底层上流过，形成内摩擦。如果温度与压力适当，底层上面的金属因内摩擦而变形，也会发生加工硬化，而被阻滞在底层，粘成一体。这样粘结层逐渐增大，直到该处的温度与压力不足以造成粘附为止。所以积屑瘤的产生及其高度与被加工材料的硬化性质、刃前区的温度、压力分布等有关。一般地说，塑性材料的加工硬化倾向愈强，易产生积屑瘤；温度、压力低，不易产生积屑瘤；反之，温度太高，产生弱化作用，也不易产生积屑瘤。对碳钢，以 300～350℃时为最高，500℃以上时趋于消失。在 a_p、f 一定时，v 与积屑瘤高度 H_b 的关系如图 3-14 所示。因为 a_p、f、v 中，以 v 对温度的影响最大(详见切削温度一章)，所以此图实际上也反映了积屑瘤高度与温度的关系。

三、影　响

1. 实际前角增大(见图 3-13)，使切削力减小，对切削过程起积极作用；

2. 使切削深度增加了 Δa_c(见图 3-13)，因积屑瘤的产生，成长、脱落是一个带有一定周期性的动态过程(每秒钟几十至几百次)，所以 Δa_c 值是变化的，可能引起振动；

3. 增大加工表面粗糙度。积屑瘤的顶部很不稳定，容易破裂，或部分连附于切屑底部而排除；或部分留在加工表面上影响粗糙度；

4. 影响刀具耐用度。稳定时代替切削刃切削，减少刀具磨损，提高刀具耐用度；但破裂时可能使硬质合金颗粒剥落，反而加剧刀具磨损。

四、控　制

精加工时，防止积屑瘤产生的措施有：

1. 或用低速，使切温低，粘结现象不易发生；或用高速，使切温高于积屑瘤消失的相应温度；

2. 采用润滑性能好的切削液，减小摩擦；

3. 增大 γ_0，减小刀屑接触区压力；

4. 提高工件材料硬度(如热处理)，减小加工硬化倾向。

§3-5 切屑变形的变化规律

要获得较理想的切削过程，关键在于减小摩擦和变形。

1. 工件材料

强度愈高，μ 愈小，ϕ 增大（据式(3-12)、式(3-6)），ξ 减小。如图 3-15 所示。

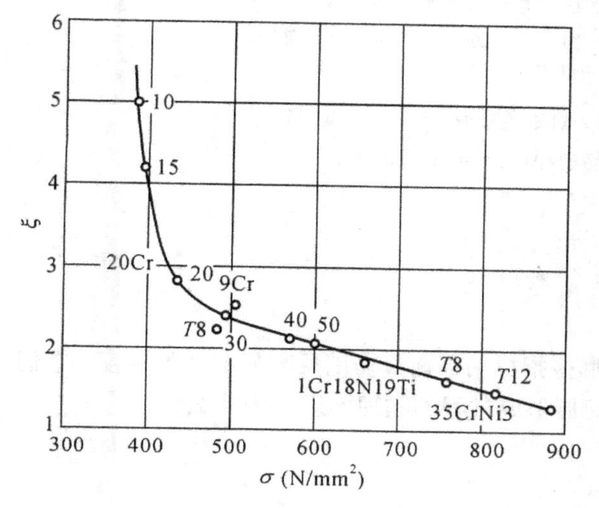

图 3-15 工件材料强度对 ξ 的影响

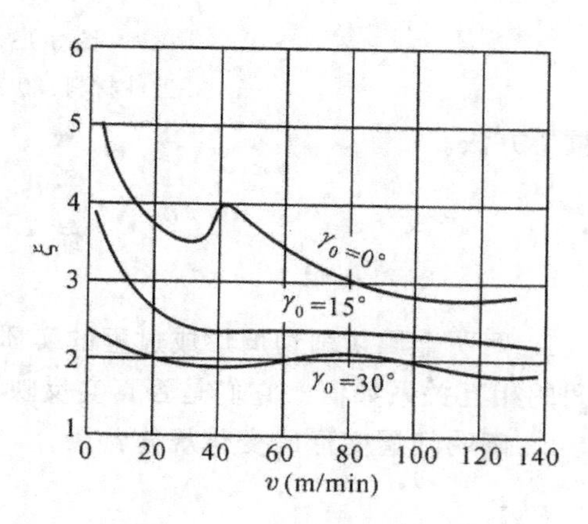

图 3-16 γ_0 对 ξ 的影响

工件材料：5120；刀具材料：高速钢；

切削用量：$a_c=0.31\sim0.36$mm，$a_w=0.8\sim0.9$mm

2. γ_0

γ_0 愈大，切屑变形愈小。如图 3-16 所示。因从图 3-7 可看出，γ_0 影响切削合力 F_γ 的方向，即作用角 $\omega(\omega=\beta-\gamma_0)$。$\gamma_0$ 增大，ω 减小，据式(3-12)，ϕ 增大。虽 β 也随 γ_0 增大而增大，但不如 γ_0 增大的多，结果 ω 还是减小，总的是使 ϕ 增大。如图 3-12 所见，γ_0 从 0°增加到 20°时，μ 从 0.66增至 0.8，相当于 β 从 33°增至 39°，结果使 ω 从 33°减小到 19°。

3. v

如图 3-16 所示，在无积屑瘤的速度范围内，v 愈大，ξ 愈小。原因有两点：(1)塑性变形的传播速度较弹性变形的慢，如图 3-17 所示，低速时，始剪切面为 OA，速度增高时，金属流动速度大于塑性变形速度，即 OA 线上尚未显著变形就已流到 OA' 线上，使第一变形区后移，ϕ 增大；(2)v 对 μ 有影响，除低速外，v 愈大，μ 愈小，所以 ξ 愈小。

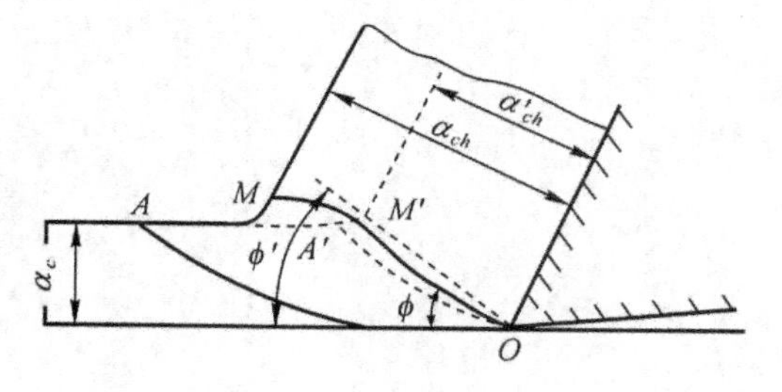

图 3-17 v 对 ϕ 的影响

如§3-3 所述，a_c 增大，μ 减小，β 与 ω 减小，ϕ 增大。图 3-18 表示了 v、f 对 ξ 的影响，可见在无积屑瘤情况下 f 愈大(a_c 愈大)，ξ 愈小；在有积屑瘤的情况下，v 主要通过积屑瘤所形成的实际前角来影响切屑变形。积屑瘤增长期，积屑瘤随 v 的增加而增大，积屑瘤愈高，其实际前角愈大，ξ 随 v 的增加而减小；积屑瘤消退期，积屑瘤随 v 的增加而减小，积屑瘤愈小，实际前角愈小，变形随之增大，ξ 随 v 的增加而增大。

据以上分析可知，减小切屑变形、改善切屑与刀具的摩擦情况是革新刀具、提高切削水平

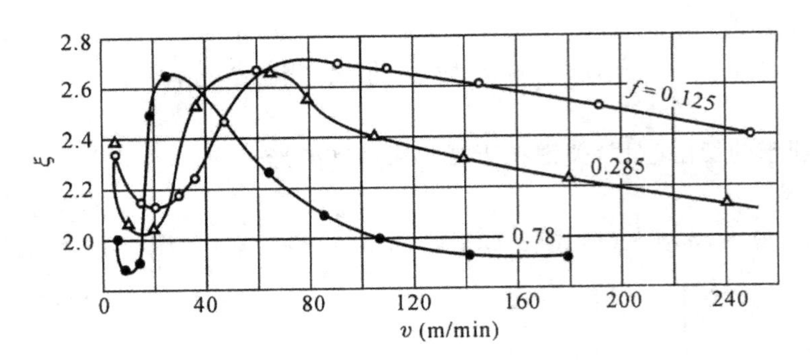

图 3-18 v、f 对 ξ 的影响

工件材料:30 钢;切削深度:a_p=4mm。

的重要方法。

练 习 题 3

1. 阐明金属切削切屑形成过程的实质?哪些指标用来衡量切削层金属的变形程度?它们之间的相互关系如何?它们是否真实反映了切屑形成过程的物理本质?为什么?

2. 阐明切屑变形的变化规律?

第四章　切削力

切削力，即切削时，刀具切入工件时，被切削层发生变形成为切屑所需的功。它与刀具、机床、夹具的设计与使用有密切关系。

§4-1　切削力的来源、合力、分解

切削力来自变形与摩擦(见图 4-1，a))，它们分别是：克服被加工材料对弹性变形、塑性变形的抗力；克服切屑对刀具前刀面的摩擦力和刀具后刀面对加工表面与已加工表面之间的摩擦力。这些力的总和形成作用在刀具上的合力 F_r。为了实际应用，F_r 可分为相互垂直的 F_X、F_Y、F_Z 三个分力(见图 4-1，b))。

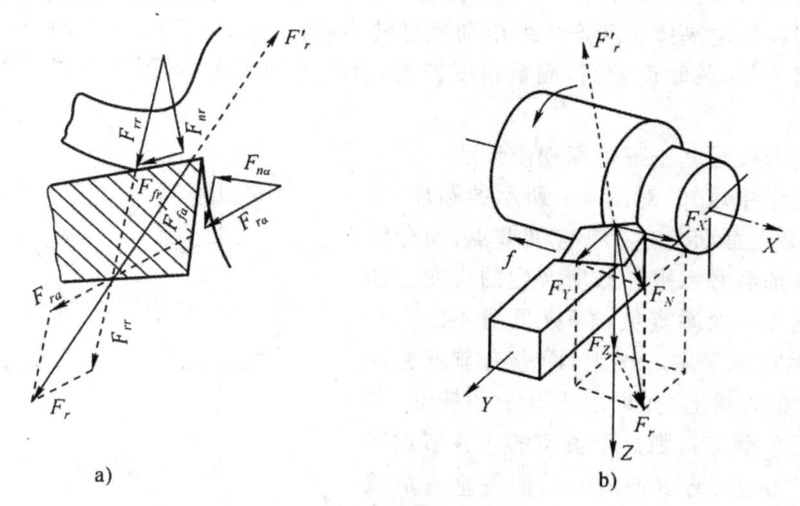

图 4-1　切削的来源、合力、分解

F_Z—主切削力(或称切向力)。它切于加工表面并与基面垂直，是计算刀具强度、设计机床零件，确定机床功率所必需的；

F_X—进给抗力(或称轴向力、进给力)。是处于基面内并与工件轴线平行，与进给方向相反的力，是设计进刀机构、计算刀具进给功率所必需的；

F_Y—切深抗力(或称径向力、吃刀力)。是处于基面内并与工件轴线垂直的力，用来确定与工件加工精度有关的工件挠度、计算机床零件和刀具强度，也是使工件在切削过程中产生振动的力。

由图 4-1，b)有：

$$F_r=\sqrt{F_Z^2+F_N^2}=\sqrt{F_Z^2+F_X^2+F_Y^2} \tag{4-1}$$

据实验，当 $\kappa_r=45°$，$\lambda_s=0$、$\gamma_0=15°$时，F_Z、F_X、F_Y 之间有以下近似关系：

$F_Y=(0.4\sim0.5)F_Z$；

$F_X=(0.3\sim0.4)F_Z$。

代入式(4-1)得

$F_r=(1.12\sim1.18)F_Z$

随着刀具几何参数、切削用量、工件材料和刀具磨损等情况的不同，F_Z、F_X、F_Y 之间的比例可在较大的范围内变化。

§4-2 计算切削力的经验公式

很多学者曾对计算切削力作了大量的理论分析，以期从理论上获得计算切削力的公式，服务于生产。但由于切削过程非常复杂，影响因素很多，迄今还未能得出与实测结果相吻合的理论公式。因而在生产实践中仍采用通过实验方法所建立的切削力经验公式。

一、切削力的测量

按测力仪的工作原理可分为机械、液压、电气(电阻、电感、电容、压电、电磁)测力仪。常用的为电阻式测力仪和压电测力仪。它们分别是利用切削力作用在测力仪的弹性元件上所产生的变形和作用在压电晶体上所产生的电荷经过转换后，得出 F_Z、F_X、F_Y 值的。

电阻式测力仪，灵敏度较高，测量精度较高，量程范围较大，既可用于静态测量，也可用于动态测量。

电阻式测力仪是基于下述原理设计的：

从材料力学中可知，对图 4-2 所示的圆环，在其上加载时，某个截面上存在着应变节点，而分别测量由于垂直加载和水平加载所产生的应变。如果在圆环上施加一个垂直负载 F_Y(见图 4-2,a))，最大应变产生在水平中心线上，而应变节点在同垂直线成 39.6°的线上；如果阻止这个环转动，并施加一个水平负载 F_X，则这个负载的应变节点产生在水平中的线上(见图 4-2,b))，而在垂直负载的应变节点也产生应变。因此，如果将电阻应变片，按照上述节点位置贴在环上，则贴在水平中心线上的那些电阻应变片 R_1、R_2、R_3、R_4 只对所加的垂直分力起作用；而在与垂直线成39.6°的线上的那些电阻应变片 R_5、R_6、R_7、R_8 只对所加的水平分力起作用。这样，当圆环上同时作用 F_X 与 F_Y 力时，将电阻应变片 $R_1\sim R_4$、$R_5\sim R_8$ 组成电桥，就可以互不干扰地测出 F_X、F_Y 力。

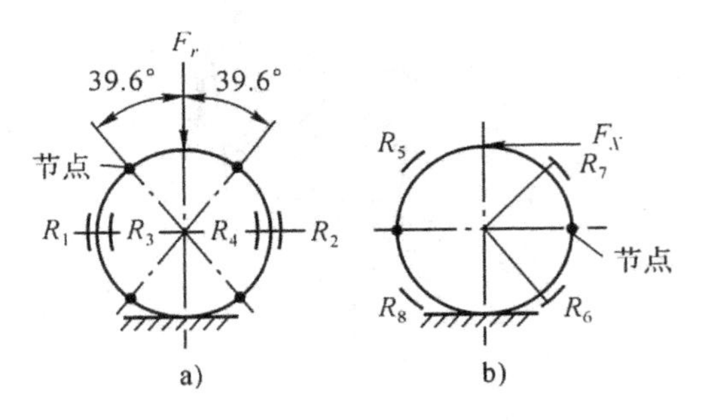

图 4-2 圆环的应变节点

基于上述原理设计的八角环形电阻式测力仪如图 4-3 所示。图 4-3a)是其外观图，将若干电阻应变片紧贴在测力仪的弹性元件的不同受力位置(见图 4-3,b))，并组成相应的电桥(见图 4-3,c))，则可以同时测出三个切削分力，并消除它们之间的干扰(实际控制在 5%之内)，保证测量精度。其中 $R_{X_{1\sim8}}$、$R_{Y_{1\sim8}}$、$R_{Z_{1\sim4}}$ 分别用以测量由于 F_X、F_Y、F_Z 所引起的应变，据此应变值即可从标定曲线上获得 F_X、F_Y、F_Z 值。

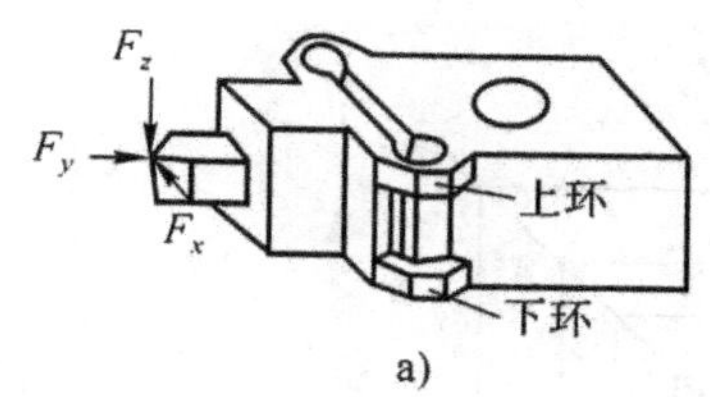

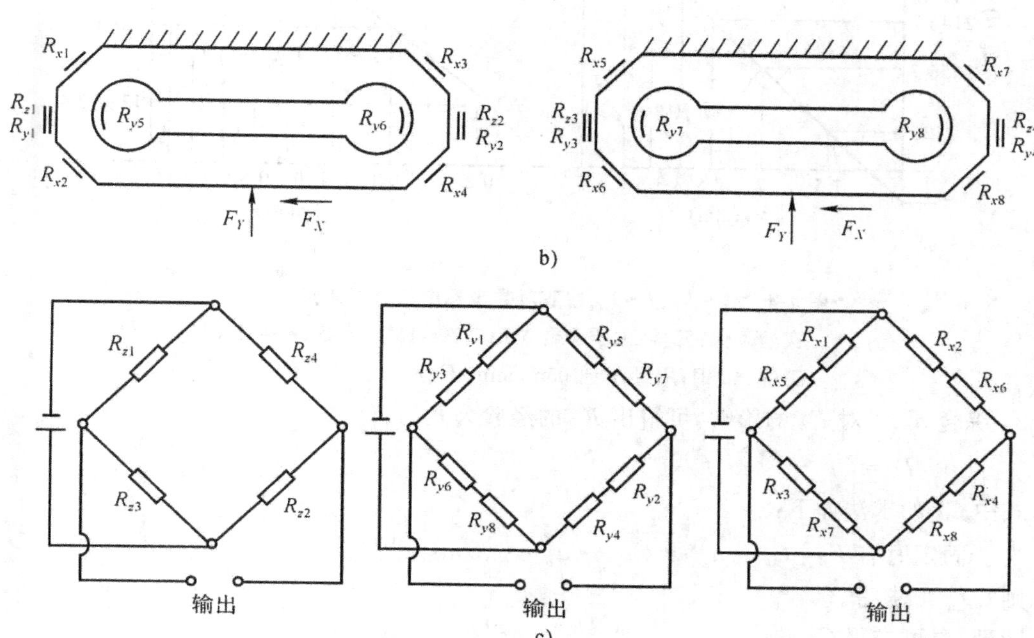

图 4-3　八角环形电阻式测力仪

a）外观图；　b）应变片分布；　c）电桥联线图

二、经验公式的建立步骤

以求 F_Z 为例。

1. 进行切削实验，测定切削力。

先固定其他因素（工件材料、刀具几何参数、v 等）不变，以不同的 a_p 进行切削，得出 $a_p \sim F_Z$；再以同样方法得出 $f \sim F_Z$。把这两组数据画在双对数坐标中，得如图 4-4 所示的两条直线图形。

2. 直线图形的对数方法为：

$$\lg F_Z = \lg C_{a_p} + X_{F_z} \cdot \lg a_p$$

$$\lg F_Z = \lg C_f + X_{F_z} \cdot \lg f$$

可改写为：

$$F_Z = C_{a_p} \cdot a_p^{X_{F_z}}$$

$$F_Z = C_f \cdot f^{Y_{F_z}}$$

式中　X_{F_z}、Y_{F_z}——分别为 $a_p \sim F_Z$、$f \sim F_Z$ 直线图形中的斜率 $\tan\alpha$、$\tan\beta$。α、β 直接从图中量出，在一般条件下 $\alpha \approx 45°$，$X_{F_z}=1$；$\beta = 37°$，$Y_{F_z} \approx 0.75$。

C_{a_p}、C_f——分别为 $a_p \sim F_Z$，$f \sim F_Z$ 直线图形中的纵截距，可从图中量出。

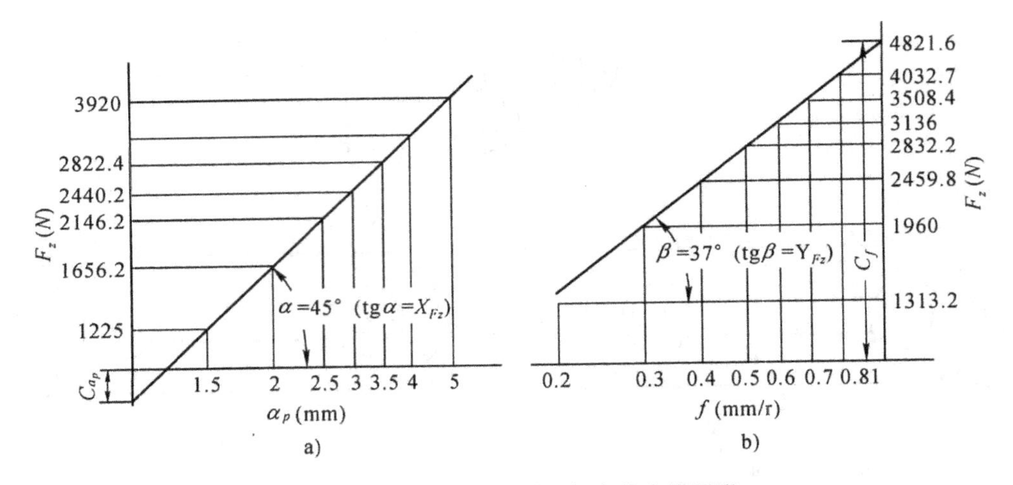

图 4-4 a_p～F_Z、f～F_Z 在双对数坐标中的直线图形

实验条件：刀具：硬质合金 YT15，$\gamma_o=15°$、$\alpha_o=8°$、$\kappa_r=45°$；

工件：45 钢；用量：$v=105$m/min，干切。

3. 综合 a_p、f 对 F_Z 的影响，可得出 F_Z 的经验公式为：

$$F_Z=C_{F_z}\cdot a_p^{X_{F_z}}\cdot f^{Y_{F_z}}$$

式中 C_{F_z} 的求法如下：

当 f 固定时有 $F_Z=C_{a_p}\cdot a_p^{X_{F_z}}=C_{F_z a_p}\cdot a_p^{X_{F_z}}\cdot(\text{const})^{Y_{F_z}}$

则 $C_{F_z a_p}$ 可求得。

同理，也可求得 $C_{F_z f}$。

按理 $C_{F_z a_p}\approx F_{F_z f}$，但实际有差异，而取平均值，即

$$C_{F_Z}=\frac{C_{F_z a_p}+C_{F_z f}}{2}$$

4. 其他因素对切削力的影响，可以用修正系数表示。

实验公式是在特定实验条件下得出的，实际使用中，如切削条件与实验条件不符，一般是在实验公式的基础上再乘上一个修正系数 K_F 即可。K_F 是包括了许多因素的修正系数乘积，也是用实验方法求出的。以 r_0 为例，在其他条件相同的情况下，测出不同 r_0 时的 F_Z 值，然后与实验公式（有某个 r_0 值）的 F_Z 值比较，比值即为 r_0 改变时的修正系数 $K_{r_0 F_z}$。

F_X、F_Y 以同样方法建立。三个分力的实验公式分别是：

$$\left.\begin{aligned}F_Z&=C_{F_z}\cdot a_p^{x_{F_z}}\cdot f^{y_{F_z}}\cdot K_{F_z}\\F_Y&=C_{F_y}\cdot a_p^{x_{F_y}}\cdot f^{y_{F_y}}\cdot K_{F_y}\\F_X&=C_{F_x}\cdot a_p^{x_{F_x}}\cdot f^{y_{F_x}}\cdot K_{F_x}\end{aligned}\right\}\tag{4-2}$$

式中 F_z、F_y、F_x——分别为主切削力、切深抗力、进给抗力；

C_{F_z}、C_{F_y}、C_{F_x}——决定于被工材料、切削条件的系数；

X_{F_z}，Y_{F_z}，X_{F_y}，Y_{F_y}，X_{F_x}，Y_{F_x}——分别为 a_p、f 的指数值；

K_{F_z}，K_{F_y}，K_{F_x}——当实际加工条件与实验公式的条件不符时，各因素对切削力的修正系数的积。

这些系数、指数、修正系数值均可从有关切削用量手册中查得。

经验公式的建立，还可按正交实验原理设计实验方案进行，而后对实验数据进行回归，利用最小二乘法求出。

§4-3 切削功率、单位切削力、单位切削功率

一、切削功率

消耗在切削过程中的功率称切削功率 P_m，是 F_Z、F_X 所消耗功率之和。F_Y 方向没有位移，所以不消耗功率。于是

$$P_m=\left(F_Z\cdot v+\frac{F_X\cdot n_w\cdot f}{1000}\right)\times 10^{-3}(\mathrm{kW}) \tag{4-3a}$$

式中 F_Z——主切削力(N)；

v——切削速度(m/s)；

F_X——进给力(N)；

n_w——工件转速(r/s)；

f——进给量(mm/r)。

因 F_X 相对于 F_Z 所消耗功率来说一般很小，可略去不计($<1\%\sim2\%$)，因而

$$P_m=F_Z\cdot v\times 10^{-3}(\mathrm{kW}) \tag{4-3b}$$

若单位制取：F_Z—kgf，v—m/min，F_X—kgf，n_w—r/min，f—mm/r，则

$$P_m=\frac{F_Z\cdot v+(F_X\cdot n_m\cdot f)\times 10^{-3}}{75\times 60\times 1.36}(\mathrm{kW}) \tag{4-3c}$$

不计 F_X 所消耗的功率时有：

$$P_m=\frac{F_Z\cdot v}{75\times 60\times 1.36}(\mathrm{kW}) \tag{4-3d}$$

计算机床电机功率 P_E 时应为：

$$P_E\geqslant\frac{P_m}{\eta_m} \tag{4-4}$$

式中 η_m——机床传动效率。

二、单位切削力和单位切削功率

1. 单位切削力 p

是指单位切削面积上的主切削力。

$$p=\frac{F_Z}{A_c}=\frac{F_Z}{a_p\cdot f}=\frac{F_Z}{a_p\cdot a_w}(\mathrm{N/mm^2}) \tag{4-5}$$

式中 A_c——切削面积(mm²)；

a_p——切削深度(mm)；

f——进给量(mm/s)

a_c——切削厚度(mm)；

a_w——切削宽度(mm)。

通过实验求得 p 后(其值可在切削用量手册中查得)，则由式(4-5)可计算出 F_Z。

2. 单位切削功率 P_s

是指单位时间内切除单位体积的金属所消耗的功率。

$$P_s=\frac{P_m}{Z_w}(\mathrm{kW/mm^3 \cdot s^{-1}}) \tag{4-6a}$$

式中　Z_w——单位时间内的金属切除量

$$Z_w \approx 1000 \cdot v \cdot a_p \cdot f(\mathrm{mm^3/s})$$

由式(4-3b))、式(4-5)得

$$P_m=p \cdot a_p \cdot f \cdot v \times 10^{-3}(\mathrm{kW})$$

将 Z_w、P_w 代入式(4-6a)有

$$P_s=\frac{p \cdot a_p \cdot f \cdot v \times 10^{-3}}{1000v \cdot a_p \cdot f}=p \times 10^{-6} \tag{4-6b}$$

即已知 p 由式(4-6a)、式(4-6b),可求出 P_m。

§4-4　影响切削力的因素

由式(3-9)可知

$$F_r=\frac{\tau \cdot A_c}{\sin\phi \cdot \cos(\phi+\beta-\gamma_0)}=\frac{\tau \cdot a_c \cdot a_w}{\sin\phi \cdot \cos(\phi+\beta-\gamma_0)}$$

上式表明,被加工材料的抗剪变形、切削面积愈大,剪切角愈小,前角愈小,则切削力愈大,具体分析如下:

一、工件材料

工件材料是通过其本身的物理机械性质、加工硬化能力、化学成分、热处理状态、切削前的加工状态等影响切削力的大小的。

材料的强度愈高、硬度愈大,切削力愈大;材料的硬化能力大,如奥氏体不锈钢强度、硬度较低,但强化系数大,加工硬化能力大,较小的变形就使硬度大为提高,使切削力增大;化学成分影响材料的物理机械性能的变化而影响切削力,如正常钢中增加含硫量或添加铅会引起成分间的应力集中,易形成挤裂切屑,使切削力降低约20%～30%;同一材料,热处理状态不同,如正火、调质、淬火状态下的硬度不同,切削力就有大小之别;铸铁等脆性材料,切削层的塑性变形很小,加工硬化小,切屑为崩碎切屑,与前刀面的接触面积小,切削力就比较小。

二、切削用量

1. a_p、f

a_p、f 增大,分别使 a_w、a_c 增大,切削面积 A_c 增大,抗力、摩擦力增加,引起切削力增大,但影响程度不一。因切削刃钝圆半径 γ_β 的关系,刃口处的变形大,a_p 增大时(见图4-5a)),该处成比例增大;f 增大时,该处比例不变(图4-5b)),而 a_c 变大,变形减小,所以增加 a_p 的切削力较增大 f 的切削力大。实验公式中的指数 a_p 近于1;f 近于0.75也说明这一点。可见在同样切削面积下,采用大的 f 较采用大的 a_p 省力。

2. v

切削塑性金属时,v 对切削力的影响如同对切削变形影响的规律,是通过积屑瘤与摩擦的作用所造成的,如图4-6所示。当 v<30m/min时,由于积屑瘤的产生和消失,使 r_{0e} 增大或减小,导致了切削力的变化;当 v>30m/min时,v 大,切温高,μ 减小,ϕ 增大,ξ 减小,切削力减小。

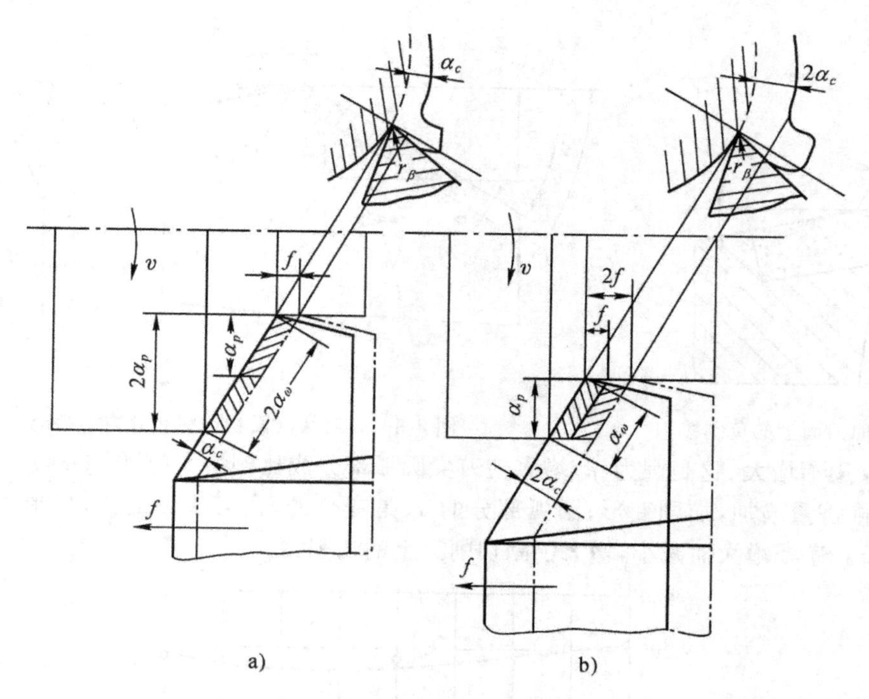

图 4-5　a_p、f 对切削力的影响

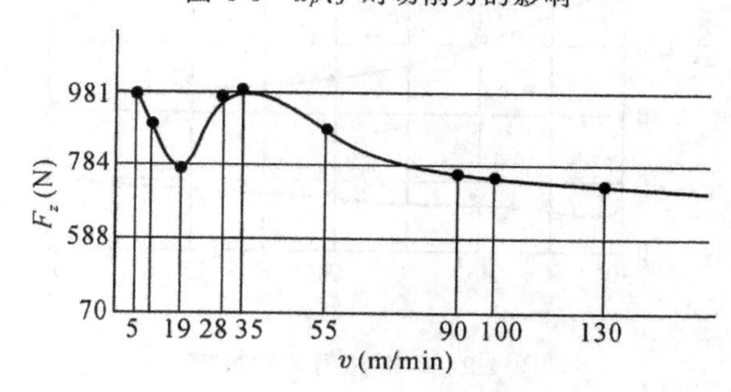

图 4-6　v 对 F_z 的影响

工件：45 钢；

刀具：YT15，$\gamma_0=15°$，$\kappa_r=45°$，$\kappa_r'=15°$，$\alpha_0=8°$，$\lambda_s=0°$；

用量：$a_p=2\text{mm}$，$f=0.2\text{mm/r}$。

切削脆性金属时，因变形、摩擦均较小，所以 v 对力的影响不大。

三、刀具几何参数

1. 前角 γ_0 及倒棱

加工钢料时，从式 $\phi=\frac{\pi}{4}-(\beta-\gamma_0)$ 知，γ_0 增大，ξ 减小，切削力小；加工铸铁等脆性材料时，因变形和加工硬化小，γ_0 对力的影响不显著。

前刀面上的负倒棱 b_{r1}（图 4-7）有利于增强切削刃强度，但也增加了切屑变形程度，所以切削力增大。

2. 主偏角 κ_y 和刀尖圆弧半径 r_ε

κ_r 改变切削面积形状（见图 4-8a)）和分力 F_X、F_Y 的比值（见图 4-8b)）。

κ_r 对 F_Z 的影响规律见图 4-9。在 a_p、f 相同的情况下，κ_r 增至 60°～75°之间时，曲线上出现

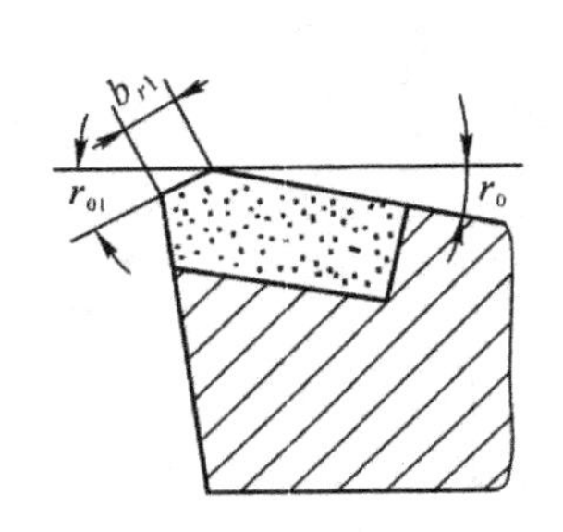

图 4-7 前刀面上的负倒棱

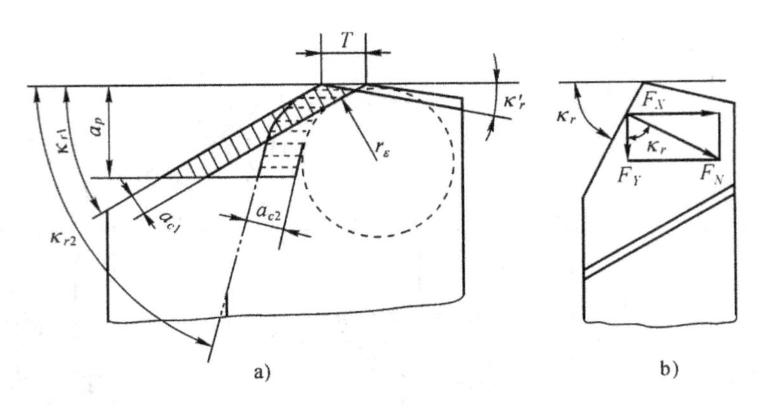

图 4-8 κ_r 对切削面积形状和分力的影响

了转折，F_Z 逐渐增大。这是因为：κ_r 增大使刀尖圆弧部分成比例增大（见图 4-8a)），切屑向圆弧部分中心排挤量增加，加剧变形；圆弧部分的 a_c 是变化的，比直线刃的小，变形力大些；从式(1-30)知，r_0' 随 κ_r 增大而减小，增大了副切削刃上的切削力。

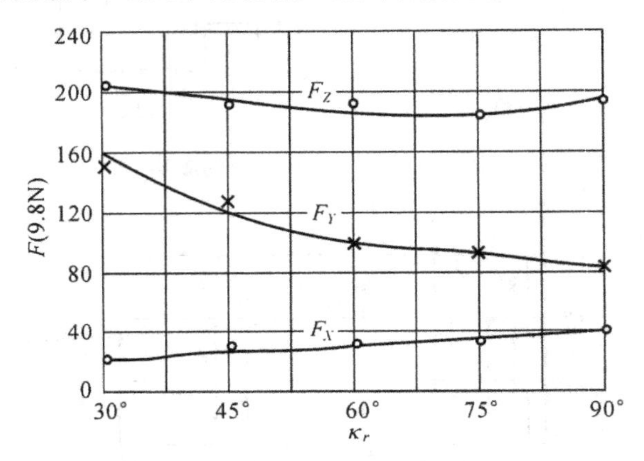

图 4-9 κ_r 对切削力的影响

工件：45 钢，正火，HB=187；

刀具：YT15，$\gamma_0=18°$，$\alpha_0=8°$，$\kappa_r=10°$，$\lambda_s=0°$，$\gamma_\varepsilon=0.2\text{mm}$；

用量：$a_p=3\text{mm}$，$f=0.3\text{mm/r}$，$v=100\text{m/min}$

κ_r 与 F_X、F_Y 的关系，由图 4-8b)有：

$$F_X=F_N\cdot\sin\kappa_r;$$

$$F_Y=F_N\cdot\cos\kappa_r;$$

其影响规律见图 4-9。F_X 随 κ_r 增大而增大，F_Y 随 κ_r 增大而减小。长径比超过 10 的细长轴，刚性差，加工时为避免振动，提高加工精度，宜用大 κ_r，如常用的 $\kappa_r=93°$的偏刀。

刀尖圆弧半径 r_ε（见图 4-10）对切削力的影响见图 4-11。显然，r_ε 增大对 F_X、F_Y 的影响要比对 F_Z 的影响大。这是因为，当 a_p、f、κ_r 不变时，比较图 4-10a)与图 4-10，b)可见，r_ε 增大，曲线部分各点的 a_c、κ_r 减小所致。所以当加工系统刚性不好时，宜用小 r_ε。

3. 刃倾角 λ_s

实验证实，λ_s 对 F_Z 的影响不大，但对 F_X、F_Y 的影响较大，如图 4-12 所示。由式(1-17)、式(1-18)可知：λ_s 增大，切深抗力 F_Y 方向的前角 γ_p 增大，F_Y 减小；而进给抗力 F_X 方向的前角 γ_f 减小，F_X 增大。

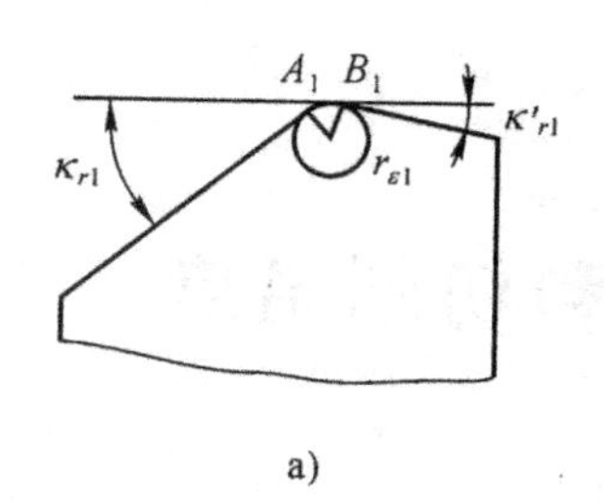

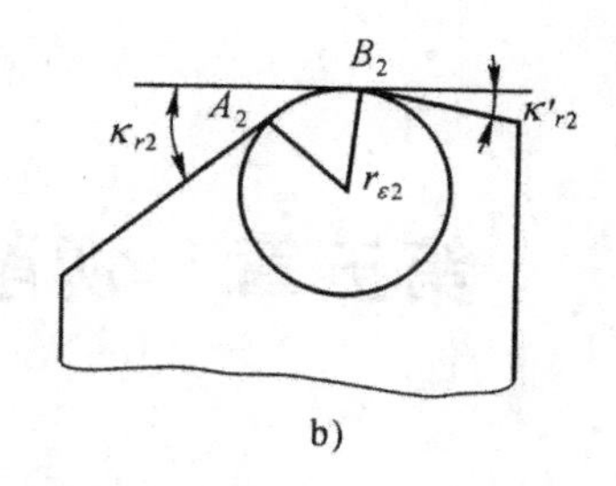

图 4-10　γ_ε 与切削刃曲线部分的关系

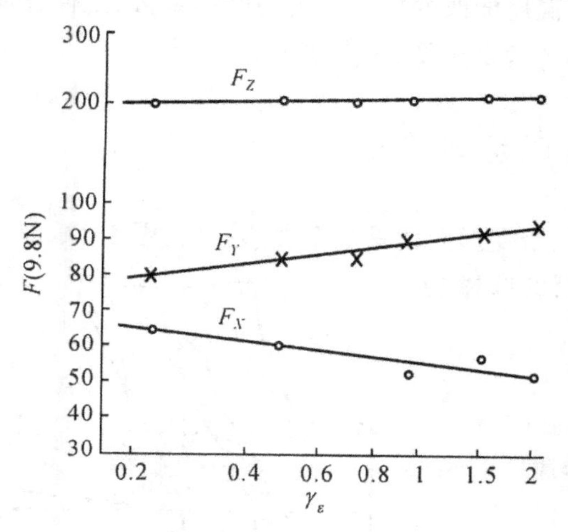

图 4-11　r_ε 对切削力的影响

工件:45 钢,正火 HB=187;

刀具:YT15,$\gamma_0=18°$,$\alpha_0=8°$,$\kappa_r=75°$,$\kappa_r'=10°$,$\lambda=0°$

用量:$a_p=3$mm,$f=0.35$mm/r,$v=93$m/min。

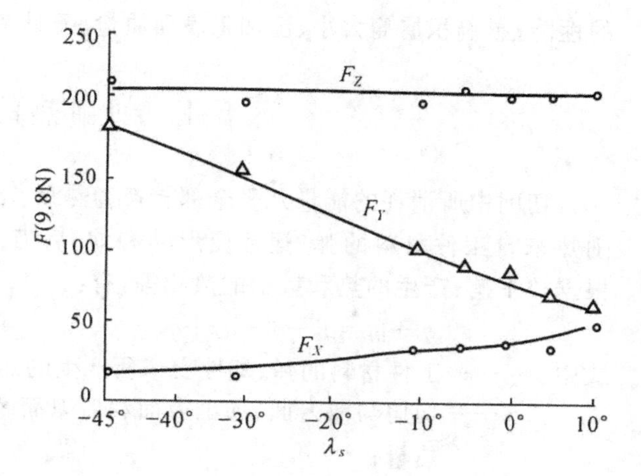

图 4-12　$\lambda_{对}$ 切削力的影响

工件:45 钢,正火,HB=187;

刀具:YT15,$\gamma_0=18°$,$\alpha_0=8°$,$\kappa_r=75°$,$\kappa_r'=10°$;

用量:$a_p=3$mm,$f=0.35$mm/r,$v=100$m/min

四、其　他

刀具材料,通过其摩擦系数来影响切削力。如硬质合金的 μ 随钴的含量增大和碳化钛的含量减小而提高,因此使用含钴量多的硬质合金刀片,切削力将加大;*YT* 类的摩擦系数较高速钢小,可使 F_Z 下降 5～10%,而 *YG* 类则基本与高速钢相同;陶瓷刀片导热性小,在较高的切温工作时,摩擦降低,切削力减小。

切削中采用切削液可减小摩擦力、降低切削力。

刀具的摩损量加大,切削力增加。

练　习　题　4

1. 切削力是怎样产生的? 为什么要把切削力分解为三个在空间相互垂直的分力?
2. 试比较 a_p、f 对切削力的影响?
3. 在切削力的实验公式中,修正系数 K_F 的含义是什么?
4. 何谓单位切削力、单位切削功率?

第五章　切削热和切削温度

切削热是切削过程的重要物理现象之一。切削温度能改变前刀面上的摩擦系数、工件材料的性能；影响积屑瘤大小、已加工表面质量、刀具摩损和耐用度、生产率等。

§5-1　切削热的产生和传出

切削中所消耗的能量几乎全部转换为热量。三个变形区就是三个发热区（见图 5-1），即切削热来自工件材料的弹、塑性变形功和前、后刀面的摩擦功。

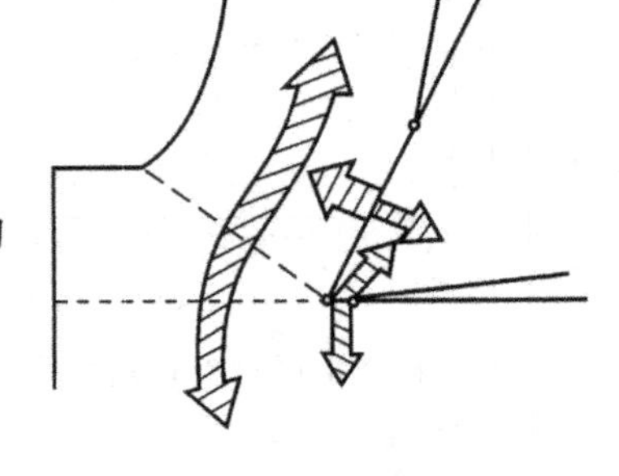

图 5-1　切削热的产生和散出

根据热平衡：产生的热和散出的热相等，有：

$$q_s+q_r=q_c+q_t+q_w+q_m$$

式中　q_s——工件材料的弹、塑性变形所产生的热量；

q_r——切屑与前刀面、加工表面和后刀面摩擦所产生的热量；

q_c——切屑带走的热量；

q_t——刀具散出的热量；

q_w——工件散出的热量；

q_m——周围介质（如空气、切削液等）带走的热量。

据实验得出：车削时，热的传出大致为：切屑切占 50%～86%，刀具占 40%～10%，工件占 9%～3%，周围介质占 1%。具体值与工件、刀具材料的导热系数、切削用量、刀具几何参数等有关。

§5-2　切削温度的测量方法

切削温度的测量是切削实验研究中重要的技术，可以用来研究各因素对切削温度的影响，也可用来校核切削温度理论计算的准确性，还可以把所测得的切削温度作为控制切削过程的信号源。

切削温度的测定方法很多，有热电偶法、辐射温度法（如辐射热计法，红外线胶片法等）、热敏颜料法、量热计法等。但目前广为应用的是热电偶法。它简单、可靠，使用方便。有自然热电偶法和人工热电偶法。

1. 自然热电偶法

如图 5-2 所示。利用工件材料和刀具材料化学成分不同，而组成热电偶的两极。工件与刀具在接触区内因切削热的作用而使温度升高，从而形成热电偶的热端；而刀具的尖端及工件的引出端保持室温，形成热电偶的冷端。热端与冷端有热电势产生。刀具—工件自然热电偶的温度与输出电压的关系，应事先进行标定。根据测得的切削过程的热电势（mV），在标定曲线上查出对应的温度值。为提高测温精度，工件和刀具应与机床绝缘。

用这种方法测得的是切削区的平均温度。当更换刀具材料或工件材料时，需重新标定温度—输出电压曲线。

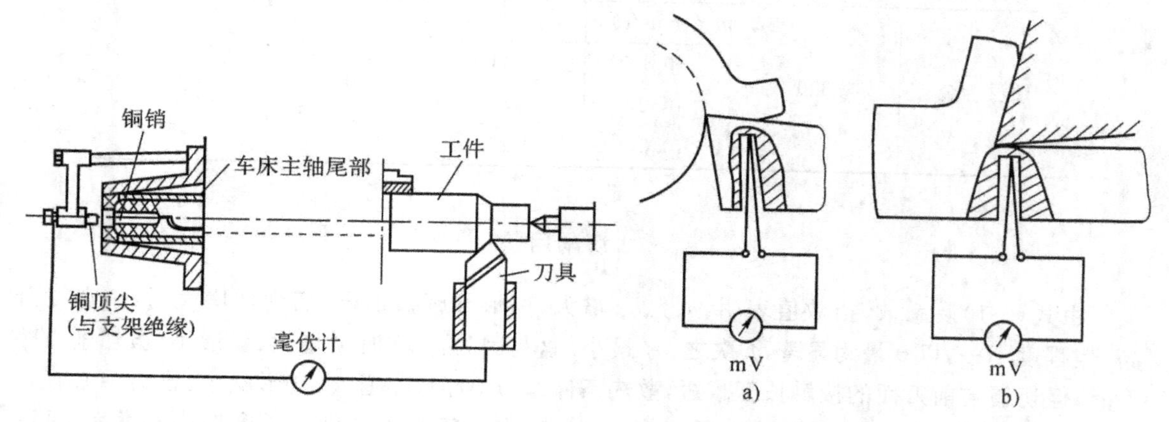

图 5-2　自然热电偶法测量切削温度

图 5-3　人工热电偶测量刀具(a)或工件(b)温度

2. 人工热电偶法

要测量刀具或工件上某点的温度，可采用图 5-3 所示的人工热电偶。它是两种预先经过标定的金属丝组成的热电偶。它的热端固定在刀具或工件上预定要测量温度的点上，冷端通过导线串接在电位计、毫伏计或其他记录仪器上。根据输出的电压及标定曲线，可以测定热端的温度。

为了正确反映切削过程真实的温度变化，要求把安放热电偶金属丝的小孔做的愈小、愈近测量点愈好。但钻孔破坏了温度场，测量结果是有误差的。

§5-3　影响切削温度的主要因素

如同建立切削力实验公式的程序一样，通过自然热电偶法所建立的切削温度的实验公式为：

$$\theta=C_\theta \cdot v^{Z_\theta} \cdot f^{y_\theta} \cdot a_p^{x_\theta} \tag{5-1}$$

式中　θ——实验测出的刀屑接触区的平均温度(℃)；

C_θ——切削温度系数；

v——切削速度(m/min)；

f——进给量(mm/r)；

a_p——切削深度(mm)；

Z_θ、Y_θ、X_θ——相应的指数。

用高速钢或硬质合金刀具车削中碳钢时，实验得出 C_θ、Z_θ、Y_θ、X_θ 值列在表 5-1。

分析各因素对切削温度的影响，主要应从这些因素对单位时间内产生的热量和传出的热量的影响入手。如果产生的热量大于传出的热量，则这些因素将使切削温度提高；若有些因素使传出的热量增大，则这些因素将使温度降低。

表 5-1　切削温度的 C_θ、Z_θ、Y_θ、X_θ 值

刀具材料	C_θ	Z_θ		Y_θ	X_θ
高速钢	140～170	0.35～0.45		0.2～0.3	0.08～0.10
硬质合金	320	f(mm/r)		0.15	0.05
		0.1	0.41		
		0.2	0.31		
		0.3	0.26		

一、切削用量

由式(5-1)及系数、指数值表明：v、f、a_p 增大，变形和摩擦加剧，切削功增大，切削温度升高。但程度不一，以 v 最为显著，f 次之，a_p 最小。这是因为：v 增加，ϕ 增大、变形小，虽切削力略下降，但切屑与前刀面的接触长度减短，散热条件差；f 增加，a_c 增大，变形减小，压力中心较远离刀尖(见图 4-5,b))，散热条件有所改善；a_p 增加，参加工作的切削刃长度按比例增大(见图 4-5,a))，散热条件同时得到改善。

由此可见，在金属切除率相同条件下，为减小切削温度影响，防止刀具迅速磨损，提高刀具耐用度，增加 a_p 或 f 远比增加 v 更为有利。

二、刀具几何参数

1. γ_0

实验结果(见图 5-4)表明：γ_0 增大，变形、摩擦减小，产生的热量少，温度下降；但 γ_0 增至 18°～20°后，因楔角 β_0 减小，散热条件差，对温度的影响减小。

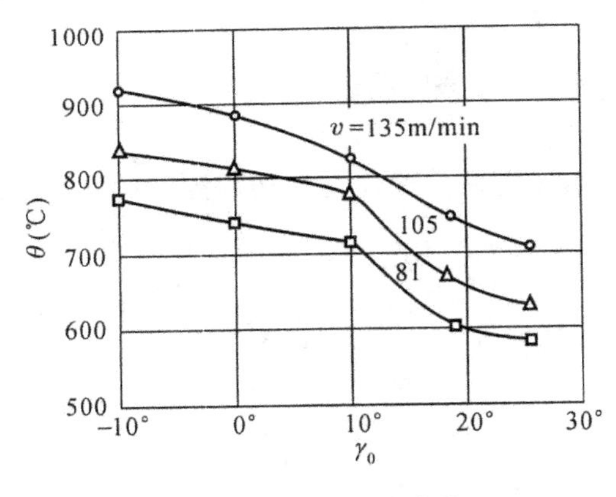

图 5-4　γ_0 与 θ 的关系

a_p=3mm；f=0.1mm/r

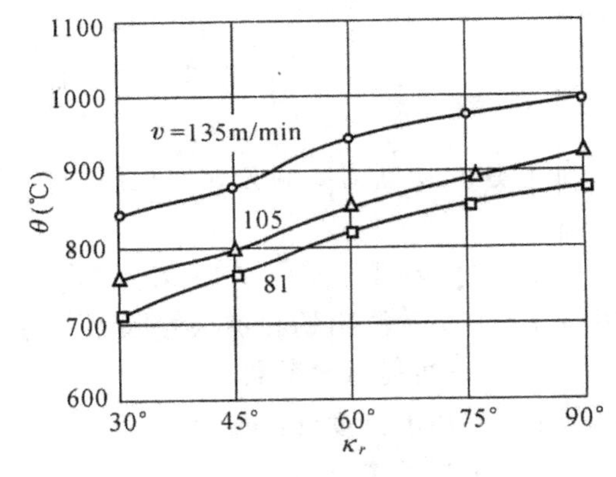

图 5-5　κ_r 与 θ 的关系

工件：45 钢；刀具：YT15，γ_0=15°；

用量：a_p=2mm；f=0.2mm/r

2. κ_r

κ_r 减小，使 a_c 减小，a_w 增大，切削刃散热条件得到改善，温度下降，如图 5-5 所示。

3. b_γ、γ_ϵ

b_γ、γ_ϵ 既使变形增大，但也同时改善散热条件，因此对温度的影响不大。

三、工件材料

工件材料主要通过本身的强度、硬度、导热系数等对切温产生影响。如低碳钢，强度、硬度低，变形小，产生的热少，而导热系数大、热量散出快，所以温度很低；40Cr 硬度接近中碳钢，强度略高，但导热系数小，温度高；脆性材料变形小、摩擦小，温度比 45 钢低 40%。

四、其　他

刀具磨损量增大、温度增高；

切削液可降低切削温度。

§5-4　切削温度的分布

以上所分析的是刀屑接触区的平均温度。为探讨刀具的的磨损部位、工件材料性能的变化情况、已加工表面层材质变化等，应进一步研究工件、切屑和刀具上各点的温度分布，即温度场。

用实验方法测出的切削钢料主剖面内切屑、工件、刀具的温度场和车削不同工件材料时，主剖面内前、后刀面的温度场分别如图 5-6 和图 5-7 所示。

通过分析、研究可得出：

1. 剪切面上各点温度几乎相等，可见剪切面上的应力应变基本上是相等的。该处的温度是变形功所造成的，是变形后温度才升高的，因此切削温度对切削力的影响不会很大；

2. 前、后刀面的最高温度都不在切削刃上，而是在离切削刃有一定距离处，这是摩擦热沿刀面不断增加的缘故。在前刀面上后边一段的接触长度上，由内摩擦转化为外摩擦，摩擦逐渐减少，热量又在不断传出，所以温度开始逐渐下降；

3. 切屑靠近前刀面的一层(即底层)上温度梯度很大，离前刀面 0.1～0.2mm，温度就可能下降一半，说明前刀面上的摩擦热是集中在切削的底层，即摩擦热对切屑底层金属的剪切强度、前刀面的摩擦系数将有很大的影响；而对切削上层金属强度将不会有显著的改变；

4. 在剪切区中，垂直剪切面方向上的温度梯度很大。这是因为切削速度增高时，热量来不及传出所致；

5. 后刀面的接触长度较小，温度的升、降是在极短时间内完成的，加工表面受到的是一次热冲击；

6. 工件材料塑性愈大，前刀面上的接触长度愈大，切削温度的分布也就愈均匀；工件材料的脆性愈大，最高温度所在点离切削刃愈近；

7. 工件材料的导热系数愈低，刀具前、后刀面的温度愈高。这是一些高温合金和钛合金切削加工性差的主要原因之一。

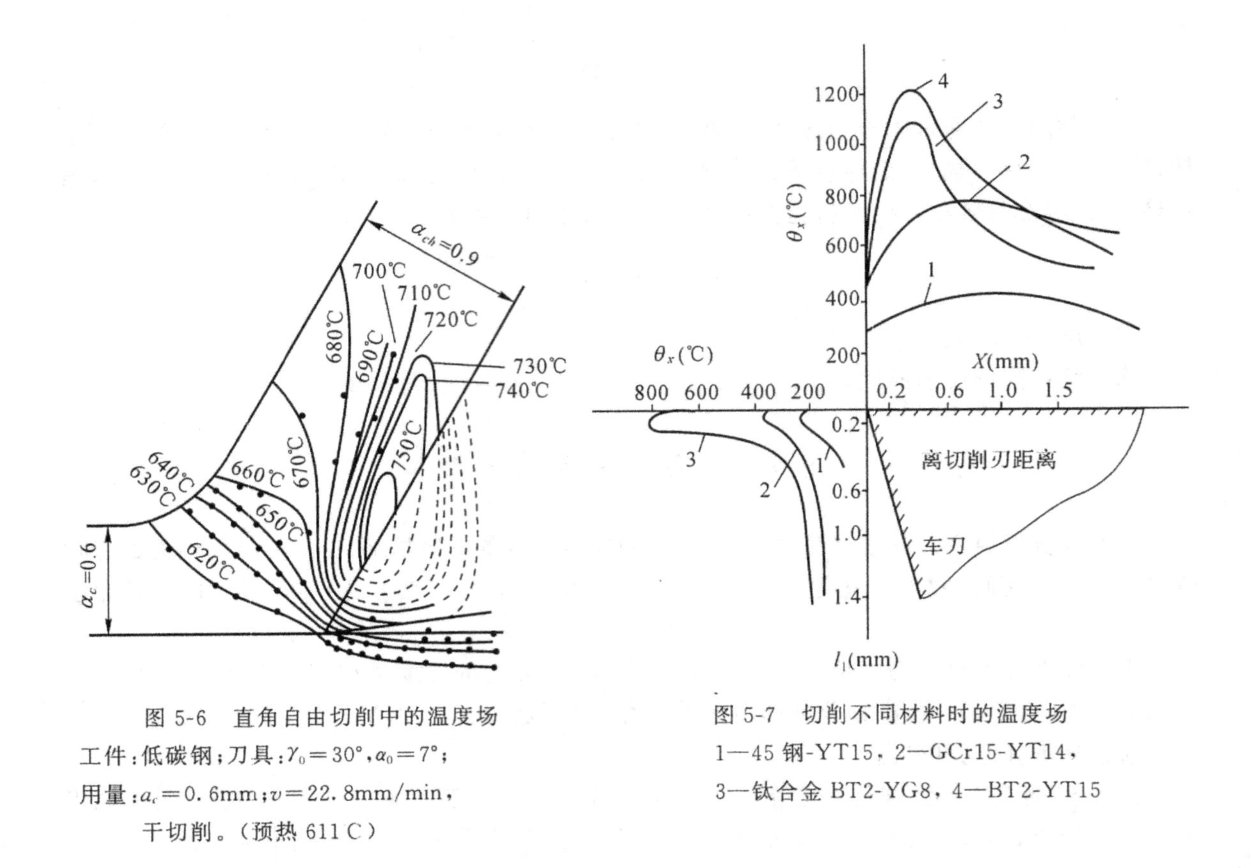

图 5-6 直角自由切削中的温度场

工件：低碳钢；刀具：$\gamma_0=30°$，$\alpha_0=7°$；

用量：$a_c=0.6$mm；$v=22.8$mm/min，

干切削。（预热 611 C）

图 5-7 切削不同材料时的温度场

1—45 钢-YT15，2—GCr15-YT14，

3—钛合金 BT2-YG8，4—BT2-YT15

§5-5 切削温度对工件、刀具和切削过程的影响

1．对工件材料机械性能的影响

切削时温度虽然很高，但对工件材料硬度、强度的影响并不很大；对剪切区应力的影响不明显。原因是：切速较高时，变形速度很高，其对增加材料强度的影响，足以抵消切温降低强度的影响；另外，切削温度是在切削变形过程中产生的，因此对剪切面上的应力应变状态来不及产生很大的影响，只对切屑底层的剪切强度产生影响。

有实验表明：工件材料预热至 500～800℃后进行切削，切削力下降很多。但高速切削时，温度达 800～900℃，切削力下降却不多。这也间接地证明了切温对剪切区工件材料强度影响不大。目前加热切削是切削难加工材料的一种好办法，如等离子焰加热切削，效果不错。

2．对刀具材料的影响

硬质合金的性质之一是高温时，强度比较高，韧性比较好，因此适当提高切削温度，以防止硬质合金崩刃，提高其耐用度是有利的。

3．对工件尺寸精度的影响

工件受热膨胀，直径发生变化，切削后不能达到要求精度；工件受热变长，但因夹固在机床上不能自由伸长而发生弯曲，加工后中部直径变大；刀杆受热膨胀，切削时的实际切削深度增加，使工件直径变小。

在精加工和超精加工时，切削温度对加工精度的影响特别突出，必须特别注意降低切削温度。

4. 利用切削温度自动控制切削速度或进给量。

大量切削试验证明:对给定的刀具材料,工件材料,以不同的切削用量加工时,都可以得到一个最佳的切削温度,它使刀具磨损强度最低,尺寸耐用度最高。因此可用热电偶测出切削温度做为控制信号,并用电子线路和自动控制装置来控制机床的转速或进给量,使切削温度经常处于最佳范围,以提高生产率和工件表面质量。

练 习 题 5

1. 为什么要研究切削热和切削温度?
2. 试比较 a_p、f 对切削力、切削温度的影响?

第六章 刀具的磨损和耐用度

切削过程中，刀具一方面切下切屑，一方面也被磨损。从而影响加工质量、生产率、加工成本。

如果刀具设计合理，制造、刃磨质量符合要求，使用正确，则刀具主要是由于正常磨损而钝化。

突然崩刃、卷刃或碎裂，则往往是由于刀具材料的韧性或硬度太低、焊接或刃磨的裂纹、刀具几何参数不合理、切削用量选择不妥、操作不当等所造成，称非正常磨损。

这里主要研究正常磨损。

§6-1 刀具磨损的形式

切削时，刀具的前、后刀面在高温、高压的作用下，与切屑、工件发生接触和摩擦。因而发生了磨损(见图 6-1a))。

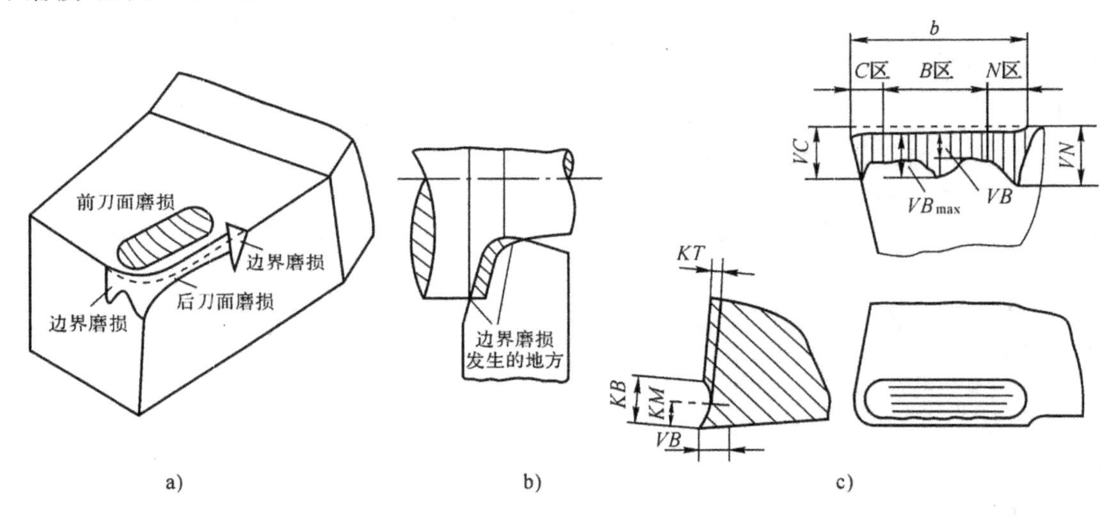

图 6-1 刀具的磨损形态及其测量位置

按磨损部位的不同分有：

1. 前刀面磨损

切削塑性材料，a_c>0.5mm 时，切屑与前刀面在高温、高压下相互接触，产生剧烈摩擦，以形成月牙洼磨损为主，其值以最大深度 KT 表示(见图 6-1,c))；

2. 后刀面磨损

切削脆性材料或 a_c<0.1mm 的塑性材料时，切削与前刀面的接触长度较短，其上的压力与摩擦均不大，而相对的切削刃钝圆使后刀面与工件表面的接触压力却较大，磨损主要发生在后刀面。其值以磨损带宽度 VB 表示(见图 6-1,c))；

3. 前、后刀面磨损，或边界磨损

切削塑性材料，$a_c=0.1\sim0.5$mm 时，兼有前两种磨损的形式；或加工铸、锻件，主切削刃靠近外皮处及副切削刃靠近刀尖处，因 a_c 减小、切削刃打滑，磨出较深的沟纹（见图 6-1a），b））。

磨损形式随切削条件改变可以互相转化，在大多数情况下，后刀面都有磨损，且 VB 直接影响加工精度，又便于测量，所以常以 VB 表示刀具磨损程度。

§6-2　刀具磨损的原因

与一般机械零件工作、磨损情况比较，刀具工作、磨损的特点是：与前刀面接触的切削底面是化学活性很高的新鲜表面，不存在氧化膜等污染，磨损在高温（硬质合金切钢达 1000℃）、高压下进行，存在着机械、热、化学作用以及摩擦、粘结、扩散等现象。一个机械零件可用上几年、几十年，而一把刀具仅用十几分钟、几十分钟而已。

刀具磨损的原因有以下几种：

1. 机械擦伤磨损（或称磨粒磨损、硬质点磨损）

是指工件上具有一定擦伤能力的硬质点，如碳化物、积屑瘤碎片、已加工表面的硬化层等，在刀具表面上划出一条条沟纹而造成的磨损。

由此可知，作为刀具材料，必须具有较高的硬度，较多较细而且分布均匀的碳化物硬质点，才能提高其耐磨性。

2. 粘结磨损

切削塑性材料，在一定压力和温度下，切削与前刀面，已加工表面与后刀面之间的吸附膜被挤，形成新鲜而紧密的接触，发生粘结现象，刀具表面上局部强度较低的微粒被切屑或工件带走而使刀具磨损。

硬质合金 YT 类比 YG 类更适于加工钢料是因 YT 类中的碳化钛在高温下会形成 TiO_2，从而减轻粘结；YT 类不宜用于加工钛合金，就在于钛在高温作用下的亲合作用，易产生粘结磨损；高速钢有较大的抗剪、抗拉强度，因而有较大的抗粘结磨损能力。

3. 扩散磨损

高温下，刀具材料中 C、Co、W、Ti 易扩散到工件和切屑中去；而工件中的 Fe 也会扩散到刀具中来，从而改变刀具材料中化学成分的比值，使其硬度下降，加速刀具磨损。

4. 相变磨损

指工具钢在切削度温度超过相变温度时，刀具材料中的金相组织发生变化、硬度显著下降而引起的磨损。

5. 化学磨损（氧化磨损）

在高温下（700～800℃），空气中的氧易与硬质合金中的 Co、WC 发生氧化作用，产生脆弱的氧化物，被切屑和工件带走，使刀具磨损。

6. 热电磨损

切削时，刀具与工件构成一自然热电偶，产生热电势，工艺系统自成回路，热电流在刀具和工件中通过，使碳离子发生迁移，或从刀具移至工件，或从工件移至刀具，都将使刀具表面层的组织变的脆弱而加剧刀具磨损。有试验表明：在刀具、工件的回路中加以绝缘，或通过相反的电动势，将明显地减少刀具磨损。

应该指出，对于不同的刀具材料，在不同的切削条件下，加工不同工件材料时，其主要磨损原因可能属于上述磨损原因中的一二种。如硬质合金刀具高速切削钢料时，主要是扩散磨损，并伴随有粘结磨损和化学磨损等；对一定刀具和工件材料，起主导作用的是切削温度，低温时以机械磨损为主，高温时以热、化学、粘结、扩散磨损为主；合理的选择刀具材料、几何参数、切削用量、切削液，控制切削温度，有利于减少刀具磨损。

§6-3 刀具磨损过程及磨钝标准

一、磨损过程

图 6-2 所示的是通过切削实验得到的刀具磨损过程的情况。分三个阶段：

1. 初期磨损阶段

因刃磨残留的砂轮痕迹，高低不平，很快被磨去，磨损较快。经研磨过的刀具，初期磨损量较小。

2. 正常磨损阶段

经初期磨损后，后刀面上的毛糙表面已经被磨平，压强减小，磨损速度较为缓慢。磨损量随切削时间延长而近似地成正比例增加。正常切削时，此阶段时间较长。

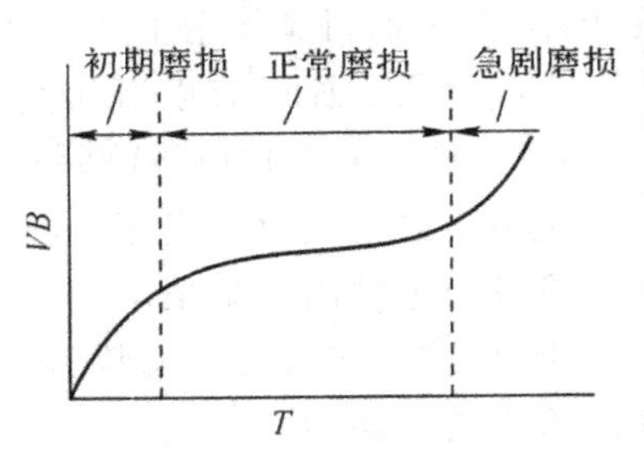

图 6-2 刀具的磨损过程

3. 急剧磨损阶段

当磨损带增加到一定限度后，机械摩擦加剧，切削力加大，切削温度升高，磨损原因也发生变化(如转化为相变磨损、扩散磨损等)，磨损加快，已加工表面质量明显恶化，出现振动、噪音等，以至刀具崩刃，失去切削能力。

由此可知，刀具不能无休止的使用下去，而应给予规定一个合理的磨损限度，刀具磨损到此限度(VB 值)，即应换刀或更新切削刃。

二、刀具的磨钝标准

刀具磨损到一定限度就不能继续使用，这个磨损限度称磨钝标准。

ISO 统一规定，以$\frac{1}{2}$切削深度处后刀面上测定的磨损带宽度 VB 作为刀具磨钝标准(见图 6-1，c))。

自动化生产中用的精加工刀具，常以沿工件径向的刀具磨损尺寸作为衡量刀具的磨钝标准，称刀具径向磨损量 NB(见图 6-3)。

磨钝标准值，可依加工条件不同而异。精加工较粗加工为小；加工系统刚性较低时，应考虑在磨钝标准内是否发生振动；工件材料的可加工性，刀具制造、刃磨的难易程度也是确定磨钝标准应考虑的因素。

VB 值可从切削用量手册中查得。一般为 0.3～0.6mm。

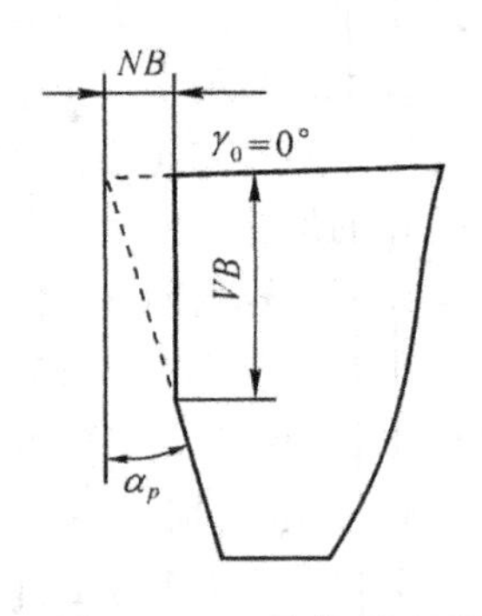

图 6-3 刀具的径向磨损量

§6-4　刀具耐用度及其与切削用量的关系

实际生产中，不可能经常停机去测量 VB 值，而改用与其相应的切削时间，即刀具耐用度表示。

刀具耐用度的定义为：由刃磨后开始切削，一直到磨损量达到刀具磨钝标准所经过的总切削时间，以 T 表示，单位为分钟。精加工则改以加工零件数为准。

对于某一材料的加工，当刀具材料、几何参数已定，则对刀具耐用度发生影响就是切削用量了。以理论分析方法导出它们之间的数学关系，其结果与实际情况不尽符合。所以目前仍是以实验方法来建立它们之间的实验关系式。

一、切削速度与刀具耐用度的关系

实验时，固定其他切削条件，在常用的切削速度范围内，取不同的切削速度 v_1、v_2、v_3…，进行刀具磨损实验，得图 6-4 所示的一组磨损曲线，根据规定的 VB 值，对应于不同的 v，就有相应的 T_1、T_2、T_3…在双对数座标纸上，定出 (v_1, T_1)，(v_2, T_2)，(v_3, T_3)……各点，如图 6-5 所示，可发现，在一定切削速度范围内，这些点基本上在一条直线上。此直线的方程为：

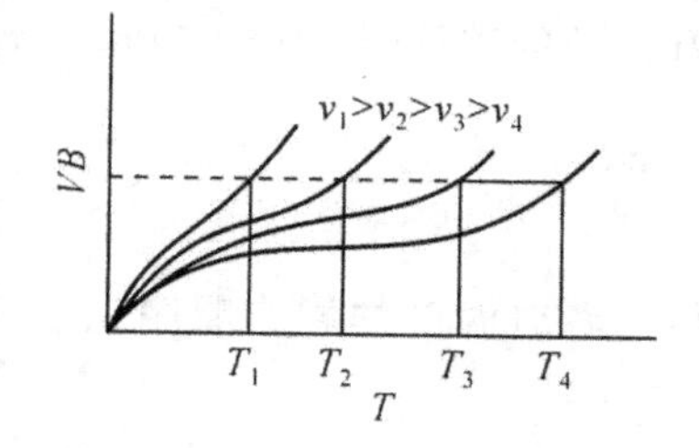

图 6-4　不同 v 时的刀具磨损曲线

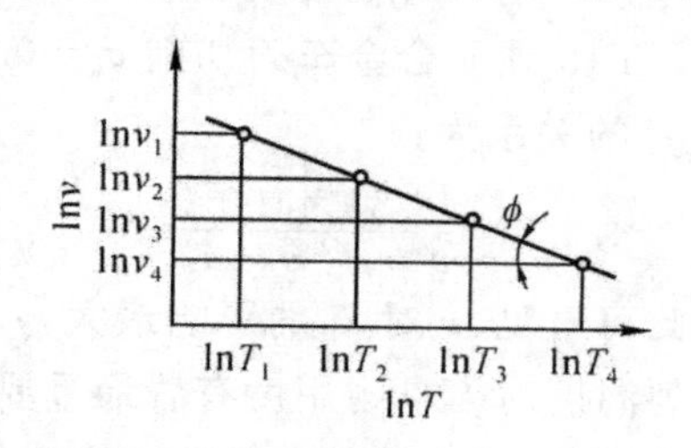

图 6-5　双对数坐标上的 v-T 曲线

$$\lg v = -m\lg T + \lg C_v$$

$$v \cdot T^m = C_v \qquad (6\text{-}1)$$

式中　v——切削速度(m/min)；

T——刀具耐用度(min)；

m——指数，表示 v-T 间影响的程度；

C_v——系数，与刀具、工件材料、切削条件有关。

式(6-1)是重要的刀具耐用度公式。指数 m 表示 v-T 双对数坐标系中直线斜率，m 愈小，v 对 T 的影响愈大。一般，高速钢刀具 $m=0.1\sim0.125$，硬质合金刀具 $m=0.2\sim0.3$，陶瓷刀 $m=0.4$。表明耐热性高的刀具材料，在高速时仍然有较高的耐用度。

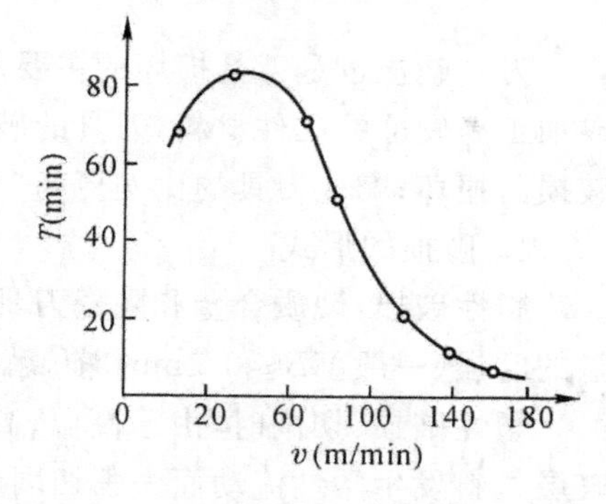

图 6-6　切削速度与刀具耐用度的关系

工件：37Cr12Ni8Mn8MoNb；

用量：$a_p=1$mm，$f=0.21$mm/r，$VB=0.3$mm。

应当指出，在常用的切削速度范围内，在双对数坐标图上，v-T 关系近似成一直线，式(6-1)完全适用。但在较宽的切削速度范围内，特别在低速区，由于积屑瘤可能不稳定而产生碎片，或加速刀具磨损，或突然脱落使切削刃崩碎而降低刀具耐用度；积屑瘤也可能相对稳定而保护切削刃，减小刀具磨损，增加刀具耐用度。在从低速到高速较宽的速度范围内进行试验，所得的 v-T 关系就不是单调的函数关系，如图 6-6 所示。

二、进给量、切削深度与刀具耐用度的关系

按 v-T 关系，同理可得

$$f \cdot T^{m_1}=C_1 \tag{6-2}$$

$$a_p \cdot T^{m_2}=C_2 \tag{6-3}$$

综合式(6-1)、(6-2)、(6-3)可得

$$T=\frac{C_T}{v^{1/m} \cdot f^{1/m_1} \cdot a_p^{1/m_2}}$$

令 $x=\frac{1}{m}, y=\frac{1}{m_1}, z=\frac{1}{m_2}$ 则，

$$T=\frac{C_T}{x^x \cdot f^y \cdot a_p^z} \tag{6-4}$$

式中 C_T——耐用度系数，与刀具、工件材料、切削条件等有关；

x, y, z——指数，分别表示 v、f、a_p 对 T 的影响程度。

用 YT15 硬质合金车刀切削 $\sigma_b=0.637$GPa(65kgf/mm²)的碳钢时($f>0.70$mm/r)，切削用量与 T 的关系为：

$$T=\frac{53 \times 100^5}{v^5 \cdot f^{2.25} \cdot a_p^{0.75}} \tag{6-5}$$

由此可看见，v 对 T 的影响最大，f 次之，a_p 最小，与三者对温度的影响顺序完全一致，反映了切削温度对刀具耐用度有着最重要的影响。

应注意的是，上述关系是在一定条件下通过实验求出的。如果切削条件改变，各因素对刀具耐用度的影响就不同，各指数、系数也相应地发生变化。

§6-5 刀具的破损

刀具破损也是刀具损坏的主要形式之一。以脆性大的刀具材料制成的刀具进行断续切削，或加工高硬度的工件材料，刀具的破损最为严重。据统计，硬质合金刀具约有 50%～60%是因破损而损坏；陶瓷刀具的比例更高。

1. 破损的形式

脆性破损：硬质合金和陶瓷刀具切削时，在机械和热冲击作用下，在前、后刀面尚未发生明显的磨损(一般 $VB \leqslant 0.1$mm)前，就在切削刃处出现崩刃、碎断、剥落、裂纹等；

塑性破损：切削时，由于高温、高压作用，有时在前、后刀面和切屑、工件的接触层上，刀具表层材料发生塑性流动而失去切削能力。

2. 破损的原因

在生产实际中，工件表面层无论其几何形状，还是材料的物理、机械性能，都远不是规则和均匀的。例如毛坯几何形状的不规则、加工余量不均匀，表面硬度不均匀，以及工件表面有沟、槽、孔等，都使切削或多或少带有断续切削的性质；另如铣、刨更属断续切削之例。在断续切削条件下，伴随着强烈的机械和热冲击，加以硬质合金和陶瓷刀具等硬度高、脆性大，是粉末烧结材料，组织可能不均匀，而存在着空隙等缺陷，因而很容易使刀具由于冲击、机械疲劳、热疲劳而破损。

3. 破损的防止

防止或减小刀具的破损的措施：提高刀具材料强度和抗热震性能，选用抗破损能力大的刀具合理几何形状；采用合理的切削条件。

练 习 题 6

1. 用什么方法来判断刀具磨损最为恰当？
2. 刀具磨钝标准确定后，刀具耐用度值是否也就确定了？为什么？
3. 分析刀具耐用度与切削用量之间的关系？得出相应的结论。

第七章　已加工表面的形成及其质量

§7-1　已加工表面的形成过程(第三变形区)

无论怎样仔细地刃磨刀具,前、后刀面形成的切削刃是不可能绝对锋利的,钝圆半径 γ_β 是存在的。其值经测定:高速钢刀具为 3～10μm;硬质合金刀具为 18～32μm。另外,刀具开始切削不久,后刀面就会发生磨损,形成一般 $\alpha_{oe}=0°$的棱带 VB。在研究已加工表面形成时,应考虑 γ_β、VB 的影响。

图 7-1 表示了已加工表面的形成过程。当切削层金属以 v 逐渐接近切削刃时,便发生挤压与剪切变形,最终沿剪切面 OM 方向滑移成为切屑。由于 γ_β 的关系,a_c 中将有 Δa 无法沿 OM 方向滑移,而是从切削刃钝圆部分 O 点下面挤压过去,继之又受到 VB 的摩擦,使工件表层金属受到剪切应力,随后弹性恢复,设其高为 Δh,则加工表面在 CD 长度上继续与后刀面摩擦。切削刃钝圆部分,VB、CD 构成了后刀面的总接触长度。通过这一剧烈的变形过程形成的已加工表面,其表层的金属将具有和基体组织不同的性质,称加工变质层。

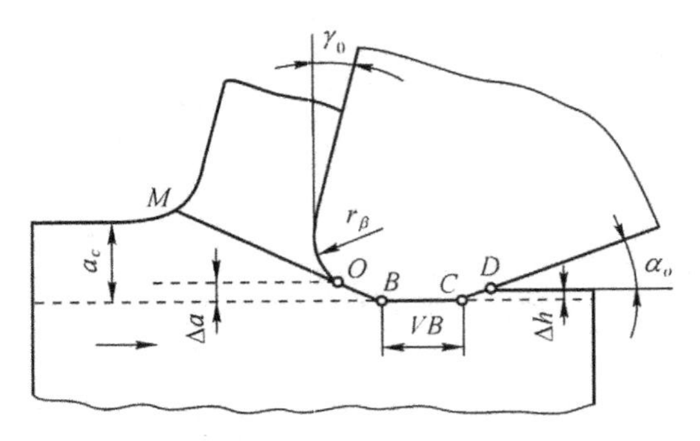

图 7-1　加工表面的形成过程

§7-2　已加工表面质量

已加工表面质量,或称表面完整性,包含两方向内容:

1. 表面几何学。指工件外表面几何形状,常以表面粗糙度表示;

2. 表面层材料变化。指表面层内出现的晶粒组织发生严重畸变,金属的机械、物理、化学性质均发生变化的变质层。其特性可以用塑性变形、硬度变化、微观裂纹、残余应力、晶粒变化、热损伤区以及化学性能、电特性变化等形式来表达。

表面质量对工件成为机器零件后的使用性能有很大的影响。

表面粗糙度大的零件,因实际接触面积小,单位压力大,耐磨性差,容易磨损;装配后,接触刚度低,运动平稳性差,影响工作精度;对液压件,则影响密封性,甚至不能正常工作,易产生应力集中,降低疲劳强度,凹谷和细裂缝处,腐蚀性的物质容易吸附和积聚,易使零件腐蚀。但也不能说粗糙度越小越好,如机床导轨,粗糙度太小,既使制造成本提高,也不利于润滑油的储存而加速磨损。

工件加工后,其表面硬度将高于工件材料原来的硬度,称加工硬化。它使后继工序加工困难；增大切削力、加速刀具磨损；它常伴随着大量显微裂纹，降低零件的疲劳强度和耐磨性。

已加工表面还常有残余应力，它使加工好的零件逐渐变形，影响工件的形状和尺寸精度；它易使表面产生微裂纹、降低零件耐磨性、疲劳强度、耐腐蚀性。

§7-3 已加工表面粗糙度

一、几何因素所造成的粗糙度

主要决定于残留面积高度，详参阅§1-4，3。

由式(1-12)、式(1-13)可知：R_{max}随 f 减小，γ_ε 增大或 κ_r、κ_r'减小而减小。

二、切削过程中不稳定因素所产生的粗糙度

1. 积屑瘤

在积屑瘤相对稳定时，它可代替切削刃进行切削，因其形状不规则，所以沿切削刃各点的过切量 Δa_c(参见图 3-13)将不一致，从而在已加工表面沿切削速度方向划出一些深浅、宽窄不一的纵向沟纹；不稳定时，它的顶部时而被切屑带走，时而留在已加工表面上形成鳞片状毛刺；不稳定性还导致了切削力的波动而引起振动，使已加工表面粗糙度增大。

关于积屑瘤的控制可参阅§3-4，四。

2. 鳞刺

即已加工表面上出现的鳞片状毛刺。在较低及中等的切削速度下，用高速钢、硬质合金、陶瓷刀具切削塑性材料时，在车、钻、刨、拉、滚齿、插齿等切削工序中都可能出现鳞刺。它的晶粒和基体材料的晶粒相互交错，与基体材料之间没有分界线，它的表面微观特征是鳞片状，有一定高度，它的分布近似于沿整个切削刃宽度且垂直于切削速度方向。

如何导致鳞刺，各研究者的解释不一。

有人认为是切削过程中积屑瘤碎片的残留；有人认为是切削层金属周期地在挤裂切屑或单元切屑的单元体前方，或积屑瘤前方层积，并周期地被切顶而成。其形成过程可分为抹拭、导裂、层积、切顶四个阶段，如图 7-2 所示。导裂和层积，切屑是停留在前刀面上；抹拭和切顶，切屑前刀面流出。并确认有、无积屑瘤都可能形成鳞刺。

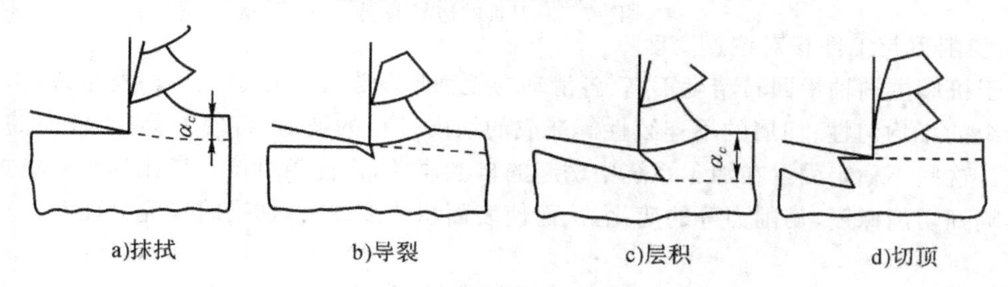

图 7-2 鳞刺形成的四个阶段

鳞刺影响了已加工表面粗糙度。防止、减小鳞刺的措施有：低速时减小 a_c；增大 γ_0；采用润滑性好的切削液；人工加热切削区，如电热切削；使用硬质合金刀具高速切削，减小 γ_0，以期提高切削温度，切钢时达 500℃时就不出现了；对低碳钢，低合金钢加工前进行调质处理，以提高硬度，降低塑性。

3. 切削过程中的变形

切削钢料，v 较低，a_c 较大，γ_0 较小时，常出现挤裂切屑或单元切屑，是带有周期性的断裂，且深入到切削表面以下，在已加工表面上留下波浪形的挤裂痕迹(见图 7-3a))；切铸铁时，切屑是崩碎的，主切削刃处开始的裂纹在接近主应力方向斜着向下延伸形成过切，以及石墨易从铸铁表面脱落，造成已加工表面凹凸不平的痕迹(见图 7-3b))。

因此，加工钢料时，采用较高的 v，较小的 a_c，较大的 γ_0，以得到带状切屑；减小铸铁中石墨的颗粒尺寸等，有利于改善已加工表面粗糙度。

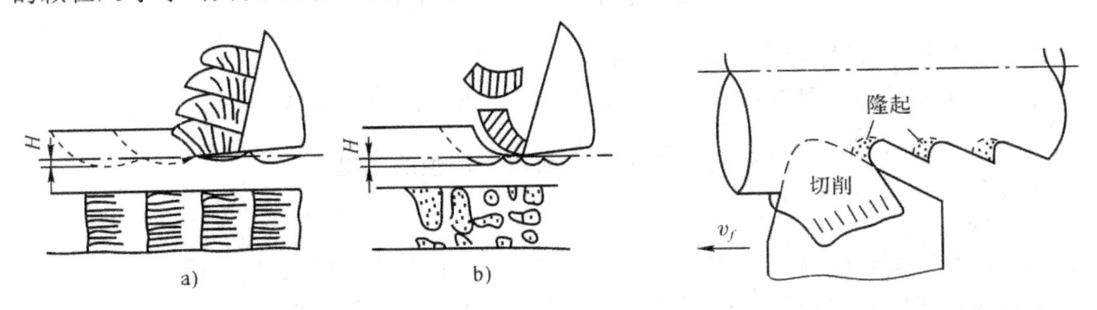

图 7-3　不连续型切屑的已加工表面状态　　图 7-4　工件材料的隆起

此外，在主切削刃与待加工表面、副切削刃与已加工表面交界处(见图 7-4)，因没有来自侧面的约束力，工件材料被挤压而隆起，将使已加工表面的实际粗糙度大于理论粗糙度，不应忽视。

4. 刀具的边界磨损

副后刀面上产生的沟槽形边界磨损(见图 7-5，a))，将在已加工表面上形成锯齿状的凸出部分(见图 7-5，b))。因此采用合适的刀具材料，提高刃磨质量，也是提高已加工表面质量所需要的。

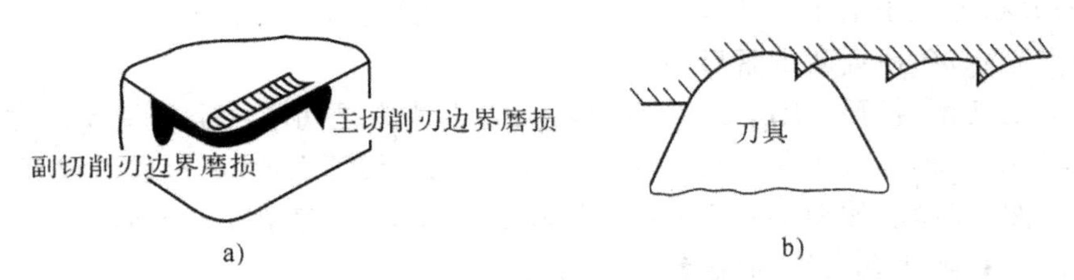

图 7-5　刀具的边界磨损

5. 切削刃与工件相对位置变动

由于机床主轴轴承回转精度不高、各滑动导轨面形状误差等使运动机构发生跳动；被加工材料组织的不均匀性、切屑的不连续性等造成的切削过程的波动，将使刀具、工件间的位移发生变化。这些不稳定因素在加工系统中诱起的自激振动，将使相对位置变化的振幅更加扩大，以致影响到切削深度、切削力等的变化，从而使表面粗糙度增大，加工时应充分注意。

§7-4　表面层材质变化

一、加工硬化

1. 产生的原因

第一变形区变形范围扩展到加工表面以下，使将成为已加工表面层的一部分金属也产生塑性变形。

第三变形区使已加工表面经历了附加的塑性变形，随后的弹性恢复，又增加了后刀面与已加工表面的摩擦，再次使已加工表面发生剪切变形。

经过几次变形后，金属强化，硬度提高。

切削时的高温使金属弱化，更高的温度将引起相变。

所谓已加工表面的加工硬化，就是强化、弱化、相变作用的综合结果。

硬化程度 N 以已加工表面的显微硬度 H(GPa 或 kgf/mm^2)和原基体金属的显微硬度 H_0 (GPa 或 kgf/mm^2)之比的百分数表示：

$$N=\frac{H}{H_0}\times 100\% \tag{7-1}$$

硬化深度 h_d(μm)是指已加工表面至未硬化处的垂直距离。

一般 h_d 可达几十到几百 μm，N 可达 120～200%。研究证实 N 大时，h_d 也大。

2. 影响因素

凡是增加强化的因素，如增大变形与摩擦都将加剧硬化；而有利于弱化的因素，如较高的温度，较低的熔点都将减轻硬化。

刀具：γ_o 大，变形小，硬化小；γ_β 大，挤压程度大，硬化大；VB 增大，硬化加深。

工件：塑性大，强化指数大，硬化严重。如钢的含碳量愈小，塑性愈大，硬化愈严重；高锰钢强化指数大，加工后硬度高两倍；有色金属，熔点低，易弱化，加工硬化较钢小，如铜小 30%、铝小 75%。

切削条件：v 大，塑性变形小，塑性区也缩小，硬化减小；但 v 大，温升大，导热时间短，既加快弱化又可能使弱化来不及充分进行；因 v 增大使切削温度超过 A_{c3} 时，表面相变出现，形成淬火组织，硬化严重。实验结果如图 7-6 所示，硬化深度先是随切削速度的增加而减小，然后又随切削速度的增大而增大。

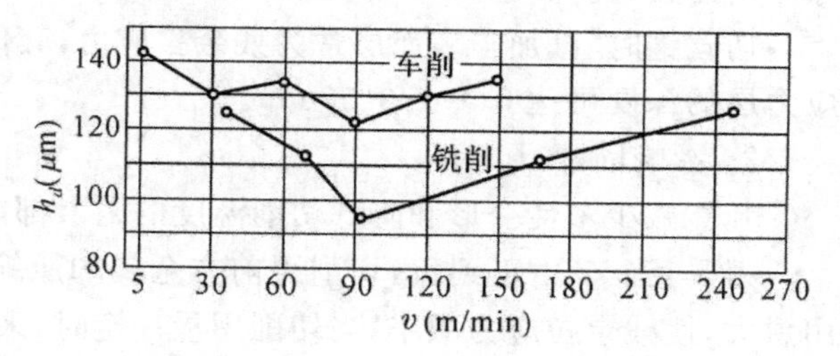

图 7-6 v 对 h_d 的影响

刀具：硬质合金；工件：45 钢；

用量：车削时，$a_p=0.5$mm，$f=0.14$mm/r；

铣削时：$a_p=3$mm，$v_f=0.04$mm/z。

增大 f，将增大塑性区及切削力，硬化增加。

a_p 对硬化的影响不显著。

使用切削液可减小硬化。

二、残余应力

残余应力是指在没有外力作用下，物体内部保持平衡而存留的应力。

1. 产生的原因

机械应力引起的塑性变形：

切削中，切削刃前方的工件材料受到前刀面的挤压，使将成为已加工表面的金属，在切削方向产生压缩的塑性变形；而在与已加工表面垂直的方向产生拉伸塑性变形，切削后受到与之连成一体的里层未变形金属的牵制，从而在表层产生残余拉应力，里层产生残余压应力。

同时在已加工表面形成过程中，刀具的后刀面与已加工表面产生很大的挤压与摩擦，使表层产生拉伸塑性变形；刀具离开后，在里层金属作用下，表层金属产生残余压应力，里层金属产生残余拉应力。

切削刃前方的压缩塑性变形与切削刃后方的拉伸塑性变形相比较，前者大时，已加工表面最终产生残余拉应力；后者大时，产生残余压应力。

热应力引起的塑性变形：

切削中，温度表层高，里层低，表层体积膨胀受里层阻挡，使表层产生热应力，热应力超过材料屈服极限时，将使表层金属产生压缩塑性变形。切削后冷却至室温，表层体积收缩受到里层牵制，使表层产生残余拉应力，里层为残余压应力。

相变引起的体积变化：

表层的温升超过相变时，因金相组织不同而产生残余应力。如高速切削碳钢，切削温度可达 600～800℃，而碳钢在 720℃即发生相变，形成奥氏体，冷却后变为马氏体，体积比奥氏体大，表层膨胀，但受里层阻碍，而使表层产生残余压应力，里层为残余拉应力；加工淬火钢时，若表层产生退火，则马氏体将转化为屈氏体或索氏体，表层体积缩小，因受里层牵制而使表层产生残余拉应力，里层为残余压应力。

已加工表面层内呈现的残余应力，是上述诸原因的综合结果，其大小和符号（拉或压）由主导作用的因素所决定。

切碳钢时，已加工表面层常为残余拉应力，其值可达 0.78～1.08GPa（80～110kgf/mm^2），应力层的深度可达 0.40～0.50mm。

2. 影响因素

凡能减少塑性变形和降低切削温度的因素都能使已加工表面残余应力减小。

刀具：当 γ_0 由正到负，切削刃前方金属的压缩变形及刀具对已加工表面的挤压与摩擦作用愈大，使残余拉应力减小；当切削用量一定时，采用绝对值较大的负前角，甚至可使已加工表面层得到残余压应力。

VB 增加，摩擦、温度增加，由热应力引起的残余拉应力加大，应力层加深。

工件：材料塑性大，如工业纯铁、奥氏体不锈钢加工后，通常产生残余拉应力；加工铸铁等脆性材料，后刀面的挤压与摩擦起主导作用，已加工表面产生拉伸变形，出现的是残余压应力。

切削条件：v 增加，温度增加，热应力引起的残余拉应力起主导作用；但切削力随 v 增加而减小，塑性变形区随之减小，因而残余应力层深度减小；应当指出的是：当 v 增加使温度超过金属相变温度时，情况又有所不同，此时的残余应力的大小及符号取决于表层金相组织的变化。

f 增大，切削力及塑性变形区随之增大，热应力引起的残余拉应力占优势。

a_p 对残余应力的影响不显著，在加工淬火后回火的 45 钢时，表面残余拉应力随 a_p 增加而稍为减小些。

总的说来，切削时已加工表面的残余应力的发生过程及其影响因素都较为复杂，还有待于进一步深入的研究。

练　习　题　7

1. 工件已加工表面质量的含义应包括哪些内容？
2. 积屑瘤、鳞刺是如何形成的？它们对切削过程各有什么影响？
3. 综合性地提出改善工件已加工表面质量的措施？

第八章　工件材料的切削加工性

§8-1　切削加工性的概念和标志方法

一、概　念

切削加工性是指工件材料切削加工的难易程度，而难易程度又要根据具体加工要求及切削条件而定。如纯铁，粗加工时，切除裕量容易，精加工要获得较好的表面粗糙度就较难；不锈钢在普通车床上加工并不难，但在自动化生产的条件下，断屑问题很大，则属难加工之例。可见被切材料的加工性是一个相对的概念，所以它的标志方法也很多，有：

1. 考虑生产率和刀具耐用度的标志法

在保证生产率的条件下，以刀具耐用度的高低来衡量；

在保证耐用度的条件下，以允许切削速度的高低来衡量；

在同样条件下，以达到 VB 规定值所能切除的金属体积来衡量。

2. 考虑已加工表面质量的标志法

在一定条件下，以是否易达到所要求的表面质量的各项指标来衡量。常用于粗加工。

3. 考虑工作的稳定性和安全生产的标志法

在自动化生产中，以是否易断屑来衡量。

在重型机床上以考虑人身和设备安全，在相同切削条件下，以切削力的大小来衡量。

由此可知，同一材料很难在各项指标中同时获得良好的评价。但总的可以说：某材料被切削时，刀具耐用度高，所允许的切削速度高、质量易保证、易断屑，切削力小，则加工性好；反之加工性差。这种评价是综合性的，很难找到一个简单的物理量来精确地规定和测量它。在实际生产中，常只取某一项指标，例如 v_T 来反映材料加工性的某一侧面。

二、常用衡量加工性的标志

v_T 是最常用的切削加工性标志，它的含义是：当刀具耐用度为 T(min、s)时，切削某种材料所允许的切削速度。v_T 愈高，加工性愈好。一般情况下，可取 $T=60$min，则 v_T 写作 v_{60}。

常以 $\sigma_b=0.637$GPa(60kgf/mm^2)的 45 钢的 v_{60} 作为基准，写作 $(v_{60})_j$，其他被切材料的 v_{60} 与之相比，则得相对加工性 K_v，即

$$K_v=v_{60}/(v_{60})_j$$

当 $K_v>1$ 时，表明该材料比 45 钢易切；

$K_v<1$ 时，表明该材料比 45 钢难切。

各种材料的相对加工性 K_v 乘以 45 钢的切削速度，即可得出切削各种材料的可用速度。

§8-2 工件材料的物理机械性能、化学成分及金相组织对切削加工性的影响

工件材料的物理机械性能、化学成分、金相组织对切屑形成、切削力、切削温度、刀具磨损、表面质量、断屑等都有重大影响，只有了解了这些性能，掌握其特点，才能在加工时采取有效的措施，来达到保证加工质量、降低成本、提高生产率的目的。

一、物理机械性能

1. 硬度

材料常温硬度高时，切屑与前刀面接触长度减小，前刀面上法向应力增大，摩擦热集中在较小的刀屑接触面上，使切削温度增高，刀具磨损加剧，甚至引起刀尖烧损或崩刃，加工性低。

材料高温硬度高时，刀具材料硬度与工件材料硬度之比下降，对刀具磨损影响大，是高温合金、耐热钢加工性低的原因之一；

材料中的硬质点形状尖锐、硬度高，对刀具有擦伤作用；材料晶界处微细硬质点能使材料强度和硬度提高，使切削时对剪切变形的抗力增大，降低加工性。

材料中的加工硬化性高，切削力大，切削温度高，刀具被硬化的切屑擦伤，副后刀面出现边界磨损，刀具切削已硬化表面时，磨损加剧，加工性差。某些高锰钢、奥氏体不锈钢切削后的表面硬度，比原始基体高 1.4～2.2 倍。

2. 强度

材料常温强度高时，切削力大，温度高，刀具磨损快，加工性低；合金钢、不锈钢常温强度和碳素钢相差无几，但高温强度却较大，因此加工性比碳素钢低。

3. 塑性、韧性

材料的塑性以延伸率 δ 表示，δ 愈大，塑性愈大；韧性以冲击值 a_k 表示，a_k 愈大，表示材料在破断之前所吸收的能量愈多。塑性大的材料在塑性变形时因塑性变形区增大而使塑性变形功增大；韧性大的材料在塑性变形时，塑性区可能不增大，但吸收的塑性变形功却增大。因之塑性和韧性增大，都导致同一后果，即塑性变形功增大，尽管原因不同。

同类材料，强度相同时，塑性大的材料，切削力大，温度高，易与刀具粘结，刀具磨损快，已加工表面粗糙，加工性低；但塑性太低时，切屑与前刀面的接触长度缩短，切屑负荷集中在切削刃处使刀具磨损加剧，加工性也低。

材料韧性对加工性的影响，除与塑性相似外，对断屑的影响犹为明显，韧性愈高，断屑愈难、加工性差。

4. 导热系数

材料的导热系数高，加工性高；但加工中的温升快，对控制加工尺寸造成一定困难，精加工时应充分注意。

二、化学成分

1. 钢

碳素钢含碳量增加，强度、硬度增高，塑性、韧性降低。低碳钢塑性、韧性较高，不易获得较好的表面粗糙度，断屑也难；高碳钢强度高，切削力大，刀具易磨损；中碳钢介乎二者之间，加工

性好；

钢中加入硅、锰、镍、铬、钼、钨、钒、铝等，可改善钢的机械性能。这些元素大多数都能溶入铁素体，使其晶格发生程度不同的畸变而提高材料的强度、硬度，其中又以硅、锰、镍的强化效果最为显著；硅、锰含量低于1%、镍含量达4～5%时，还可提高韧性；镍、钼、钨还可提高材料的高温强度，使导热系数降低；硅和铝易形成氧化硅和氧化铝等高硬度夹杂物，加剧刀具磨损。显然上述元素对刀具耐用度和切削力都是不利的。

磷虽使钢的强度、硬度有所提高，但塑性、韧性显著降低，有利于切削；在钢中加入微量的硫、铅、硒、铋、钙等，在钢中形成夹杂物，能使钢脆化，或起润滑作用，减轻擦伤能力，改善加工性。

2. 铸铁

其合金元素的作用是以促进还是阻碍石墨化为影响加工性的标志。碳以石墨形态存在时，因石墨软且有润滑作用，刀具磨损小；以碳化铁形态存在时，硬度高，加速刀具机械磨损。硅、铝、镍、铜、钛等能促进石墨化，改善加工性；铬、钒、锰、钼、钴、磷、硫等阻碍石墨化，加工性差。

三、金相组织

材料的金相组织不同，其物理机械性能亦异，加工性就有差别。

1. 钢

低碳钢铁素体组织多，强度、硬度低，延伸率高，易塑性变形；中碳钢的组织为珠光体加铁素体，具有中等强度、硬度和塑性，加工性好；淬火钢组织以马氏体为主，强度、硬度均高，刀具磨损剧烈；奥氏体不锈钢高温强度、硬度高，塑性也高，切削时易产生加工硬化，比较难加工。

金相组织的形状和大小对加工性也有影响。如珠光体，有片状、球状之分，前者硬度高，刀具磨损快，但已加工表面粗糙度好；粗大的晶粒细化，可改善粗糙度。

2. 铸铁

灰铸铁中游离石墨多，硬度低，易切削；冷硬铸铁表面渗碳体多，具有极高硬度，很难切削。

§8-3　改善材料切削加工性的措施

一、调整化学成分

工件材料来自冶金部门，必要时工艺人员也可提出改善加工性的积极建议，如在不影响工件材料性能的条件下，适当调整化学成分，以改善其加工性。如钢中加入少量的硫、硒、铅、铋、磷等，虽略降低钢的强度，但也同时降低钢的塑性，对加工性有利。硫能引起钢的红脆性，但若适当提高锰的含量，则可避免；硫与锰形成的硫化锰，与铁形成的硫化铁等，质地很软，可成为切削时塑性变形区中的应力集中源，能降低切削力，使切屑易折断，减小积屑瘤的形成，减小刀具磨损；硒、铅、铋也有类似的作用；磷能降低铁素体的塑性，使切屑易于折断。

二、材料加工前进行合适的热处理

同样成分的材料，金相组织不同，加工性也异。低碳钢通过正火处理后，细化晶粒、硬度提高、塑性降低，有利于减小刀具的粘结磨损，减小积屑瘤，改善工件表面粗糙度；高碳钢球化退火后，硬度下降，可减小刀具磨损；不锈钢以调质到约HRC28为宜，硬度过低、塑性大、工件表面粗糙度差，硬度高则刀具易磨损；白口铸铁可在950～1000℃长时间退火而成可锻铸铁，切削就较易。

三、选择加工性好的材料状态

低碳钢经冷拉后，塑性大为下降，加工性好；锻造的坯件余量不匀，且有硬皮，加工性很差，改为热轧后加工性得以改善。

四、其　他

如采用合适的刀具材料，选择刀具合理几何参数，制订合理的切削用量，选用恰当的切削液等。

等离子焰加热工件切削，实则也是改善加工性的一种积极措施。如图8-1所示，切削时等离子焰装置安放在工件上方，与刀具同步移动，火焰的高温达1500℃，可根据切削深度 a_p 适当调整 A 值(约5～12mm)，使工件表面温度在1000℃左右，恰当 a_p 切深层熔化后就被刀具切去，所以工件并不热，即不影响工件的材质。

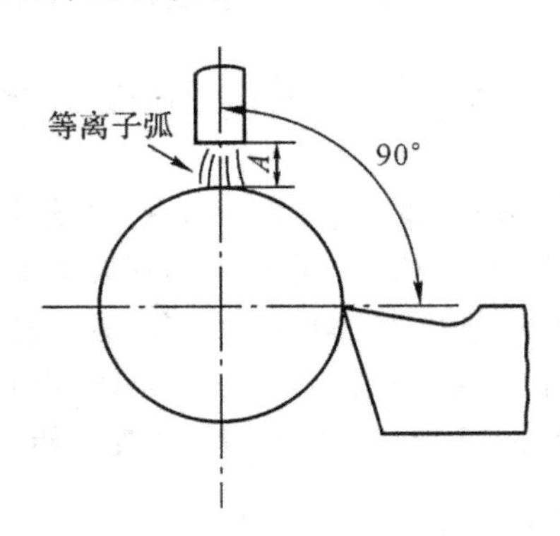

图8-1　等离子焰加热工件切削

练　习　题　8

1. 工件材料加工性 v_T 的含义是什么？什么叫相对加工性？
2. 为什么低碳钢与高碳钢的加工性不如中碳钢？铸铁的加工性取决于什么因素？
3. 不锈钢、高温合金等难加工材料之所以难加工，原因何在？

第九章　切削液

§9-1　切削液的作用

1. 冷却

切削液带走大量切削热，降低切削温度，减小摩擦，提高刀具耐用度，减小工件、刀具的热膨胀，提高加工精度。

2. 润滑

切削液渗入到切屑、刀具、工件的接触面间，粘附在金属表面上形成润滑膜，减小它们之间的摩擦系数、减轻粘结现象、抑制积屑瘤，改善已加工表面粗糙度，提高刀具耐用度。

其他尚有洗涤、排屑、防锈的作用。如冲走切削中产生的细屑、砂轮脱落下来的微粒等，达到清洗、防止加工表面、机床导轨受损；有利于精加工、深孔加工、自动线加工中的排屑；加入防锈添加剂的切削液，还能在金属表面上形成保护膜，使机床、工件、刀具免受周围介质的腐蚀。

切削液使用效果决定于液类性质、形态、用量、使用方法等。

§9-2　切削液添加剂

切削液中加入称之添加剂的各种化学物质，对改善它的冷却润滑作用和性能有很大影响。

1. 油性添加剂

它含有极性分子，能与金属表面形成牢固的吸附薄膜，在较低速度下起到较好的润滑作用，主要用于低速精加工。其中有动、植物油(如豆油、菜籽油、猪油等)，脂肪酸、胺类、醇类、脂类等。

2. 极压添加剂

它是含硫、磷、氯、碘等的有机化合物。它们在高温下与金属表面起化学反应，形成化学润滑膜，比物理吸附膜能耐较高的温度，能防止金属界面间直接接触、减小摩擦、保持润滑作用。

用硫可直接配制成硫化切削油，它与金属化合形成硫化铁，熔点高达 1193℃，硫化膜在高温下不易破坏，切钢时在 1000℃左右仍保持其润滑性能。唯摩擦系数较氯化铁大。

含氯添加剂的有氯化石蜡、氯化脂肪酸等，它与金属表面起化学作用，形成氯化亚铁、氯化铁等，像石墨那样的层状结构，剪切强度和摩擦系数小，但在 300～400℃时易破坏，遇水易分解成氢氧化铁和盐酸，而失去润滑作用，对金属易腐蚀，应与防锈添加剂一起使用。

含磷的添加剂与金属化学反应生成磷酸铁膜，它具有比硫、氯更良好的降低摩擦系数、减小摩损的效果。

为了得到较好的使用效果，据要求，也可在一种切削液中同时加入上述几种极压添加剂，以形成更为牢固的化学润滑膜。

3．表面活性剂

即乳化剂，是使矿物油和水乳化形成稳定乳化液的添加剂。它是一种有机化合物，同可溶于水的极性基团和可溶于油的非极性基团分子组成，将其搅拌在本不相溶的油、水之中，它们便定向地排列并吸附在油、水两极界面上，前者向水，后者向油，降低油水的界面强力，油以微小的颗粒稳定地分散在水中，形成稳定的水包油乳化液。

表面活性剂还能吸附在金属表面上，形成润滑膜，起油性添加剂的润滑作用。

常用的表面活性剂有石油磺酸钠、油酸皂等，它们的乳化性能好，且具有一定的清洗、润滑、防锈性能。

4．防锈添加剂

是一种极性很强的化合物，与金属表面有很强的附着力，吸附在金属表面形成保护膜，或与金属表面化合成钝化膜，起防锈作用。

常用的防锈添加剂有：水溶性，如碳酸钠，三乙醇胺等；油溶性，如石油磺酸钡等。

§9-3　常用的切削液及其选用

一、切削液的类型

1．非水溶性切削液

主要是切削油，有各种矿物油，如机械油、轻柴油、煤油等；动、植物油，如豆油、猪油等；以及加入油性、极压添加剂配制的混合油。它主要起润滑作用。

2．水溶性切削液

水溶性切削液有水溶液和乳化液两种：

水溶液：主要成分为水，并加入防锈剂，也可加入适量的表面活性剂和油性添加剂，使其有一定的润滑性能。

乳化液：是由矿物油、乳化剂及其他添加剂配制的乳化油和95%～98%的水稀释而成的乳白色切削液。有良好的冷却性能和清洗作用。

二、切削液的选用

切削液的使用效果除取决于切削液的性能外，还与刀具材料、加工要求、工件材料、加工方法等因素有关，应综合考虑，合理选用。

1．根据刀具材料、加工要求

高速钢刀具耐热性差，粗加工时，切削用量大，切削热多，容易导致刀具磨损，应选用以冷却为主的切削液，如3%～5%的乳化液或水溶液；精加工时，主要是获得较好的表面质量，可选用润滑性好的极压切削油或高浓度极压乳化液。

硬质合金刀具耐热性好，一般不用切削液，如必要，也可用低浓度乳化液或水溶液，但应连续、充分地浇注，以免高温下刀片冷热不匀，产生热应力而导致裂纹、损坏等。

2．根据工件材料

加工钢等塑性材料时，需用切削液；而加工铸铁等脆性材料时，一般则不用，原因是作用不如钢明显，又易搞脏机床、工作场地；对于高强度钢、高温合金等，加工时均处于极压润滑摩擦状态，应选用极压切削油或极压乳化液；对于铜、铝及铝合金，为了得到较好的表面质量和精度，可采用10%～20%乳化液、煤油或煤油与矿物油的混合；切铜时不宜用含硫的切削液，因硫会腐蚀铜；有的切削液与金属形成的化合物强度超过金属本身强度，将带来相反的效果，如铝的强度低，切铝时就不宜用硫化切削油。

3. 根据加工工种

钻孔、攻丝、铰孔、拉削等，排屑方式为半封闭、封闭状态，导向部、校正部与已加工表的摩擦也严重，对硬度高、强度大、韧性大、冷硬严重的难切削材料犹为突出，宜用乳化液、极压乳化液和极压切削油；成形刀具，齿轮刀具等，要求保持形状、尺寸精度等，也应采用润滑性好的极压切削油或高浓度极压切削液；磨削加工温度很高，且细小的磨屑会破坏工件表面质量，要求切削液具有较好冷却性能和清洗性能，常用半透明的水溶液和普通乳化液，磨削不锈钢、高温合金宜用润滑性能较好的水溶液和极压乳化液。

§9-4 切削液的使用方法

切削液不仅要合理选择，而且要正确使用，才能取得更好的效果。

1. 浇注法

如图9-1所示，这是最普通使用的方法。虽使用方便，但流量慢、压力低，难直接渗透入切削刃最高温度处，效果较差。切削时，应尽量浇注到切削区。车、铣时，切削液流量约为10～20L/min。车削时，从后刀面喷射比在前刀面浇注，刀具耐用度可提高一倍以上。

2. 高压冷却法

适于深孔加工，以工作压力约1～10MPa，流量约50～150L/min将切削液直接喷射到切削区，并可将碎断的切屑驱出。此法也可用于高速钢车刀切削难加工材料，以改善渗透性，可显著提高刀具耐用度，但飞溅严重，需加护罩。

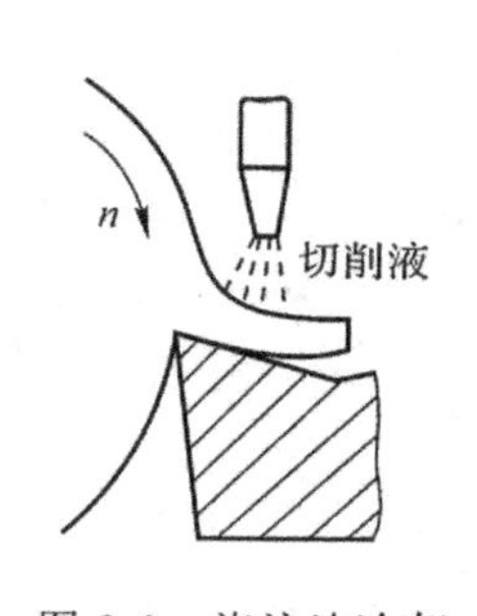

图9-1 浇注法冷却

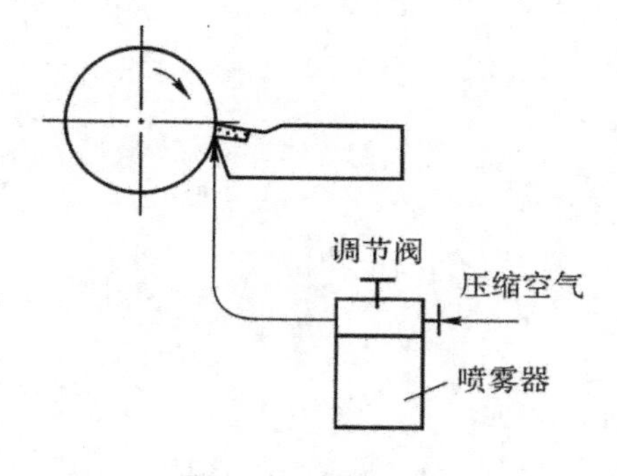

图9-2 喷雾冷却

3. 喷雾冷却法

以0.3～0.6MPa的压缩空气，藉喷雾装置使切削液雾化，从直径1.5～3mm的喷嘴高速喷射到切削区(见图9-2)。高速气流带着雾化成微小液滴的切削液渗透到切削区，在高温下迅速汽化，吸收大量热量，达到较好的冷却效果。这综合了气体的高速和渗透性好，以及液体的汽化热高、可加各类添加剂的优点，在用于难切削材料加工及超高速切削时，可显著提高刀具耐用度。

练 习 题 9

1. 切削液具有冷却、润滑作用，是否意味着凡是切削加工都应使用切削液？为什么？
2. 用硬质合金刀具切削时，如必要使用切削液应注意什么问题？为什么？

第十章　刀具合理几何参数的选择

刀具几何参数包括：角度、刀面形式、切削刃形状等。它们对切削时金属的变形、切削力、切削温度、刀具磨损、已加工表面质量等都有明显的影响。

国际生产工程研究会(CIRP)资料介绍，刀具几何参数和结构的改进，刀具耐用度每隔10年提高近2倍。一些先进刀具的出现都是从改进几何参数着手的。

所谓合理的几何参数，是指在保证加工质量的前提下，能够获得最高刀具耐用度，从而达到提高切削效率，降低生产成本的目的。

确定参数时的一般原则应是：

1. 考虑刀具材料和结构，如高速钢、硬质合金；整体、焊接、机夹、可转位等；

2. 考虑工件的实际情况，如材料的物理机械性能、毛胚情况(铸、锻等)、形状、材质等；

3. 了解具体加工条件，如机床、夹具情况，系统刚性、粗或精加工、自动线等；

4. 注意几何参数之间的关系，如选择前角，应同时考虑卷屑槽的形状，是否倒棱、刃倾角的正、负等。

5. 处理如刀具锋锐性与强度、耐磨性的关系，即在保证刀具足够强度和耐磨性的前提下，力求刀具锋锐；在提高锋锐的同时，设法强化刀尖和刃区等。

全面考虑，不可顾此失彼。

§10-1　前角和前刀面形状的选择

一、前角 γ_o

1. 作用

影响切削区的变形、力、温度、功率消耗等；

与切削刃强度、散热条件等有关；

改变切削刃受力性质，如 $+\gamma_o$(见图10-1,a))受弯；$-\gamma_o$(见图10-1,b))受压；

涉及到切屑形态、断屑效果，如小的 γ_o，切屑变形大，易折断；

关系到已加工表面质量，主要是通过积屑瘤、鳞刺、振动等的影响。

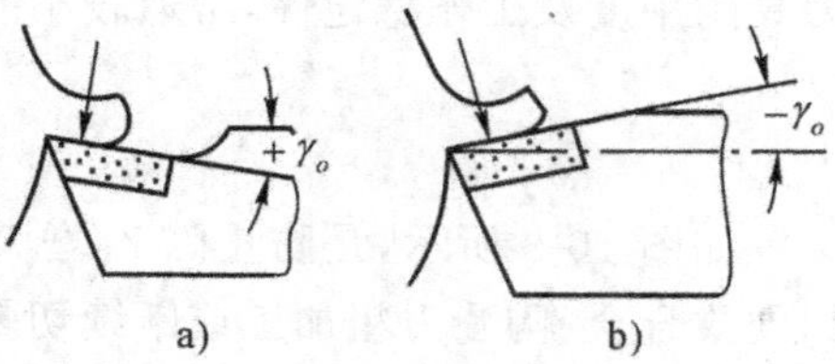

显然，γ_o 大或小，各有利弊。

$+\gamma_o$　$-\gamma_o$

a)　b)

图10-1　γ_o 正或负时的受力情况

a)正前角；　b)负前角

如 γ_o 大，切削变形小，可减小温度；但刀具散热条件差，温度却可能上升。γ_o 小，甚至负值，如切硬材料时，虽可改善散热条件，温度下降，但变形严重、热多，却使温度上升。

可见在一定条件下，γ_o 必有一个合理值 γ_{opt}。刀具材料不同时是这样（见图 10-2，a））；工件材料不同时也是这样（见图 10-2，b））。应注意的是：这里所说的 γ_{opt} 是指保证最大耐用度的 γ_o，在某些情况下未必是最适宜的。如出现振动时，为减振或消振，有时仍需增大 γ_o；在精加工时，考虑到加工精度和粗糙度，也可能重新选择一适宜的 γ_o。

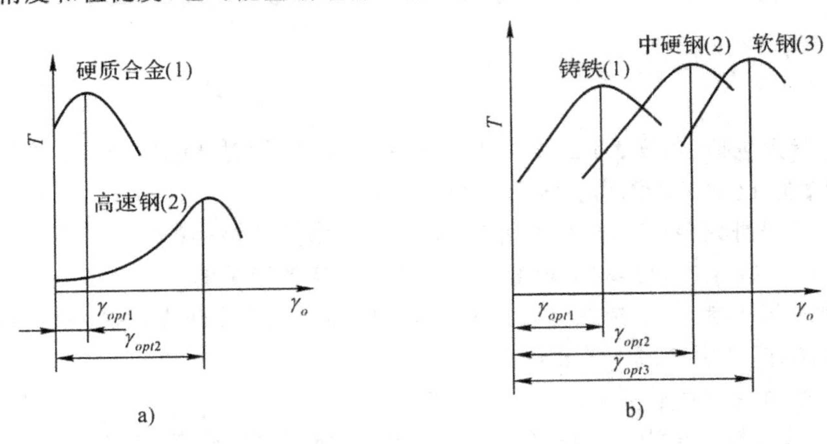

图 10-2　γ_o 的合理值 γ_{opt}

a)不同刀具材料；　b)不同工件材料

2. 选择

据刀具材料：抗弯强度、韧性差、脆性大忌冲击、易崩刃的，取小的 γ_o。如硬质合金的 γ_o 小于高速钢的，陶瓷刀则更小。

据工件材料：钢料、塑性大，切屑变形大，与刀面接触长度长、刀屑间压力、摩擦力均大，为减小变形与摩擦，宜取较大 γ_o；铸铁，脆性大，切屑是崩碎的，集中于切削刃处，为保证获得切削刃强度，γ_o 宜取的比钢小。

用硬质合金刀加工钢，常取 $\gamma_o \approx 10° \sim 20°$；加工铸铁，常取 $\gamma_o \approx 5° \sim 15°$。

材料的强度、硬度高时，宜取小 γ_o；特硬的，如淬硬钢，γ_o 应更小，甚至取 $-\gamma_o$，以使刀片处在受压的工作状态（见图 10-1，b））。这是因硬质合金的抗压强度比抗弯强度高 3～4 倍。但 $-\gamma_o$ 使切削力、能耗增大，机床易振，使用时应注意。

考虑具体加工条件：粗加工，特别是断续切削，或有硬皮，如铸、锻件，γ_o 可小些；但在有强化切削刃或刀尖时，γ_o 可适当加大；工艺系统刚性差、机床功率不足时，γ_o 应大些；成形刀具，如成形车刀、铣刀，为防止刃形畸变，有取 $\gamma_o = 0°$；数控、自动机、线上用的刀具，考虑有较长的刀具耐用度及工作稳定性，常取较小的 γ_o。

二、倒　棱

如图 10-3 所示，是防止因 γ_o 增大削弱切削刃强度的一种措施。在用脆性大的刀具材料，如硬质合金、陶瓷刀粗加工或断续切削时，对减小刀具崩刃，提高刀具耐用度效果显著（可提高 1～5 倍）。陶瓷刀铣削淬硬钢，切削刃非倒棱不可。

其参数值的选取应恰当，宽度 $b_{\gamma1}$ 不可太大，应保证切削仍沿正前角 γ_o 的前刀面流出。即 $b_{\gamma1}$ 取值与进给量 f 有关，常取 $b_{\gamma1} \approx (0.3 \sim 0.8) f$，精加工取小值；粗加工取大值；倒棱前角 γ_{o1}：高速钢刀具 $\gamma_{o1} \approx 0° \sim 5°$；硬质合金刀具 γ_{o1} 约为 $-5° \sim -10°$。

对于进给量很小（f≤0.2mm/r）的精加工刀具，切屑很薄，为使切削刃锋利，不宜磨出倒棱。

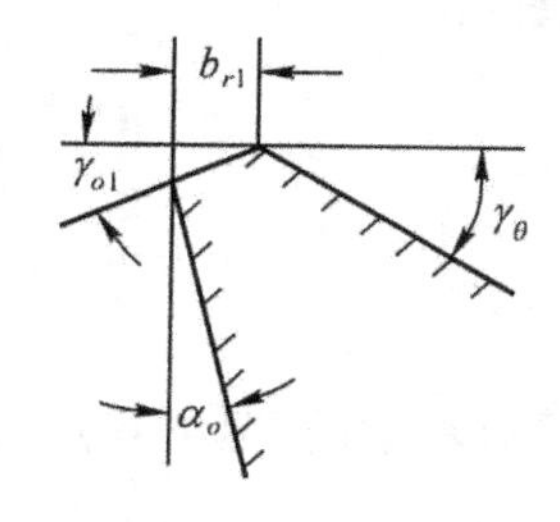

图 10-3　前刀面上的倒棱

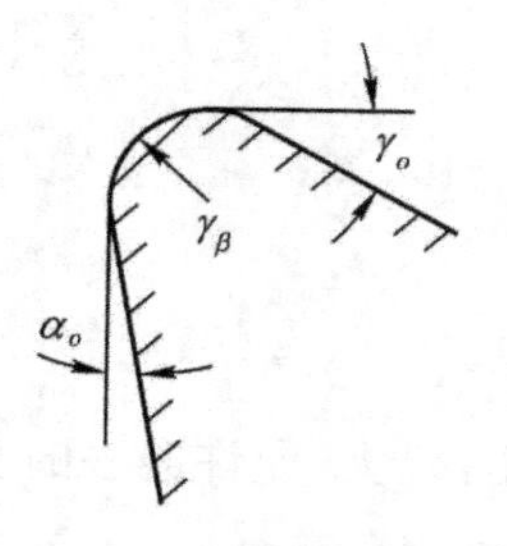

图 10-4　切削刃钝圆

采用切削刃钝圆(见图 10-4),也是增强切削刃,减少刀具破损的有效方法,可使刀具耐用度提高 200%;断续切削时,适当加大 γ_β 值,可增加刀具崩刃前所受的冲击次数;钝圆刃还有一定的切挤熨压及消振作用,可改善已加工表面粗糙度。目前,经钝圆处理的硬质合金可转位刀片已获得广泛应用。

一般情况下,常取 $\gamma_\beta < f/3$。轻型钝圆 $\gamma_\beta = 0.02 \sim 0.03$mm;中型钝圆 $\gamma_\beta = 0.05 \sim 0.1$mm;用于重切削的重型钝圆 $\gamma_\beta = 0.15$mm。

三、带卷屑槽的前刀面形状

加工韧性材料时,为使切屑卷成螺旋形,或折断成 C 形,使之易于排出和清理,常在前刀面磨出卷屑槽,它可作成直线圆弧形、直线形、全圆弧形(见图 10-5,a),b),c))等不同形式。直线圆弧形的槽底圆弧半径 R_n 和直线形的槽底角($180° - \sigma$)对切屑的卷曲变形有直接的影响,较小时,切屑卷曲半径较小、切屑变形大、易折断;但过小时又易使切削堵塞在槽内、增大切削力,甚至崩刃。一般条件下,常取 $R_n = (0.4 \sim 0.7) W_n$;槽底角 $110° \sim 130°$。这两种槽形较适于加碳素钢、合金结构钢、工具等,一般 γ_o 为 $5° \sim 15°$。全圆弧槽形,可获得较大的前角,且不致使刃部过于削弱,较适于加工紫铜、不锈钢等高塑性材料,γ_o 可增至 $25° \sim 30°$。

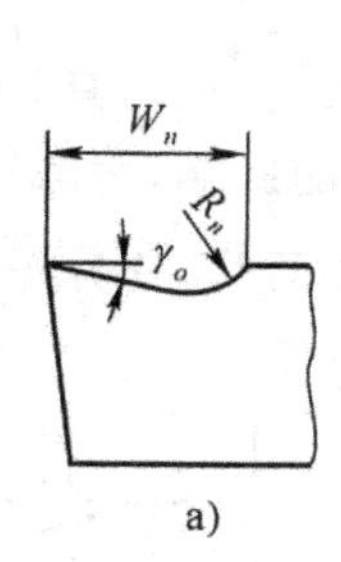

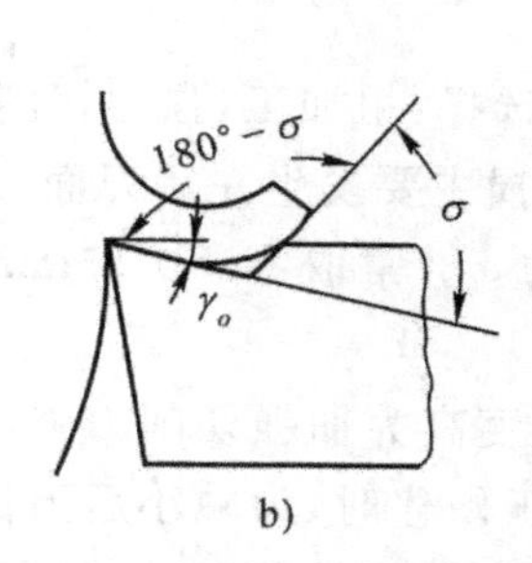

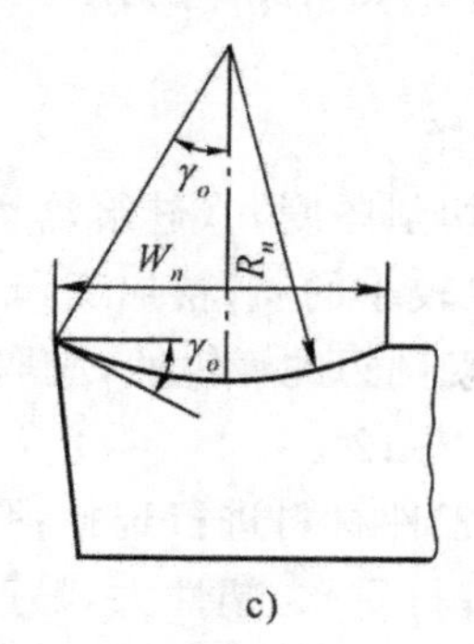

图 10-5　前刀面上卷屑槽的形状

a)直线圆弧形;　b)直线形;　c)全圆弧形

卷屑槽宽 W_n 愈小,切屑卷曲半径愈小,切屑愈易折断;但太小,切屑变形很大,易产生小块的飞溅切屑,也不好。过大的 W_n 也不能保证有效的卷屑或折断。一般据工件材料和切削用量决定,常取 $W_n = (7 \sim 10) f$。

§10-2 主、副后角的选择

一、主后角 α_0

1. 作用

VB 不变，α_0 大，允许磨去的金属量多(见图 10-6)，表明刀具耐用；但 NB 加大，影响工件尺寸精度；

α_0 大，β_0 减小，γ_β 也减小，切削刃锋锐，易切入，工件表面的弹性恢复减小，因而减小了恢复层与后刀面的接触长度，减小了后刀面与已加工表面间的摩擦，减小后刀面磨损，有利于提高表面质量和刀具耐用度；

但太大的 α_0，将显著削弱刀头强度，使散热条件恶化而降低刀具耐用度；并使重磨量、时间增加，提高了磨刀费用。

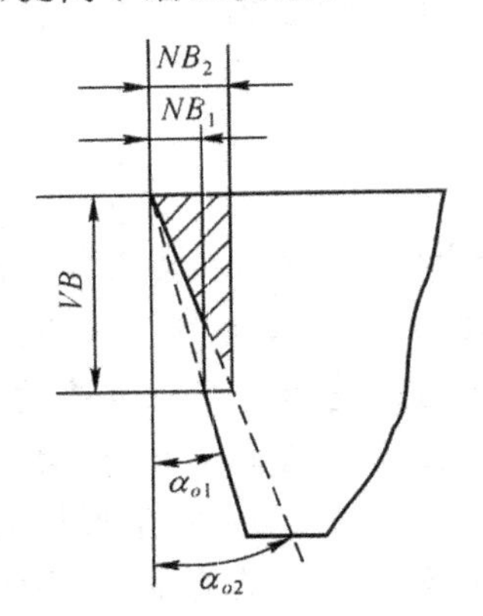

图 10-6　α_o 对磨去量的影响

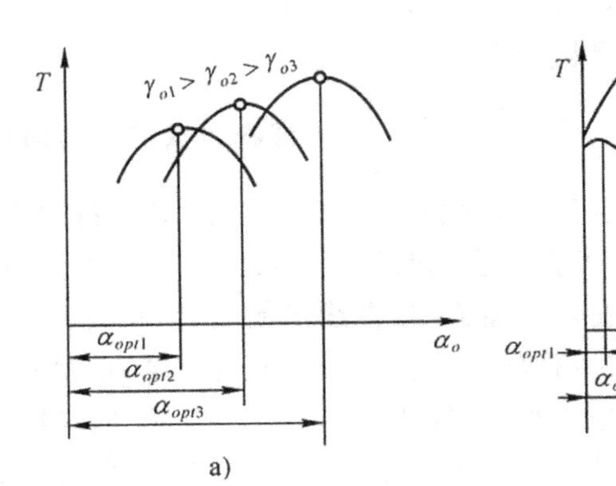

图 10-7　α_o 的合理值 α_{opi}

a)不同的 γ_o；b)不同的刀具材料

2. 选择

根据切削厚度 a_c(进给量 f)进行选择：粗加工，强力切削及承受冲击的刀具，要求切削刃强固，宜取较小的 α_o；精加工，α_c 小，磨损主要发生在后刀面，加以 γ_β 的影响，为减小后刀面磨损和增加切削刃的锋锐性，应取较大的 α_o。常取：$f>0.25$mm/r 时，$\alpha_o=5°\sim8°$；$f\leqslant0.25$mm/r 时，$a_o=10°\sim12°$。

根据工件材料进行选择：强度、硬度高为加强切削刃强度，应取较小的 α_o；材质软，塑性大，易产生加工硬化时，为减小后刀面摩擦，宜取较大的 α_o；脆性材料，力集中在刀尖处，可取小的 α_o；特硬材料在 γ_o 为负值时，为造成较好的切入条件，应加大 α_o。

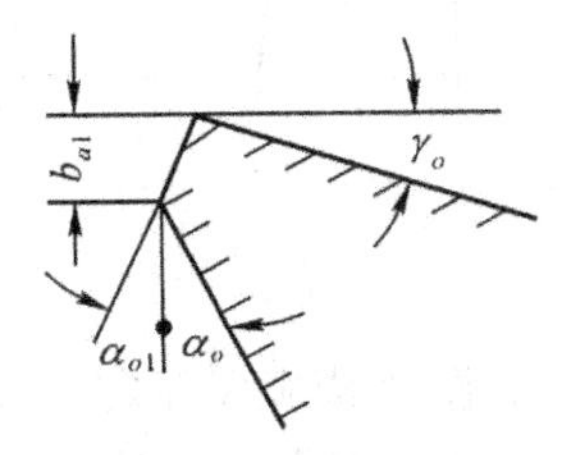

图 10-8　后刀面的消振棱

根据具体加工条件进行选择：工艺系统刚性差时，易出现振动，应适当减小 α_o；为减振或消振，还可在后刀面上磨出 $b_{a1}=0.1\sim0.2$mm，$\alpha_{o1}=0°$的刃带；或 $b_{a1}=0.1\sim0.3$mm，$\alpha=-5°\sim-10°$的消振棱(见图 10-8)。

对尺寸精度要求较高的刀具，如拉刀，宜取较小的 α_o，因为当 NB 为定值时，(见图 10-9)，α_o 小，所允许磨去的金属量多，刀具可连续使用的时间较长。

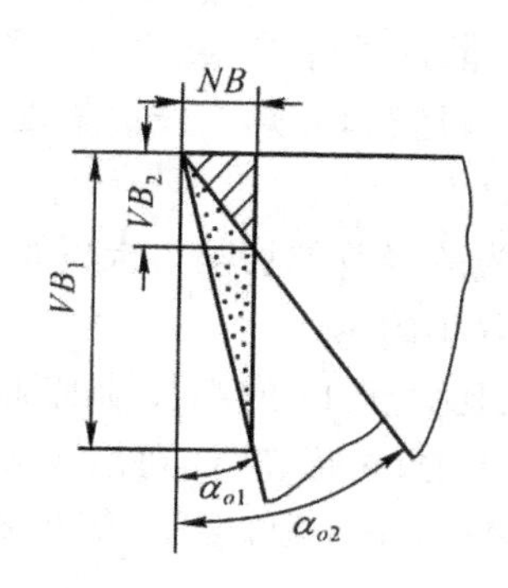

图 10-9　α_o 对磨去量的影响

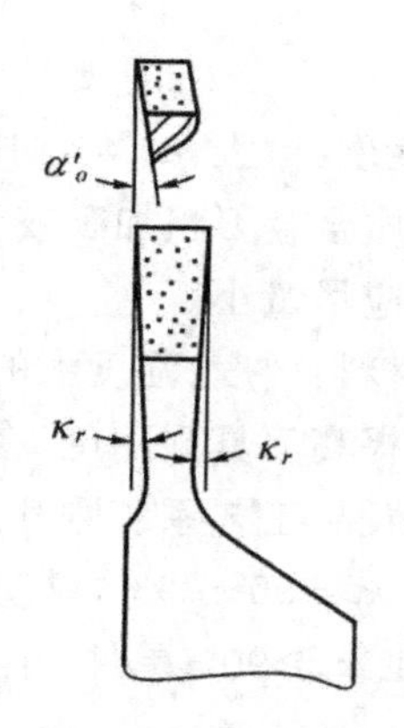

图 10-10　割刀的 α_o'

割刀，因进给量关系，使愈近工件中心处工作后角愈小(见图 1-12)，α_o 应取的比外圆车刀大，常取 $\alpha_o=10°\sim12°$；车削大螺距的右旋螺纹时，也因进给关系(参见图 1-14)，务必使左切削刃的后角磨的比右切削刃的后角大。

二、副后角 α_o'

常使 $\alpha_o'=\alpha_o$

惟割刀、切槽刀、锯片等的 α_o'，因受其结构强度限制(见图 10-10)，只许取小的 α_o'，为 $1°\sim2°$。

§10-3　主、副偏角及刀尖形状的选择

一、主偏角 κ_r

1. 作用

如图 10-11 所示，κ_r 值影响了：与表面质量有关的残留面积高度：与断屑效果、排屑方向有关的切屑形状，即 a_c、a_W 比值；与刀具磨损和耐用度有关的单位长度切削刃上的负荷；与刀尖强度和散热条件有关的刀尖角 ε_r；关系到 F_X、F_Y 的比值；κ_r 小于 90°时，切削刃最先与工件接触的是在远离刀尖处，可减小因切入冲击而造成的刀尖损坏。

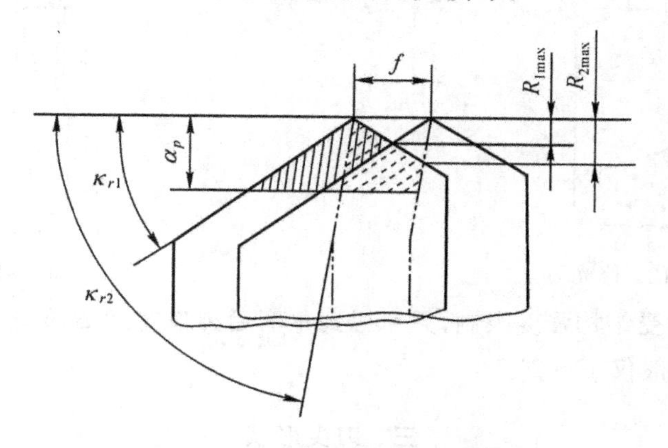

图 10-11　κ_r 对一些参数的影响

2. 选择

据加工性质：κ_r 大，a_c 大，切削变形小，力小，可减振；但散热条件差，影响刀具耐用度。综合结果：用硬质合金刀粗加工或半精加工时，常取 $\kappa_r=75°$；精加工，为减小残留高度，提高工件表面质量，κ_r 应尽量小。

据工件材料：硬度、强度大的，如冷硬铸铁、淬火钢等，为减轻单位切削刃上的负荷，改善刀头散热条件，提高刀具耐用度，在工艺系统刚性较好时，宜取小的 κ_r。

据加工情况：工艺系统刚性差时，加工件长度与直径之比大于 12 的细长轴的加工，应选大的 κ_r，甚至取 $\kappa_r=90°\sim93°$，以使 F_Y 下降，消振；需中间切入的、仿形车等，可取 $\kappa_r=40°\sim60°$；阶梯轴的加工 $\kappa_r\geqslant90°$；单件、小批生产时，考虑到一刀能多用（车外圆、端面、倒角等），宜取 $\kappa_r=45°$或 $90°$。

二、副偏角 κ_r'

1. 作用

工件已加工表面靠副切削刃最终形成，κ_r' 值影响刀尖强度、散热条件、刀具耐用度、振动、已加工表面质量等。

2. 选择

粗加工：考虑到刀尖强度、散热条件等，κ_r' 不宜太大，可取 $10°\sim15°$；

精加工：在工艺系统刚性系统较好、不产生振动的条件下，考虑到残留面积高度等，κ_r' 应尽量的小，可取 $5°\sim10°$；

有时，为了提高已加工表面质量，生产中还使用 $\kappa_r'=0°$的带有修光刃的刀具（见图 10-12），其宽 b_ε' 应大于进给量 f：车刀 $b_\varepsilon'=(1.2\sim1.3)f$；硬质合金端铣刀 $b_\varepsilon'=(4\sim6)f$。此时，工件上的理论残留高度已不存在。对于车刀使用时应注意：修光刃必须确保在水平线上与工件轴线平行，否则将得不到预期的效果。实用表明：这种车刀在 $f=3\sim3.5$mm/r 时还能得到粗糙度为 $R_a10\sim5\mu$m 的表面；而用 $\kappa_r'<0°$的普通车刀，要得同样的粗糙度，f 几乎要减小到十分之一。

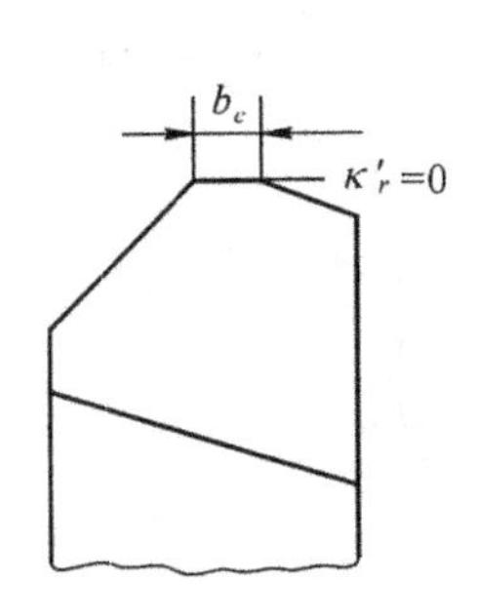

图 10-12　修光刃

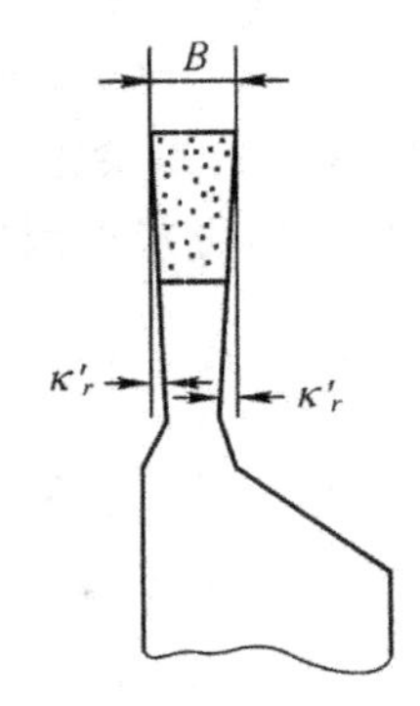

图 10-13　割刀的 κ_r'

割刀、锯片等，因受结构强度限制，并考虑到重磨后刃口宽度 B 变化尽量小（见图 10-13），宜选用较小的 κ_r'，一般仅 $1°\sim2°$。

三、刀尖形状

为增强刀尖强度和改善散热条件，常将其做成直线形或圆弧形的过渡刃。

直线形过渡刃(见图 10-14,a))：

刃磨较易,一般适于粗加工,常取 $\kappa_{r\varepsilon}=\frac{1}{2}\kappa_r$,$b_\varepsilon=$ 0.5～2mm 或 $b_\varepsilon=\left(\frac{1}{4}\sim\frac{1}{5}\right)a_p$,$\alpha_\varepsilon=\alpha_o$;

圆弧形过渡刃(见图 10-14,b))：

刃磨较难,但可减小已加工表面粗糙度,较适用于粗加工。r_ε 值与刀具材料有关,高速钢,$r_\varepsilon=1\sim$3mm;硬质合金、陶瓷刀 r_ε 略小,常取 0.5～1.5mm。这是因 r_ε 大时,F_Y 大,工艺系统刚性不足时,易振,而脆性刀具材料对此反应较敏感。

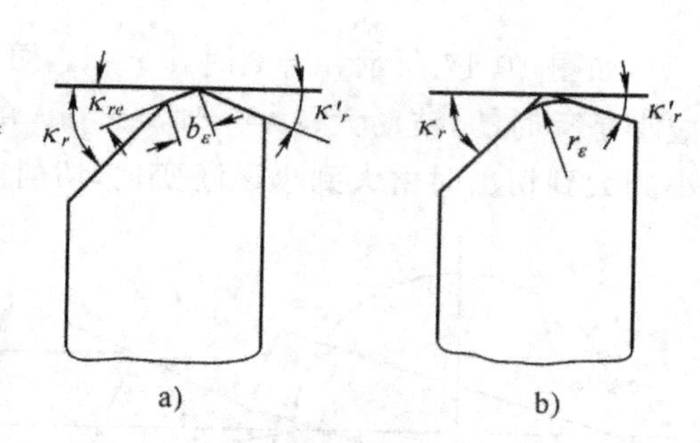

图 10-14 刀尖的形状

a)直线形； b)圆弧形

§10-4 刃倾角 λ_s 的选择

1. 作用

1) 控制切屑流出方向

$\lambda_s=0°$时(见图 10-15,a)),即直角切削,主切削刃与切削速度向量成 90°,切屑在前刀面上近似沿垂直于主切削刃的方向流出；

$\lambda_s\neq0°$时,即斜角切削,主切削刃与切削速度向量不垂直。

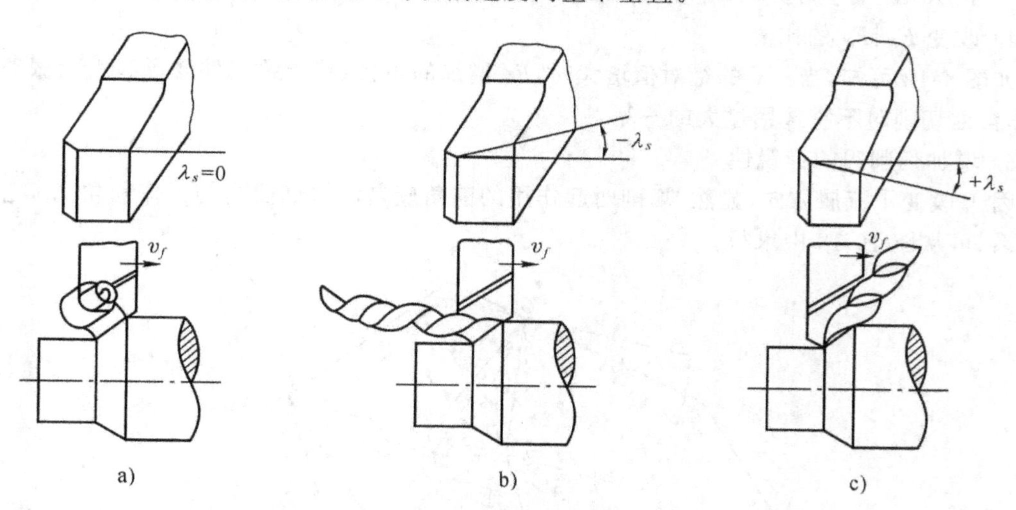

图 10-15 λ_s 对切屑流出方向的影响

a)$\lambda_s=0$； b)λ_s 为负值； c)λ_s 为正值

λ_s 为负值时(见图 10-15,b)),切屑流向与 v_f 方向相反,可能缠绕、擦伤已加工表面,但刀头强度较好,常用在粗加工；

λ_s 为正值时(见图 10-15,c)),切屑流向与 v_f 方向一致,但刀头强度较差,适用于精加工。

2) 影响刀尖强度及断续切削时切削刃上受冲击的位置

如图 10-16 所示,$+\lambda_s$ 时(双点划线部分),首先接触工件、受冲击的是刀尖,容易崩尖；$-\lambda_s$ 时(实线部分),首先接触工件的是离刀尖较远处的切削刃,保护了切削刃,较适于粗加工,特别是冲击较大的加工中。

3) 关系到切削刃参加工作的长度和切削时的平稳性。

如图 10-17 所示，$\lambda_s=0$ 时，$a_w=a_p$，切削刃切入、切出时与切削力有关的切削面积的增加、减小是瞬时的，波动大；$\lambda_s\neq 0$ 时，$a_w>a_p$，单位切削刃上的切削负荷小，切削面积是从切入时由小到大到切出时由大到小逐渐变化，切削比较平稳。

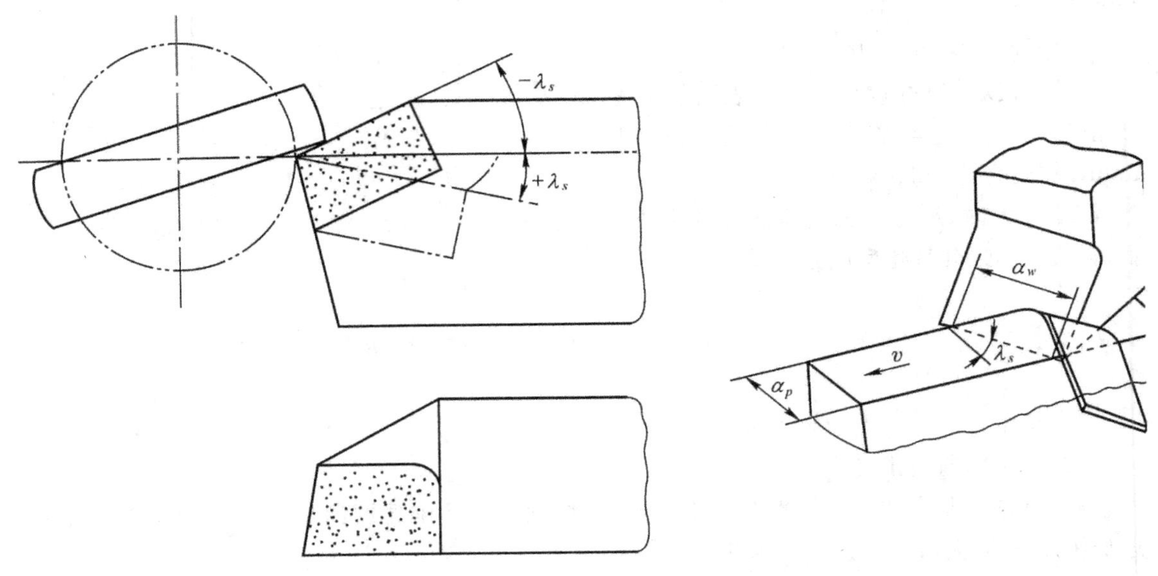

图 10-16　λ_s 值对切削刃受冲击位置的影响　　图 10-17　λ_s 对 a_w 的影响

4）改变 F_X、F_Y 的比值

如图 4-12 可知，当 $-\lambda_s$ 的绝对值增大时，F_Y 增加的很快，将导致工件变形和引起振动。显然，非自由切削时不宜选用过大的 $-\lambda_s$。

5）增加切削刃的锋锐性

因 λ_s 改变了流屑方向，显然，切削时起作用的前角应是流屑剖面内的工作前角 γ_{oe}，它与 λ_s 的关系，可从图 10-18 中求得。

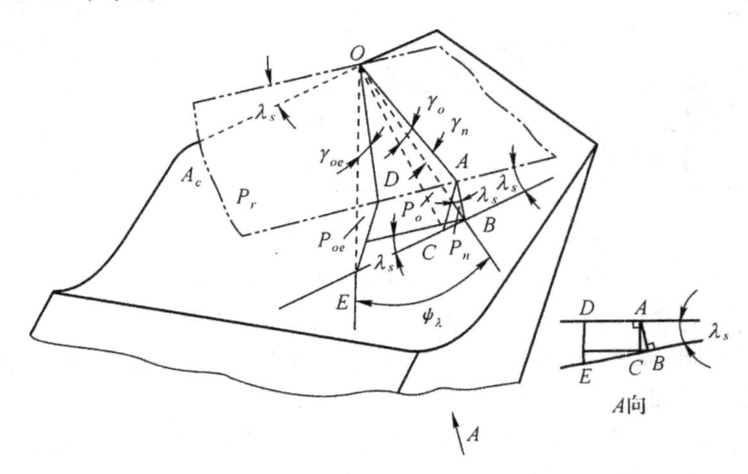

图 10-18　工作前角 γ_{oe} 与 λ_s 的关系

图中　P_γ—基面；

A_γ—前刀面；

λ_s—刃倾角，为正值；

γ_o—主剖面 $P_o(OAC)$内的前角；

γ_n—法剖面 $P_n(OAB)$内的前角；

γ_{os}—流屑剖面 $P_{oe}(ODE)$内的前角；

ψ_λ—前刀面 A_γ 上法剖面 P_n 与流屑剖面 P_{oe}间的夹角，称流屑角。

$$\sin\gamma_{oe}=\frac{DE}{OE}$$

式中

$$DE=AB\cdot\cos\lambda_s+BE\cdot\sin\lambda_s$$

$$=OA\cdot\tan\gamma_n\cdot\cos\lambda_s+OB\tan\psi_\lambda\cdot\sin\lambda_s$$

$$=OA\cdot\tan\gamma_n\cdot\cos\lambda_s+\frac{OA}{\cos\gamma_n}\cdot\tan\psi_\lambda\cdot\sin\lambda_s;$$

$$OE=\frac{OB}{\cos\psi_\lambda}=\frac{OA}{\cos\gamma_n\cdot\cos\psi_\lambda}$$

代入上式，经整理后得

$$\sin\gamma_{oe}=\sin\gamma_n\cdot\cos\lambda_s\cdot\cos\psi_\lambda+\sin\psi_\lambda\cdot\sin\lambda_s$$

实验证实，当 $\lambda_s<45°$，$a_c<0.3$mm 时，

$$\psi_\lambda\approx\lambda_s$$

因而有：

$$\sin\psi_{oe}=\sin\gamma_n\cdot\cos^2\lambda_s+\sin^2\lambda_s \tag{10-1}$$

计算表明：当 $\lambda_s=15°$、$\gamma_n=10°$时，$\gamma_o=21°$，而 γ_{oe}达 27°；γ_n 不变，λ_s 增至 60°时，γ_{oe}可增至～55°，这对改善切削过程是极为有利的。

利用这一特性，采用图 10-19 所示的刀头可相对于刀杆转动的高速精车刀，λ_s 值可在较大的范围内任意变动，使 γ_{oe}加大，在切削刃变得极为锋锐的条件下，进行微量精车外圆，可得到较为满意的效果。

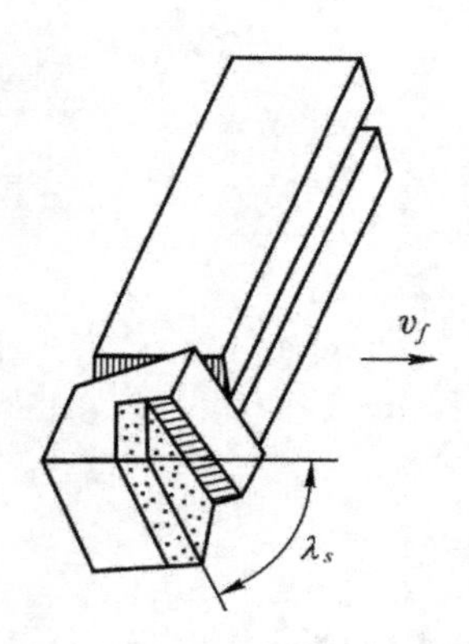

图 10-19　大刃倾角精车刀

2. 选择

1）加工一般钢料、灰铸铁，无冲击的粗车取 $\lambda_s=0°\sim-5°$，精车取 $\lambda_s=0°\sim+5°$：有冲击时，取 $\lambda_s=-5°\sim-15°$；冲击特别大时，$\lambda_s=-30°\sim-45°$。

加工淬硬钢，高强度钢，高锰钢，取 $\lambda_s=-20°\sim-30°$。

2）强力刨刀，取 $\lambda_s=-10°\sim-20°$；

微量精车外圆，精刨平面的精刨刀，取 $\lambda_s=45°\sim75°$。

3）金刚石、立方氮化硼刀，取 $\lambda_s=-5°$。

4）工艺系统刚性不足时，不应用 $-\lambda_s$。

应指出的是：大量先进刀具都是通过改革刀具几何参数后创造出来的，它对切削加工的发展起了推动作用。但几何参数的先进性、合理性都是在某些具体条件下体现与衡量的，有其一定的适用范围，孤立的评论某把刀，某几个几何参数是不恰当的。

还应明确：刀具各角度间是互相联系、互相影响的，孤立的选择某一角度，并不能得到所希望的合理值。例如：改变 γ_o，将使 α_{opt}发生变化；加工硬度较高的材料时，为增加切削刃强度，可取较小的 α_o，但加工特硬钢，如淬火钢，$-\gamma_o$ 值大，β_o 大，适当增大 α_o，使切削刃易切入，反而使 T 提高；强力切削，切削面积大，为减小切削力，取较大的 γ_o，但应用时采取 $-\lambda_s$ 及负倒棱 $b_{\gamma1}$、γ_{o1}来弥补切削刃强度；$\kappa_r=75°$的偏刀有利于减小 F_Y，但刀尖弱，非采用过渡刃来加强不可；

等等。

由此可见，任何一个刀具合理几何参数，都应该在各因素的相互联系中确定。

练　习　题　10

1. 什么叫刀具的合理几何参数？选择时应考虑哪些因素？
2. 说明 γ_o、α_o 的作用及其选择？
3. 说明 κ_r、κ_r' 的作用及其选择？
4. 说明 λ_s 的作用及其选择？
5. 求证当 λ_s 为负值时与 γ_{oe} 的关系表达式？

第十一章　切削用量的制订

§11-1　制订切削用量的原则

所谓合理的切削用量，就是在充分利用刀具的切削性能和机床性能（功率、扭矩等），保证加工质量的前提下，获得高的生产率和低加工成本的 v、f、a_p。

1. 用量对生产率的影响

对于车削，不计辅助工时，以切削工时 t_m 计算生产率 P 时

$$P=\frac{1}{t_m} \tag{11-1}$$

而

$$t_m=\frac{l_w \cdot \Delta}{n_w \cdot a_p \cdot f}=\frac{\pi d_w l_w \cdot \Delta}{10^3 \cdot v \cdot a_p \cdot f} \tag{11-2}$$

式中　d_w——工件加工前直径(mm)；

l_w——工件加工部分长度(mm)；

Δ——加工裕量(mm)；

n_w——工件转数(r/min)。

d_w、l_w、Δ 均为常数，令 $10^3/\pi d_w \cdot l_w \cdot \Delta=A_0$，则

$$P=A_0 \cdot v \cdot f \cdot a_p \tag{11-3}$$

即 v、f、a_p 之一增加一倍，P 增加一倍。

2. 用量对刀具耐用度的影响

参见式(6-5)知，v，f，a_p 之一增大，T 下降，但影响程度不一，以 v 最大，f 次之，a_p 最小。因此从 T 出发选择用量时，首先是选大的 a_p，其次选大的 f，最后据已定的 T 确定 v。

以高速钢车刀加工钢，当 T 一定时，用量间的关系大致为

$$v=\frac{c_v}{a_p^{1/3} \cdot f^{2/3}} \tag{11-4}$$

设 f 不变，a_p 增至 $3a_p$ 时，有

$$v_{3a_p}=\frac{c_r}{3^{1/3} \cdot a_p^{1/3} \cdot f^{2/3}}\approx 0.7\,\frac{c_r}{a_p^{1/3} \cdot f^{2/3}}\approx 0.7v$$

此时的生产率为

$$P_{3a_p}=A_0 \cdot 0.7v \cdot 3a_p \cdot f\approx 2P$$

即生产率可提高一倍；

如 a_p 不变，f 增至 $3f$，有

$$v_{3f}=\frac{c_v}{a_p^{1/3} \cdot 3^{2/3} \cdot f^{2/3}}\approx 0.5\,\frac{c_v}{a_p^{1/3} \cdot f^{2/3}}\approx 0.5v$$

此时的生产率为

$$P_{3f}=A_0\cdot 0.5v\cdot a_p\cdot 3f\approx 1.5P$$

即生产率只提高50%。

上述表明，T 一定时，增加 a_p 比增加 f 对提高生产率有利。

3. 用量对加工质量的影响

a_p 增大，F_Z 大，工艺系统变形大，振动大，工件加工精度下降、粗糙度增大；

f 增大，力也增大，粗糙度的增大更为显著；

v 增大，切削变形、力、粗糙度等均有所减小。

由此可认为：精加工宜用小的 a_p、小的 f；为避免积屑瘤、鳞刺对已加工表面质量的影响可用硬质合金刀高速切削（v=80～100m/min 以上），或高速钢刀低速切削（v=3～8m/min）。

§11-2　刀具耐用度的确定

用量与耐用度密切相关，用量的制订应以一定的 T 为前提。根据式(6-5)，用量确定后，T 即可算得。先看一例：甲、乙、丙三人以硬质合金刀车削 σ_b=0.73GPa（75kgf/min²）碳钢时，用量 $a_p\times f\times v$ 分别为 5×0.8×40、5×0.8×85、5×0.8×200 计得 T(分)相应为 2626、59、1.2，这表明：甲的 T 很大，但加工慢，生产率极低；丙的 T 太小，虽加工快，但刀具几乎无法工作，刚切削不久就应停车磨刀，生产率也不见得高。

耐用度随生产条件千变万化，究竟多大的耐用度才算合理是重要问题。

耐用度直接影响生产率和加工成本。

从生产率考虑，在其他条件不变时，T 定得过高，v 必然低，切削工时增加，生产率低；T 定得过低，v 虽可高些，切削工时短，但卸、装刀，调整机床时间必然增加，生产率也是下降的。因此就有一个生产率为最大时的刀具耐用度和相应的切削速度问题（见图 11-1）。

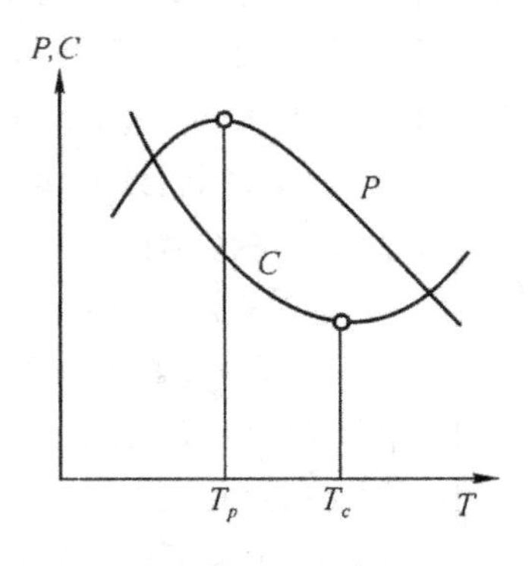

图 11-1　T 对 P、C 的影响

从加工成本考虑：T 高时，v 一定低，切削工时长，占机费用、工人费用增大，成本提高；而 T 低时，v 虽高了，切削工时短，则换刀时间增多，磨刀、刀具材料消耗等有关费用增加，加工成本也是提高的。因此也存在一个加工成本(c)为最低的刀具耐用度和相应的切削速度（见图 11-1）问题。

由此可见，要确定合理的刀具耐用度，就应对切削加工进行综合的经济分析。

一、最高生产率耐用度

以单位时间生产最多数量产品或加工每个零件消耗的生产时间为最少来衡量。

单件工序的工时 t_w 为

$$t_w=t_m+t_{ct}\cdot\frac{t_m}{T}+t_{0t} \tag{11-5}$$

式中　t_m——工序的切削时间（机动时间）；

t_{ct}——换刀一次所消耗的时间；

T——刀具耐用度；

t_m/T——换刀次数；

t_{ot}——除换刀时间外的其他辅助工时。

式中 t_m 可据式(11-2)计算，将式(6-1)代入式(11-2)可得

$$t_m=\frac{\pi d_w \cdot l_w \cdot \Delta}{10^3 \cdot c_0 \cdot f \cdot a_p}T^m$$

因 f、a_p 已定，除 T^m 外，均为常数，设为 A，则有

$$t_m=A \cdot T^m$$

代入式(11-5)有

$$t_w=A \cdot T^m+t_{ct} \cdot AT^{m-1}+t_{ot}$$

要求得 t_w 的最小值，可令

$$\frac{\mathrm{d}t_w}{\mathrm{d}T}=0$$

即

$$\frac{\mathrm{d}t_w}{\mathrm{d}T}=mAT^{m-1}+t_{ct}(m-1)A \cdot T^{m-2}=0$$

得

$$T=\left(\frac{1-m}{m}\right)t_{ct}=T_p \tag{11-6}$$

T_p 即为最高生产率耐用度，与之相应的切削速度为 v_p。

二、最低成本耐用度(经济耐用度)

以每件产品(或工序)的加工费用最低为原则来制订。

每个工件的工序成本 C 可写为

$$C=t_m \cdot M+t_{ct} \cdot \frac{t_m}{T}M+\frac{t_m}{T} \cdot c_t+t_{ot} \cdot M \tag{11-7}$$

式中 M——该工序单位时间内所分提的全厂开支；

c_t——磨刀成本(刀具成本)。

令 $$\frac{\mathrm{d}C}{\mathrm{d}T}=0$$

即得最低成本的耐用度为

$$T=\frac{1-m}{m}\left(t_{ct}+\frac{C_t}{M}\right)=T_c \tag{11-8}$$

与最低成本耐用度 T_c 相对应的切削速度为 v_c。

从式(11-6)、式(11-8)可看出：

(1) $T_c>T_p$，因此 $v_p>v_c$；

(2) m 愈小，t_{ct}愈大，T_p、T_c 均愈大。m 愈小，表明 v 对 T 的影响愈大，应选较大的 T。t_{ct}愈大，T 也要选得大；

(3) c_t 愈大，T 应选大；

(4) M 愈大，T 应小，以使 v 提高些。

T_p、T_c 究竟用哪一种，应对市场供求情况、库存量，加工设备、刀具、工件材料价格、工人工资，管理水平等进行综合分析后选定。一般情况下，多采用 T_c。仅当市场需求激增，库存缺乏，或产品价格变动，以及特殊需要等，为了在短时间内尽可能生产出较多的产品，即使单件成本

增加些，也宁可选定最高生产率的切削条件，即最高生产率耐用度和相应的切削速度。

生产中一般常用的耐用度的参考值为：高速钢车刀 $T=60\sim90$min；硬持合金、陶瓷车刀 $=30\sim60$min；加工有色金属的金刚石车刀 $T=10\sim20$h；加工淬硬钢的立方氮化硼车刀 $T=120\sim150$min；在自动机上多刀加工的高速钢车刀 $T=180\sim200$min。

在选择刀具耐用度时，还应考虑以下几点：

(1) 简单的刀具如车刀、钻头等，耐用度选得低些；结构复杂和精度高的刀具，如拉刀、齿轮刀具等，耐用度选得高些；同一类刀具，尺寸大的，制造和刃磨成本均较高的，耐用度规定得高些；可转位刀具的耐用度比焊接式刀具也选得低些。

(2) 装卡、调整比较复杂的刀具，如多刀车床上的车刀、组合机床上的钻头、丝锥、铣刀以及自动机、自动线上的刀具，耐用度选得高些；一般为通用机床上同类刀具的 200%～400%左右。

(3) 车间内某台机床的生产率限制了整个车间生产率提高时，该台机床上的刀具耐用度要选得低些，以便提高切削速度，使整个车间生产达到平衡。

(4) 生产线上的刀具耐用度应规定为一个班或两个班，以便能在换班的时间内换刀。在有特殊快速换刀装置时，耐用度可仍采用正常值。

(5) 精加工尺寸很大的工件时，为避免在加工同一表面时中途换刀，耐用度应规定的至少能完成一次进刀，刀具耐用度应按零件精度和表面粗糙度要求决定。

§11-3　a_p、f、v 的确定

1. a_p

根据加工余量确定

粗加工(表面粗糙度为 $R_a 80\sim20\mu m$：尽量一次进刀切除全部余量，在中等功率机床上，a_p 可达 8～10mm。下列情况时，可分几次进刀：

(1) 加工余量太大，一次进刀会使切削力太大，为机床功率或刀具强度所不允许；

(2) 工艺系统刚性不足，或加工余量极不均匀，以致引起很大振动，如加工细长轴或薄壁工件；

(3) 断续切削、刀具受到很大的冲击而破损。

如分二次进刀，第一次的 a_p 应比第二次大，第二次的 a_p 可取加工余量的 1/3～1/4。

半精加工($R_a 10\sim5\mu m$)：a_p 取 0.5～2mm。

精加工($R_a 2.5\sim1.25\mu m$)：a_p 取 0.1～0.4mm。

2. f

精加工：对加工质量没有太高的要求，而切削力往往较大。合理的 f 应是机床进给机构的强度、刀杆的强度和刚度、硬质合金或陶瓷刀片的强度、工件的装夹刚度等所能承受的。

实际生产中 f 常根据工件材料、直径，刀杆横截面尺寸，已定的 a_p，并计及切削力，从切削用量手册中查得。表 11-1 摘抄了一些条件下的部分 f 值。从表中可看出：刀杆尺寸、工件直径增大，f 可大；a_p 增大，因切削力增大，f 就较小；加工铸铁时的切削力较钢小，所以 f 小。

表 11-1　硬质合金车刀粗车外圆及端面的进给量

工件材料	刀杆横剖面尺寸 (mm)	工件直径 (mm)	切削深度 a_p (mm)				
			≤3	>3～5	>5～8	>8～12	>12
			进给量 f (mm/r)				
碳素钢、合金钢、耐热钢	15×25	20	0.3～0.4	—	—	—	—
		40	0.4～0.5	0.3～0.4	—	—	—
		60	0.5～0.7	0.4～0.6	0.3～0.5	—	—
		100	0.6～0.9	0.5～0.7	0.5～0.6	0.4～0.5	—
		400	0.8～1.2	0.7～1.0	0.6～0.8	0.5～0.6	—
	20×30	20	0.3～0.4	—	—	—	—
		40	0.4～0.5	0.3～0.4	—	—	—
		60	0.6～0.7	0.5～0.7	0.4～0.6	—	—
	25×25	100	0.8～1.0	0.7～0.9	0.5～0.7	0.4～0.7	—
		400	1.2～1.4	1.0～1.2	0.8～1.0	0.6～0.7	0.6～0.9
铸　铁、铜合金	16×25	40	0.4～0.5	—	—	—	—
		60	0.6～0.8	0.5～0.8	0.4～0.6	—	—
		100	0.8～1.2	0.7～1.0	0.6～0.8	0.5～0.7	—
		400	1.0～1.4	1.0～1.2	0.8～1.0	0.6～0.8	—
	20×30	40	0.4～0.5	—	—	—	—
		60	0.6～0.9	0.5～0.8	0.4～0.7	—	—
	25×25	100	0.9～1.3	0.8～1.2	0.7～1.0	0.5～0.8	—
		400	1.2～1.8	1.2～1.6	1.0～1.3	0.9～1.1	0.7～0.9

注：1. 加工断续表面及有冲击工件时，表内进给量应乘系数 $K=0.75\sim0.85$；

2. 在无外皮加工时，表内进给量应乘系数 $K=1.1$；

3. 加工耐热钢及其合金时，进给量不大于 1mm/r；

4. 加工淬硬钢时，进给量应减小。当钢的硬度为 HRC44～56 时，乘系数 0.8；当钢的硬度为 HRC57～62 时，乘系数 0.5。

但在一些特殊情况下，如切削力、工件长径比、刀杆伸出长等均较大时，尚需对所选定的 f 进行校验。

先据选定的 a_p 和 f 按式(4-2)算出 F_z、F_y、F_x，然后依加工时的具体情况，校验下列各项中的一项或几项。

1）刀杆强度

当刀杆按平面弯曲计算，忽略 F_z、F_X 的影响时，其强度所能承受的力 F_Z' 为

$$F_Z'=\frac{B\cdot H^2\cdot\sigma_b'}{6l}\ (\mathrm{N})$$

式中　B——刀杆横剖面宽度(mm)；

H——刀杆横剖面高度(mm)；

l——刀杆伸出长度(mm)，一般取 $l=(1\sim1.5)H$；

σ_b'——刀杆材料允许的抗弯强度，对于强度为 0.6～0.7GPa(60～70kgf/mm^2)的中碳钢刀杆，σ_b' 可取为 200N/mm^2(20kgf/mm^2)。

F_Z' 应满足下式：

$F_Z \leqslant F_Z'$

2）刀杆刚度

其所能承受的力 F_Z'' 为

$$F_Z''=\frac{3fE_sI}{l^3}\ (\text{N})$$

式中　f——刀杆允许挠度，粗车时取 $f=0.1$mm；精车时取 $f=0.03\sim0.05$mm；

E_s——刀杆材料的弹性模量，对碳素钢刀杆，$E_s=200,000\sim220,000\text{N/mm}^2$（$20,000\sim22,000\text{kgf/mm}^2$）；

I——惯性矩，对长方形刀杆，$I=\frac{BH^3}{12}$

应满足

$F_Z \leqslant F_Z''$

3）刀片强度

硬质合金刀片强度允许的切削力 F_Z''' 可据下列经验公式计算

$$F_Z'''=340a_p^{0.77}\cdot C^{1.35}\cdot\left(\frac{\sin60°}{\sin\kappa_r}\right)^{0.8}(\text{N})$$

式中　C——刀片厚度(mm)；

a_p——切削深度(mm)；

κ_r——主偏角(°)；

应满足

$F_Z \leqslant F_Z'''$

4）工件装夹刚度(加工精度)

切削轴类零件时，在 F_Z、F_Y 合力作用下，工件要产生弯曲，使加工精度降低。F_Z、F_Y 的合力 F_{ZY} 为

$$F_{ZY}=\sqrt{F_Z^2+F_Y^2}$$

工件装夹刚度所允许的力 F_{ZY}' 为

$$F_{ZY}'=\frac{K\cdot E_w\cdot I\cdot f}{l_0^3}\ (\text{N})$$

式中　K——工件装夹方法系数。工件装夹在前后两顶尖上时，$K=48$；工件一头装夹在卡盘中，一车在后顶尖上时，$K=768/7\approx100$；工件一头装夹在卡盘中，另一头悬伸时，$K=3$；

E_w——工件材料弹性模量，对中碳钢，$E_w=200,000\sim220,000\text{N/mm}^2$（$20,000\sim22,000\text{kgf/mm}^2$）；

I——工件惯性矩，$I=0.05d_w'$，d_w' 为车削后工件直径(mm)；

f——工件允许的弯曲度，粗车取 $f=0.2\sim0.4$mm，车后要磨的 $f\leqslant011mm$；精车取 $f\leqslant\frac{1}{5}$直径公差；

l_0——工件两支承间的长度(mm)；

应满足

$F_{ZY}\leqslant F_{ZY}'$

5）机床进给机构强度

作用在机床进给机构上的力为 F_X，应小于机床说明书中规定的机床进给机构所允许的最大进给力。

所定 f 应是机床说明书中所有或接近值。

半精加工、精加工：一般按已加工表面精糙度要求，据工件材料、刀尖圆弧半径、切削速度从切削用量手册中查得。表 11-2 列出了一些条件下的 f 参考值。可看出，r_ε 增大，v 提高时，f 可增大。

表 11-2　按表面精糙度选择进给量的参考值

工件材料	表面精糙度 (μm)	切削速度范围 (m/min)	刀尖圆弧半径 r_ε(mm)		
			0.5	1.0	2.0
			进　给　量　(mm/r)		
铸铁、青铜、铝合金	R_a10(▽4)	不　限	0.25～0.40	0.40～0.50	0.50～0.60
	R_a5(▽5)		0.15～0.25	0.25～0.40	0.40～0.60
	R_a2.5(▽6)		0.10～0.15	0.15～0.20	0.20～0.35
碳钢、合金钢	R_a10(▽4)	<50	0.30～0.50	0.45～0.60	0.55～0.70
		>50	0.40～0.55	0.55～0.65	0.65～0.70
	R_a5(▽5)	<50	0.18～0.25	0.25～0.30	0.30～0.40
		>50	0.25～0.30	0.30～0.35	0.35～0.50
	R_a2.5(▽6)	<50	0.10	0.11～0.15	0.15～0.22
		50～100	0.11～0.11	0.16～0.25	0.25～0.35
		<100	0.16～0.20	0.20～0.25	0.25～0.35

3. v

据已定 a_p、f 及 T，可计算 v

$$v=\frac{C_v}{T^m \cdot a_p^{X_v} \cdot f^{Y_v}} \cdot K_v (\text{m/min})$$

式中　C_v、X_v、Y_v——据工件材料、刀具材料、加工方法等在切削用量手册中查得。表 11-3 列出其中部分：

表 11-3　外圆车削时切削速度公式中的系数和指数

工件材料	刀具材料	进给量 f(mm/r)	公式中的系数和指数			
			C_v	X_v	Y_v	m
碳素钢 σ_b=0.65GPa (65kgf/mm^2)	YT15 (不用切削液)	≤0.30	291	0.15	0.20	0.20
		<0.30～0.70	242		0.35	
		>0.70	235		0.45	
	W18Cr4v (用切削液)	≤0.25	67.2	0.25	0.33	0.125
		>0.25	43		0.66	
灰铸铁 HB190	YG6 (不用切削液)	≤0.40	189.8	0.15	0.20	0.20
		>0.40	158		0.40	

K_v——切削速度修正系数

$$K_v=K_{Mv} \cdot K_{sv} \cdot K_{tv} \cdot K_{kv} \cdot K_{\kappa_r v} \cdot K_{\kappa_r' v} \cdot K_{r_\varepsilon v} \cdot K_{qv}$$

式中　K_{Mv}、K_{sv}、K_{tv}、K_{Kv}、$K_{\kappa_r v}$、$K_{k_r' v}$、$K_{r_\varepsilon v}$、K_{qv}——分别表示工材料、毛坯表面形态、刀具材料、加工方式、主偏角 κ_r、副偏角 κ_r'、刀尖圆弧半径 r_ε、刀杆尺寸对切削速度的修正系数，其值参数切削用量手册。

v 确定后，计算机床转速 n

$$n=1000v/\pi d_w (\mathrm{r/min})$$

式中　d_w——工件加工前直径。

所定 n 应是机床说明书中所有或接近值。

实际生产中也可以切削用量手册中选取 v 的参考值，表 11-4 列出其中的一部分。可看出：

(1) 粗车时，a_p、f 均较大，所以 v 较低，精加工时，a_p、f 均较小，所以 v 较高。

(2) 工件材料强度、硬度较高时，应选较低的 v；反之，v 较高。材料加工性越差，如奥氏体不锈钢、钛合金、高温合金等，v 较低。易切钢的 v 较同硬度的普通碳钢高。加工灰铸铁的 v 较碳钢低。加工铝合金、铜合金的 v 较加工钢高得多。

(3) 刀具材料的切削性能愈好，v 也选得愈高。硬质合金的 v 比高速钢高好几倍，而涂层的硬质合金的 v 又比未涂层的刀片有明显提高。陶瓷刀的 v 也比硬质合金的高。

此外，在选择 v 时，还应考虑以下向点：

(1) 精加工时，应尽量避免积屑瘤和鳞刺产生的区域。

(2) 断续切削时，为减小冲击和热应力，宜适当降低 v。

(3) 在易发生振动情况下，v 应避免开自激振动的临界速度。

(4) 加工大件、细长件、薄壁件以及带外皮的工件时，应选用较低的 v。

4. 机床功率校验

切削功率 P_m 为

$$P_m=\frac{F_Z \cdot v}{60\times 102\times 10}\ (\mathrm{kW})$$

式中 F_Z 的单位为 N，v 的单位为 m/min。

机床的有效功率 P_E' 为

$$P_E'=P_E \cdot \eta_m$$

式中　P_E——机床电机功率；

η_m——机床传动效率。

应满足

$$P_m < P_E'$$

表明所选用量可在指定的机床上使用。

如 $P_m \ll P_E'$，则表明机床功率没有得到充分利用，此时，可以选定较低的刀具耐用度，或采用切削性能更好的刀具材料，以提高 v，使 P_m 增大，以期充分利用机床功率，最终达到提高生产率的目的；

如 $P_m > P_E'$，则表明所选用量不能在指定机床上使用。此时，要么调换功率较大的机床；要么根据所限定的机床功率降低用量（主要是降 v），但刀具的切削性能却未能充分发挥。

表 11-4 车削加工的切削速度参考值

加工材料	硬度 HB	切深 a_p (mm)	高速钢刀具		硬质合金刀具						陶瓷刀具	
					未涂层				涂层			
			v (m/min)	f (mm/r)	v(m/min) 焊接式	v(m/min) 可转位	f (mm/r)	材料	v (m/min)	f (mm/r)	v (m/min)	f (mm/r)
易切中碳钢	175～225	1 4 8	52 40 30	0.20 0.40 0.50	165 125 100	200 150 120	0.18 0.50 0.75	YT15 YT14 YT5	305 200 160	0.18 0.40 0.50	520 395 305	0.13 0.25 0.40
中碳钢	175～275	1 4 8	34～40 23～30 20～26	0.18 0.40 0.50	115～130 90～100 70～78	150～160 115～125 90～100	0.18 0.50 0.75	YT15 YT14 YT5	220～240 145～160 115～125	0.18 0.40 0.50	460～520 290～350 200～260	0.13 0.25 0.40
合金钢	175～225	1 4 8	34～41 26～32 20～24	0.18 0.40 0.50	105～115 85～90 67～73	130～150 105～120 82～95	0.18 0.4～0.5 0.5～0.75	YT15 YT14 YT5	1750～200 135～160 84～120	0.18 0.40 0.50	460～520 280～360 220～265	0.13 0.25 0.40
高强度钢	225～350	1 4 8	20～26 15～20 12～15	0.18 0.40 0.50	90～105 69～84 53～66	115～135 90～105 69～84	0.18 0.40 0.50	YT15 YT14 YT5	150～185 120～135 90～105	0.18 0.40 0.50	380～440 205～265 145～205	0.13 0.25 0.40
奥氏体不锈钢	135～275	1 4 8	18～34 15～27 12～21	0.18 0.40 0.50	58～105 49～100 38～76	87～120 58～105 46～84	0.18 0.40 0.50	YGX3,YW1 YG6,YW1 YG6,YW1	84～160 76～135 60～105	0.18 0.40 0.50	275～425 150～275 90～185	0.13 0.25 0.40
马氏体不锈钢	175～325	1 4 8	20～44 15～35 12～27	0.18 0.40 0.50	87～140 69～115 55～90	95～175 75～135 58～105	0.18 0.40 0.50～0.75	YW1,YT15 YW1,YT15 YW2,YT15	120～260 100～170 76～135	0.18 0.40 0.50	350～490 185～335 120～245	0.13 0.25 0.40
灰铸铁	160～260	1 4 8	26～43 17～27 14～23	0.18 0.40 0.50	84～135 69～110 60～90	100～165 81～135 66～100	0.18～0.25 0.40～0.5 0.5～0.75	YG8,YW2	130～190 105～160 84～130	0.18 0.40 0.50	395～550 245～365 185～275	0.13～0.25 0.25～0.40 0.40～0.50
可锻铸铁	160～240	1 4 8	30～40 23～30 18～24	0.18 0.40 0.50	120～160 90～120 76～100	135～185 105～135 85～115	0.25 0.5 0.75	YT15,YW1 YT15,YW1 YT14,YW2	185～235 135～185 105～145	0.25 0.40 0.50	305～365 230～290 150～230	0.13～0.25 0.25～0.40 0.40～0.50
铝合金	30～150	1 4 8	245～305 215～275 185～245	0.18 0.40 0.50	550～610 425～550 305～365	max	0.25 0.5 1.0	YG3X,YW1 YG6,YW1 YG6,YW1	—	—	365～915 245～760 150～460	0.075～0.15 0.15～0.30 0.30～0.50
铜合金	110～190	1 4 8	40～175 34～145 27～120	0.18 0.40 0.50	84～345 68～290 64～270	90～375 76～335 70～305	0.18 0.50 0.75	YG3X,YW1 YG6,YW1 YG8,YW2	—	—	305～1460 150～855 90～550	0.075～0.15 0.15～0.30 0.30～0.50
钛合金	300～350	1 4 8	52～24 9～21 8～18	0.13 0.25 0.40	38～66 32～56 24～43	49～76 91～66 26～49	0.13 0.20 0.25	YG3X,YW1 YG6,YW1 YG8,YW2	—	—	—	—
高温合金	200～475	0.8 2.5	3.6～14 3.0～11	0.13 0.18	12～49 9～41	14～58 12～49	0.13 0.18	YG3X,YW1 YG6,YW1	—	—	185 135	0.075 0.13

§11-4 切削用量最佳化的设计

1. $v \sim T$ 关系中的极值

前面所介绍的切削用量的选择原则是根据 $v=f(T)$ 及 $v=f(T,f,a_p)$ 制订的。即根据切削速度增大时，刀具耐用度下降(见式(6-1))这一单调函数关系确定的，如§6-4所已指出的，这一关系应在较窄的速度范围内才成立。如在从低速到高速较宽的速度范围内进行试验，所得的 $v \sim T$ 关系中将出现刀具耐用度的最大值(参见图6-6)，在对耐热合金等难加工材料进行实验时，也可得到类似结果(见图11-2，曲线 T)

2. 切削速度 v 与切削路程 l_m 的关系

图11-2中也给出了 $v \sim l_m$ 关系曲线。可以看出，在某一切削速度时，l_m 也有最大值。而且 l_m 最大值与 T 最大值对应的 v 是不相同的。

从生产率和经济性的观点，根据切削路程选择切削用量似比根据耐用度选择更为合理。因为在达到同样磨钝标准时，如果切削路程最长，也就是切削每单位长度工件的磨损量最小，即相对磨损最小。实验证明，用相对磨损最小的观点建立的试验数据是符合根据加工精度要求和刀具径向磨损量确定的刀具尺耐用度为最高的要求的。尺寸耐用度高则加工精度也高。

3. 最佳切削温度概念

大量切削试验证明，对给定的刀具材料和工件材料，用不同切削用量加工时，都可以得到一个切削温度，在这个切削温度下，刀具的磨损强度最低，尺寸耐用度最高，这个温度称最佳切削温度。例如，用YT15加工40Cr钢，在切削厚度 $a_c=0.037 \sim 0.5$mm 内变化时，此温度均为730℃左右。最佳切削温度时的 最佳切削速度 v_0。

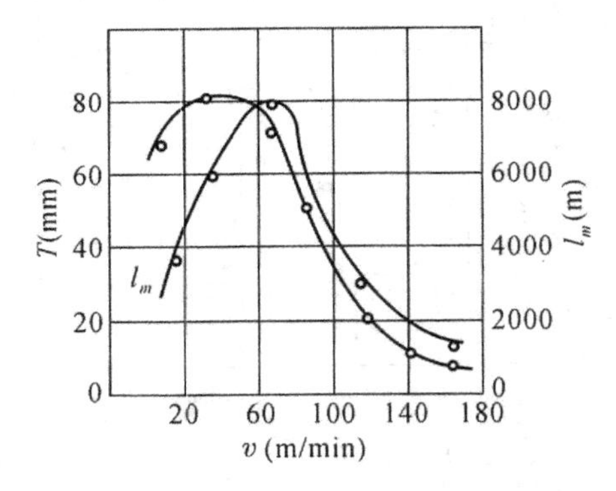

图11-2 $v \sim T$、$v \sim l_m$ 的关系

工件：37Cr12Ni8Mn8MoVNb

用量：$a_p=1$mm，$f=0.21$mm/r。

VB=0.3mm。

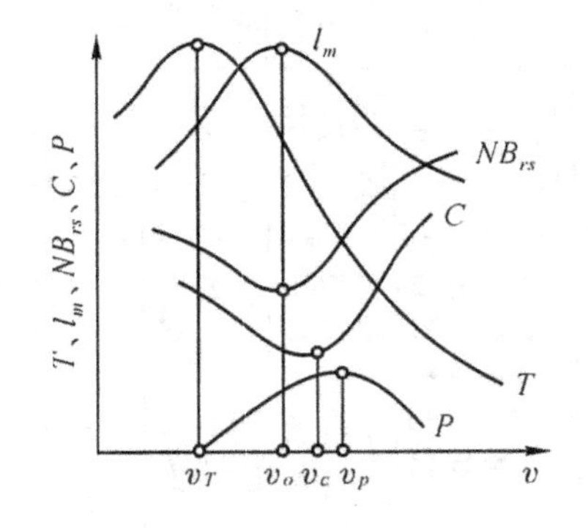

图11-3 v 对 T；l_m、NB_{rs}、C、P 的影响

4. 各切削速度之间的关系

图11-3示出了切削速度 v 对刀具耐用度 T、切削路程长度 l_m、刀具相对磨损(即切下一定切削面积时的刀具磨损量)NB_{rs}、加工成本 C、生产率的影响曲线。可以证明，最高刀具耐用度的切削速度 v_T、最佳切削速度 v_O、经济切削速度 v_C、最高生产率切削速度 v_P 之间存在着下列关系：

$$V_T < v_O < v_C < v_P$$

从图 11-3 中可以看出：

(1) 切削时用最大刀具耐用度的切削速度 v_T 工作是不合理的。因为这时的生产率 P 和对应刀具尺寸耐用度的切削路程长度 l_m 都很低，而加工成本 C 和刀具磨损强度 NB_{rs} 则较高。

(2) 在用最佳切削速度 v_o 工作时，刀具磨损强度 NB_{rs} 达最低值，刀具消耗少，切削路程最长，加工精度最高。因此这个速度是比较合理的。但这时的加工成本不是最低，生产率也不是最高。

(3) 在以经济切削速度 v_C 工作时，加工成本最低，切削路程也较长。但磨损强度稍有增加，加工精度有所下降。这一切切削速度也算是比较合理的。

(4) 如进一步将切削速度提高到 v_P 时，虽生产率可达到最高，但却导致刀具磨损的加剧和加工成本的提高。

由此可见，从生产率、加工经济性和加工精度综合考虑，根据最高耐用度和最大生产率选择切削用量就不如根据最大切削路程和加工经济性来选择。

对于一般加工材料，v_C 和 v_O 很相近，通常，$v_C/v_O=1.2\sim1.25$，即 v_C 与 v_O 位于机床同一档速度范围；对于难加工材料，v_C 与 v_O 是重合的。因此采用 v_O 可同时获得较好的经济效果。

5. 利用最佳切削温度确定最佳切削用量组合的方法。

在一般情况下，切削深度变化不大，而且对切削温度影响也不大，因此通常都是求切削速度和进给量的最佳组合。

实验时，对某一刀具材料和工件材料，在固定切削深度情况下，变换不同的进给量和切削速度求得切削温度 θ 曲线、切削路程长度 l_m 曲线、刀具相对磨愤 NB_{rs} 曲线，如图 11-4 所示。图上显示出，在某一切温度（最佳切削温度）时，不论其进给量为多少，这一温度都对应 $l_m\sim v$ 曲线上的最高点和 $NB_{rs}\sim v$ 曲线上的最低点。称这时的切削速度和进给量为最佳切削用量组合。如果将相对应的 v、f、NB_{rs} 画在双对数坐标纸上就可以得到 $v\sim f$、$f\sim NB_{rs}$ 关系图，从而可得到下列关系式：

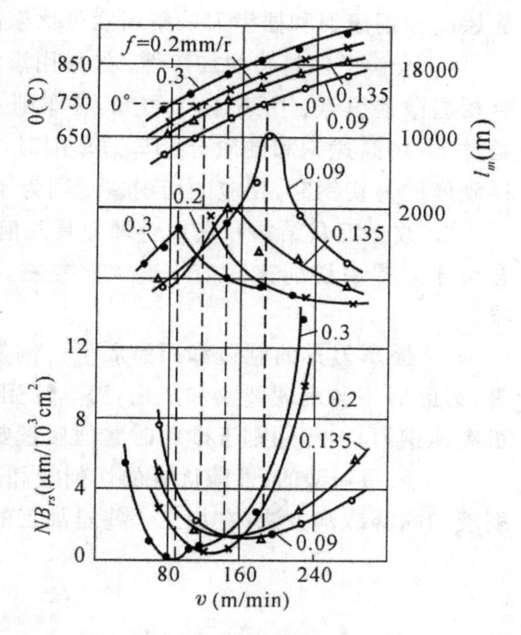

图 11-4 v 对切削温度和刀具尺寸耐用度的影响

工件：14Cr17Ni2；

刀具：YT15，$\gamma_o=0°$，$\lambda_s=0°$，$\alpha_o=10°$，$\kappa_r'=45°$，$\kappa_r=45°$，$\gamma_\varepsilon=0.5$mm；

用量：$\alpha_p=0.5$mm

$$v=\frac{C_1}{f^{x_1}}$$

$$NB_{rs}=\frac{C_2}{f^{x_2}}$$

这就是刀具的最大尺寸耐用度方程。在切削加工中，如果选择的切削用量组合能满足上述关系，就能获得最大的切削路程长度，因此可获得最大的切削面积，实现切削用量的优化选择。

§11-5 提高切削用量的途径

提高切削用量的途径，从切削原理方面来考虑，主要包括以下几方面。

1. 采用切削性能更好的新型刀具材料。如采用超硬高速钢、含有添加剂的新型硬质合金，涂层硬质合金和涂层高速钢、新型陶瓷（如 Al_2O_3、T_iC 及其他添加剂的混合陶瓷及 Si_3N_4 陶瓷）及超硬材料等。采用耐热性和耐磨性高的刀具材料是提高切削用量的主要途径。例如，车削 HB350～400 的高强度钢，在 $a_p=1$mm，$f=0.18$mm/r 条件下，用高速钢 W18Cr4V5Co5 及 W2Mo9Cr4VCo8 加工时，适宜的切削速度 $v=15$m/min；用焊接硬质合金车刀 $v=76$m/min；用涂层硬质合金车刀 $v=130$m/min；而用陶瓷刀具时 v 可达 335m/min（$f=0.102$mm/r）。TiN 涂层高速钢滚刀和插齿刀的耐用度可比未涂层刀具提高 3～5 倍，有的甚至 10 倍。

2. 改善工件材料的加工性。如采用添加硫、铅易切钢；对钢材进行不同热处理以便改善其金相显微组织等。由表 11-4 可知，在车削 HB75～225 的中碳钢时，在 $a_p=4$mm，$f=0.4$mm/r 条件下，用高速钢和硬质合金车刀车削时，适宜的切削速度分别为 30 和 100m/min，而加工同样硬度的易切钢时，相应的切削速度则为 40 和 125m/min。

3. 改进刀具结构和选用合理刀具几何参数。例如采用可转位刀片的车刀可比焊接式硬质合金车刀提高切削速度 15%～30%左右。采用良好的断屑装置也是提高切削效率的有效手段。

4. 提高刀具的制造和刃磨质量。例如采用金刚石砂轮代替碳化硅砂轮刃磨硬质合金刀具，刃磨后不会出现裂纹和烧伤，刀具耐用度可提高 50%～100%。用立方氮化硼砂轮刃磨高钒高速钢刀具，比用刚玉砂轮时磨削质量要高得多。

5. 采用新型的、性能优良的切削液和高效率的冷却方法。例如采用含有极压添加剂的切削液和喷雾冷却方法，在加工一些难加工的材料时，常常可使刀具耐用度提高好几倍。

练 习 题 11

1. 切削用量选得愈大，机动时间愈短，是否说明生产率愈高？为什么？
2. 制订切削用量的一般原则是什么？
3. 阐明 a_p、f、v 的确定？

第十二章　磨　削

磨削通常用于淬硬钢、耐热钢及特殊合金等坚硬材料的精加工。加工精度可达 $1T6$～$1T6$，表面粗糙度可小至 $R_a1.25$～$0.01\mu m$，镜面磨削时可达 $R_a0.04$～$0.01\mu m$。

根据砂轮和工件相对位置的不同，可分内圆磨削、外圆磨削和平面磨削。随着机械产品中成形表面的增多，成形磨削和仿形磨削得到广泛应用，如齿轮磨削等。

§12-1　砂轮特性及其选择

砂轮是一种用结合剂把磨粒粘结起来，经压坯、干燥、焙烧及车整而成，具有很多气孔，而用磨粒进行切削的工具。其结构如图 12-1 所示。磨削钝化后，需经修整后再用。

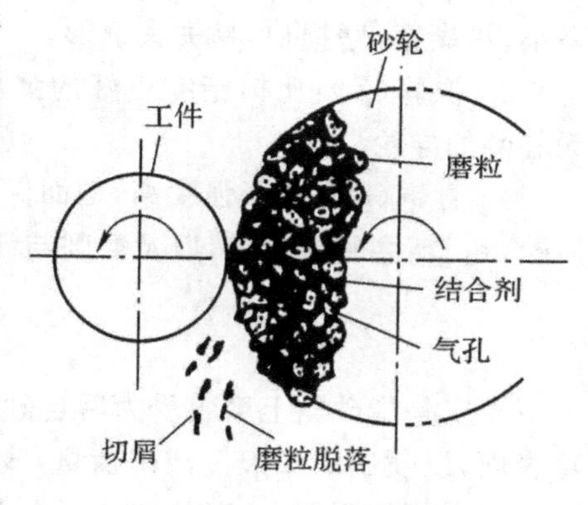

图 12-1　砂轮的结构

砂轮的特性决定于磨料、粒度、结合剂、硬度、组织及形状尺寸等。

一、磨　料

分天然磨料和人造磨料。

天然磨料如金刚砂、天然刚玉、金刚石等，价昂，用之少。

常用的人造磨料主要有：

刚玉类(氧化铝 Al_2O_3)：棕刚玉(GZ)、白刚玉(GB)；

碳化硅类(SiC)：黑碳化硅(TH)、绿碳化硅(TL)；

高硬磨料类：人造金刚石(JR)、氮化硼(JLD)。

与刚玉类比较，碳化硅磨粒坚硬，较锋锐，尖端圆半径小 30%左右，有较大忍受热冲击的能力，在磨削温度作用下比较不易产生裂纹，较少产生粘结磨损；但抗弯强度较差，用它磨削硬铸铁类材料时磨削效率高，而磨削强度较高的钢料时却易于磨钝。

所以一般确认：刚玉类宜用于磨削各种钢料，如不锈钢、高强度合金风钢、退了火的可锻铸铁和硬青铜；而碳化硅适用于磨削铸铁、激冷铸铁、黄铜、软青铜、铝、硬表层合金和硬质合金。

高硬磨料具有高强度、高硬度，适用于磨削高速钢、硬质合金、宝石等。

二、粒　度

表示磨料颗粒尺寸大小。

颗粒上的最大尺寸大于 $40\mu m$ 的磨料，用机械筛分法来决定粒度号，其粒度号数值就是该种颗粒能通过的筛子每英寸(25.4mm)长度上的孔数。粒度号数越大，颗粒尺寸越细，按尺寸分有 8#～280#不同规格。颗粒尺寸小于 40μm 的磨料用显微镜分析法来测量，其粒度号数即该颗粒最大尺寸的微米数，分 W40～W0.5 不同规格。

粒度直接影响磨削的表面质量及生产率。一般情况下，粗磨时作量较大，要求有较高的效率，为避免过度发热而烧伤；或者在磨削软而粘的材料时，为了避免砂轮堵塞；或当砂轮速度较高，砂轮与工件接触面积较大，为减少参加磨削的磨粒数，以免发热而烧伤等，宜选用粗粒度，如 12#～36#；精磨时，为获得较好的表面粗糙度及廓形精度，宜选用细粒度，如刃磨刀具多用 46#～100#，磨螺纹及精磨、珩磨用 120#～280#，超精磨用 W28～W5。

三、结合剂

用于将磨粒粘合起来，使砂轮具有一定的强度、气孔、硬度和抗腐蚀、抗潮湿的性能。结合剂有四种：

1. 陶瓷(A)：耐热、耐蚀、耐潮、气孔率大、保持廓形，是最常用的。但性脆，韧性及弹性较差，不能承受侧面弯扭力，不宜用于切断砂轮。

2. 树脂(S)：强度高、弹性好，很适用于切断、开槽等高速磨削。但耐热性、耐蚀性差，气孔率小，易糊塞，磨损快，易失去廓形。

3. 橡膜(X)：比树脂有更好的弹性和硬度，可制造 0.1mm 的薄砂轮，适用于切断、开槽、无心磨的导轮。

4. 青铜(Q)：抗张强度高，型面保持性好，有一定韧性，但自励性差。主要用于制造金刚石砂轮，粗、精磨硬质合金，以及磨削与切断光学玻璃、宝石、陶瓷、半导体等。

四、硬　度

硬度是指砂轮上磨料受力后自砂轮表层脱落的难易程度。常以压缩空气把石英砂喷在砂轮表面，以喷出的凹痕深浅来衡量，浅者硬度高；也可用硬质合金或金刚石对砂轮施加数牛顿至数十牛顿的刻划力，以从结合剂上剥下一层磨粒来所需的刻划力的大小来衡量，力大时硬度高。用磨粉或微粉制造的砂轮硬度则以洛氏硬度计测定。

硬度是结合剂体积的函数，在同一种结合剂下，结合剂体积百分率高时，硬度高。分：超软(CR)，软(R_1～R_3)，中软(ZR_1～ZR_2)，中(Z_1～Z_2)，中硬(ZY_1～ZY_3)，硬(Y_1～Y_2)，及超硬(CY)等等级。

选用的原则是：硬材料或粗磨选用软砂软；软材料或精磨选用硬砂轮。这是因磨硬材料时砂轮易磨损，采用软砂轮可使磨钝的磨粒及时脱落。对于铝、黄铜等有色金属和树脂，橡皮等特软材料，易使砂轮糊塞；砂轮和工件接触面积大时，磨粒参加切削时间长而易磨损以及半精磨为防止工件发热烧伤等也均宜选用软砂轮，以使磨钝的磨粒易脱落而露出新磨粒来。精磨、成形磨等用硬砂轮为的是使砂轮廓形能保持较长的时间。

一般，磨削示淬火钢可采用 ZR_2～Z_2；磨削淬火钢采用 R_2～ZR_1；粗磨比精磨低 1～2 小级。

五、组　织

用组织来表明磨料、结合剂与气孔在体积之间的比例。分紧密、中等、疏松三大极，细分 0～14 小级。组织号越小，磨粒所占比例越大，表明组织越紧密，气孔越少。

气孔可以容纳切屑，不易堵塞，并把切削液带入磨削区，使磨削温度降低，避免烧伤和产生裂纹,减少工件的热变形;但气孔太多,磨粒含量少,容易磨钝和失去正确廓形。

一般磨削常用中等组织 7～9 级;精密磨、成形磨应采用较紧密的组织;平面磨、内圆磨及磨削热敏性强的材料时宜用较疏松的组织。新研制的大气孔砂轮相当于 10～12 号或大至 13～18 号的疏松组织,其气孔体积百分比高达 70%,气孔穴直径可达 2～3mm,很适于磨削热敏性材料如磁钢、钨银合金,硬质合金,软性金属如锂,非金属软材料如橡胶、塑料等。

六、形状及用途

常用的砂轮形状及用途如表 12-1 所列。

表 12-1 常用的砂轮形状及用途举例

名 称	断面形状	代 号	主 要 用 途
平形砂轮	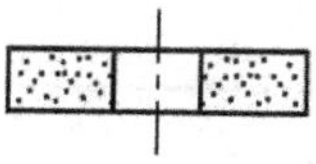	P	磨外圆、内圆,无心磨,刃磨刀具等
双斜边砂轮	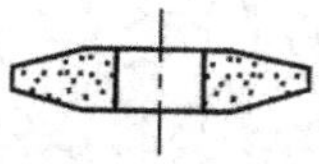	PSX	磨齿轮及螺纹
双面凹砂轮	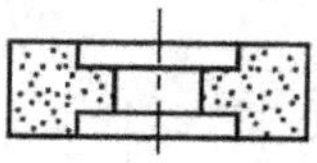	PSA	磨外圆、磨力具、无心磨
切断砂轮（薄片砂轮）	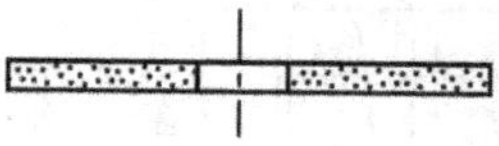	PB	切断及切槽
筒形砂轮	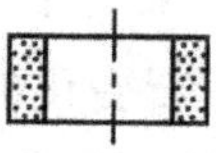	N	端磨平面
杯形砂轮	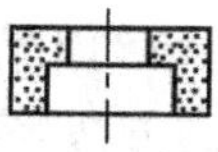	B	磨平面、内圆,刃磨刀具
碗形砂轮	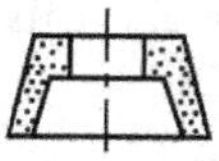	BW	刃磨刀具,磨导轨
碟形砂轮	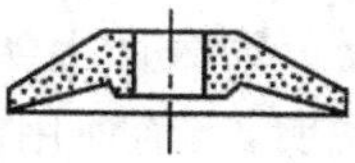	D	磨齿轮,刃磨铣刀、拉刀、铰刀等

砂轮端面印有标志，以下例说明其含义：

G	60	Y_1	A	6	P	300	×30	×75
磨料	粒度	硬度	结合剂	组织	形状	外径	厚度	内径

§12-2　砂轮表面形貌

磨粒在砂轮中的位置分布和取向是随机的，每个磨粒也可能有多个切削刃。图 12-2 所示的是以 xy 坐标平面与砂轮最外层工作表面相接触时，磨粒及切削刃在 xyz 坐标空间内的分布状态。以平行于 yz 坐标面所截取的磨粒切削刃轮廓图，称砂轮工作表面的形貌图。L_{g1}、L_{g2}……为该截面内各磨粒平均中线间的距离；L_{s1}、L_{s2}……为该截面内各切削刃间的距离；Z_{s1}、Z_{s2}……为各切削刃尖端离砂轮表层顶部平面的距离。

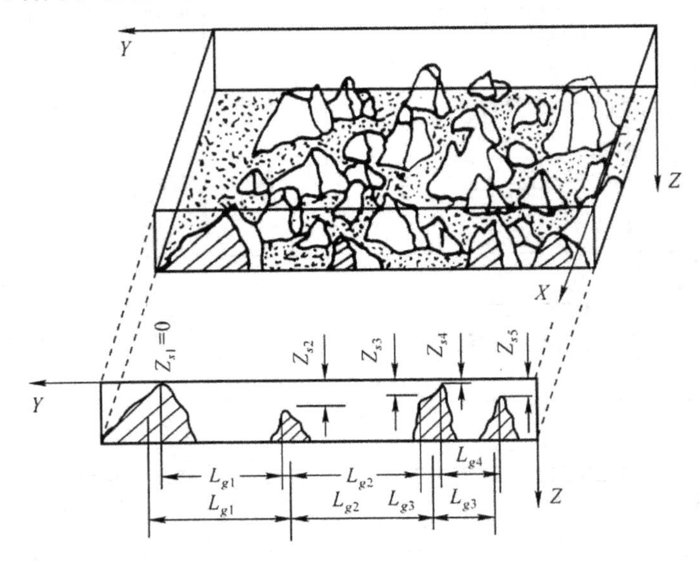

图 12-2　砂轮磨粒在空间的分布状态

砂轮表面形貌在磨削过程中是取决于磨削条件而不断变化的，是磨削时间的函数。通过对砂轮表面形貌特征和磨削条件的了解，在一定程度上可预测磨削已加工表面粗糙度，分析及控制磨削过程。

砂轮上磨粒分布参差不齐。磨削时，磨粒切削刃可以切到工件的，称有效磨粒切削刃；不能切到工件的，称无效磨粒切削刃。决定砂轮有效切削刃的方法，实际就是如何测量砂轮表面的形貌特征的问题。

砂轮表面形貌的检测方法有：滚动复印法、触针描迹法、光电检测法、通过测力或测温装置的间接检测法、利用扫描电镜或透射电镜的直接观察法等。

以测温或测力等间接检测法，测得的温度或力的曲线，其中的脉冲数即为有效磨粒切削刃数。用间接测定法测得的动态有效磨粒切削刃数比由静态法测得的静态磨粒切削刃数小一个数量级，即砂轮工作表面上起到切削作用的磨粒切削刃为表面上实有磨粒切削刃的 10%，表明仅有小部分磨粒切削刃参与切削过程。这进一步说明，当前使用的砂轮结构，其磨粒密度大大超过了实际需要。表层过多的磨粒使磨削过程易于堵塞发热，难以冷却。因此，减少砂轮中磨粒的构成比重，增加气孔比例，是改进砂轮磨削性能的途径之一。大气孔砂轮结构就是在此基础上发展起来的。

§12-3　磨削过程

一、磨削运动

图 12-3 示出了外、内圆和平面磨削时的切削运动。

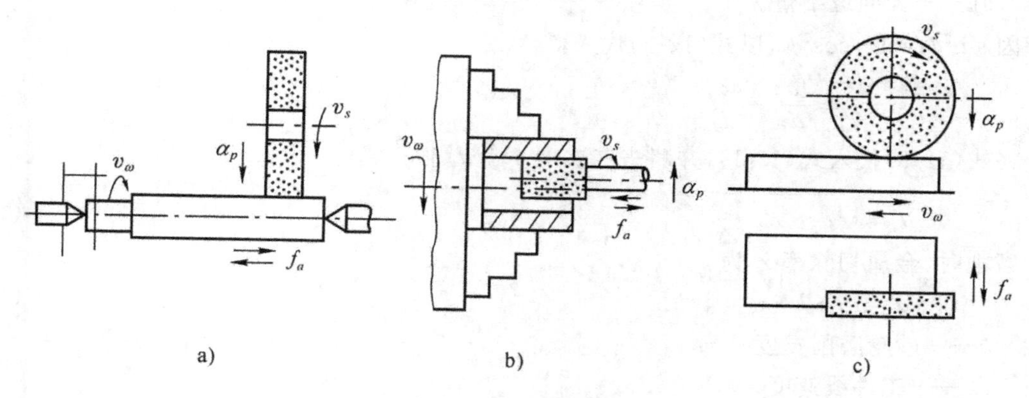

图 12-3　磨削运动

a)外圆磨削；b)内圆磨削；c)平面磨削

主运动：砂轮的旋转运动，以砂轮的线速度 v_s(m/s)表示，称磨削速度。

进给运动：在外、内圆磨削时有：

工件旋转进给运动，以工件线速度 v_w(m/min)表示；

砂轮径向进给运动，即砂轮切入工件的运动，以 a_p(mm/str(单行程)或 mm/dstr(双行程)表示；

工件相对砂轮轴向进给运动，以 f_a(mm/r)表示。

在平面磨削时有：

工件纵向进给运动，即工作台往复运动，以 v(m/min)表示；

砂轮径向进给运动，即工件表面磨削一次后砂轮切入工件的深度，以 a_p(mm)表示；砂轮相对工件的轴向进给运动，以 f_a(mm/str 或 mm/dstr)表示。

二、磨粒切除切屑的几何图形

图 12-4 示出了径向切入平面磨削时磨粒切出切屑的简化几何图形。

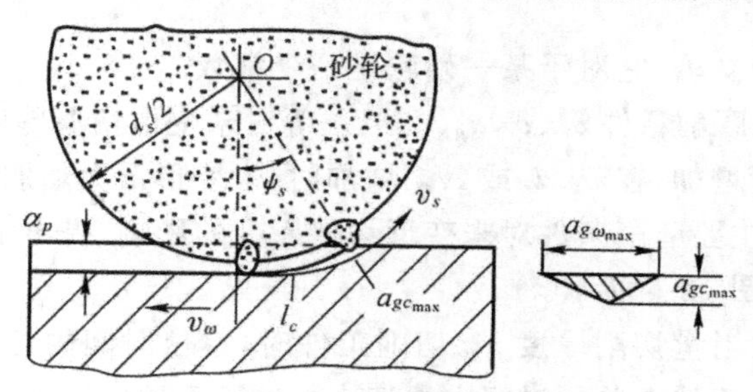

图 12-4　磨粒切出切屑的简化几何图形

磨粒切削刃与工件的接触弧长 l_c 可近似地表达为：

$$l_o=\frac{d_s}{2}\cdot\sin\phi_s \tag{12-1}$$

式中 d_s——砂轮直径；

ϕ_s——磨粒与工件的接触角，

$$\cos\phi_s=\frac{(d_s/2)-a_p}{d_s/2}=1-\frac{2a_p}{d_s} \tag{12-2}$$

式中 a_p——径向进给量。

因 $\sin^2\psi_s=1-\cos^2\psi_s$，以式(12-2)代入得

$$\sin^2\psi_s=\frac{4a_p}{d_s}-\frac{4a_p^2}{d_s^2} \tag{12-3}$$

将式(12-3)代入式(12-1)，并略去二次项 $4a_p^2/d_s^2$ 得

$$l_c=\sqrt{a_p\cdot d_s} \tag{12-4}$$

磨削时，金属切除率 Z 为

$$Z=a_p\cdot b\cdot v_w \tag{12-5}$$

式中 b——砂轮磨削宽度；

v_w——工件线速度。

如果未变形切屑具有如图 12-4 所示的三角形截面，则每一个未变形切屑的平均体积 V_c 为

$$V_c=\frac{1}{6}a_{gcmax}\cdot a_{gwmax}\cdot l_c \tag{12-6}$$

式中 a_{gcmax}——一个磨粒切削刃所切的未变形切屑最大厚度；

a_{gwmax}——该未变形切屑的最大宽度。

令 $$a_{gwmax}=r_g\cdot a_{gcmax} \tag{12-7}$$

式中 r_g——磨粒切削刃的宽高比，它在一定程度上反映磨粒切削刃的形状比例。

单位时间内所产生的切屑数目 N_{ch} 为

$$N_{ch}=v_s\cdot b\cdot N_{eff} \tag{12-8}$$

式中 v_s——砂轮表面线速度；

N_{eff}——砂轮表面单位面积(例如每平方毫米)上的有效磨粒切削刃数。

因 $V_c\cdot N_{ch}$ 等于 Z，所以从式(12-4)至式(12-8)可得

$$a_{gcmax}^2=\frac{K\cdot v_w}{v_s}\cdot\sqrt{a_p} \tag{12-9}$$

式中 $K=6/N_{eff}\cdot\gamma_g\cdot\sqrt{d_s}$，它对于某一砂轮是一个常数。

由式(12-9)可看出，磨削条件 v_w、v_s、a_p、d_s、N_{eff} 等对未变形切屑厚度的影响。在 v_w、a_p 增加时，未变形最大切屑厚度增加；在 v_s、d_s 或 N_{eff} 增加时，未变形最大切屑厚度减小。

为了更简明地说明主要磨削条件对未变形切屑厚度的影响，提出了“当量切削厚度”或“理论切削厚度”的概念，如图 12-5 所示。

当砂轮以速度 v_s 及当量切削厚度 a_{gce} 切削工件时，单位时间内切去体积为 $v_s\cdot a_{gce}\cdot b$，b 为砂轮磨削工件宽度；而工件上单位时间内被切去的体积可用 $v_w\cdot a_p\cdot b$ 表示。毫无疑问：

$$v_s\cdot a_{gce}\cdot b=v_w\cdot a_p\cdot b$$

$$a_{gce}=\frac{v_w}{v_s}\cdot a_p \tag{12-10}$$

式中 v_w、v_s 单位取相同。

由此可知，“当量切削厚度”代表了 v_w、v_s、a_p 的综合效果：v_w 或 a_p 增加，a_{gce}增加；v_s 增加，a_{gce}减小。

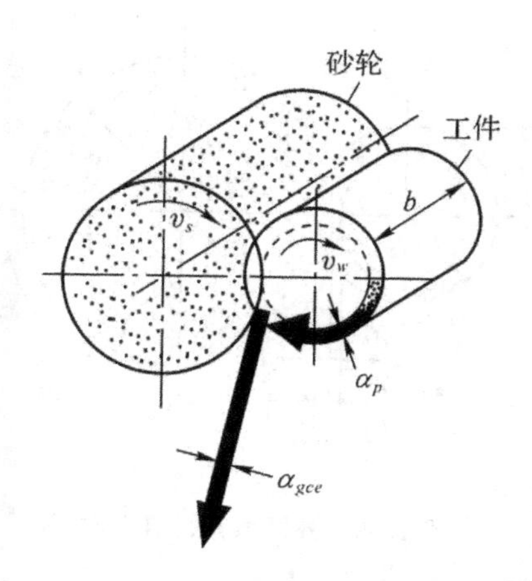

图 12-5 外圆切入磨削时的当量切削厚度

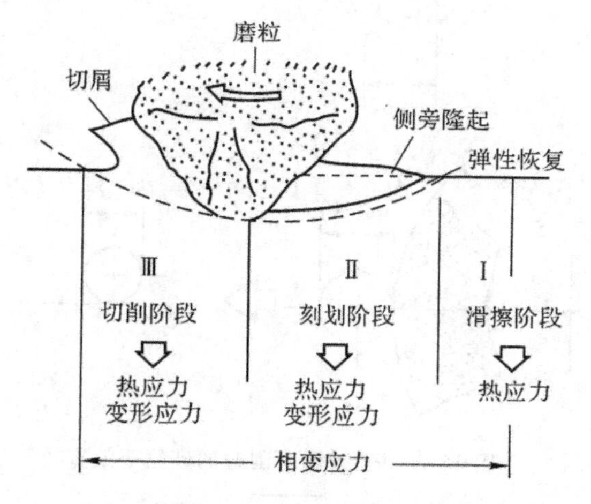

图 12-6 磨削中磨粒与工件接触状态

三、磨粒切除切屑时与工件的接触状态

如图 12-6 所示。第Ⅰ阶段为弹性变形区。由于砂轮结合剂桥及工件、磨床系统的弹性变性，磨粒未能切进工件，磨粒与工件互相磨擦，工件表层产生热应力。

第Ⅱ阶段为弹性与塑性变形区，磨粒已能刻划进工件，使部分材料向磨粒两旁隆起，但磨粒前刀面未有切屑流出。此时，除磨粒与工件间相互磨擦外，更主要的是材料内部发生磨擦，工件表层不仅有热应力，而且有由于弹、塑性变形所产生的应力。

第Ⅲ阶段为切屑形成区。此时磨粒切屑已达一定深度，被切材料处也已达一定温度，磨屑已可形成并沿磨粒前刀面流出，在工件表层也产生热应力和变形应力。

在这三个阶段中，材料还可能产生由于相变而引起的应力。

四、磨削中各参数的关系

为了比较内、外圆、平面磨削方式的特点，提出了一个“砂轮等效直径”或“砂轮当量直径”的概念，即外圆（或内圆）磨削时换算成假想的平面磨削时的直径。

在径向切入进给量保持一定时，如果砂轮等效直径相同，则外圆（或内圆）磨削和平面磨削时的接触弧长度相同。图 12-7 示出了内、外圆磨削时的砂轮直径 d_s 及其与工件接触弧长分别与平面磨削时相等的砂轮等效直径 d_{se}。它们之间的关系以图 12-8 外圆磨削为例导出。

径向进给量 a_p 可写为：

$$a_p=X_1+X_2 \tag{a}$$

工件和砂轮的接触弧长 ab 从图中的几何关系可近似地写为：

$$ab=\sqrt{X_1\cdot d_w}$$

或

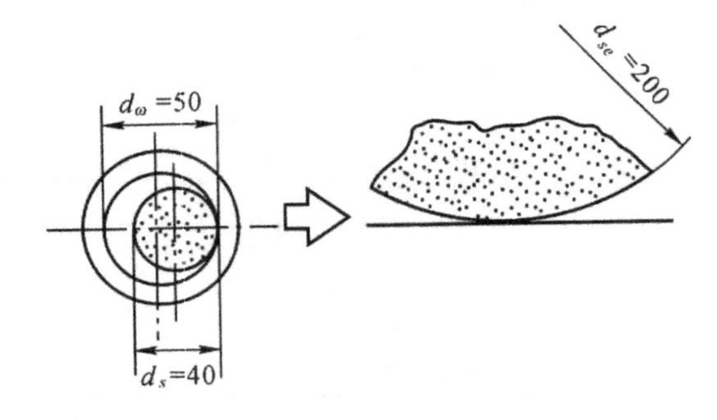

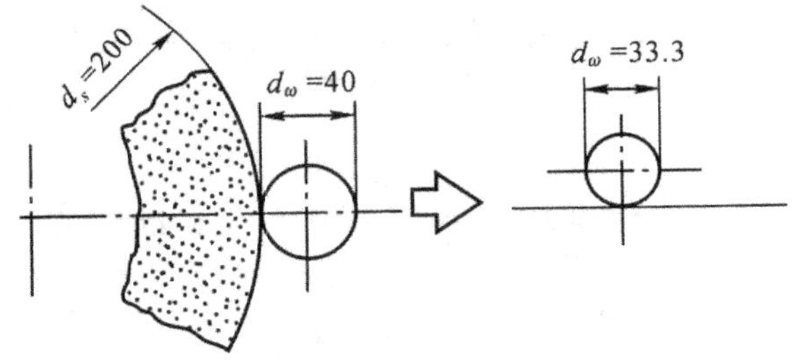

图 12-7 内、外圆磨削时的砂轮等效直径

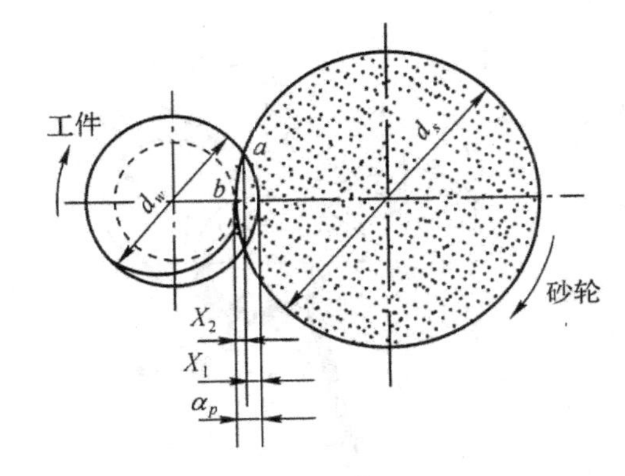

图 12-8 外圆磨削的几何图形

$$ab=\sqrt{X_2 \cdot d_s}$$

式中 d_w、d_s——分别为工件、砂轮直径。

按等效砂轮直径的概念，ab 又可写为：

$$ab=\sqrt{a_p \cdot d_{se}}$$

因而有

$$\sqrt{a_p \cdot d_{se}}=\sqrt{X_1 \cdot d_w}=\sqrt{X_2 \cdot d_w} \tag{b}$$

取解式(a)、式(b)，整理后可得外圆磨削时的砂轮等效直径 d_{se}' 为：

$$d_{se}'=\frac{d_w \cdot d_s}{d_w+d_s} \tag{12-11}$$

同理可得内圆磨削时的砂轮等效直径 d_{se}'' 为：

$$d_{se}''=\frac{d_w \cdot d_s}{d_w-d_s} \tag{12-12}$$

利用式(12-11)和式(12-12)算出的等效直径的数值如图 12-7 所示。

从砂轮等效直径公式中可以看出这几种磨削方式中磨削条件间的关系，还可以根据某种磨削方式的条件来推测另一种磨削方式的条件。不难从图 12-9 中看出，在同等径向进给量和相同砂轮直径下，三种磨削方式的磨削接触弧长很不相同：内圆磨削＞平面磨削＞外圆磨削。

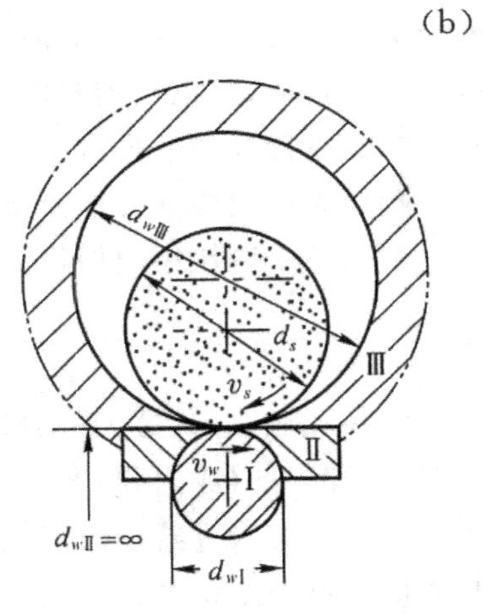

图 12-9 不同磨削方式各参数关系

§12-4 磨削力及功率

一、磨粒受力情况

如图 12-10 所示，磨削时，作用在磨粒上的力可分解为径向力 F_r 和切向力 F_t，并为结合剂桥上的结合力所平衡。磨粒所承受的合力 F_R 与结合剂桥上抗力的合力 F'_P 不一定在同一平面内，因而有可能产生力矩 M，使磨粒脱落；磨粒本身受到剪切力也可能崩裂。磨凿所受的应力 σ 决定于受力 F_B 的强弱，与截面积 A、工件材料性质等磨削条件有关，受力的频率则与砂轮转速有关。

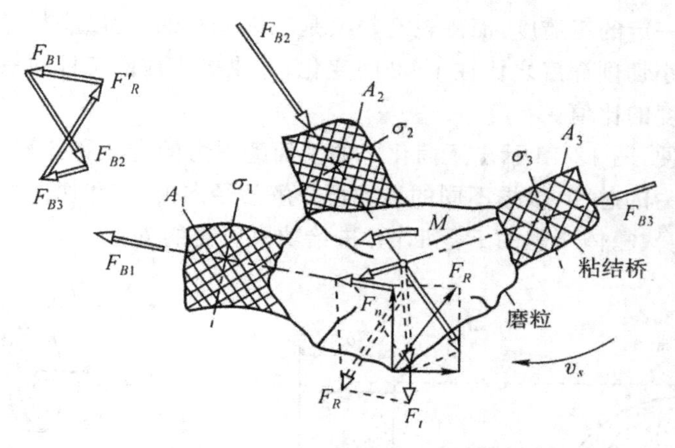

图 12-10　磨粒的受力情况

$$\sigma_1=\frac{F_{B1}}{A_1};\sigma_2=\frac{F_{B2}}{A_2};\sigma_3=\frac{F_{B3}}{A_3}$$

二、磨粒的负前角对磨屑形成的影响

如图 12-11 所示，磨粒的顶尖角多为 90°～120°，前刀面为一空间曲面，刃端半径 γ_β 以粒度 36# 为例，刚玉类为～35μm，碳化硅为～30μm。磨粒磨削时的切削深度 a_p 多数只为磨粒直径 2％～5％，未变形的切屑厚度可能为～0.005～0.05mm。所以磨粒多数在粒端负前角 $\gamma_0\approx-70°\sim-89°$的情况下完成切削工作。

以负前角硬质合金模拟磨粒，对含少许锰、铬、镍的低碳钢，在 $a_p=0.01\sim0.025$mm，$v=200\sim600$m/min 下切削时，前刀面之前的金属流动情况如图 12-12 所示，金属流分两路：一路进入刀具下面；一路沿前刀面流动而成为切屑。两路间有一分流点，分流点离切削刃的距离，即逆流区长度，随负前角的绝对值增加而增加。试验证明：一直到－75°的前角，刀具仍可切出切屑来；在－85°前角时，刀具就仅仅擦过和刻划工件，金属不能沿前刀面流出而只有流向两旁的侧向流动，而且有严重的塑性变形。

模拟试验表明：由于磨粒具有 $-\gamma_0$ 及 γ_β 值，且 a_p 又很薄，因此它对工件的切削条件很差，实际上是滑擦、刻划、产生指向工件表层的很大的塑性变形区，到一定温度后，才形成切屑沿前刀面流出。

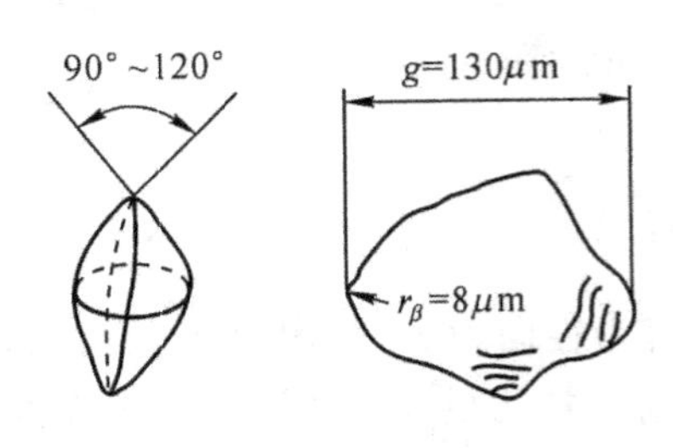

图 12-11　磨粒的形状

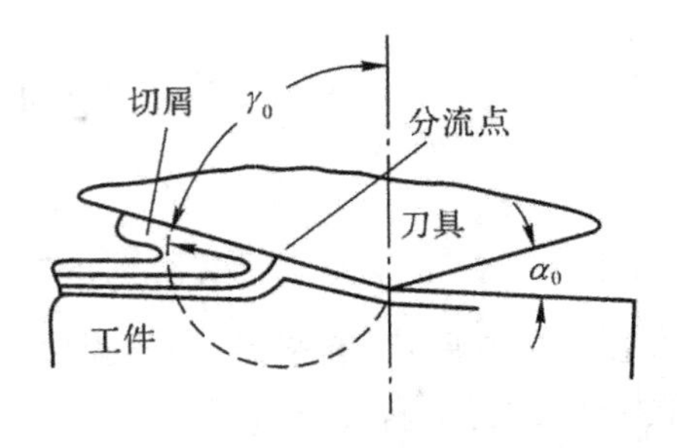

图 12-12　负前角切削时金属的流动

三、砂轮上的磨削力

因被磨工件有一定的粗糙度，而砂轮磨粒又是三维分布的，所以磨粒是在空间发生磨削作用。磨粒的最大、最小切削深度之比在1～2间变化，并取决于被磨工件原始表面粗糙度以及砂轮和工件两者粗糙度的比值。

为了分析的方便，图12-13示出了简化了的平面磨削力的合成和分解。合力 F_R 是所有有效磨粒切削刃磨削力的总和，根据不同的目的可分解为径向力 F_r 和切向力 F_t；或沿 X、Y 方向分解为设计机床床身、箱体所需的 F_X 和计算进给功率所需的 F_Y。

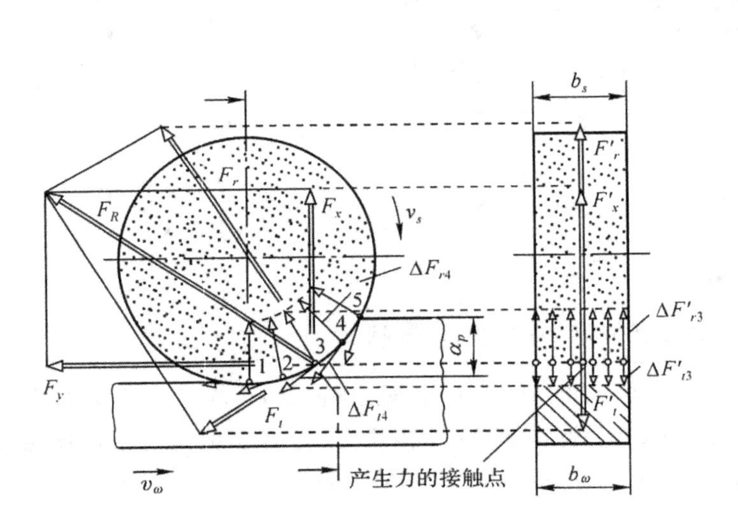

图 12-13　平面磨削时的磨削力及力的接触点

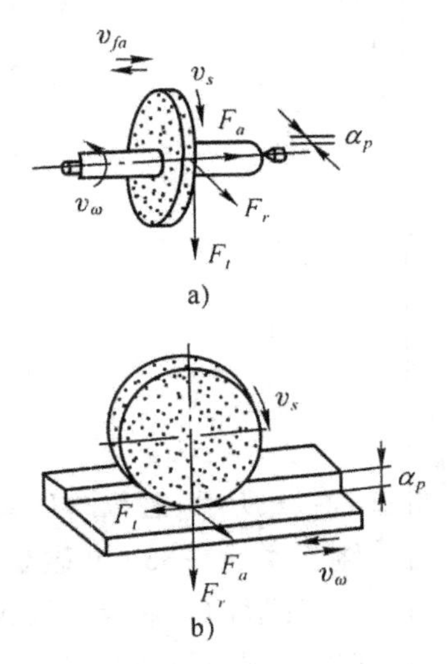

图 12-14　磨削力
a)外圆磨；b)平面磨

图12-14示出了外圆、平面往复磨削时的磨削力。如果在磨削过程中在床身或机床工作台的适当部位安装三向测力仪，就可测得三个方向的磨削分力，即除上述的 F_r、F_t 外，尚有轴向力 F_a(或 F_Z)，这是设计机床轴向进给功率所需的。

用中等硬度、7级组织、粒度60的陶瓷结合剂刚玉砂轮磨削铬钢时，切向力 F_t 与当量切削厚度 a_{gce}关系的实验公式为：

$$F_t \approx 28^{0.73} a_{gce}\text{(N/毫米砂轮宽度)} \tag{12-13}$$

式(12-13)适用于砂轮与工件组合下，当 v_s 为30、45、60m/s 及速比 $q=v_s/v_w=20$、60、120等场合。参见式(12-10)，从式(12-13)可知，F_t 将随 v_w、a_p 的增加而增加，并随 v_s 的增加而减小。

一般刀具切削中的切削力比$\frac{F_r}{F_t}<1$，如车削为0.15～0.7。而磨削，因磨粒切削刃γ_β较大，且γ_0为极大的负值，相应的磨削力比也大，$\frac{F_r}{F_t}\approx1.6\sim3.2$。工件材料塑性越小，比值越大，钢接近下限，铸铁接近上限，淬火钢介于二者之间。这是磨削的重要特点之一。

四、磨削力对磨削过程的影响

磨削时，因F_r较大，引起了工件、夹具、砂轮工艺系统产生弹性变形，在开始几次进给中，实际径向进给量远小于名义值，随着进给次数的增加，工艺系统的变形抗力逐渐增大，实际径向进给量也逐渐增大，直至变形抗力增大到等于名义的径向磨削力时，实际径向进给量才趋近于名义值，如图12-15所示的OA段，称初磨阶段，工艺系统刚性差时，此阶段越长；当实际径向进给量等于名义值时，即进入稳定阶段AB；当余量即将磨完时，就可停止进给进行光磨，直至磨削火花逐渐消失，以提高表面质量，如BC段，称光磨阶段。由此可知，要提高生产主纱，就必须缩短初磨阶段及稳定阶段的时间，即在保证质量的前提下，适当增加径向进给量；要提高表面质量，则必须保持适当的光磨进给次数。

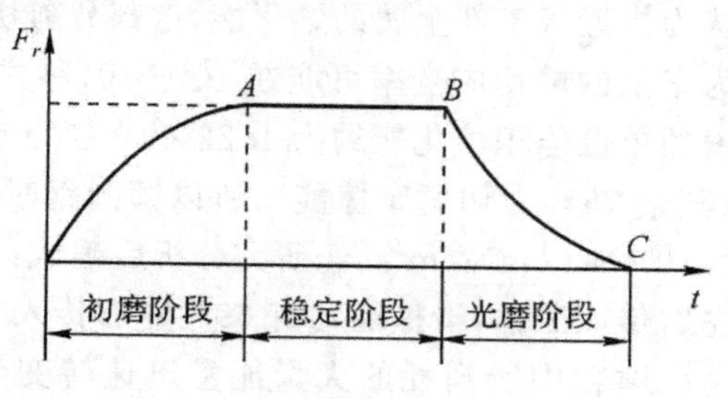

图12-15　磨削过程的三个阶段

五、磨削功率消耗

磨削时，由于砂轮速度很高，功率消耗很大。主运动所消耗的功率为

$$P_m=\frac{F_t\cdot v_s}{75\times1.36\times9.81}(\text{kW}) \tag{12-14}$$

式中　F_t——砂轮切向力(N)；

v_s——砂轮线速度(m/s)。

六、磨削用量及单位时间磨除量

砂轮速度一般比车削时的速度大10～15倍左右。常用的砂轮线速度$v_s\approx30\sim36$m/s；高速磨削时，$v_s\approx45\sim100$m/s或更高些。v_s太高时，有可能产生振动和工件表面烧伤。

工件速度v_w，粗磨为15～85m/min；精磨为15～50m/min；外圆磨为速比$q=v_s/v_w\approx60\sim150$；内圆磨为$q=40\sim80$。$v_w$太低，工件易烧伤，太高，机床可能产生振动。

磨削深度a_p或径向进给量f，粗磨为0.01～0.07mm；精磨为0.0025～0.02mm；镜面磨为0.0005～0.0015mm。

砂轮轴向进给量f_a，即工件每转或每一往复时砂轮的轴向位移量，(以毫米计)，粗磨为(0.3～0.85)b_s，精磨为(0.1～0.3)b_s，这里的b_s是指砂轮宽度(以毫米计)

每分钟金属磨除量Z为：

$$Z=100\cdot v_w\cdot f_a\cdot a_p\ \text{mm}^3/\text{min} \tag{12-15}$$

设砂轮磨削宽度为b毫米，则砂轮单位宽度上的金属磨除量为

$$Z'=\frac{Z}{b}=\frac{1000\cdot v_w\cdot f_a\cdot a_p}{b}\ \text{mm}^3/(\text{mm}\cdot\text{min}) \tag{12-16}$$

§12-5 磨削温度

一、来 源

如磨粒切除切屑的三个阶段，磨削时所消耗的能量也可分为滑擦能、刻划能和切屑形成能。切屑能又可分为剪切区的剪切能和切屑沿磨粒前刀面流出的摩擦能。剪切区的剪切能可认为接近于工件金属的熔化能，这部分剪切能是由于磨削中的强烈剪切应变所引起的。一般认为车削的剪切应变率可能在 $10^4 \sim 10^5$ 秒之间，而磨削的剪切应变率更大，比车削大十倍以上。铁的单位体积熔化能约为 1.22×10^6(N·cm)/cm³。由于剪切能约为切屑形成能的 75%左右(其余 25%为切屑摩擦能)，所以磨削钢时的切屑形成能的极限值约为 $1.22\times10^6/0.75=1.6\times10^6$(N·cm)/cm³。经研究分析后确认：切屑形成能约有 45～55%传入工件，刻划能有 75%左右传入工件，滑擦能约有 69%左右传入工件，后两者的其余部分由热对流散失。

磨粒中所消耗的大量能量迅速转变为热能，加热速度达 10^5℃/s，磨削区形成的高温达 1000～1400℃，使被磨表面金属组织改变，产生内应力，甚至出现磨削烧伤，微细裂纹及扭曲变形，影响工件表面质量及加工精度。因此，控制与降低磨削温度是磨削加工中保证质量的重要环节。

磨削温度可分为：

1. 磨粒磨削点温度 Q_g，是指磨粒切削刃与切屑接触点的温度。为磨削中温度最高的部位，影响磨粒磨损，且与切屑粘附现象有关；

2. 砂轮磨削区温度 Q_A，是指砂轮与工件接触区的平均温度，与磨削烧伤、磨削裂纹等缺陷形成有关；

3. 工件平均温度 Q_w，是指随着磨削行程的不断进行，工件表层温度上升，且由表及里温度渐低，形成了工件表层的温度场，对工件精度与翘曲，表面质量及磨削裂纹等有影响。

一般所谓磨削温度系指砂轮磨削区的温度。可用埋入工件的热电偶来测量。以实验方法建立的砂轮磨削区温度 Q_A 与磨削用量的关系式为：

$$Q_A \propto v_s^{0.24} \cdot v_w^{0.28} \cdot a_P^{0.63} \tag{12-17}$$

二、影响因素

1. 砂轮速度 v_s(见图 12-16,a))

v_s 增加，单位时间通过工件表面的磨粒数增多，切削厚度减小，挤压摩擦严重，单位时间内产生的磨削热增加，磨削热传到工件表面层的比例加大，磨削温度增加。

2. 径向进给量 a_p(见图 12-16,*b*))

a_p 增加，切削厚度增加，产生的热量多，磨削温度升高较快。

3. 工件速度 v_w(见图(12-16,c))

v_w 增加，单位时间内进入磨削区的工件材料增加，每个磨粒的切削厚度增加，在磨削过程中的磨削力和能量的消耗增加，温度增加。

4. 砂轮特性

砂轮硬度软，磨料硬而脆，则磨粒耐磨，砂轮自锐性能好，磨粒切削刃锋利，因而磨削力和磨削温度较低；砂轮粒度大，组织疏松、容屑空间大、不易堵塞，磨削温度低；随着磨削时间的增

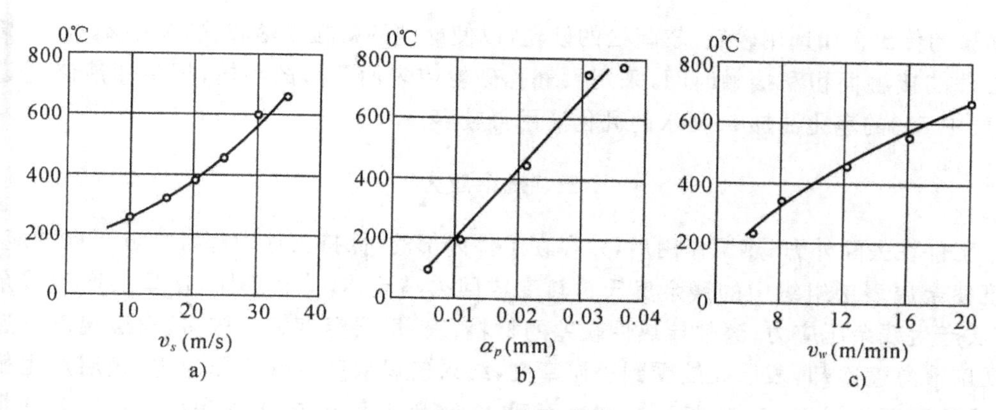

图 12-16　磨削温度与磨削用量的关系

砂轮：GB45ZR17A；工件：中碳钢；砂轮修整进给 $f_d=0.2$mm；

砂轮单位宽度磨除量：$v_w=100\text{mm}^3/\text{mm}$；

a) $a_p=0.02$mm，$v_w=12$m/min；b) $v_w=12$m/min，$v_s=25$m/s；

c) $a_\gamma=0.02$mm，$v_s=25$m/s

长，磨料钝秃，切屑形成困难，挤压、滑擦、刻划严重，发热量大，磨削温度将逐渐增高，直至出现烧伤。

5. 工件材料

磨削韧性大，强度高，导热率低的材料，因消耗于金属变形及摩擦的能量大，发热量多而又不易散热，磨削温度高；对于强度低，脆性大，导热率较高的材料，如磨削球墨铸铁时，因形成崩碎磨屑，金属变形摩擦小，磨削温度较低。

显然，为了降低磨削温度，应正确选择砂轮、v_s、a_p、v_w 等；此外，特别重要的是要使用大量切削液，一般是乳化液，个别情况，对于不易散热的地方还可用苏打水。切削液的用量一般是30～45 升/分，高效磨削时要求更多，达 80～200 升/分，以冷却磨削区与冲洗砂轮。

§12-6　磨削表面质量

一、粗糙度

粒度对磨削表面粗糙度影响很大，表面粗糙度的数值约与粒度号数成反比。粒度 60 与粒度 46 相比，加工粗糙度的比值为 0.697，用切削液时只减小了表面粗糙度 3.1%，在 a_p、v_w 较小时，切削液的效果显著些。

试验表明：为了得到较小的磨削加工表面粗糙度，砂轮等级要硬、磨粒尺寸要细、砂轮速度要高、磨削深度要小；工件硬度要高、工件转速应低些，即磨粒切削刃切削厚度应适当小些。

二、表面烧伤

磨削在滑擦、刻划、切削工件过程中产生大量的磨削热，使磨削表面的温度升得很高，表面层金属约几十微米至千余微米发生相变，其硬度与塑性发生变化。这种表层变质的现象称表面烧伤。高温磨削表面生成一种氧化膜，其颜色决定于磨削温度与表面变质层的深度。一般据温度高低，烧伤颜色将依次为浅黄、黄、褐、紫、青等。

烧伤破坏了工件表面组织，影响使用性能和寿命。为减少烧伤，应采取减少热量的产生和加速热量的传出。如选用较软、较疏松的砂轮，以使磨钝的磨粒脱落较快；减小 a_p；设法减小砂轮与工件的接触面积和接触时间，采用大气孔砂轮或表面开槽的砂轮；把冷却液渗透进磨削区，生产中5%的皂化油加95%水的乳化液用得较多。

三、残余应力

指工件在去除外力、热源作用后，残存在工件内部的、保持工件内部各部分平衡的应力。磨削温度使金属表层组织中的残余奥氏体转变成回火马氏体，体积膨胀，使里层产生残余拉应力，表层产生残余压应力；磨削导热性较差的材料，表、里层温度相差较多，表层温度迅速升高又受切削液急速冷却，表层收缩受到里层牵制，结果使里层产生残余压应力，表层产生残余拉应力；磨削时磨粒滑擦、刻划、切削磨削表面后，在磨削速度方向，工件表面上存在着残余拉应力，在垂直于磨削速度方向，由于磨粒挤压金属所引起的变形受两侧材料的约束，工件表面上存在着残余压应力。

磨削后工件表层的残余应力就是这些应力所合成，其值有时最大可达 $1\times10^9\mathrm{N/m^2}$，在离表面125μm深度减至为零；通过精心细磨可减至 $(0.14\sim0.21)\times10^9\mathrm{N/m^2}$，表面下50μm深处减至为零；通过清磨还可降低。

残余应力的出现，降低工件的疲劳强度，影响使用寿命。

引起高的残余应力的因素是：低的工件速度、硬而钝的砂轮、干磨或水溶性乳化液磨削、高的切入进给率、高的砂轮线速度。

有效的润滑能够减少工件与砂轮接触区的热输入，并减少对加工表面的热干扰，这是对残余应力控制最主要的方法。

四、磨削裂纹

磨削中，当残余应力超过工件材料的强度极限时，工件表面就出现极浅裂纹，呈网状或垂直于磨削方向；有时存于表层之下；有时在研磨或使用过程中，由于去除了表面极薄的金属层后，残余应力失去平衡，导致形成微细裂纹。裂纹在交变载荷作用下，会迅速扩展，并造成工件的破坏。

有试验证明：裂纹似乎总是与表面烧伤或接近烧伤相联系的，未烧伤一般就未发现有裂纹。显微照片表明，裂纹与原始的奥氏体晶界十分密合，即与工件热处理时引起的内应力有关，因此，减少磨削裂纹形成的途径之一是改善磨削前的热处理规范，以减小晶界的淬火变形。此外，磨削时使用油剂冷却液能抑制烧伤而使裂纹出现的机会减少。

§12-7　砂轮磨损与耐用度

一、磨损的基本形态及恶化型式

1. 磨损的基本形态：有三种，参见图12-17。

1）磨耗磨损

因工件硬质点的机械摩擦、高温氧化及扩散等作用使磨粒切削刃产生耗损钝化，形成磨损小棱面 A；

2）碎碎磨损

磨削中，经受反复多次急热急冷，磨削表面形成极大热应力，使磨粒沿某面 B 出现局部破碎；

3）脱落磨损

磨削中，随磨削温度上升，结合剂强度相应下降。当磨削力超过结合剂强度时，即沿结合剂面 C 破碎，使磨粒从砂轮上脱落。

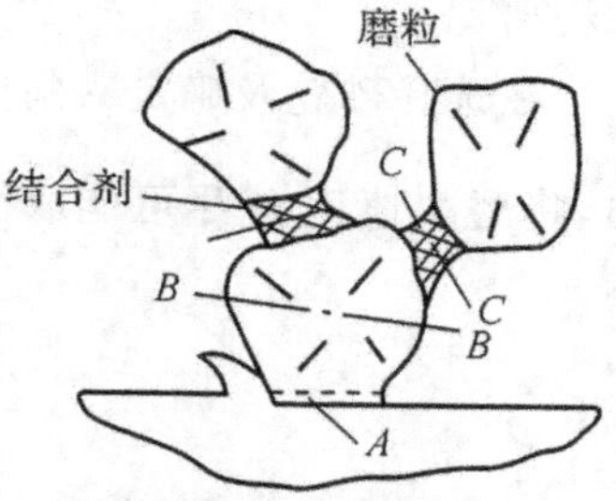

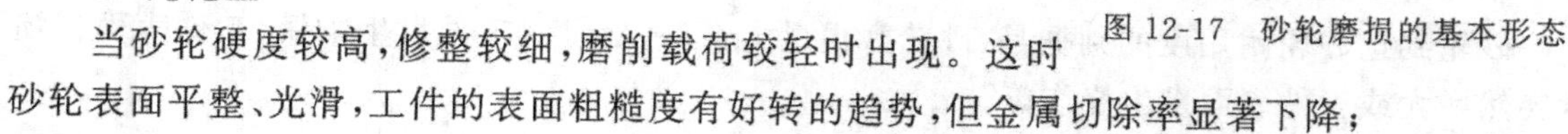

A-磨粒磨耗 B-磨粒破粹 C-磨粒脱落

图 12-17 砂轮磨损的基本形态

2．恶化型式

砂轮磨损的结果，导致磨削性能恶化，其主要型式有：

1）钝化型

当砂轮硬度较高，修整较细，磨削载荷较轻时出现。这时砂轮表面平整、光滑，工件的表面粗糙度有好转的趋势，但金属切除率显著下降；

2）脱落型

当砂轮硬度较低，修整较粗，磨削载荷较重时出现。它使砂轮廓形失真，严重影响磨削表面粗糙度及加工精度；

3）堵塞型

磨削碳钢时，因切屑在高温下发生软化，嵌塞在砂轮空隙处。磨削钛合金时，由于切屑与磨粒的亲和力强，在高温下两者极易发生化学反应，使切屑熔结粘附于磨粒上，形成粘附式堵塞，并随即失去切削性能，力与温度剧增，表面质量明显下降。

二、表示砂轮磨损的参数

1．磨粒棱面百分比 GA

指磨粒磨损棱面占砂轮总工作面积的百分比。随着磨粒磨损发生，磨损棱面逐渐增大，GA 相应增加。如砂轮硬度较高，磨粒不易脱落即成为钝化型；如砂轮硬度低，随着棱面增大，磨削力上升，引起部分磨粒破碎脱落，使 GA 下降，即形成脱落型。

砂轮磨粒磨损钝化后，在磨削力的作用下，磨粒发生破碎或脱落，使砂轮表面出现新的锐利刀口，称为砂轮的自锐现象。GA 较大的钝化型及 GA 较小的脱落型之间，显然存在某一临界值 GA_c。这时，由于磨损磨耗促使 GA 的增长率和由于磨粒破碎脱落促使 GA 的下降率相等。因而 GA 值处于相对平衡状态。这是砂轮自锐的理想情况。自锐现象的不充分，将使 GA 增加而出现钝化型；自锐现象的过份，将使 GA 减少而出现脱落型。

2．砂轮径向磨损量 NB

是指砂轮每转的径向磨损量。实验表明：NB 与磨削条件关系如下：

$$NB=\beta\left(\frac{v_w}{v_s}a_p\right)^{1.2} \tag{12-18}$$

式中 β——视砂轮与工件而变的系数，与磨削条件无关。

3．磨削屑耗比（磨削比）G

单位时间内磨除切屑的体积 V_w 与砂轮磨耗体积 V_s 之比

$$G=\frac{V_w}{V_s} \tag{12-19}$$

其倒数

$$G_s=\frac{1}{G}=\frac{V_s}{V_w} \tag{12-20}$$

称耗屑比。

在选择砂轮及确定磨削用量时，应使屑耗比尽可能大，或使耗屑比尽可能小。分析研究指出，将磨削速比$\frac{V_w}{V_s}$尽可能取得小些，而径向进给 a_p 尽可能取得大些，可以取得较好的经济效益。

三、砂轮耐用度

磨削效率、质量及经济性在很大程度上决定于磨削用量以及所规定的砂轮耐用度。

砂轮耐用度系指两次修整之间砂轮的实际磨削时间（分或秒）。

砂轮到达砂轮耐用度的判据是：砂轮磨损量大至一定程度、工件发生颤振、工件表面粗糙度突然增大或工件表面发生烧伤等。

外圆磨削时，磨削用量与砂轮耐用度 T 的实验关系如下

$$T=\frac{C_T d_w^{0.6}}{v_w^{1.32}\cdot f_a^{1.82}\cdot a_p^{1.2}}\ (\text{min}) \tag{12-21}$$

式中　轴向进给量 $f_a=(0.3\sim0.6)b_s$，b_s 为砂轮宽度；磨削深度 $a_p=0.005\sim0.05$mm/dstr；常数 C_T，未淬火钢为 2550、淬硬钢为 2260、铸铁为 2870。磨削钢时以工件表面发生烧伤、磨削铸铁以工件表面出现晶主宙面作为耐用度判据。

根据实验研究，一般磨削中砂轮的耐用度也可参考下列参数来确定：砂轮径向磨损值 $NB=15\mu$m，超过此值砂轮表面将出现波度；或由单位轮宽的径向磨削力 F_r 来限制，精磨时 $F_r\approx$ 3N/mm、半精磨时 $F_r\approx$5N/mm，超过此值，将出现形位误差、残余应力及表面烧伤等缺陷。

常用的砂轮耐用度参考值为：纵向进给外圆磨 30～40min，横向（切入）进给外圆磨 30min，内圆磨 10min，纵向进给平面磨 25min，横向进给平面磨 10min。

四、砂轮的修整

砂轮磨损后应进行修整，以切除钝化磨粒和堵塞层，消除外形失真，恢复砂轮的切削性能及正确形状。

砂轮的修整方法和条件对砂轮表面形貌和砂轮切削性能有很大影响。改变砂轮的修整方法，可以改变磨削力的大小和砂轮的磨损状态，也可改变砂轮的切削性能以适应粗磨或精磨。修整的方法有：

1. 金刚石笔修整（见图 12-18）

修整工具本身不作旋转运动。对于粗磨的砂轮，修整深度较深 5～10μm，进给量较大～0.4mm，获得的砂轮表面较粗，容屑空间较大，有利于提高金属磨除效率；对于精磨的砂轮，修整深度较浅 1～5μm，进给量较小，～0.05mm，获得的砂轮表面光整，有效切削刃较多，有利于改善工件表面粗糙度。

2. 金刚石滚轮修整（见图 12-19）

滚轮表面的金刚石颗粒系通过金属烧结法或金属电镀法制成。

修整时，金刚石滚轮单独驱动，相对于砂轮作顺或逆向旋转，同时作切入进给，切入量为 0.5～1μm。修整结束后滚轮退出。

此法的优点是：滚轮寿命长，修整时间短，具有较高的尺寸精度及形状精度。但成本高，仅适于大批量生产或成形砂轮修正。

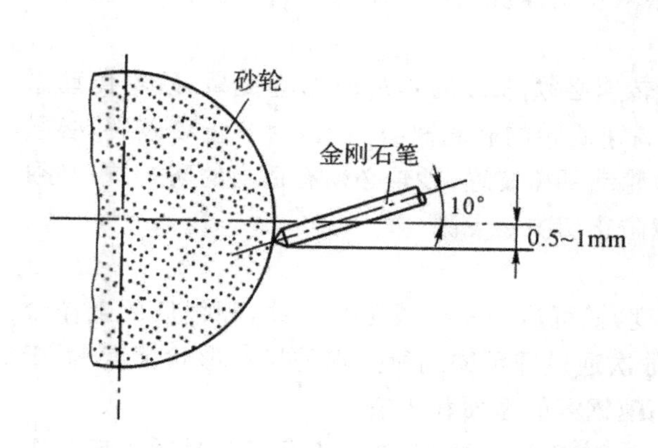

图 12-18 用金刚石笔修整砂轮

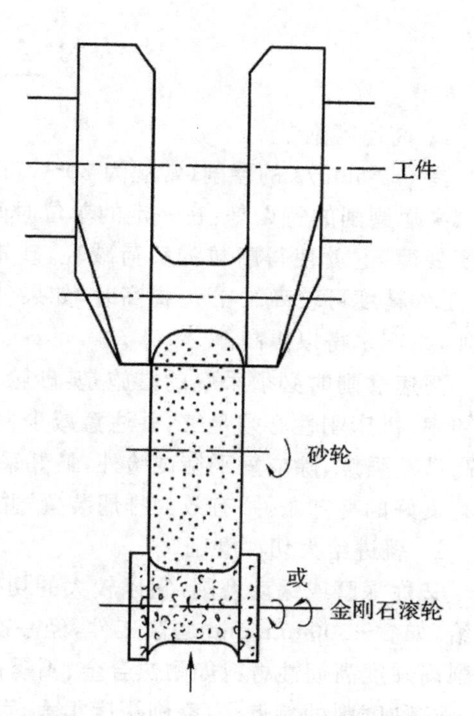

图 12-19 用金刚石滚轮修整成形砂轮

§12-8 高效磨削

一、高精度、高光洁表面磨削

随着科技的发展，一些精密零件的要求越来越高。

一般认为：高精度磨削是指外圆不柱度在 2μm/500mm 以内，内孔不圆度在 2μm 以内；高光洁表面磨削是指表面粗糙度在 $\overset{0.1}{\bigtriangledown}$ 以下，$\overset{0.1}{\bigtriangledown}$ ~ $\overset{0.05}{\bigtriangledown}$ 为精密磨削，$\overset{0.025}{\bigtriangledown}$ ~ $R_z\overset{0.1}{\bigtriangledown}$ 为超精磨削，R_z $R_z\overset{0.025}{\bigtriangledown}$ 或 R_x $R_x\overset{0.05}{\bigtriangledown}$ 为镜面磨削。

工件表面粗糙度是砂轮微观形貌的某种复印。而砂轮微观形貌决定于对砂轮所作的修整，当修整用量精细时，磨粒将产一细微破碎，形成几个微细切削刃，称微刃，如数目多且等高性好，就可得较小的粗糙度。这是因为工件表面在砂轮微刃的刻划和切削下，形成细而浅的条纹；以及微刃在工件表面滑擦与挤压作用下磨削区出现高温，金属发生软化与塑性流动。结果凸峰被微刃辗平而呈现光洁表面。

为此，要求砂轮修整时可用锋利单粒金刚石笔或多粒金刚石笔（效率可提高一倍），修整深度取 0.0025～0.005mm，工作台速度：精磨为＜0.8m/s、超精磨为＜0.4m/s、镜面磨为＜0.15m/s。

所用机床应保证低速的稳定性，不出现爬行，机床振幅不大于 0.002mm，横向进给机构应能保证 0.0025mm 的微量进给。

二、高效率磨削

1. 高速磨削

指 $v_s \geqslant 50$m/s 的磨削(常规为 30～35m/s),目前已发展到可达 120～200m/s。

高速磨削的特点是:在一定的单位时间磨除量下,当砂轮线速度提高时,磨粒的当量切削厚度变薄,这就使得磨粒的负荷减轻,砂轮耐用度提高;磨削表面粗糙度减小;法向磨削力减小,工件精度可较高。在 v_s 提高时,如果砂轮磨粒切削厚度保持一定,则单位时间磨除量可以增加,生产率得以提高。

高速磨削时必须采取的措施是:砂轮主轴转速必须随 v_s 的提高而相应提高,砂轮传动系统功率、机床刚性必须足够,并注意减少振动;高速旋转的砂轮离心力大,为防止砂破裂,必须提高砂轮强度,除应静平衡试验外,最好采用砂轮动平衡装置;砂轮必须有适当的防护罩;必须具有良好的冷却条件、有效的排屑装置,并注意防止切削液飞溅。

2. 缓进给大切深磨削

又称深磨或蠕动磨削,它以较大的切削深度,如可达 30mm 或更多一些,和很低的工作台进给,如 3～300mm/min 磨削工件,经一次或数次通过即可磨到所要求的尺寸形状精度,适于磨削高硬度高韧性材料如耐热合金、不锈钢、高速钢等的型面和沟槽。

这种磨削的特点是:磨削深度很大,可在一次进给下将锻、铸件毛坯直接磨成所需成品工件,大大减少了工作台往复行程,节省了工作台换向时间及空磨时间;由于砂轮与工件的接触长度大得多,接触区同时工作的磨粒数大为增加,使单位时间的金属磨除量增大,生产率要比常规磨削提高 3～5 倍;它不仅适于精加工,而且还可成为粗精结合的综合加工;因磨削时单位切削厚度减少,磨削承受的磨削负荷减轻,从而改善了砂轮与磨粒的工作条件,使砂轮能在较长的时间内保持原有的廓形精度,提高了砂轮的耐用度,稳定了磨削精度及表面粗糙度;因工作进给缓慢,避免了撞击与损伤。

但这种磨削砂轮与工件接触弧长大,切屑较长,磨削热较难散出,应采取一些有效的避免工件表面烧伤的措施。如选用软级或超软级粗颗粒、大气孔的砂轮,以使砂轮有良好的自锐性以及足够的容屑空间;应有充分的冷却液,并使它能透过砂轮孔穴流进磨削区去;磨床应有足够大的功率和无级调速装置,砂轮轴的刚性应加强,工作台的进给系统应采用滚动丝杆螺母机构。

为了克服缓进深磨容易产生工件烧伤的缺点,为了在磨削用量选择上避开工件高温区,对于一般较细小的工件,如钻头沟、转子槽、棘轮的磨削,在提高砂轮线速度、采用大切深的同时,在大大提高了机床刚度和机床功率的情况下,也可提高工件进给速度,这就是近年发展的"高速深切快进磨削法"。但从经济效益来考虑,此技术仅适宜于大批量生产。

3. 砂带磨削

过去仅用于粗磨或抛光,现已成为一种很有发展前途的磨削方法。某些工业发达的国家,砂带磨削约占磨削加工的一半。

如图 12-20 所示,环形砂带安置于接触轮与张紧轮之上,接触轮由电机驱动,使砂带高速旋转,实现对工件的磨削加工。接触轮的作用在于控制砂带磨粒对工件的接触压力和切削角度。接触轮一般用钢或铸铁做芯,其上浇注一层硬橡胶制成,橡胶愈硬,金属磨除率愈高;如轮面较软,则磨削表面较光洁。接触轮上的齿槽与轮端间的齿倾角为 30°～45°,齿顶宽度 L 与凹槽宽度 S 之比,以 1∶(0.3～0.5)为好。齿顶支承着砂带上的磨粒,使其产生切削作用,凹槽上的砂带部分则可容纳磨屑。张紧轮为铁或钢制的滚轮，起张紧砂带的作用，张紧力大时，磨削效率较高。其他尚有钢制、经渗碳处理的支承轮(图中未表示)以实现工件的粗、精进给等。

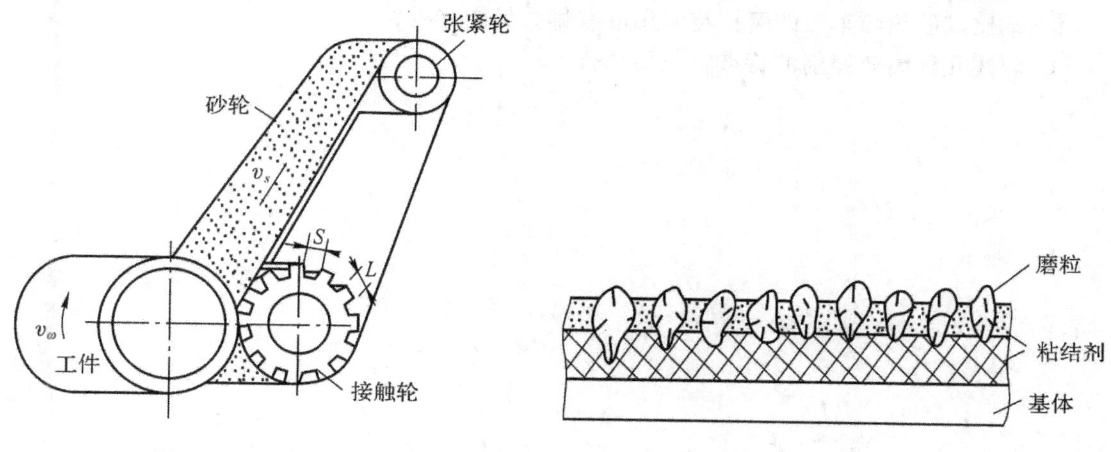

图 12-20　砂带磨削

图 12-21　砂带及其磨粒

砂带由磨粒、基体及结合剂组成。基体有纸型、布型及布纸混合型；结合剂可以是动物胶(干磨)或合成树脂(湿磨)。砂带制造时是先将底层结合剂涂复于基体上(见图 12-21)，然后以保证磨粒间隔均匀的静电植砂装置植砂，并干燥固化后再涂复表层结合剂，使磨粒牢固、垂直地粘合在基体上，因此只要精选粒度均匀的磨料，砂带结构就具有等高性好、分布有一定规律、容屑空间大，切削刃锋利、刃口角较为合理的特点，从而使磨削过程中金属摩擦及变形减少，散热条件改善，磨削热减少，表面冷硬程度及残余应力仅为砂轮磨削的$\frac{1}{10}$，表现出相当显著的优越性。

砂带磨削的特点表现在：适用面极广，可用来粗磨钢锭、钢板，磨削难加工材料和难加工型面，特别是磨削大尺寸薄板、长径比大的外圆和内孔(直径 25mm 以上)、薄壁件和复杂面更为优越；它与砂轮磨粒的空间随机分布不同，大量磨粒在加工时同时发生切削作用，加工效率可比砂轮磨削高 5～20 倍；它能保证恒速工作，不需修正，对工件热、应力影响小；磨削精度可保证在±0.005mm、粗糙度可达 $\overset{0.4}{\bigtriangledown}$ ~ $\overset{0.2}{\bigtriangledown}$ 或更低；机床结构简单，成本低，操作容易，可得到较高的经济效益。

但砂带磨削占有空间大、噪声高。

随着磨削速度的提高(如已试验出 100m/s 的砂带磨)、机床功率的增加(如高达 20kW)、磨削宽度的扩大(如 4.9m)、砂带寿命的拖长(如由 2～4h 增至 8～12h)和自动化程度的提高，如数控、数显和适控砂带磨床的出现，砂带磨削将会有更大的发展。

练　习　题　12

1. 砂的特性由哪些因素所决定？
2. 研究砂轮形貌有什么意义？什么叫大气孔砂轮？
3. 什么叫“当量切削厚度”、“砂轮等效直径”？有何实际生产意义？
4. 磨削过程与切削过程比较有何特点？
5. 为什么磨削时的径向分力比切向力大？

6. 哪些参数影响磨削温度？

7. 磨削表面质量包括了哪些内容？

8. 试比较砂轮与车刀的磨损与耐用度有哪些异同之处？

9. 叙述几种高效磨削的特点？应用场合？

第二篇　切削刀具

第一部分　标准通用刀具

第十三章　车刀

车刀，尤其是硬质合金车刀，是应用最广泛的一种刀具。目前仍以焊接式的居多（见图13-1），其特点是：结构简单、紧凑，刚性好、抗振、制造容易，灵活性大，几何参数据需要即时随意刃磨，使用方便。

但它也存在着焊接、刃磨两大技术关键，影响了硬质合金材质的固有性能，而降低它的使用效果，具体表现在：

（1）焊接，常用乙炔焰加热，硬质合金刀片有氧化、过热现象、焊料易扩散到刀片中去，降低其强度。

（2）硬质合金抗弯强度低，脆性大，它的膨胀系数、导热性能和刀体钢材相差很大，焊接时，在加热和冷却过程中，常常产生内应力，极易导致裂纹，降低刀片抗弯强度，致使车刀工作时出现崩刃、碎断等现象。

（3）刃磨时，磨削热引起的局部高温达1100℃以上，磨削进的瞬时温度增加极快，达105℃/s以上，刀片出现了极不均匀的热变形、热应力，试验表明，刀片磨削表面上出现的微细状裂纹，使刀片抗弯强度降低50%，切削强度降低70%。切削受力后易崩碎。

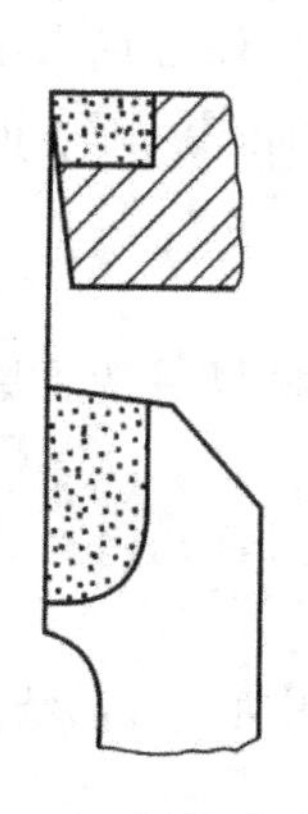

图13-1　焊接式车刀

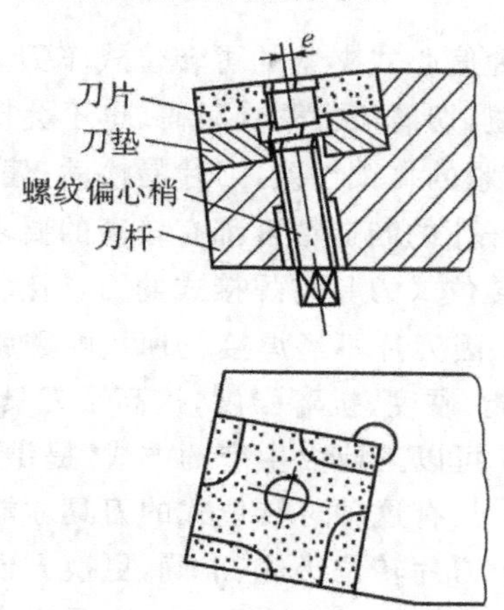

图13-2　可转位车刀

据统计，工厂中有几乎一半以上的焊接式硬质合金刀具的报废不是刀具本身的自然磨损，而是因焊接、刃磨出现的缺陷所致。

针对现存的这些问题，作些积极的努力，有的或可避免，有的或可降到最小程度。例如正确的选择焊料、焊剂；焊时注意加热均匀，保温冷却；采用焦碳焊、油炉焊、电焊等；焊后质量检查；采用不加热的无机粘结法；正确的刃磨，如采用间断磨削、行星刃磨法、电解磨等都是进一步提高硬质合金刀具制造质量很有效的措施。

尚如硬质合金刀片的几何形状事先在刀片上做出，且不经过焊接，而是借机械的方式夹固在刀杆上，则硬质合金本身的因有特性将在切削中更加充分有效地发挥出来。

所谓可转位式刀具，就是在这一思想指导下产生的。

图 13-2 所示的是可转位式车刀结构的一种型式。它由刀片、刀垫、螺纹偏心梢、刀杆等所组成。套装刀片用的螺纹偏心梢，其下端作成螺杆，上端为与螺杆不同心的偏心圆柱，偏心量为 e。当螺杆转过一定角度时，偏心圆柱就将刀片压向刀槽两侧支承面而夹紧。螺杆的螺旋升角小，有自锁性，在使用过程中不易因切削力的变化而松动。

刀片可做成多边形的，图 13-3 列出了几种可转位式刀片的形式。刀片上的前刀面和断屑槽在压制刀片时已制出，车刀的前、后角靠刀片在刀槽中的安装定位来最后获得。刀片的每一条边都可用作切削刃。

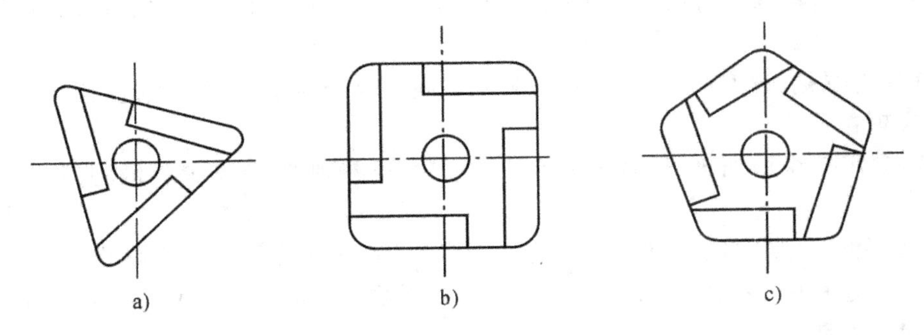

图 13-3 可转位式刀片

使用中，一个切削刃用钝后，只要松动螺纹偏心梢，就可转动刀片，改用另一新切削刃，夹紧后重新工作。直到刀片上所有刃口均已用钝，刀片就报废回收，更换新刀片后，车刀又可继续工作。

这种偏心式夹紧的可转位式车刀，结构简单、零件少、制造容易、刀头尺寸小、刀片装卸和转位方便，切屑流出不受阻碍、也不会擦坏夹紧元件。应注意的是：偏心量大小要适当，偏心量过大，夹紧的自锁性差，刀片易松动；偏心量过小，则刀片的孔径和位置、刀片的形状和尺寸、刀杆上螺杆孔的制造精度都有较高的要求，否则就不能夹紧。

可转位式刀具与焊接式的刀具比较，有以下优点：

(1) 因刀片不经焊接、刃磨，可避免热应力和裂纹，硬质合金材料保持了原有的机械性能、切削性能、硬度、抗弯强度，提高了刀具的耐用度。

(2) 可以工业大生产的方式，提供了现成的、先进的、合理的刀具几何参数。

(3) 只有这种可转位式的刀具才能采用先进的涂层刀片。

(4) 刀片转位迅速、准确，更换方便，效率提高，在数控、加工中心、自动线上尤为重要。

(5) 有利于标准化设计和大量生产，保证质量。

(6) 刀杆长期使用，节省大量钢材；省却刃磨工序，减少硬质合金的额外消耗，刀具费用降低。

其现存的问题是:在设计刃形,刀具几何参数,断屑结构等方面还受刀具结构、工艺等的限制,且还难用于尺寸小的刀具。

目前,这种型式的车刀,其刀片已制订有国家标准,由硬质合金厂大批生产,提供给用户。经工厂的长期试用和结构上的进一步完善,已证明是一种经济效果较好的刀具结构,不仅适用于车刀,也可用在其他刀具,如端铣刀钻头等,是机械工业生产中很值得推广的重点项目。

练 习 题 13

1. 为什么说可转位式刀具是机械工业生产中很值得推广的重点项目?

第十四章　铣　　刀

铣刀是一种应用很广泛的多齿多刃回转刀具。铣削加工时，铣刀绕其轴线转动，即主运动；而工件作进给运动。

§14-1　铣刀的几何角度

就加工平面用的铣刀而言，主要是圆柱平面铣刀（见图 14-1）和端铣刀（见图 14-2）。

1. 圆柱平面铣刀

有直齿（见图 14-1,a)）和螺旋齿（见图 14-1,b)）之分。前者切削刃与铣刀轴线平行；后者切削刃与铣刀轴线成一螺旋角 β，即为铣刀的刃倾角。

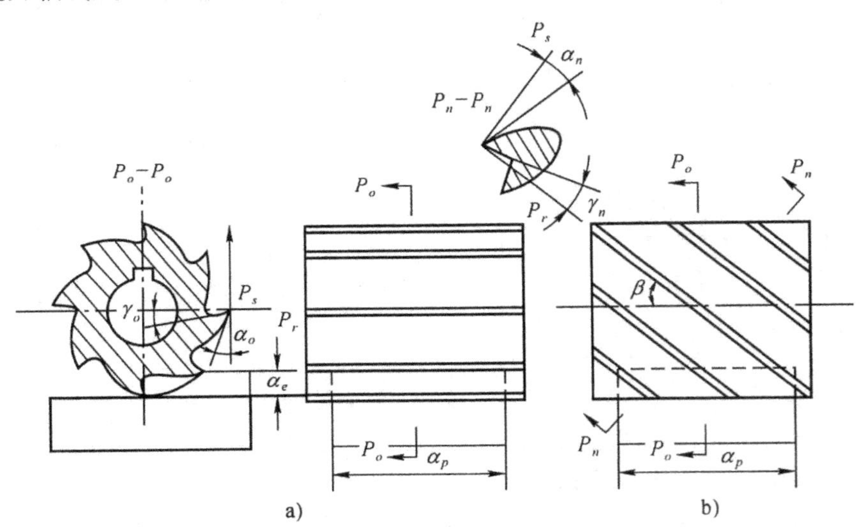

图 14-1　圆柱平面铣刀

a)直齿；　b)螺旋齿

对于直齿铣刀，其前、后角在主剖面 P_0-P_0 中表示

$$\gamma_f=\gamma_0;$$

$$\alpha_f=\alpha_0。$$

对于螺旋齿铣刀，为便于制造，前角 γ_n 规定在法剖面 P_n-P_n 内测量，它与主剖面内的前角 γ_f 的关系为：

$$\tan\gamma_n=\tan\gamma_f\cdot\cos\beta \tag{14-1}$$

而后角则乃规定在主剖面 P_0-P_0 内测量，即

$$\alpha_f=\alpha_0$$

螺旋齿铣刀，因螺旋角 β 的原故，铣削时切削刃是逐渐切入工件金属层，同时工作齿数较

多，铣削工作较直齿铣刀平稳，排屑也较顺利；又因 β 即为 λ_n，而具有斜角切削的特点，切削时的实际前角将比 γ_n 大很多，改善铣削条件。

2. 端铣刀（图 14-2）

每齿即为一把车刀，所以 γ_0、α_0 等均规定在主剖面 P_0-P_0 内。

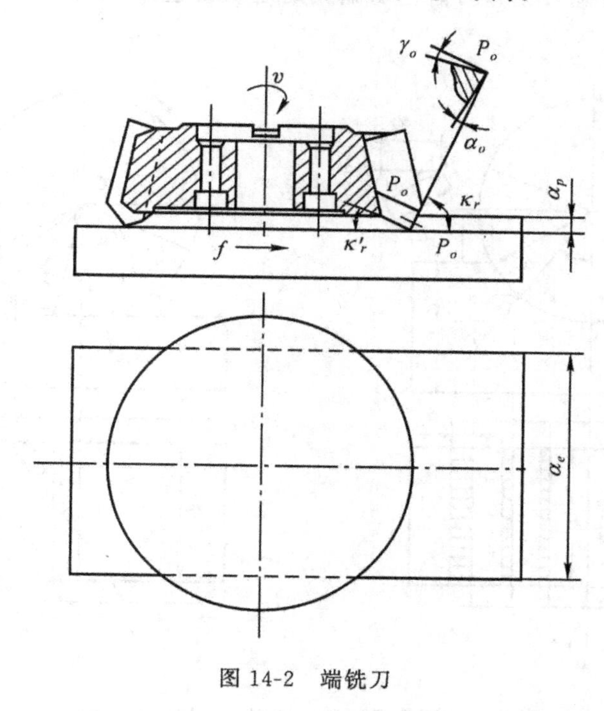

图 14-2 端铣刀

§14-2 铣削参数

一、铣削要素

1. 铣削深度 a_p

指平行于铣刀轴线方向的切削层尺寸（见图 14-1、图 14-2）。

2. 铣削宽度 a_e

指垂直于铣刀轴线方向的切削层尺寸（见图 14-1，图 14-2）。

3. 铣削速度 v

$$v=\frac{\pi d_0 n}{1000}(\mathrm{m/min}) \tag{14-2}$$

式中 d_0——铣刀直径(mm)；

n——铣刀转速(r/min)。

4. 进给量

进给量 f：铣刀每转一转与工件的相对位移(单位：mm)；

每齿进给量 a_f：铣刀每转过一个刀齿与工件的相对位移

$$a_f=f/Z \tag{14-3}$$

式中 Z——铣刀齿数。

每秒进给量，即进给速度 v_f：铣刀与工件每秒钟的相对位移

$$v_f = fn/60 = a_f \cdot Z \cdot n/60 \text{ (mm/s)} \tag{14-4}$$

二、切削层参数

1．切削厚度 a_c：指铣刀相邻刀齿主切削刃的运动轨迹(即相邻切削表面)间的垂直距离(见图 14-3)。

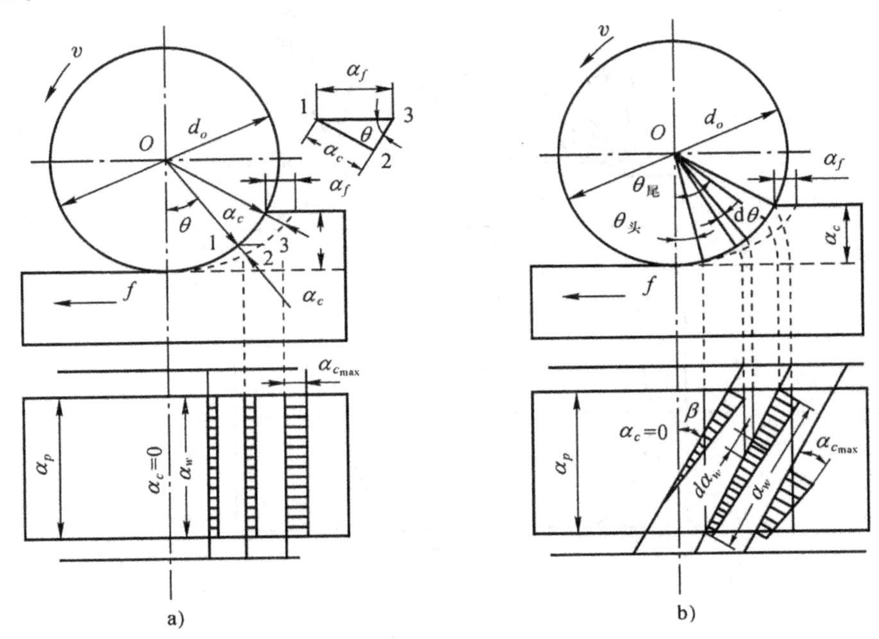

图 14-3　圆柱平面铣刀铣削时的切削层参数

a)直齿；　b)螺旋齿

2．切削宽度 a_w：指铣刀主切削刃与工件切削层的接触长度。

3．切削层总面积 $A_{c\Sigma}$：

直齿圆柱铣刀(见图 14-3,a))：

每个刀齿的切削层面积 A_c 为

$$A_c = a_c \cdot a_w \tag{14-5}$$

切削层总面积 $A_{c\Sigma}$应是同时工作的各刀齿的 A_c 之和

$$A_{c\Sigma} = \sum_1^{Z_e} A_c = \sum_1^{Z_e} a_c \cdot a_w$$

式中　Z_e—— 同时工作的齿数。

由图 14-3a) 可见,a_c 与瞬时接触角 θ 有关。从 △123 可得

$$a_c \approx a_f \cdot \sin\theta$$

而

$$a_w = a_p = \text{const}$$

所以

$$A_{c\Sigma} = \sum_1^{Z_e} a_c \cdot a_w = a_f \cdot a_p \cdot \sum_1^{Z_e} \sin\theta \tag{14-6}$$

螺旋齿圆柱铣刀(见图 14-3,b))：

每个刀齿上的 a_c、a_w 都是变化的：

$$a_c = a_f \cdot \sin\theta$$

$$da_w = \frac{d_0}{2} \cdot d\theta \cdot \frac{1}{\sin\beta}$$

$$dA_c = a_c \cdot da_w = a_f \cdot \frac{d_0}{2\sin\beta}\sin\theta \cdot d\theta$$

$$A_c = \int_{\theta_{头}}^{\theta_{尾}} dA_c = \frac{a_f \cdot d_0}{2\sin\beta}\int_{\theta_{头}}^{\theta_{尾}} \sin\theta \cdot d\theta = \frac{a_f \cdot d_0}{2 \cdot \sin\beta}(\cos\theta_{头} - \cos\theta_{尾})$$

则

$$A_{c\Sigma} = \sum_{1}^{Z_e} A_c = \frac{a_f \cdot d_0}{2 \cdot \sin\beta}\sum_{1}^{Z_e}(\cos\theta_{头} - \cos\theta_{尾}) \tag{14-7}$$

由此可知，铣刀上的切削层总面积 $A_{c\Sigma}$ 是变化的，当同时工作齿数 Z_e 愈小时，$A_{c\Sigma}$ 相对变化愈大，这就是铣削不均匀性、导致铣削质量不高的原因之一。

均匀铣削（见图 14-4）：

满足

$$B = K \cdot T \tag{14-8}$$

的条件下可以实现。

式中 B——工件宽度；

K——整数；

T——铣刀轴向齿距。

因为在这条件下，铣刀在两端面上工作刀齿所转过的 $\theta_{头}$、$\theta_{尾}$ 对应相等，即 a_c 是相同的。所以从图中可看出，无论是在铣削时的瞬间 Ⅰ（图 14-4，a)），$Z_e=3$；或是瞬间 Ⅱ（图 14-4，b)），$Z_e=4$，其工作时的切削总面积 $A_{c\Sigma}$ 都是两个三角。即保持整个铣削过程中切削总面积不变，而达到均匀铣削之目的。

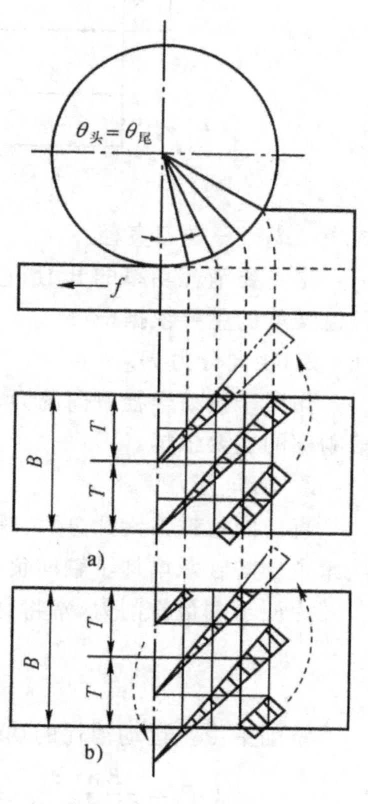

图 14-4 均匀铣削

a)$Z_e = 3$； b)$Z_e = 4$

大批量生产时，可以根据已知工件宽度，对铣刀进行特殊的设计，以满足上述条件，来提高铣削质量。

§14-3 铣削力和功率

一、铣削力

铣削时，由于切削变形与摩擦，铣刀每个刀齿上都受到铣削力。为了实际应用，将它分解为相互垂直的三个分力，如图 14-5 所示。

1. 圆周分力 F_Z

作用于铣刀外圆切线方向的力，使铣刀产生切削阻力矩 M：

$$M = F_Z \cdot \frac{d_0}{2} \tag{14-9}$$

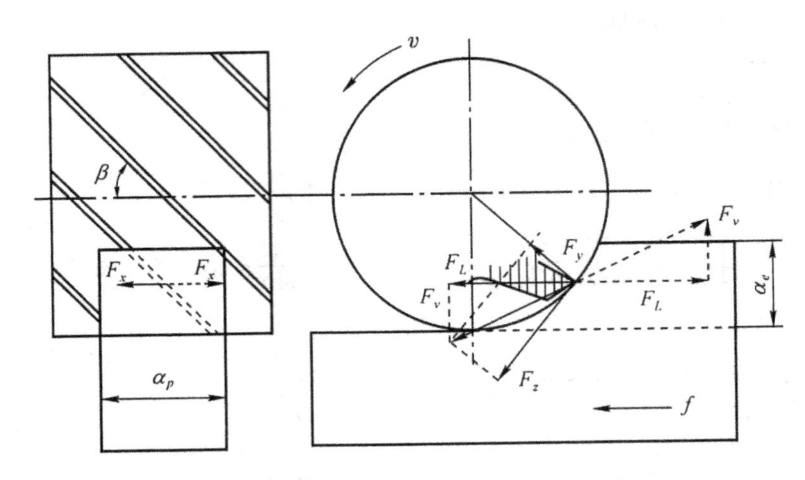

图 14-5　铣削力及其分解

式中　d_0——铣刀直径。

是主要消耗功率的分力，它使铣床主轴产生扭转变形和弯曲变形，是计算主轴强度、铣刀刀齿强度的主要依据。

2. 径向分力 F_y

作用于铣刀半径方向的力，使铣床主轴弯曲。与 F_z 组成合力 F_r 也使主轴弯曲，是计算主轴刚度的主要依据。

3. 轴向分力 F_X

直齿圆柱铣刀无此分力；螺旋齿圆柱铣刀因螺旋齿而产生 F_X，它作用于铣刀轴线方向，对铣床主轴的轴承增加了轴向负荷，是选取轴承型号的主要依据。

为便于测量铣削力，常将合力 F_r 分解为纵向水平分力 F_L 和垂直分力 F_v。

二、铣削功率

铣削中由主运动消耗的功率 P_c 以 F_Z 和 v 计算

$$P_c=\frac{F_Z\cdot v}{60\times1000}\ (\mathrm{kW}) \tag{14-10}$$

式中 F_Z 的单位为 N，v 的单位为 m/min。

试验表明，进给运动也消耗功率 P_f，一般为：

$$P_f\leqslant0.15P_c \tag{14-11}$$

所以铣削功率 P 为

$$P=P_c+P_f=1.15P_C \tag{14-12}$$

由此可计算机床电机功率 P_m 为

$$P_m=P/\eta\ (\mathrm{kW}) \tag{14-13}$$

式中　η——机床效率，一般 $\eta=0.70\sim0.85$。

§14-4　铣削方式

铣削过程是断续切削，会引起冲击振动，切削层总面积是变化的，铣削均匀性差，铣削力的波动较大。采用合适的铣削方式对提高铣刀耐用度、工件质量、加工生产率关系很大。

用圆柱平面铣刀加工平面时有逆铣和顺铣两种方式(图 14-6)。

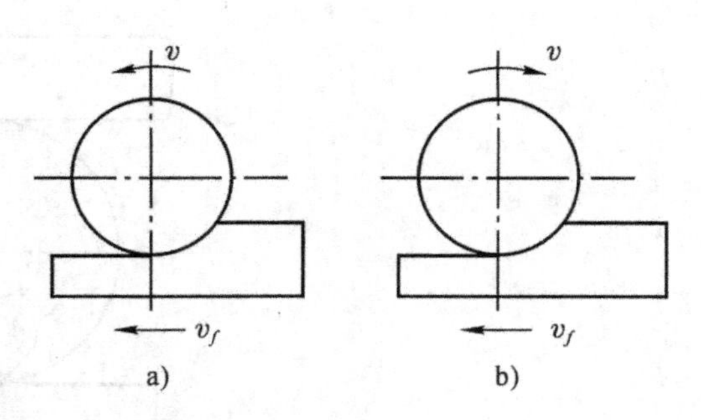

图 14-6 铣削方式

a)逆铣； b)顺铣

1. 逆铣:铣刀旋转切入工件的方向与工件的进给方向相反(见图 14-6,a))。

铣削时,刀齿的切削厚度从 $a_c=0$ 到 a_{cmax}(参见图 14-3)。当 $a_c=0$ 时,刀齿在工件表面上挤压、摩擦,刀齿较易磨损,工件表面受到较大的挤压应力,冷硬现象严重,既加剧刀齿磨损,又影响已加工表面质量;刀齿作用于工件上的垂直分力 F_v 朝上(见图 14-7,a)),有挑起工件的趋势,要求工件

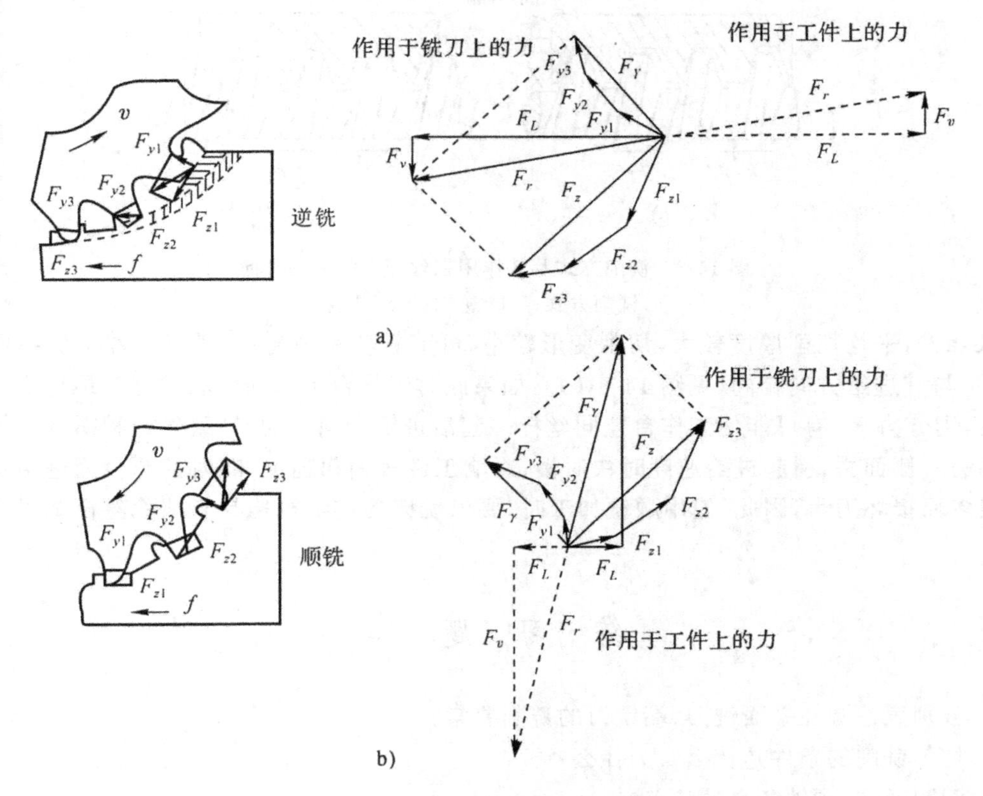

图 14-7 作用于铣刀上和工件上的力

a)逆铣； b)顺铣

装夹牢固;刀齿是从切削层内部开始工作的,当工件表面有硬皮时,对刀齿没有直接影响;刀齿的切削运动轨迹是延长外摆线的下弧,曲率半径较大(见图 14-8,a)),平均切削厚度较小,切削变形较大;因而铣削力较大;作用于工件上的纵向水平分力 F_L 与其进给方向相反,使铣床工作台进给机构中丝杆螺母始终保持良好的右侧面接触(见图 14-8,b)),进给速度比较均匀。

2. 顺铣:铣刀旋转切入工件的方向与工件进给方向相同(见图 14-6,b))。

铣削时,刀齿的切削厚度从 a_{cmax}到 $a_c=0$。容易切下切削层,刀齿磨损较少,已加工表面质量较高,试验表明,顺铣可提高铣刀耐用度 2～3 倍,对铣削难加工材料时效果尤为明显;作用于工件上的垂直分力 F_v 朝下,与工件夹紧力的方向一致;刀齿从工件外表面切入,因此要求工件表面没有硬皮,否则刀齿易磨损;刀齿的切削运动轨迹是延长外摆线上弧,曲效半径较小(见

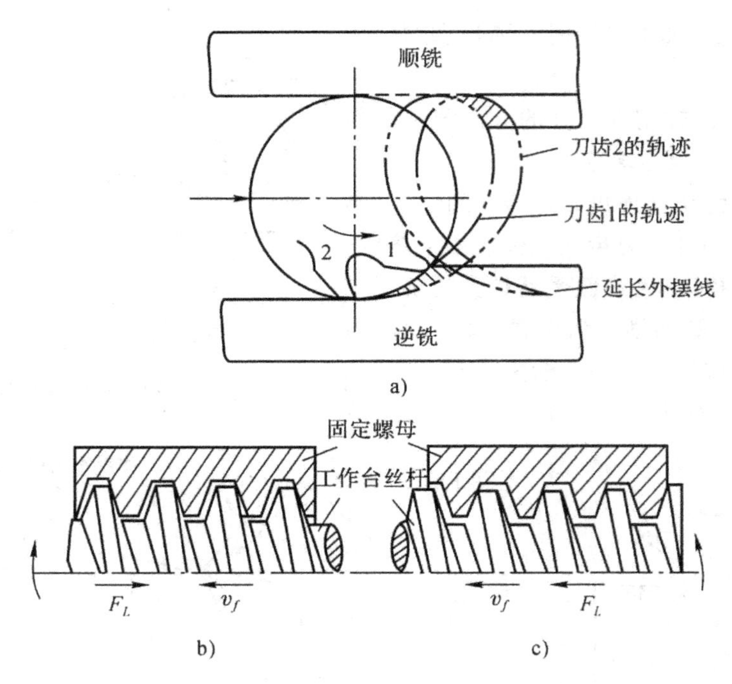

图 14-8 铣削方式及其作用在丝杆上的力的方向

a)铣削方式； b)逆铣； c)顺铣

图 14-8,a)),平均切削厚度较大,切削变形较小,可节省功率消耗;作用于工件上的纵向水平分力 F_L 与其进给方向相同(见图 14-8,c)),如果此时工作台下面的传动丝杆与螺母之间的间隙较大,则分力 F_L 有可能使工作台连同丝杆一起沿进给方向移动,导致丝杆和螺母之间的间隙转到另一侧面去,引起进给速度时快时慢,影响工件表面粗糙度,有时甚至会因进给量突然增加很多而损坏刀齿,因此,使用顺铣加工时,要求铣床的进给机构具有消除丝杆螺母间隙的装置。

练 习 题 14

1. 分别表达圆柱平面铣刀、端铣刀的铣削要素?
2. 均匀铣削的条件是什么?为什么?
3. 阐明逆铣、顺铣各自的特点?

第十五章　麻　花　钻

孔加工在金属切削中占有很大的比重，麻花钻是使用最广泛的一种孔加工刀具。

§15-1　麻花钻的几何参数

麻花钻，虽其结构复杂，但其刀头的基本形态仍然是普通车刀（见图15-1）。不同者是麻花钻的前刀面为螺旋沟槽的一部分，后刀面为螺旋面或锥面的一部分。有关车刀角度的基本定义仍然适用。

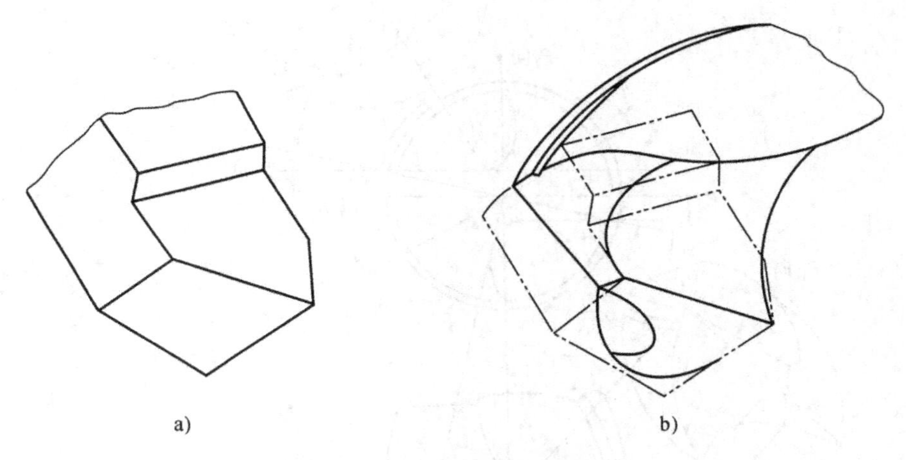

图15-1　麻花钻与车刀比较

a)车刀；　b)麻花钻

但因钻心的缘故，麻花钻的两个主切削刃不在其中心线上，如图15-2所示。刃口上任意点m或n的基面是不相同的，它们与麻花钻的中心线的夹角分别为λ_{stm}和λ_{stn}。这是在分析主切削

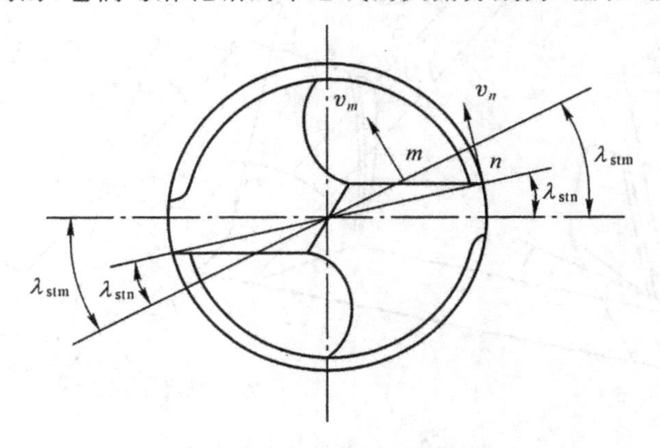

图15-2　麻花钻的基面

刃几何角度时应注意的。

根据车刀几何角度的表达方式，麻花钻主切削刃上任意点 X 的几何角度可表达如图 15-3 所示。

1. 螺旋角 β

麻花钻外圆柱面与螺旋槽表面的交线（螺旋线）上任意点的切线和钻头轴线间的夹角

设螺旋槽的导程为 P_Z，钻头外圆直径为 d_o 则：

$$\tan\beta=\frac{\pi d_o}{P_Z} \tag{15-1}$$

对于主切削刃上任意点 X，因它位于直径为 d_n 的圆柱上（在图 15-3 中 $d_x=d_o$），所以通过 X 点的螺旋线的螺旋角 β_x 为：

$$\tan\beta_x=\frac{\pi d_x}{P_Z}=\frac{d_x}{d_o}\cdot\tan\beta \tag{15-2}$$

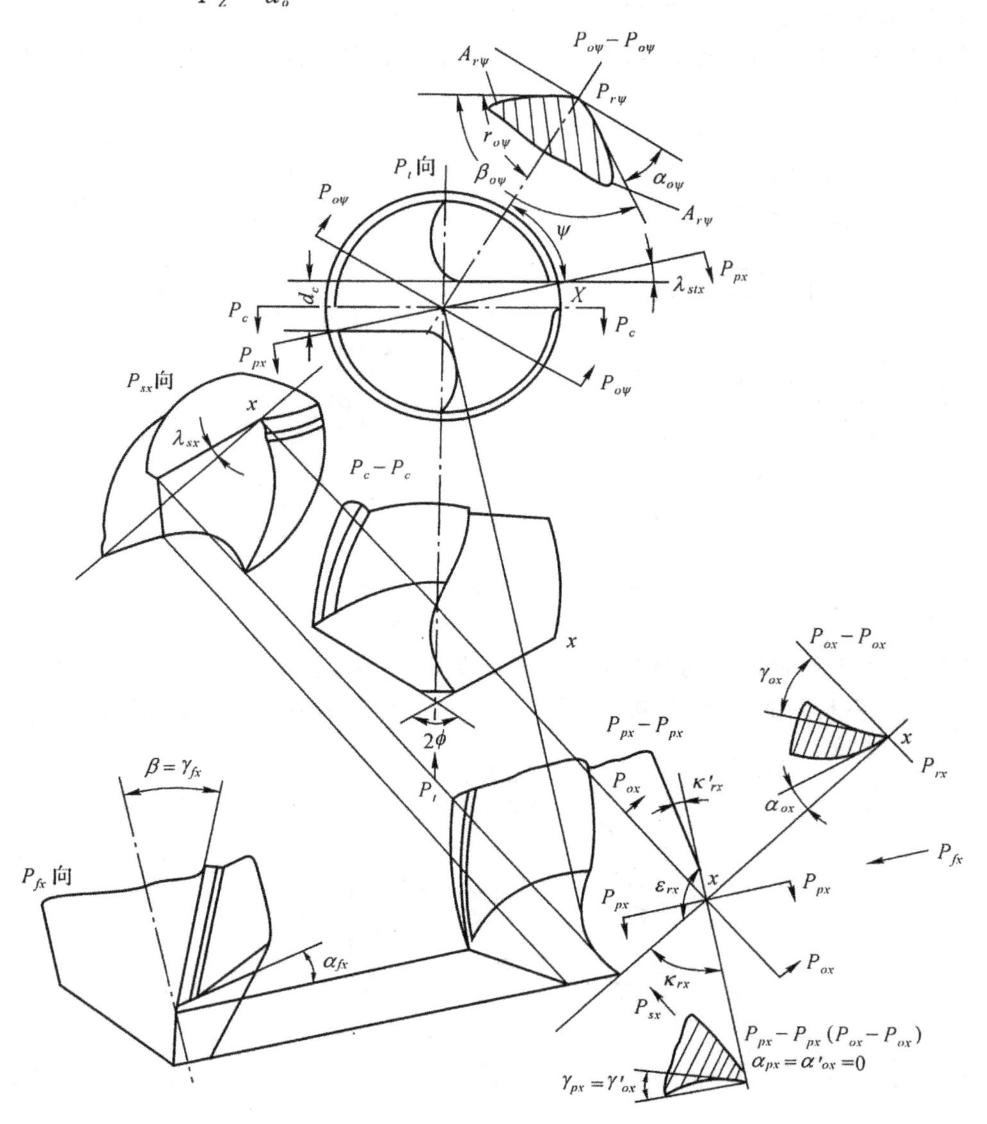

图 15-3　麻花钻的几何角度

可见钻头外径处的螺旋角最大，愈近中心愈小。

β 即钻头的轴向前角 γ_f。β 增大，γ_f 也增大，钻削时轴向力和扭矩小；但过大的 β 将削弱钻刃强度。标准麻花钻外径处的 $\beta=18\sim30°$。

2. 顶角 2ϕ

麻花钻两主切削刃在与它们平行的平面上投影的夹角。2ϕ 愈小，则主切削刃愈长，单位切削刃上的负荷减轻，轴向力减小；且刀尖角 ε_r 增加，有利于散热，提高钻头耐用度。但过小的 2ϕ，将使钻尖强度减弱；且由于切屑平均厚度减小，切削变形增加，扭矩增大，在钻削强度和硬度高的工件材料时，钻刃易折损。加工钢和铸铁的标准麻花钻 $2\phi=118°$。

$\beta=30°$，$2\phi=118°$的标准麻花钻，两主切削刃是直线。

3. 主偏角 κ_r

主切削刃上任意点的主偏角是主切削刃在该点基面上的投影和钻头进给方向之间的夹角，因主切削刃上各点的基面不同，所以主切削刃上各点的主偏角也不相等。2ϕ 确定后，各点的主偏角也就确定了，它们之间的关系，以 X 点为例有：

$$\tan\kappa_{rx}=\tan\phi\cdot\cos\lambda_{stx} \tag{15-3}$$

式中 λ_{stx}——称 X 点的端面刃倾角，是主切削刃在端面中的投影与 X 点的基面之间的夹角。若钻心直径为 d_c，则

$$\sin\lambda_{stx}=-\frac{d_c}{d_x} \tag{15-4}$$

表明愈近钻头中心处，λ_{stx}绝对值愈大，κ_{rx}与 ϕ 的差别也愈大。

4. 刃倾角 λ_s

切削平面内主切削刃与基面之间的夹角。主切削刃上任意点 X 的刃倾角 λ_{sx}与该点端面刃倾角 λ_{stx}、主偏角 κ_{rx}有如下关系

$$\tan\lambda_{sx}=\tan\lambda_{stx}\cdot\sin\kappa_{rx} \tag{15-5}$$

5. 前角 γ_o

主剖面内前刀面和基面之间的夹角。参见式(1-18)，对主切削刃上任意点 X 的 γ_{fx}，即 β_x 可写为：

$$\tan\beta_x=\tan\gamma_{ox}\cdot\sin\kappa_{rx}-\tan\lambda_{sx}\cdot\cos\kappa_{rx}$$

式中 γ_{sx}以式(15-5)代入，整理后得主切削刃上任意点的前角 γ_{ox}为：

$$\tan\gamma_{ox}=\frac{\tan\beta_x}{\sin\kappa_{rx}}+\tan\lambda_{stx}\cdot\cos\kappa_{rx} \tag{15-6}$$

由式(15-2)、式(15-3)、式(15-4)知，式(15-6)中包含的参数有 d_x、d_o、β、ψ、d_c，除 d_x 外，其余都是常数。

据式(15-6)可作出 γ_{ox}与 d_x/d_o 的关系曲线如图 15-4 所示。表明钻头前角，愈近外圆愈大；愈近中心愈小，甚至负值。

在制造钻头的图纸上，一般不标注前角，而用螺旋角表示。

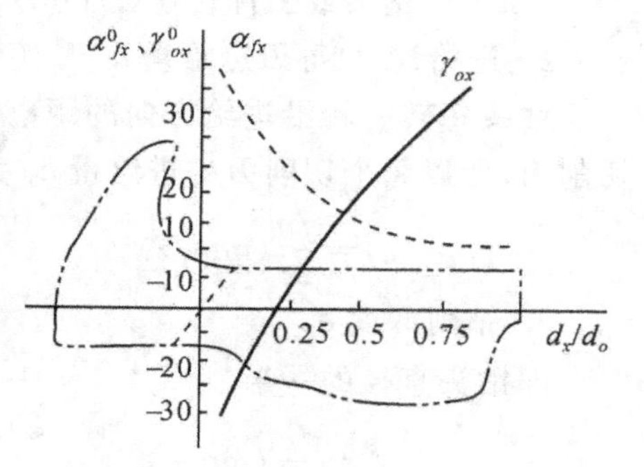

图 15-4　麻花钻前后角分布情况

6. 后角 α_f

为测量方便，主切削刃上任意点 X 的后角，常以通过 X 点的圆柱剖面中的轴向后角 α_{fx}表示。参见式(1-

20)有：

$$\cot\alpha_{fx}=\cot\alpha_{ox}\cdot\sin\kappa_{rx}-\tan\lambda_{sx}\cdot\cos\kappa_{rx}$$

或

$$\cot\alpha_{fx}=\cot\alpha_{ox}\cdot\sin\kappa_{rx}-\tan\lambda_{stx}\cdot\sin\kappa_{rx}\cdot\cos\kappa_{rx} \quad (15\text{-}7)$$

α_f 与 d_x/d_o 的关系也表示在图 15-4 中，沿主切削刃是变化的。一般名义后角是指钻头外圆处，该处的 $\alpha_f=8°\sim10°$，接近钻心横刃处的 $\alpha_f=20°\sim25°$，以期增加横刃的前、后角，改善切削条件；并能与切削刃上变化的前角相适应，使各点的楔角大致相等；且又弥补由于钻头轴向进给运动而使切削刃上每点实际后角减少所产生的影响。

7. 副偏角 κ_r'、副后角 α_f'

为减少钻头外圆柱面与孔壁的摩擦，钻头的导向部分作有两条窄的棱边，其外径由钻尖向柄部逐渐减小，每 100mm 长度上缩小 0.03～0.12mm，副偏角 κ_r' 也因此而形成，显然其值极小；钻头的副后刀面是圆柱面的棱边，因切削速度方向与棱边的切线方向重合，所以副后角 $\alpha_f'=0°$。

8. 横刃斜角 ψ、横刃前角 γ_ψ、横刃后角 α_ψ

横刃由钻心形成，它连接两个主切削刃。

横刃斜角 ψ 是在端面投影中横刃和主切削刃之间的夹角。后刀面磨成后，ψ 即自然形成。ψ 与 2ϕ 以及近钻心处的后角值有关，后角愈大，ψ 角愈小，一般 $\psi=50°\sim55°$。

横刃前角 γ_ψ 为负值，标准麻花钻 $\gamma_\psi=-55°$。

横刃后角 $\alpha_\psi=90°-|\gamma_\psi|=36°$。

显然，横刃切削条件很差，钻削时发生严重的挤压，造成很大的轴向力，对被加工孔的精度将产生较大的影响。

§15-2 钻削要素

参见图 15-5。

指钻头外径处的主运动速度

$$v=\frac{\pi d_o n}{1000}(\text{m/min}) \quad (15\text{-}8)$$

式中 d_o——钻头外径(mm)；

n——钻头或工件转速(r/min)。

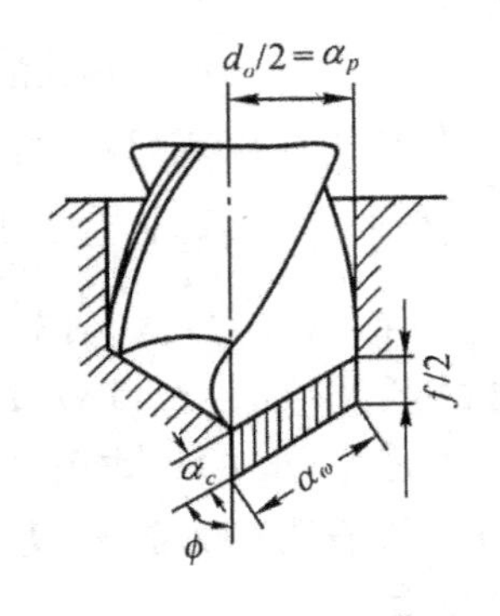

图 15-5 钻削要素

2. 进给量 f、每刃进给量 a_f

钻头每转一转沿进给方向的距离称进给量 f(mm/r)；因有二个切削刃，所以每个切削刃的进给量 a_f 为

$$a_f=\frac{f}{2}\ (\text{mm/z}) \quad (15\text{-}9)$$

3. 钻削深度 a_p

即钻头直径的一半

$$a_p=\frac{d_o}{2}\ (\text{mm}) \quad (15\text{-}10)$$

4. 切削厚度 a_c

沿垂直于主切削刃在基面上的投影的方向上测出的切削层厚度

$$a_c = a_f \cdot \sin\kappa_r = \frac{f}{2}\sin\kappa_r \tag{15-11}$$

因主切削刃上各点的 κ_r 不相同，所以各点的切削厚度也不相同，为计算方便，可用与两主切削刃平行的平面上的 ϕ 角代替 κ_r，计算出的值称平均切削厚度 a_{cav}

$$a_{cav} = a_f \cdot \sin\phi = \frac{f}{2}\sin\phi \text{ (mm)} \tag{15-12}$$

5. 切削宽度 a_w

在基面上沿主切削刃投影测量的切削层尺寸，可近似地表示为

$$a_{wav} = \frac{a_p}{\sin\phi} = \frac{d_o}{2\sin\phi} \text{ (mm)} \tag{15-13}$$

6. 切削面积 A_{cZ}

$$A_{cZ} = a_{cav} \cdot a_{wav} = a_f \cdot a_p = \frac{fd_o}{4} \text{ (mm}^2\text{)} \tag{15-14}$$

§15-3 钻削力、扭矩

钻削力来源于工件材料的切削变形、钻头与切屑、孔壁间的摩擦。

钻头共有五个切削刃：两个主切削刃、两个副切削刃、一个横刃。作用在每个切削刃上的切削力都可分解为三个互相垂直的分力(图 15-6)。即主切削刃上的 F_{xo}、F_{yo}、F_{xo}，副切削刃上的 F_{zf}、F_{yf}、F_{xf}，横刃上的 $F_{z\psi}$、$F_{y\psi}$、$F_{x\psi}$。

F_Z，构形圆周力，形成了消耗主要功率的扭矩 M

$$M = F_{zo} \cdot 2P + F_{zf} \cdot d_o + F_{z\psi} \cdot b_e \tag{15-15}$$

式中 $2P$——常以 $d_o/2$ 代替；

b_e——横刃长度。

因主切削刃最长，切下的切屑最多，扭矩主要由它产生，约占 80%；横刃较短，扭矩约占 10%。

F_Y 在理想情况下，基本上互相平衡。而实际上，因刃磨两主切削刃时不可能绝对相等，所以 F_Y 不可能都是对称相等的。一个不平衡的变动径向力是存在的，是造成钻头钻偏的主要原因。

F_X，构成轴向力 F

$$F = 2F_{Xo} + 2F_{Xf} + F_{X\phi} \tag{15-16}$$

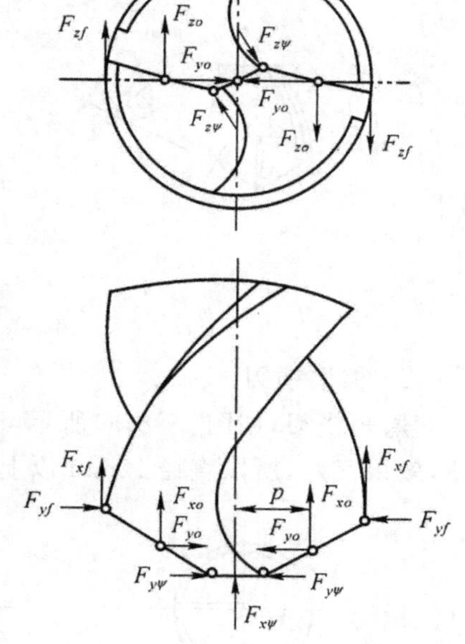

图 15-6 钻削时的切削力

因横刃的前角是负值，所占轴向力较大，约 50～60%；主切削刃占 40%。轴向力大时、容易使孔钻偏，甚至将钻头折断。

§15-4 麻花钻的修磨

一、麻花钻几何参数存在的缺点

1. 前角沿主切削刃变化很大，从外圆处约 +30°到接近中心处约 −30°，各点的切削条件不

同；

2. 横刃前角为负值，约－(54°～60°)，而宽度 $b_ψ$ 又较大，切削时挤压工件严重，轴向力大；

3. 主切削刃长，切屑宽，卷屑和排屑困难，且各点的切削速度及方向差异很大；

4. 棱边处副后角为零；

5. 主、副切削刃交界的外圆处，刀尖角 ε_r 小，散热条件差，且此处的切削速度最大，磨损快、影响钻头的耐用度。

这些缺点，严重地影响它的切削性能，为了进一步提高它的工作效率，需针对具体加工情况，进行修磨。

二、麻花钻常见的修磨方法

1. 修磨前刀面

主要是改变前角的大小和前刀面的形式，以适应加工材料的要求。

钻削脆性材料，如青铜、黄铜、铸铁、夹布胶木等，因抗拉强度低，呈崩碎切屑，为增加切削刃强度、避免崩刃现象，可将靠近外圆处的前刀面磨平一些，以减小前角，如图 15-7,a)所示。

钻削强度、硬度大的材料，则沿主切削刃磨出倒棱，以增加刃口强度，如图 15-7,b)所示。

钻削某些强度很低的材料，如有机玻璃等，为减小切削变形，使切削轻快，以改善加工质量，可在前刀面磨出卷屑槽，加大前角，如图 15-7,c)所示。

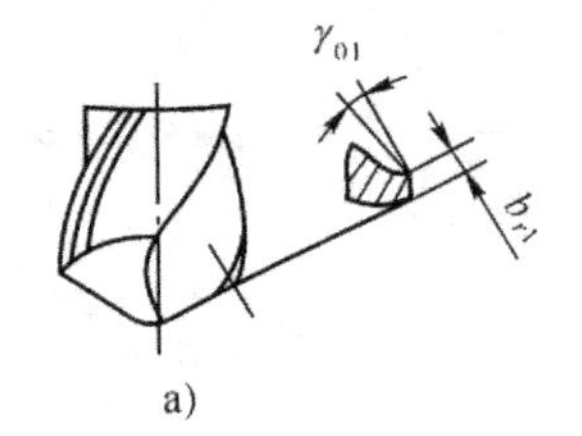

a)

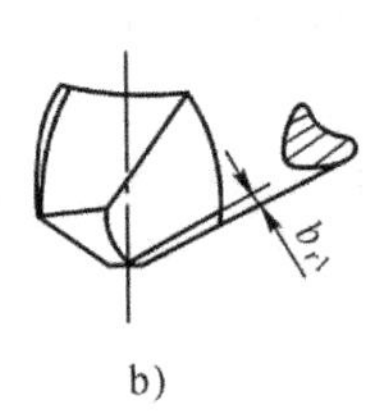

b)

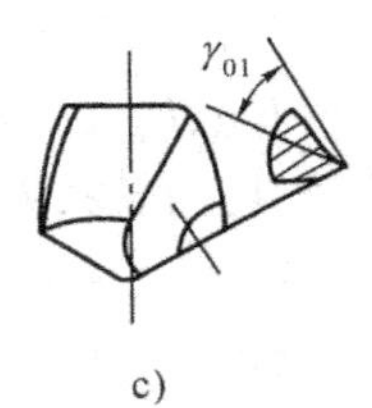

c)

图 15-7 修磨前刀面

a)减小前角； b)倒棱； c)卷屑槽

2. 修磨横刃

磨短横刃，如图 15-8,a)所示，以减少其参加工作的长度，可显著降低轴向力。因修磨简便，效果又好，所以直径 12mm 以上的钻头均常采用；

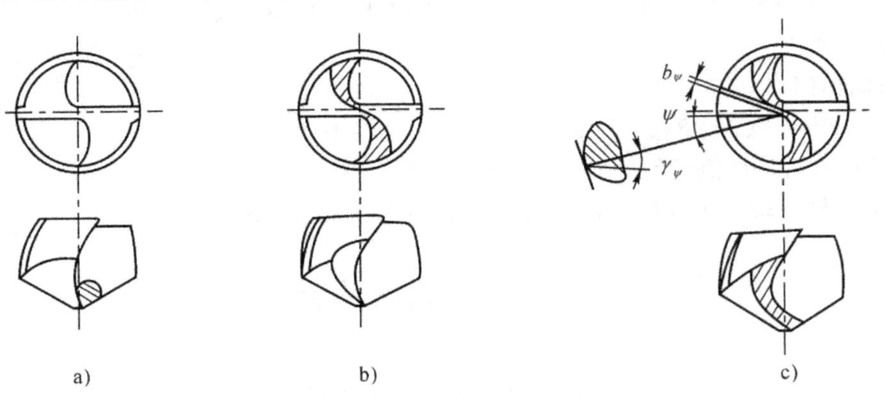

图 15-8 修磨横刃

a)磨短横刃； b)修磨横刃前角； c)综合式修磨

修磨横刃前角，如图 15-8,b)所示，即将横刃处的前刀面磨去一些，以使横刃上的负前角负的少些，改善横刃上的切削条件；

也可综合上述两种方法，同时修磨，如图 15-8,c)。

3. 开分屑槽

钻头直径较大和钻削韧性材料时，切屑宽而长，排屑困难，可在两主切削刃的后刀面上交错磨出分屑槽，如图 15-9 所示，以将宽的切屑分割成窄的切屑，使排屑方便，并减轻切削刃负荷。

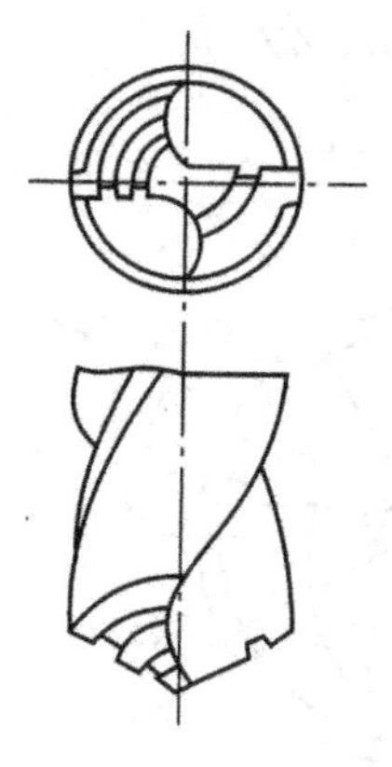

图 15-9 开分屑槽

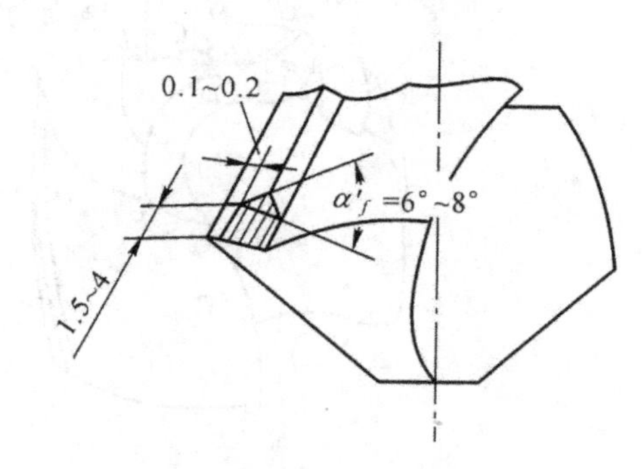

图 15-10 修磨棱边

4. 修磨棱边

钻削孔径超过 12mm，无硬皮的韧性材料时，可在棱边磨出 $\alpha_o'=6°\sim8°$的副后角，但应注意留出 0.1～0.2mm 的小刃带，修磨长约 1.5～5mm，如图 15-10 所示。以减少磨损，提高耐用度。

5. 磨修双重顶角

在主、副切削刃交点处修磨出 $2\phi_0=70°\sim75°$的双重顶角，如图 15-11 所示。（当钻头直径较大时还可磨成三重顶角）。使该处切削厚度减小，切削刃长度增加，单位切削刃长度的负荷减轻；顶角减小，轴向力下降；刀尖角加大，散热条件改善。因而提高钻头的耐用度和钻削表面质量。

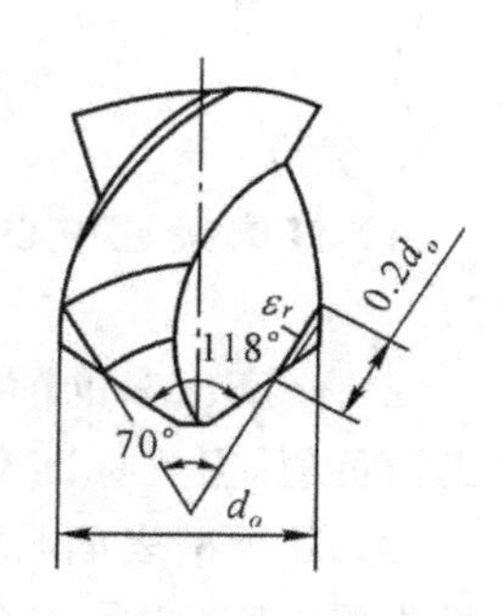

图 15-11 修磨双重顶角

但钻削软材料时，为避免切屑太薄，增大扭矩，一般不宜采用。

三、群 钻

群钻是在长期的钻孔实践中，经过不断总结经验，综合动用了麻花钻多种修磨方法而成的一种效果较好的钻头。

采用标准麻花钻修磨而成的标准群钻的基本形式，表示在图 15-12。

1. 修磨方法

(1) 修磨两个主切削刃上的后刀面，如图 15-12,a)中的 *ABEF* 表面，得到两条对称的外直刃 *AB*，这与重磨标准的麻花钻后刀面基本相同；

(2) 在两个主切削刃上的后刀面上，对称地磨出两个月牙槽；

(3) 修磨接近钻心处的前刀面，即横刃前刀面，如图 14-12,a)中的 *CDGF* 表面；

(4) 当钻头直径大于 15mm 时，在一个切削刃的外直刃上磨出分屑槽。

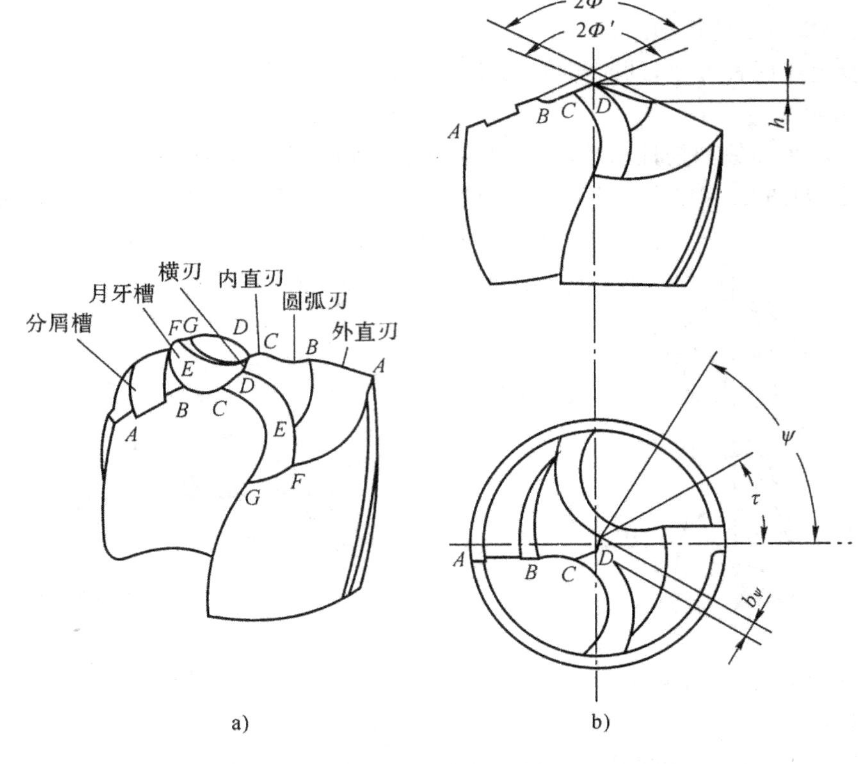

图 15-12　标准群钻

2. 优点

(1) 修磨接近中心处的前刀而后，新的横刃大为缩短，约为标准麻花钻横刃长度 1/5～1/7；

(2) 修磨出来的前刀面与月牙槽表面相交而成的两条对称的内直刃 CD 有较大的前角，虽仍为负值，但比标准麻花钻要小的多。

(3) 月牙槽表面与钻头螺旋槽表面相交而形成两条对称的圆弧刃 BC，不但起分屑作用，便于排屑，而且它能在孔的底面上切出一个凸形环台，使钻削时不易偏摆，起到良好的定心作用。

(4) 月牙槽能使切削液容易流到切削处，有利于润滑和冷却；

(5) 为了避免新横刃的强度受到削弱，在磨两个月牙槽时，把它们的交线，即新横刃磨低一些，尽可能减小钻尖高度 h，同时又适当加大内直刃的顶角 $2\phi'$，约 135°，保护了刀尖。

群钻的切削角度合理，特别克服了标准麻花钻切削条件最差的横刃的缺点。与标准麻花钻比较，钻削钢料时，群钻的轴向力可降低 35～50%，扭矩约减小 10～30%，耐用度提高 3～5 倍。因此，在保持合理耐用度的情况下，群钻能显著提高加工生产率，改善加工质量。

但群钻的修磨较复杂，需有较熟练的技巧或采用修磨夹具，否则较难达到预期的效果。所以也在一定程度上影响它的推广使用。

§15-5 麻花钻的刃磨

一、钻削时的实际切削角度

钻削时钻头既转动又作轴向进给运动，切削表面呈圆锥螺旋面，切削刃上任意点 A 或 B 的切削表面可展开如图 15-13，在同一进给量 f 的情况下，近钻心处直径小，切削表面螺旋升角大，工作后角减小，如 $d_B<d_A$，$\alpha_{BCe}<\alpha_{ACe}$。为使钻削时沿切削刃各点的工作后角大致相等，以保持有相同的耐用度，则要求刃磨后，沿切削刃的后角应是愈近中心愈大。

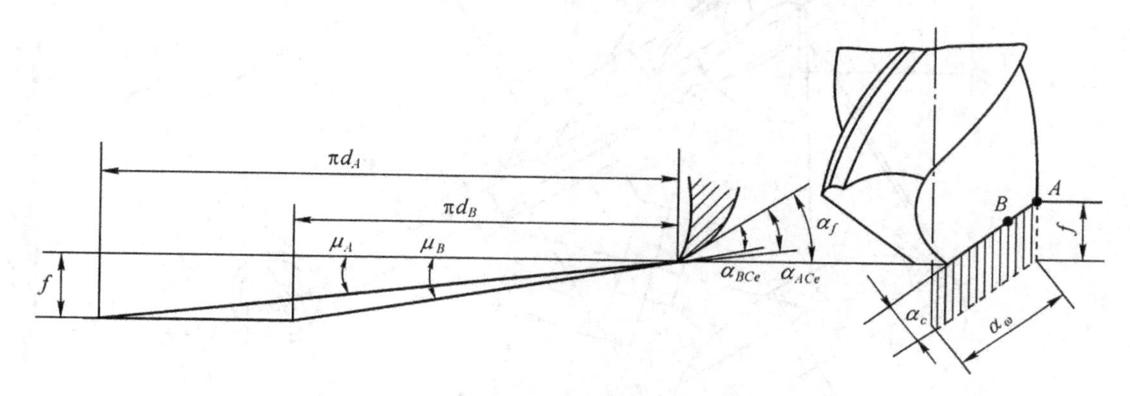

图 15-13　钻削时的切削表面与工作后角

二、麻花钻的刃磨方法

麻花钻的刃磨是沿后刀面进行的。

1. 螺旋面磨法

如图 15-14 所示，刃磨时，钻头轴心线相对于砂轮平面倾斜安装，使主切削刃位于砂轮磨削平面内。在钻头缓慢旋转的同时，砂轮除高速旋转外，还由平面凸轮带动沿其轴线作往复运动，使被磨钻头后刀面成为螺旋面。钻头每转一转，砂轮往复两次，磨出两个后刀面。

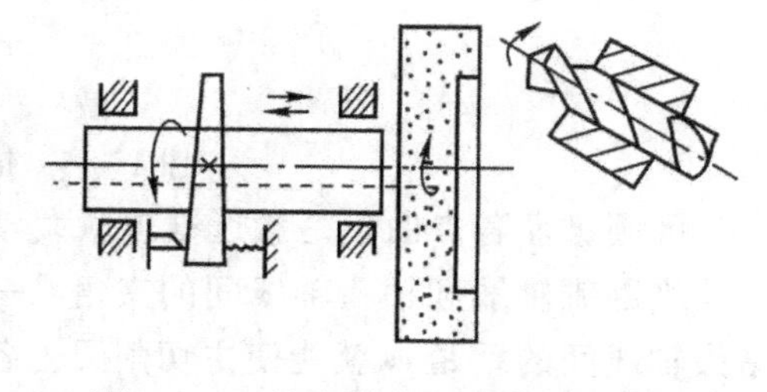

图 15-14　钻头后刀面的螺旋面磨法

磨出的后刀面是导程为 P_Z' 的螺旋面的一部分，切削刃上任意点 X 处的后角 α_{fx} 为：

$$\tan\alpha_{fx}=\frac{P_Z'}{\pi d_x} \tag{15-17}$$

式中　d_x——切削刃上任意点 X 处的直径。

即愈靠近钻头中心后角愈大。

这种方法的主要缺点是靠近中心处的后角比要求值还要大，虽横刃处的负前角较小，可减小轴向力，然而近钻心处的强度却较差，仅适宜于钻削中等硬度以下的钢材。

2. 圆锥面磨法

如图 15-15 所示，装夹钻头的夹具带着钻头绕着与砂轮端面的夹角为 δ 的轴线 O-O 作上下摆动，磨出的钻头后刀面就是锥角为 2δ 的圆锥面的一部分。磨出一个后刀面后，分度，再磨另一个后刀面。

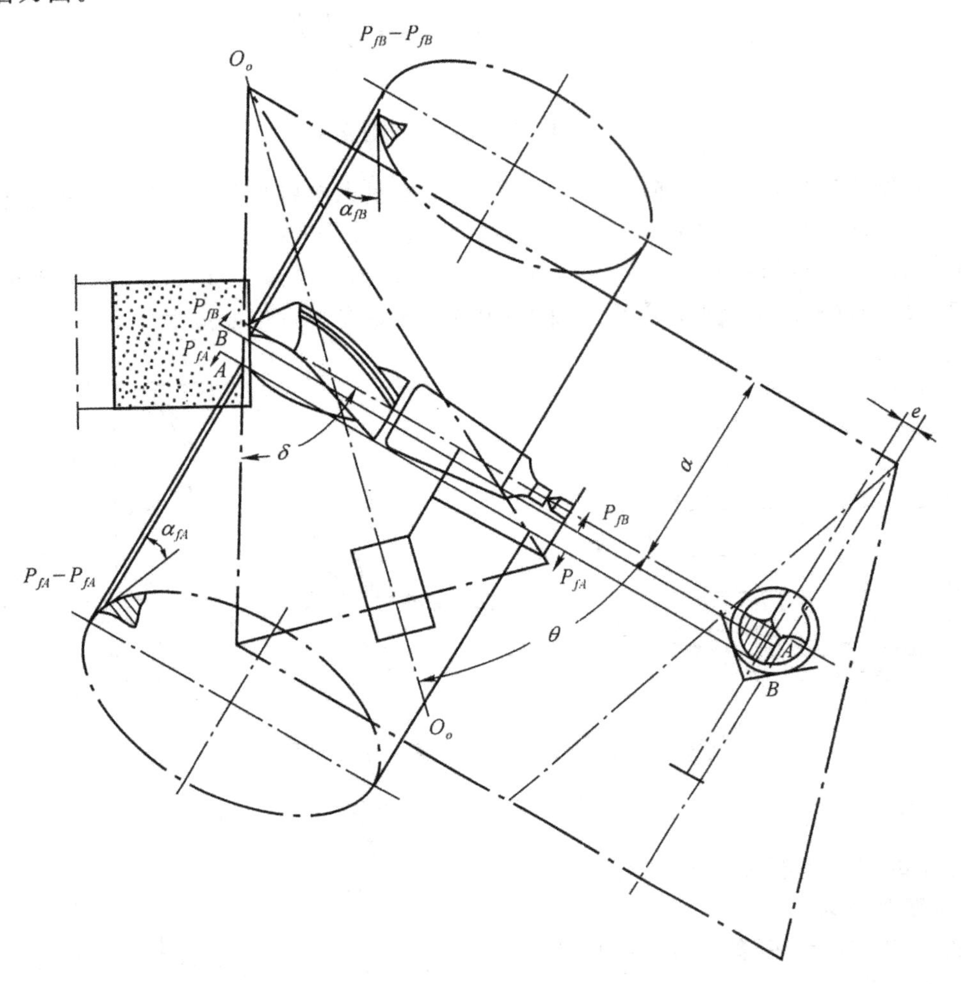

图 15-15　钻头后刀面的圆锥面磨法

因圆锥面各点曲率是愈近锥顶愈大，所以近钻心处的 $\alpha_{fB}>\alpha_{fA}$。

当圆锥轴线和钻头轴线间的夹角 θ 一定时，调整钻头到圆锥锥顶的距离 a 和圆锥轴线到钻头轴线间的垂距 e，就能使主切削刃上各点得到不同的后角，以及适当的顶角、横刃斜角等。

一般 $\delta=13°\sim15°$；

$\theta=45°$；

$a=(1.8\sim1.9)d_o$；

$e=(0.05\sim0.07)d_o$。

式中　d_o——钻头外径。

圆锥面磨法所得的后角值较为合理，生产中广为应用。

练　习　题　15

1. 标准麻花钻的几何参数存在哪些问题？可以采取哪些修磨方法？

2. 对麻花钻的后角有什么要求？麻花钻的后刀面应如何刃磨？为什么？

第二部分　标准专用刀具

第十六章　盘形齿轮铣刀

盘形齿轮铣刀实际上是一种铲齿成形铣刀。前角为零时，刃口形状就是所加工齿轮的渐开线形状。图 16-1 示出了它的结构，及其加工齿轮时的情况。

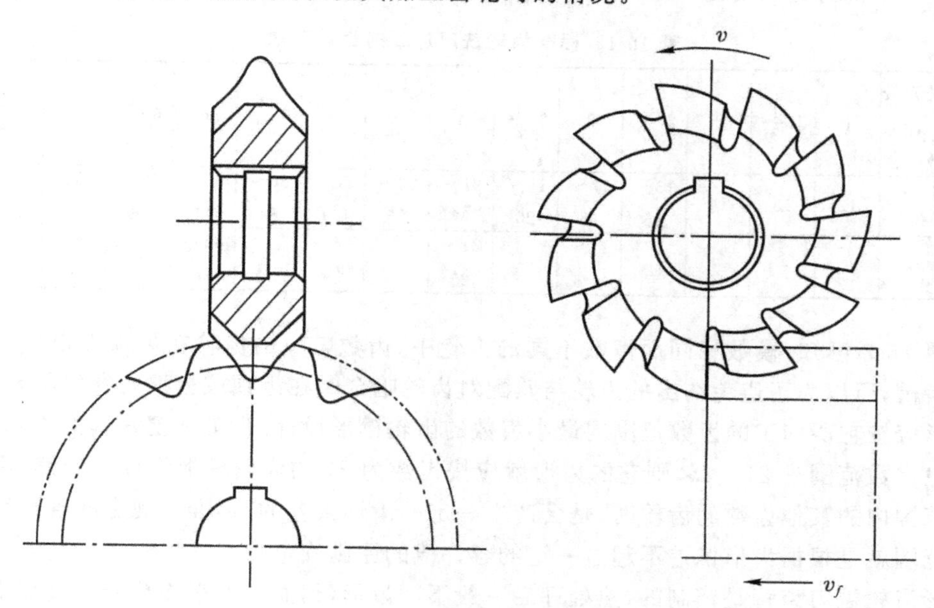

图 16-1　盘形齿轮铣刀

盘形齿轮铣刀，结构简单，成本低廉，用不着专门的齿轮加工机床，在普通铣床上就可加工齿轮。唯加工精度及生产率较低。适于单件、小批生产及修配工作中加工直齿、斜齿圆柱齿轮、齿条等。

§16-1　盘形齿轮铣刀的分组

齿轮的渐开线形状决定于基圆的大小，如图 16-2，基圆小，渐开线弯曲；基圆大，渐开线平直；基圆无穷大时，即为齿条。基圆直径 d_o 与齿轮模数 m、齿数 Z、齿形角 α 等有关：

$$d_o = m \cdot Z \cdot \cos\alpha$$

对于同一模数的齿轮，如果齿数不同，则它们齿槽的渐开线形状也不同，理论上就要求对每一种模数和齿数的齿轮都做一把铣刀，这样所需的刀具种类太多，既不经济，管理也不便。为此，标准 JB2498-78 中规定的盘形齿轮铣刀是成套的，即对每种模数只做一套铣刀。$m>8$ 时，一套中包含 15 把铣刀；$m\leqslant 8$ 时，一套中包含 8 把铣刀。一套铣刀中的每一把都有一个号码，称

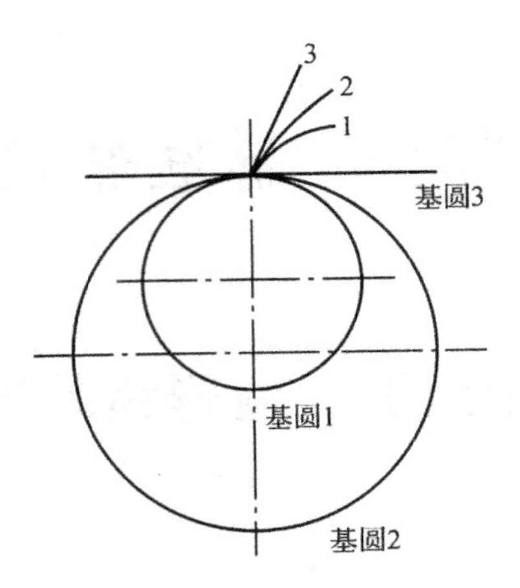

图 16-2　基圆和渐开线形状

为刀号。每号铣刀加工的齿数范围各不相同，如表 16-1 所示。

表 16-1　标准齿轮铣刀加工的齿数范围

铣刀号 / 加工齿数范围 / 把数	1	$1\frac{1}{2}$	2	$2\frac{1}{2}$	3	$3\frac{1}{2}$	4	$4\frac{1}{2}$	5	$5\frac{1}{2}$	6	$6\frac{1}{2}$	7	$7\frac{1}{2}$	8
$m>8$ 15 把一套	12	13	14	15～16	17～18	19～20	21～22	23～25	26～29	30～34	35～41	42～54	55～79	80～134	≥135
$m\leqslant 8$ 8 把一套	12～13	—	14～16	—	17～20	—	21～25	—	26～34	—	35～54	—	55～134	—	≥135

由图 16-2 可知，模数相同而齿数不同的齿轮中，齿数较少的齿轮在齿顶齿根处将有比较宽敞的齿槽，所以为了避免切出的齿轮与其配对齿轮啮合时在齿顶或齿根处发生干涉，每号铣刀的齿形应按它所加工的齿数范围内最小齿数的齿轮槽形设计。例如 8 把一套的 4 号铣刀，加工的齿轮齿数范围是 21～25，则它的齿形就应按齿数为 21 的齿轮槽形设计。当然，用它来加工这个范围内的其他齿数的齿轮时，是会产生一定的齿形误差的。标准中规定的各号铣刀的加工齿数范围就是根据齿形偏差不超过一定的容许值的原则确定的。

盘形齿轮铣刀齿背是铲制的，热处理后一般不磨齿形，因而未能消除热处理过程中产生的齿形偏差和脱碳层，也影响齿轮的加工精度和铣刀的耐用度。

§16-2　盘形齿轮铣刀加工斜齿圆柱齿轮

盘形齿轮铣刀也可用来加工斜齿圆柱齿轮。加工时，铣刀轴应置于螺旋线的法向方向，如图 16-3。铣刀的模数、齿形角，应按斜齿轮的法向模数 m_n、法向齿形角选取，而刀号则应按斜齿轮法剖面中的一个曲率半径为 ρ 的假想齿轮的齿数 Z_v 确定，Z_v 称当量齿数

$$Z_v=\frac{Z_1}{\cos^3\beta_1}$$

式中　Z_1——斜齿轮齿数；

　　　β_1——斜齿轮分圆螺旋角。

斜齿轮齿面是渐开螺旋面，要求端剖面中是渐开线。用这种方法切出的斜齿轮在端剖面中不可能是渐开线齿形，齿形有较大的误差，且随 β_1 的增大而增大。所以这种加工方法只适于修

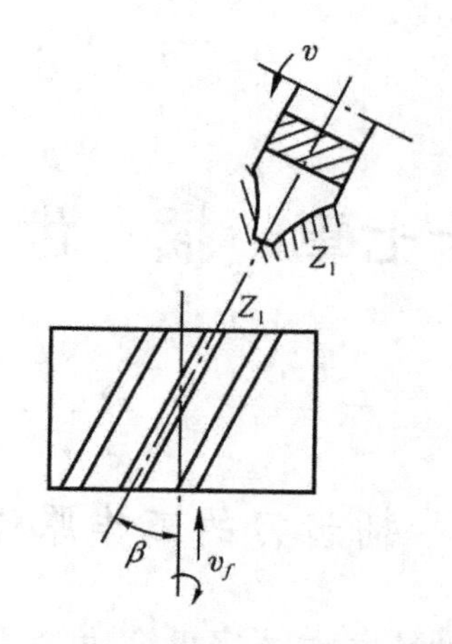

图 16-3　盘铣刀加工斜齿轮

配工作中或斜齿轮精度要求不高的的场合。

练　习　题　16

1. 盘形齿轮铣刀的刀号是什么意思？为什么盘形齿轮铣刀加工出来的齿形精度不高？
2. 用盘形齿轮铣刀加工斜齿圆柱齿轮时应注意什么问题？为什么？

第十七章　插　齿　刀

§17-1　插齿刀的工作原理及用途

插齿刀用于加工直齿、斜齿圆柱齿轮、人字齿轮、齿条等，加工内齿轮、双联齿轮时尤为方便。

插齿刀的形状很象齿轮，其模数、齿形角与被加工齿轮对应相等，只是插齿刀有切削刃和前、后角。它是按展成原理加工齿轮的。图 17-1 为直齿插齿刀加工直齿圆柱齿轮时的情形：插

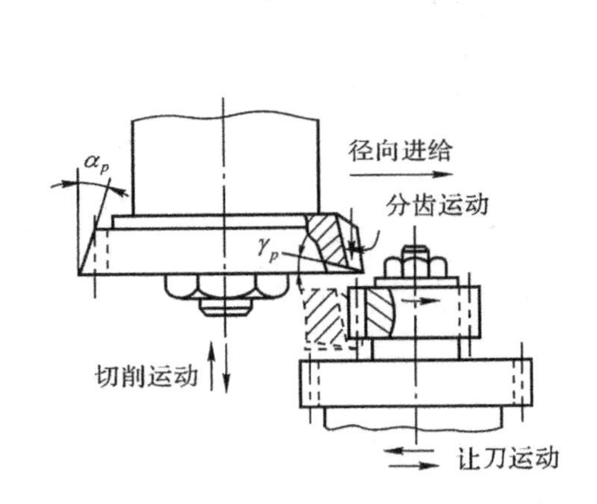

图 17-1　插齿刀的工作原理

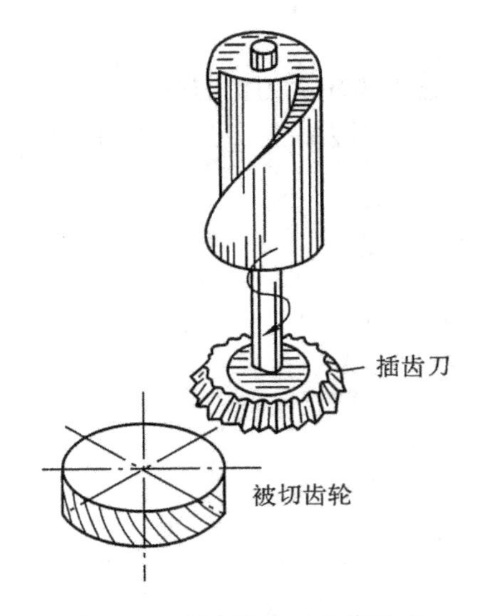

图 17-2　斜齿插齿刀工作原理

齿刀除有上下往复的切削运动外，同时还有与被切齿轮相互配合的转动，即展成运动，以逐渐包络出齿轮的齿形。开始切削时，在机床凸轮的作用下，插齿刀沿径向逐渐切入工件、至预定深度时，径向进给自动停止，展成运动仍继续进行，直到齿轮切好后自动停止。退刀时，为避免插齿刀与工件的摩擦，还有让刀运动。

加工斜齿圆柱齿轮需用斜齿插齿刀(见图 17-2)，插齿刀除有主运动和展成运动外，还有一个由机床上的螺旋导轨实现的附加转动，使切削刃的运动轴迹描绘出一个假想的斜齿圆柱齿轮的齿侧面。插齿刀的模数、齿形角、螺旋角与被切齿轮对应相等，但旋向相反。

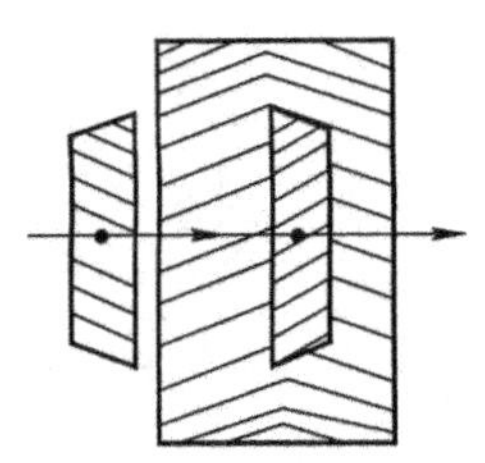

图 17-3　斜齿插齿刀加工人字齿轮

据此原理，斜齿插齿刀也可用来加工无空刀槽的人字齿轮(图 17-3)，但需在专门插齿机上用一对斜齿插齿刀分别加工人字齿轮的两边牙齿。

标准 JB2496-78 规定，插齿刀分三种精度等级：AA、A、B，分别

加工 6、7、8 级精度的齿轮；三种类型：盘形（见图 17-4，a））、碗形（见图 17-4，b））、锥柄（见图 17-4，c））。

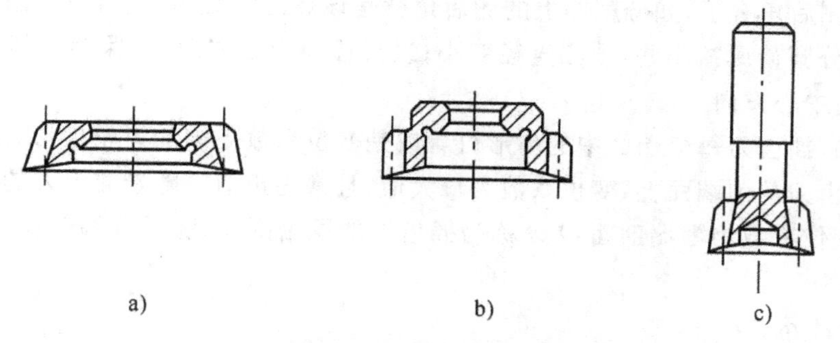

图 17-4　插齿刀的三种标准型式

a)盘形；　b)碗形；　c)锥柄

订货时应注明插齿刀的名称、类型、模数、分圆直径、精度等级等。

使用厂的重要工作之一，在于对插齿刀使用前进行必要的验算等。

§17-2　直齿插齿刀的切削刃及其前、后刀面

由工作原理可知，插齿刀，不管其前、后角多大，其切削刃在端面上的投影应当是渐开线，这样，当插齿刀沿其轴线往复运动时，切削刃的运动轴迹就象是一个直齿渐开线齿轮，有称"产形"齿轮，与被切齿轮啮合着，据啮合条件，它们的模数、齿形角等必须相等。

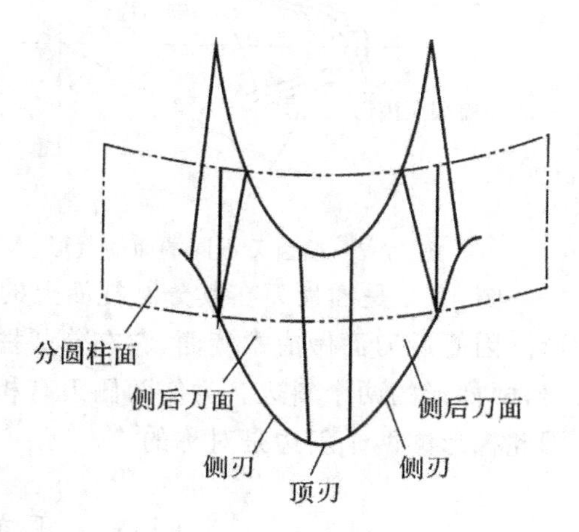

图 17-5　插齿刀的切削刃及后刀面

插齿的每个刀齿有三个切削刃：一个顶刃，两个侧刃（见图 17-5）。当前角为零时，其端面就是一个齿轮：顶刃为圆弧，两侧刃为渐开线。

为了使切削刃有后角以及重磨后切削刃形状不变，一般将顶后刀面做成圆锥面，两个侧后刀面分别做成旋向相反的渐开螺旋面：左侧后刀面做成右旋渐开螺旋面，如图 17-6，b）；右侧后刀面做成左旋渐开螺旋面，如图 17-6，c）。它们相当于是将

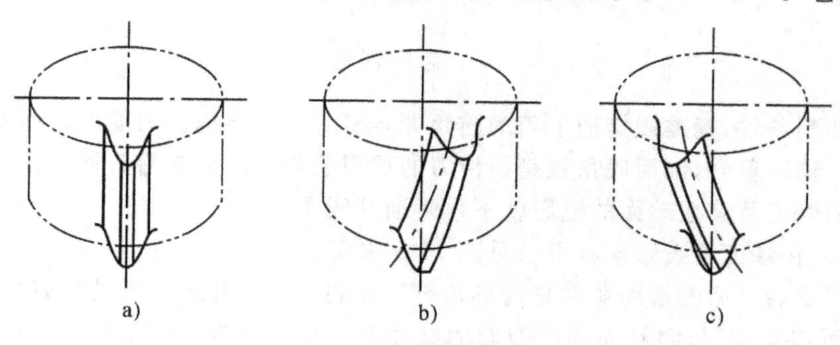

图 17-6　渐开螺旋面的形成

a)直齿渐开柱面；　b)右旋渐开螺旋面；　c)左旋渐开螺旋面

图 17-6,a)中的直齿渐开柱面沿其轴线切成一片片后,片与片之间绕轴线向右或向左扭转所形成。

这样,齿侧后角有了,如分度圆上的侧后角就是该点的螺旋角;重磨前刀面后,两侧齿形仍为渐开线,仅分圆齿厚减小些,顶圆直径变小;顶刃移向中心方向,为保持刀齿高度不变,根圆也同样地移向中心方向。

由此可知,插齿刀每个端面中的齿形可看成是变位系数不同的齿轮齿形,如图 17-7 所示:一般,在新插齿刀的前端面上,变位系数为最大值,且常为正值。随着插齿刀的重磨,变位系数逐渐减小。变位系数为零端剖面 O-O 称为插齿刀的原始剖面,随后各端剖面的变位系数为负值。

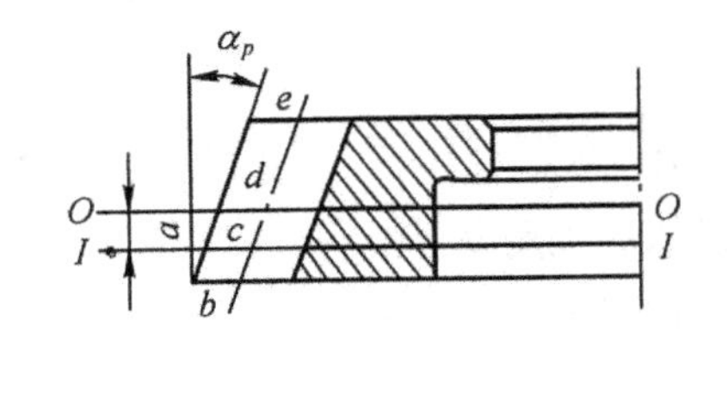

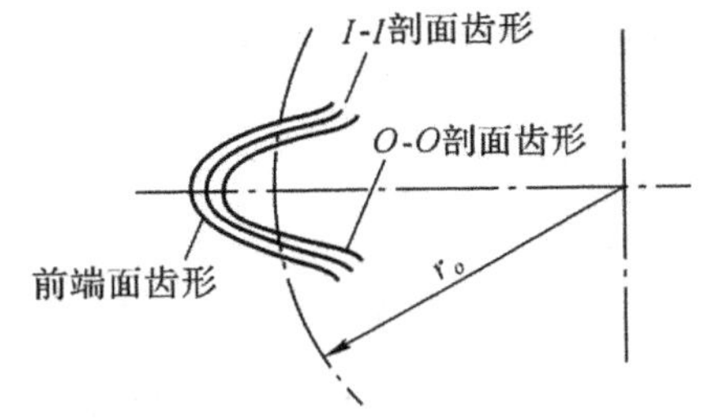

图 17-7 插齿刀不同端面的截形

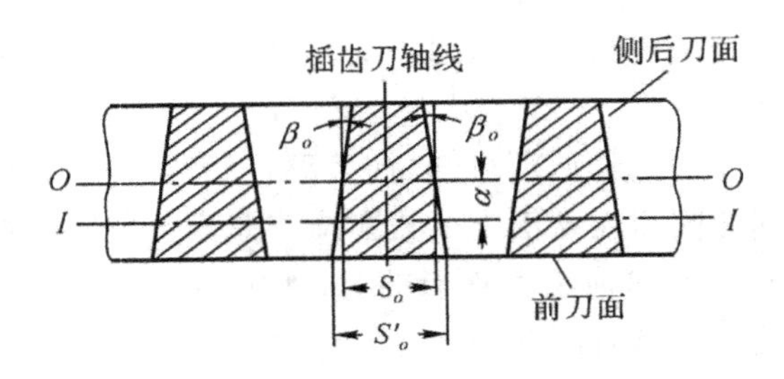

图 17-8 插齿刀分圆柱面的展开图

图 17-8 是插齿刀在其分圆柱面上的截形展开图,图中的梯形表示刀齿在分圆柱面上的截形。因侧后刀面做成螺旋面,它在分圆柱面的截形是螺旋线,所以在展开图中这些截线成为直线,即梯形的两个斜边。为使两侧刃有相等的后角,两个侧后刀面的分圆柱螺旋角 β_o 应相等,因此梯形的两个斜边是对称的。

§17-3 正前角插齿刀的齿形误差及其修正方法

一、齿形误差

为改善切削条件,标准规定插齿刀的前角 $\gamma_p=5°$。为此,将插齿刀的前刀面做成内锥面,其轴线与插齿刀轴线重合,锥面底角就是插齿刀的顶刃前角 γ_p。因侧后刀面是渐开螺旋面,则其间交线形成的侧刃及其在端面的投影就不再是渐开线了。

此时,侧刃在端面的投影形状可参见图 17-9 求得。

设插齿刀侧后刀面的端面截形是齿形角等于 α 的一条渐开线。通过侧刃在分圆柱上的点 P 作一端剖面 Q-Q,其与内锥面的前刀面的交线是一个半径为分圆半径 γ_o 的圆;与渐开螺旋面的侧后刀面的交线就是齿形角为 α 的渐开线 CD。圆与渐开线的交点 P 就是侧刃在端面上的投影点之一。再作另一端剖面 J-J,其与前刀面的交线也是一个半径为 γ_f 的圆;与侧后刀面

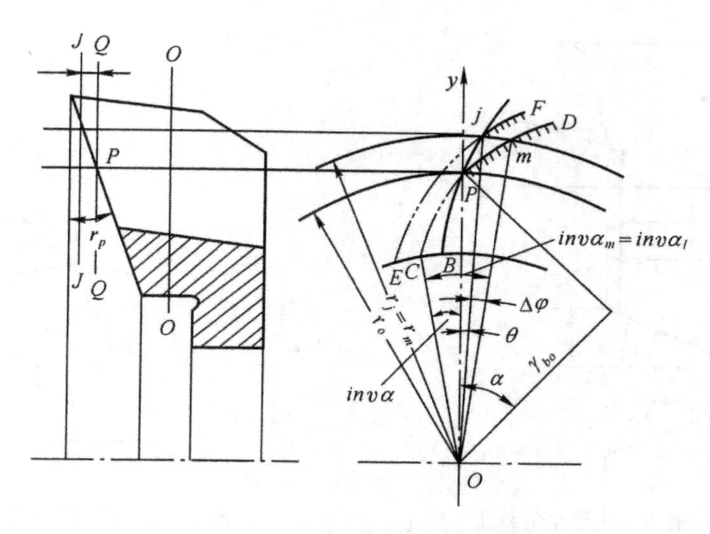

图 17-9　$\gamma_p>0°$时侧刃在端面的投影形状

的交线是和渐开线 CD 完全相同的渐开线 EF，但相对于 CD 转了 $\Delta\varphi$ 角，交点 j 就是侧刃在端面的投影曲线 jPB，显然它不是渐开线，其齿形角 α'（图中未标注），即 P 点的齿形角也比渐开线 CD 的齿形角 α 小，且齿顶变厚、齿根变薄，如图 17-10，a）所示。用这样的插齿刀加工的齿轮，也必然是齿形角变小，即齿顶变厚、齿根被过切，如图 17-10，b）。其值随顶刃前角 γ_p、顶刃后角 α_p 的增大而加剧。对 $m=5$、$\alpha=20°$、$Z_o=20$、$\gamma_p=5°$、$\alpha_p=6°$的插齿刀进行计算结果，齿顶处误差达 0.027mm，齿根处误差达－0.009mm，齿形总误差为 0.036mm，超过了工厂中常用的七级精度齿轮的齿形总误差的允许值为 0.016～0.032mm 的范围，因此，必须对插齿刀的齿形给予修正。

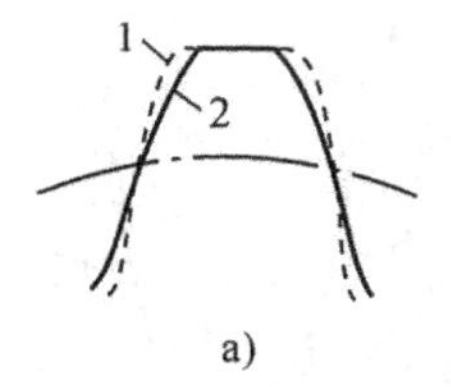

a)

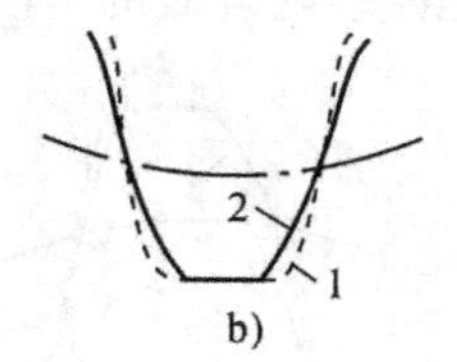

b)

图 17-10　齿形误差

a）插齿刀：1—侧刃端面上的投影齿形；2—理论渐开线齿形；

b）被加工齿轮：1—加工后的实际齿形；2—理论渐开线齿形

二、齿形误差的修正方法

减小齿形误差的办法是修正插齿刀的齿形角。

为使计算方便，设插齿刀的基圆为无穷大，即按齿条的情况进行计算，如图 17-11 所示。

设插齿刀的前角为 γ_p，后角为 α_p，齿形角为 α_o，插齿刀切削刃在端面的投影的齿形角应等于被切齿轮的齿形角 α。从图中可得：

$$\tan\alpha_o=\frac{e}{h'}=\frac{e}{h(1-\tan\gamma_p\cdot\tan\alpha_p)}$$

于是

$$\tan\alpha_o=\frac{\tan\alpha}{1-\tan\gamma_p\cdot\tan\alpha_p} \tag{17-1}$$

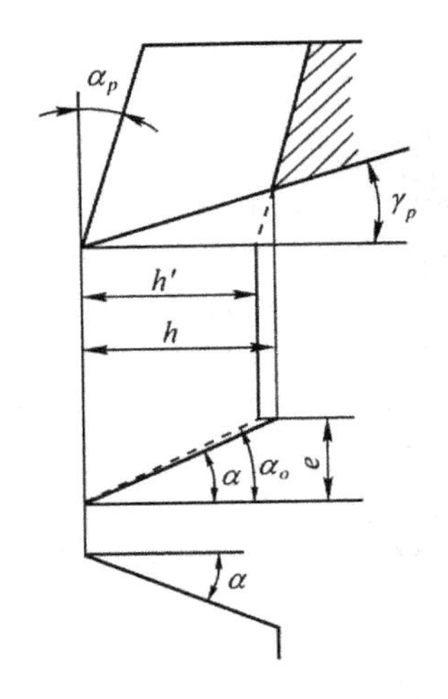

图 17-11 插齿刀齿形角的修正

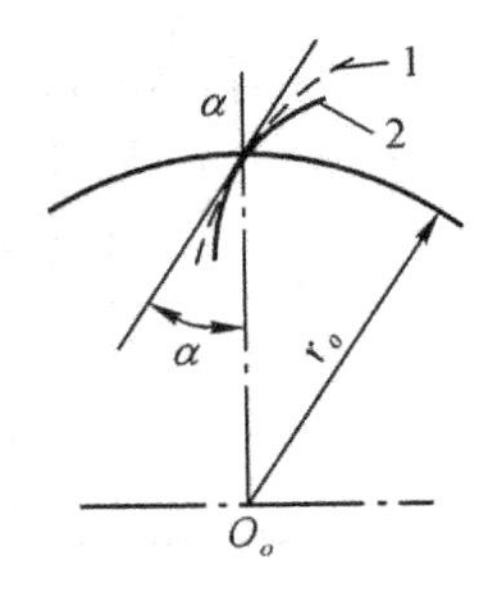

图 17-12 插齿刀分圆处的齿形
1—修正后的齿形；
2—理论渐开线齿形

当 $\alpha=20°$、$\gamma_p=5°$、$\alpha_p=6°$时，$\alpha_o=20°10'15''$。

插齿刀修正齿形角后，侧刃在端面的投影齿形虽非渐开线，但在分圆处这齿形和理论渐开线相切，如图 17-12 所示。即被切的齿轮可得到标准的分圆齿形角。可以证明，这样的投影曲线在分圆处的曲率半径将略大于理论渐开线齿形在分圆处的曲率半径，所以齿顶和齿根都比理论齿形稍厚一点，如图 17-13，a）。当 $m=8$、$Z_O=13$、$\gamma_p=5°$、$\alpha_p=6°$时，齿形误差齿顶处为＋0.011mm；齿根处为＋0.008mm。齿形总误差为＋0.019mm，在常用齿轮所允许的公差范围内。由此而导致被加工齿轮的轻微修缘和修根，如图 17-13，b），并不影响齿轮的正常啮合，而对于高速重载齿轮还能减轻啮合时的干涉和噪音。

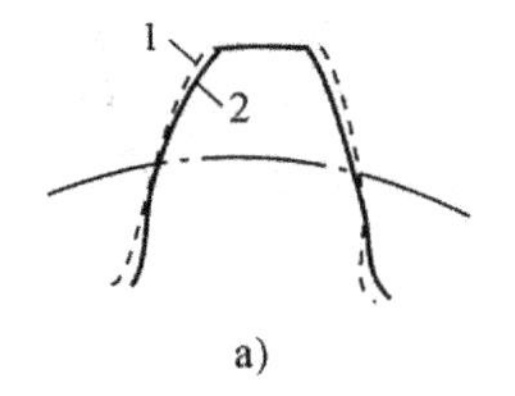

b)

图 17-13 斜齿插齿刀工作原理
a)插齿刀：1—侧刃在端面上的投影齿形；2—理论渐开线齿形。
b)被加工齿轮：1—加工后的实际齿形；2—理论渐开线齿形。

§17-4 插齿刀加工齿轮时的验算

如上所述，插齿刀的每个端面可看成是变位系数不同的齿轮，插齿过程相当于是变位齿轮的啮合，新刀变位系数最大，与被切齿轮的中心距也最大；每刃磨一次，变位系数减小，中心距也缩小。为保证被切齿轮与配偶齿轮工作时能正常啮合，插齿前应根据插齿刀、被切齿轮及其配偶齿轮的有关参数进行验算。

一、被切齿轮过渡曲线干涉的验算

如图 17-14 所示，插齿时，在中心距为 a_{10} 的情况下，被切齿轮 1 所得的齿形为：由侧刃切出的渐开线 EK_2；由齿角切出的、与 EK_2 相切的过渡曲线 K_2D，它是齿角相对于齿轮 1 的运动轨迹、称延长外摆线的一部分；由顶刃切出的、与 K_2D 相切的圆弧 DP 所组成。

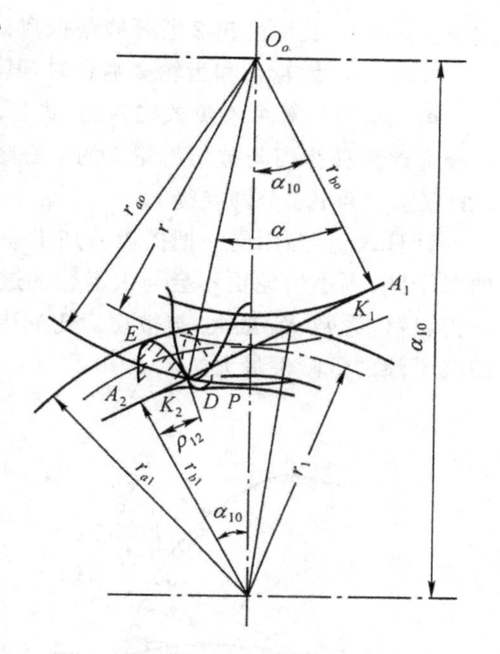

图 17-14　插齿刀与被切齿轮的啮合

渐开线 EK_2 的长度，可以 K_2 处的曲率半径 ρ_{10} 表示：

$$\rho_{10}=a_{10}\cdot\sin\alpha_{10}-\sqrt{r_{ao}^2-r_{bo}^2} \qquad (17\text{-}2)$$

式中　a_{10}——插齿刀与被切齿轮 1 的中心距；

α_{10}——插齿刀与被切齿轮 1 的啮合角；

r_{ao}——插齿刀顶圆半径；

r_{bo}——插齿刀分圆半径；

α_{10}、a_{10}可由下式求得

$$\text{inv}\alpha_{10}=\frac{2(X_1+X_0)}{Z_1+Z_0}\tan\alpha+\text{inv}\alpha \qquad (17\text{-}3)$$

$$a_{10}=\frac{m(Z_1+Z_0)}{2}\cdot\frac{\cos\alpha}{\cos\alpha_{10}} \qquad (17\text{-}4)$$

式中　X_1、X_0——分别为齿轮 1 和插齿刀的变位系数；

Z_1、Z_0——分别为齿轮 1 和插齿刀的齿数；

α——分圆处齿形角；

m——模数。

由啮合原理可知，一对齿轮啮合的基本条件之一是：渐开线齿形要有足够的长度。

当配偶齿轮 2 与被切齿轮 1 啮合时，其所要求齿轮 1 的渐开线长度也可以该渐开线最低点处的曲效半径 ρ_{12}表示：

$$\rho_{12}=a_{12}\cdot\sin\alpha_{12}-\sqrt{r_{a2}^2-r_{b2}^2} \qquad (17\text{-}5)$$

式中　a_{12}——齿轮 2 和齿轮 1 啮合时的中心距；

α_{12}——齿轮 2 和齿轮 1 的啮合角；

r_{a2}——齿轮 2 的顶圆半径；

r_{b2}——齿轮 2 的分圆半径。

α_{12}、a_{12}的计算式可参见式(17-3)、式(17-4)，只需将 α_{10}、a_{10}、X_o、Z_o 相应改为 α_{12}、a_{12}、齿轮 2 的变位系数 X_2、齿数 Z_2。

若 ρ_{12}小于 ρ_{10}，则意味着齿轮 2 的齿角将进入齿轮 1 的过渡曲线部分之内，如图 17-15 中的 ρ_{12}'，这就是过渡曲线干涉。

因此，要齿轮 1 的过渡曲线不与齿轮 2 的齿角发生干涉的条件必须是(见图 17-15)：

$$\rho_{12}\geqslant\rho_{10} \qquad (17\text{-}6)$$

同样，当用插齿刀加工齿轮 2 时，要齿轮 2 的过渡曲线不与齿轮 1 的齿角发生干涉的条件

必须是：

$$\rho_{21} \geqslant \rho_{20} \tag{17-7}$$

式中 ρ_{21}——被切齿轮 2 渐开线最低点处的曲率半径；

ρ_{20}——齿轮 1 和齿轮 2 啮合时，其所要求的齿轮 2 渐开线长度最低点处的曲率半径。

ρ_{20}、ρ_{21}的计算可参见式(17-2)、式(17-3)、式(17-4)、式(17-5)，只需将 a_{10}、α_{10}、X_1、Z_1、r_{a2}、r_{b2}相应改为插齿刀与被切齿轮 2 的中心距 a_{20}，啮合角 α_{20}、齿轮 2 的变位系数 X_2、齿数 Z_2、齿轮 1 的顶圆半径 r_{a1}、分圆半径 r_{b1}。

计算表明：当用同一把插齿刀加工一对 $X_1=X_2$ 的标准齿轮，若大齿轮不与小齿轮的过渡曲线干涉，则小齿轮更不会与大齿轮的过渡曲线干涉，因此只需检验小齿轮的渡过曲线干涉。新刀，变位系数 X_0 最大，与被切齿轮的中心距最大，侧刃所切出的齿轮上的渐开线最短，过渡曲线干涉的危险性最大。

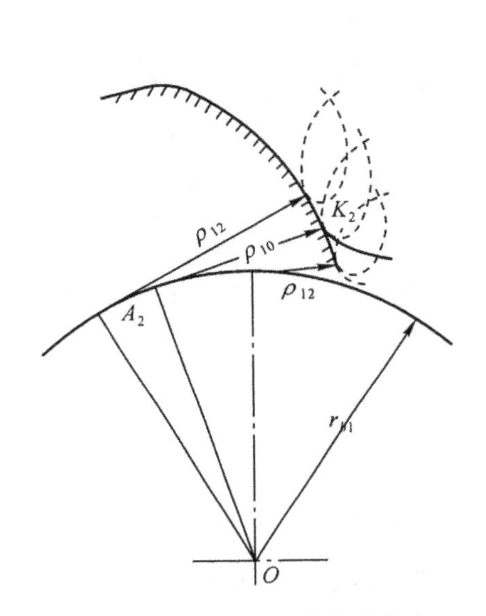

图 17-15　齿轮的过渡曲线干涉

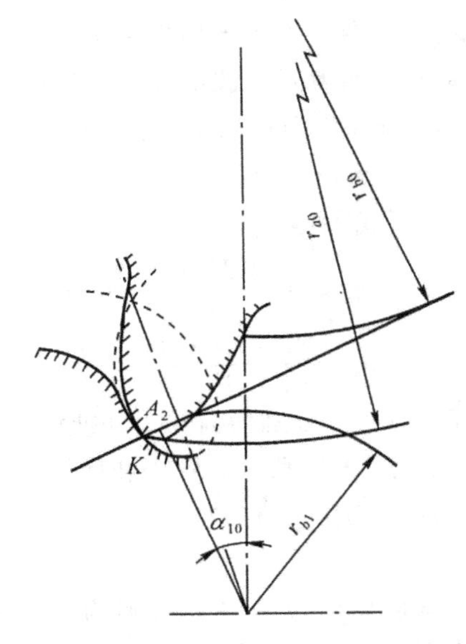

图 17-16　齿轮的根切

二、被切齿轮根切的验算

随着插齿刀的使用、重磨、变位系数 X_0 逐渐减小，与被切齿轮的中心距也逐渐缩小。插齿刀顶圆和啮合线 A_1A_2 的交点 K 超出了啮合极限点 A_2 以外，如图 17-16 所示，其齿角相对于被切齿轮运动轨迹侵入到齿轮的理论渐开线上他形内部，并将其切去，称根切。

当 K 点和 A_2 点重合时，正好不发生根切。因此，齿轮 1 不被根切的条件是：

$$\rho_{10} \geqslant 0 \tag{17-8}$$

同样，齿轮 2 不被根切的条件是

$$\rho_{20} \geqslant 0 \tag{17-9}$$

三、被切齿轮顶切的验算

当被切轮的顶圆和啮合线 A_1A_2 的交点 K_1 超出了啮合极限点 A_1 以外(见图 17-14)，则齿轮齿角相对于插齿刀运动的轨迹将侵入到插齿刀的齿形内部而被切去，称顶切。

因此，由图 17-14 可见，齿轮 1 不被顶切的条件是：

$$a_{10}\cdot\sin\alpha_{10}-\sqrt{r_{a1}^2-r_{b1}^2}\geqslant 0 \qquad (17\text{-}10)$$

同样，齿轮 2 不被顶切的条件是

$$a_{20}\cdot\sin\alpha_{20}-\sqrt{r_{a1}^2-r_{b1}^2}\geqslant 0 \qquad (17\text{-}11)$$

有时，当插齿刀的齿数较多，根圆可能大于基圆以及负变位值较大时，也可能发生齿轮的齿顶进入插齿刀的根圆以内而产生的另一类顶切，如图 17-17 所示。计算表明，当插齿刀和被切齿轮的变位系数之和的绝对值愈大、齿数之和愈小，这类现象愈可能发生。

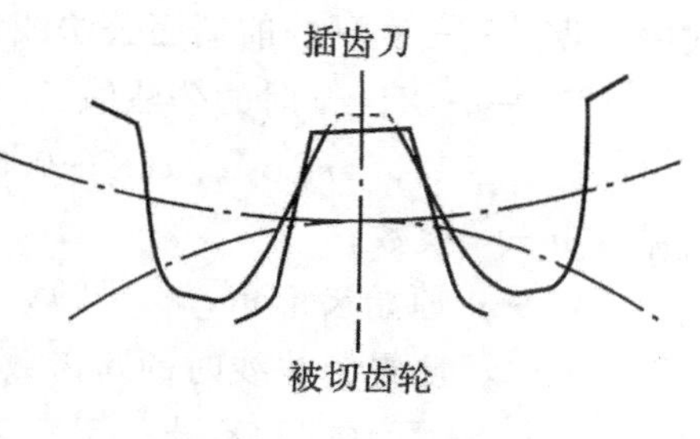

图 17-17　另一类顶切

§17-5　插齿刀的刃磨及变位系数 X_o 的测定

一、刃　磨

插齿刀用钝后重磨前刀面，可在平面磨床或工具磨床上装置专用夹具进行，如图 17-18 所示。重磨时，圆柱砂轮轴线与插齿刀轴线夹角为$(90°-r_{po})$，插齿刀旋转并沿砂轮轴线进给。

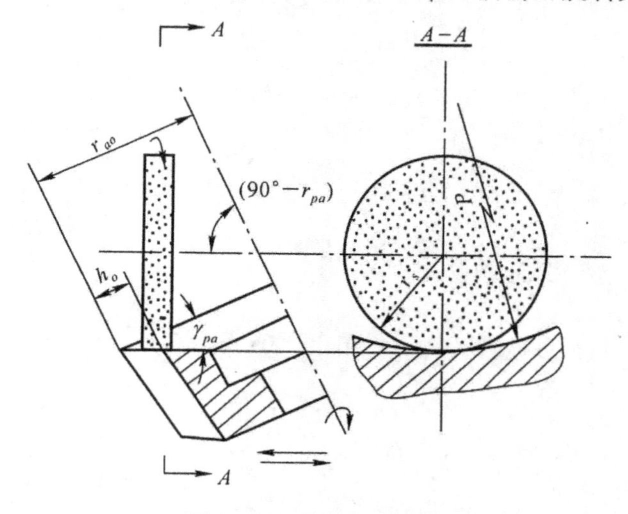

图 17-18　插齿刀的刃磨

为防止干涉，保证齿形精度，砂轮半径 r_s 应小于插齿刀前刀面 A-A 剖面中的曲率半径 P_t，即

$$r_g\leqslant\frac{(r_{ao}-h_o)}{\sin\gamma_{pa}} \qquad (17\text{-}12)$$

式中 r_{ao}、h_o、γ_{pa}分别为插齿刀的顶圆半径、齿全高、顶刃前角。

二、重磨后变位系数的测定

插齿刀使用验算时，须知变位系数 X_o，每次重磨后都应予测定。常以测量前端面齿的公法线长 $W_K{}'$用下式换算

$$X_O=\frac{W_K{}'-W_K}{2m\cdot\sin\alpha_o} \qquad (17\text{-}13)$$

式中 W_K'——实测的前端面公法线长；

W_K——$X_o=0$ 时的公法线长，由齿轮原理知

$$W_K=m\cos\alpha_o[\pi(K-0.5)+Z_O\cdot \mathrm{inv}\alpha_O] \tag{17-14}$$

式中 m——模数；

α_O——原始齿形角；

K——测量公法线时的跨齿数，有

$$K=0.111Z_O+0.5 \tag{17-15}$$

式中 Z_O——插齿刀齿数。

练 习 题 17

1. 直齿插齿刀的前刀面、后刀面是什么性质的表面？为什么要采用这样的表面？
2. 为什么插齿刀在使用过程中要进行过渡曲线干涉、根切、顶切的验算？
3. 插齿刀验算中要用到的 X_o 如何确定？

第十八章　齿轮滚刀

§18-1　齿轮滚刀的工作原理

齿轮滚刀是按照螺旋齿轮啮合原理加工外啮合直、斜齿轮最常用的齿轮刀具。在加工过程中，它相当于一个斜齿圆柱齿轮与被切齿轮形成螺旋齿轮啮合。

图 18-1 是滚刀在滚齿机上加工齿轮的情况。滚刀轴线安装成与被切齿轮端面倾斜一个角度。滚刀的旋转为主运动。切直齿轮时，工件转过的齿数等于滚刀的头数，以形成展成运动，即圆周进给；切斜齿轮时，还需给工件一个附加的的转动。为了要在齿轮的全齿宽上切出牙齿，滚刀还需有沿齿轮轴线方向的进给运动。

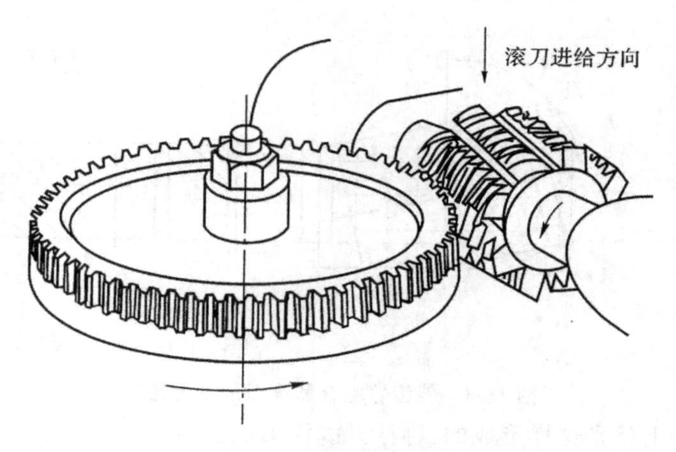

图 18-1　齿轮刀工作情况

由渐开线原理可知：一个直齿轮啮合时，它们的端面齿形都是渐开线（见图 18-2）；设其中的小齿轮 1，改为斜齿轮，螺旋角 β_1（见图 18-3，a）），其端面齿形仍为渐开线（见图 18-3，b）），因此仍可与 $\beta_2=0°$的齿轮 2 啮合，称螺旋齿轮啮合，啮合时两轴线间的夹角为 $\delta=\beta_1$（见图 18-3，c））；若将齿轮 1 的螺旋角 β_1 加大，如 $\beta_1'\approx 90°$、齿宽 B_1'加大，如 $B_1'>d_1$、齿数减少，如 $Z=1$（见图 18-4，a）），因其端面齿形仍保持为渐开线，所以照样可与 $\beta_2=0°$的齿轮 2 啮合，啮合时两轴线间的夹角为 $\delta=\beta_1'\approx 90°$（图 18-4，b））。不难想象，这样的斜齿轮，其外观如蜗杆，但螺纹表面保持着斜齿轮的性质，即端剖面形状是渐开线的渐开螺旋面，因此称渐开线蜗杆。当沿其长度方向，开出若干条容屑槽，如图 18-5 所示，则蜗杆螺纹被分割成一个个短刀齿，形成了前刀面和两个侧刃、一个顶刃，再在铲齿机床上铲出两侧后刀面和顶后刀面以形成后角。那么，当给予必要的运动后，它就可作为刀具，将原为毛胚的齿轮 2 加工出来，如图 18-4，c））所示。

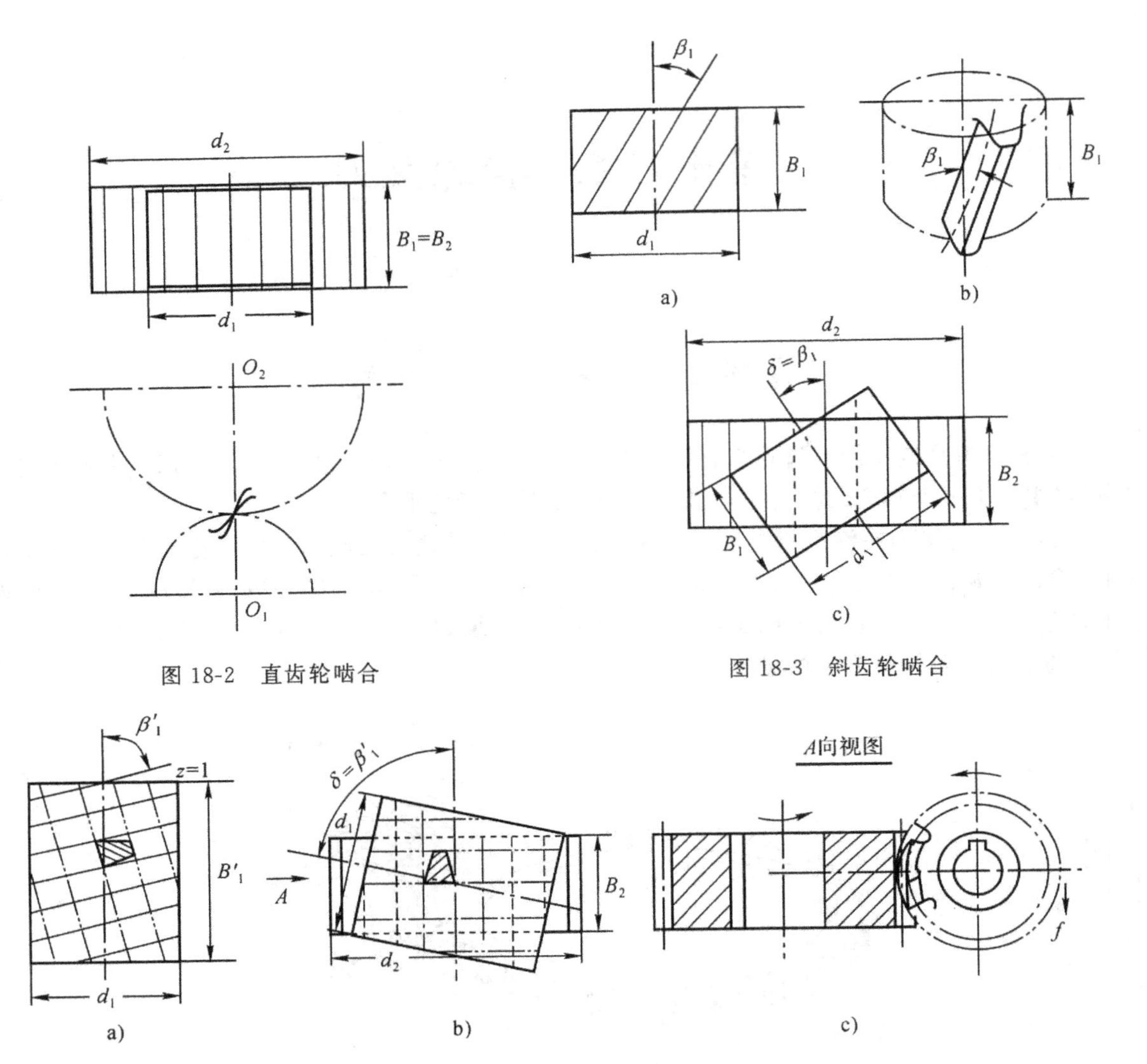

图 18-2 直齿轮啮合

图 18-3 斜齿轮啮合

图 18-4 斜齿轮啮合和滚刀加工齿轮

齿轮滚刀,实际上就是这样形成的,称渐开线滚刀。它可以切出理论上完全正确的渐开线齿形。但因这种滚刀的制造困难,生产上用得不多,而是采用制造上较容易的近似造形的滚刀,如阿基米德滚刀或法向直廓滚刀,它们的基本蜗杆分别是阿基米德蜗杆或法向直廓蜗杆,它们的端形不是渐开线,而是阿基米德螺旋线或延长渐开线,因此它们所切出的齿轮齿形不是渐开线,但误差很小,一般在允许范围内。

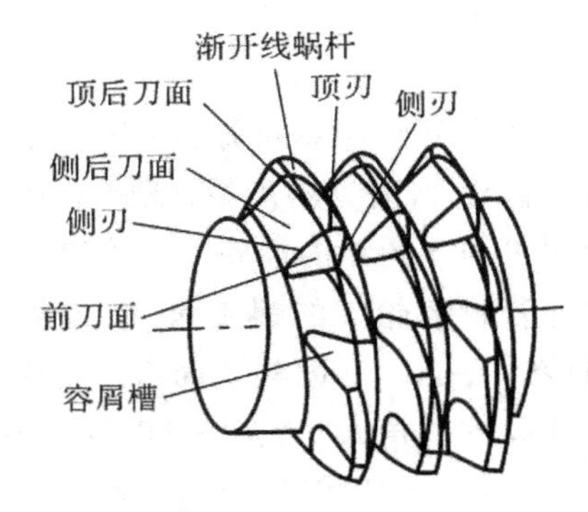

图 18-5 滚刀的形成

滚刀本身的制造精度是影响被切齿轮精度的一个重要因素,以误差的分析可知,阿基米德滚刀较法向直廓滚刀为小,一般工具厂生产的都是阿基米德滚刀。标准 JB2495-78 规定的齿轮滚刀分 AA 级、A 级、B 级和 C 级四种,分别用加工 6、7、8 级精度齿轮和粗加工。订货时注明:名称、模数、齿形角、精度等级。

§18-2 滚刀与插齿刀的比较

与插齿刀比较、滚刀的优点是：

1. 滚刀加工齿轮时是连续的切削运动，没有空行程，且刀齿较多，所以加工生产率高于插齿刀；

2. 对于常用的单头滚刀，因被切齿轮的每个齿是由滚刀同一条螺纹上的若干刀齿切出来的，所以滚刀的齿矩误差不影响被切齿轮的齿距；而插齿刀加工齿轮时，插齿刀的齿距误差直接反映在被切齿轮上；

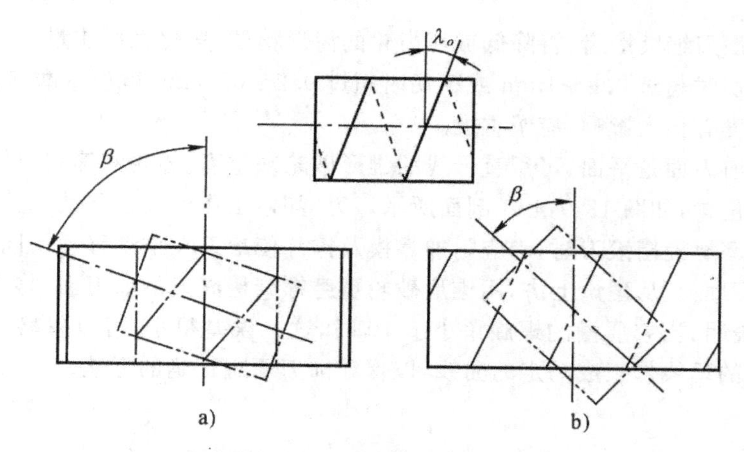

图 18-6 用同一把滚刀加工直、斜齿轮

a)加工直齿轮； b)加工斜齿轮

3. 同一把滚刀，既可加工直齿轮，也可加工斜齿轮，仅加工时的安装角不同而已，如图 18-6 所示。

缺点是：

1. 滚刀不能加工内齿轮和空刀槽小的双联齿轮中直径较小的齿轮；

2. 滚切时，因滚刀沿被切齿轮轴线方向进给，所以在齿侧面出现进给波纹，影响表面质量，如图 18-7 所示。

3. 同样的精度等级，滚刀所加工出来的齿形精度低。

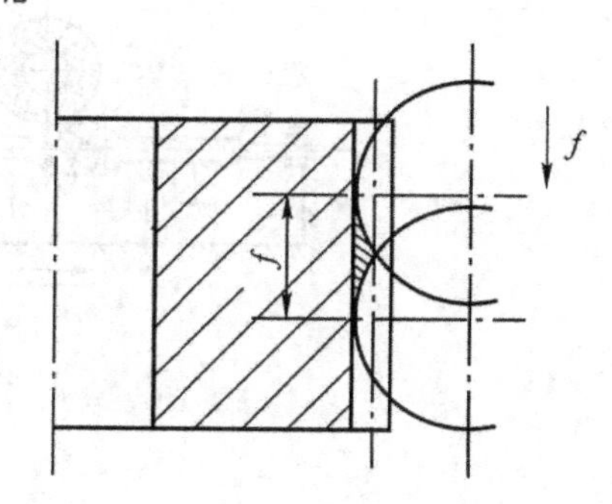

图 18-7 滚切时的齿侧波纹

§18-3 滚刀的合理使用

一、滚刀的选用和合理安装

滚齿时，选用合适的滚刀是重要的：滚刀的法向模数、法向齿形角应和被切齿轮对应相同；滚刀的精度等级要与被切齿轮要求的精度等级相当。

滚刀用的心轴直径按滚刀孔径选取，心轴长度以短为好，以增加心轴刚性，减小振摆；滚刀安装到心轴后，应尽量靠近滚齿机主轴并用千分表检查两端轴台的径向跳动量(图 18-8)，且不应超过允许值；两端的跳动方向也应一致，以免滚刀轴线在安装中发生偏斜。

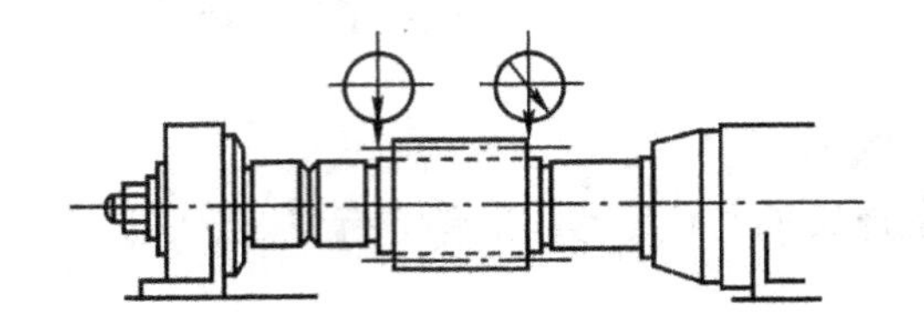

图 18-8　检查滚刀轴台跳动量

二、滚刀的刃磨

用磨损了的滚刀继续滚齿，将降低被切齿轮的齿形精度、恶化表面质量、加剧机床的振动。滚刀磨损量在粗切时超过 0.8～1mm 或精切时超过 0.2～0.5mm，就应重磨前刀面。重磨精度对滚刀的齿形精度有很大影响，应予重视。

直槽滚刀的前刀面是平面，可用直母线的锥形砂轮来重磨。砂轮和滚刀以样板来保证它们之间一定的相对位置，如图 18-9，4-A 剖面所示。刃磨时，工作台往复移动，磨完一个齿、分度，再磨另一个齿。磨螺旋槽滚刀时，尚应附加靠模及撑片使滚刀在往复移动的同时还外加转动，以磨出螺旋的前刀面。从理论上讲，用锥形砂轮重磨螺旋槽滚刀的前刀面，将使前刀面产生中凸现象，但检测表明，当容屑槽的螺旋角小于 10°时，这一误差很小，可以忽略。唯当螺旋角大于 10°，宜将砂轮的母线修正成一定的曲线，以保证前刀面有正确的形状。

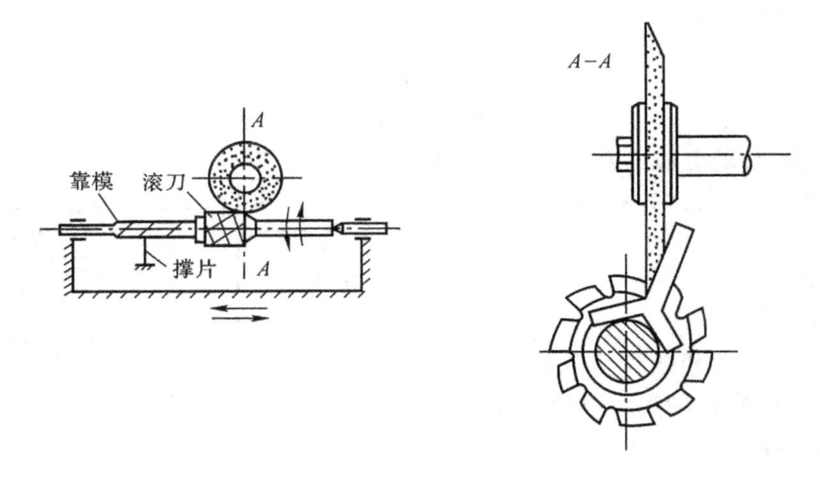

图 18-9　滚刀的刃磨

三、重磨后的齿表误差及检验

1. 齿形误差

(1) 前刀面径向性误差

这是因砂轮和滚刀的相对位置调整得不正确而引起的。常用的零前角滚刀的前刀面应在中心线上，否则就会产生径向性误差，如正前角(图 18-10,a))；或负前角(图 18-10,d))。滚刀的侧后刀面是经铲齿的，因而相应的使刀齿刃形发生畸变(图 18-10,b)、e))，其所加工出来的齿轮齿形也将出现误差(图 18-10,c)、f))。

(2) 圆周齿距误差

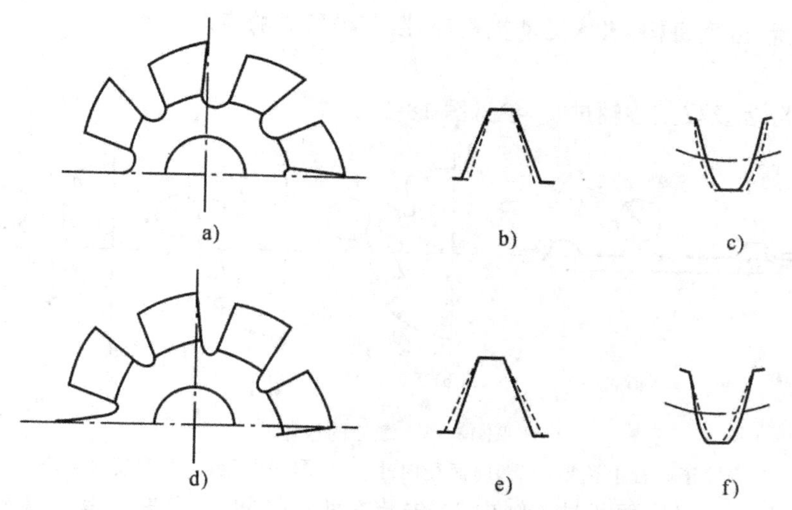

图 18-10 滚刀前刀面径向性误差

a)正前角;d)负前角;b)、e)滚刀刃形畸变;c)、f)齿轮齿形误差

实线—理论齿形;虚线—实际齿形

这是因磨刀机床上的分度机构不准确引起的。当圆周齿距不等、外加铲齿的侧后刀面将导致齿厚大小不均,齿距减小或增大相应使齿厚增大或减小(见图 18-11),这样,各侧刃将不在同一个基本蜗杆的螺纹表面上,而造成被切齿轮的齿形产生误差。

(3) 容屑槽导程误差

对于直槽滚刀,这项误差是指前刀面与滚刀轴线的平行性误差,它由磨刀机床上的运动和安装调整误差引起,它使各刀齿在滚刀的长度方向依次逐渐地偏离正确的基本蜗杆表面,滚刀的外径、中径形成锥度,造成齿形的不对称,如图 18-12 所示,而使被切齿轮齿形产生误差。

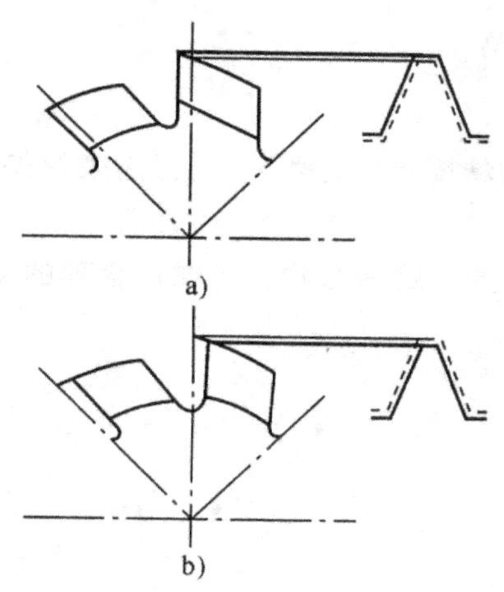

图 18-11 齿距不等的误差

a)齿距小;b)齿距大

实线——理论齿形 虚线——实际齿形

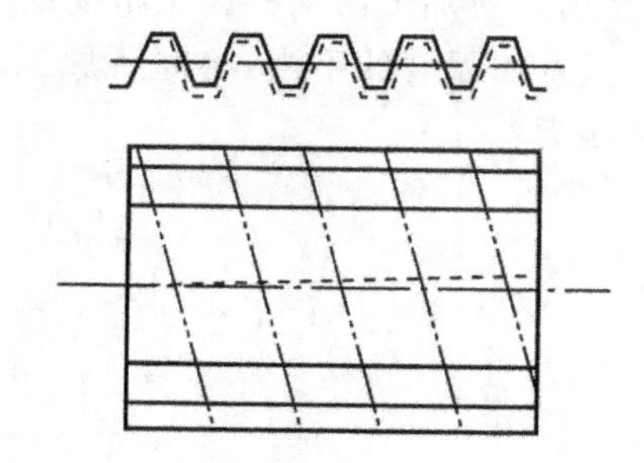

图 18-12 斜齿轮啮合

实线——理论要求的容屑槽及其齿形;

虚线——实际的容屑槽及其齿形

对于螺旋槽滚刀,当实际的螺旋槽导程偏离理论的螺旋槽导程时,也将产生同一性质的误差。

滚刀的这些误差影响着被切齿轮精度,重磨后均应检验,并据检验结果,及时调整砂轮和滚刀的相对位置、分度机构、机床运动机构等，以获得所需的齿形精度。

2．误差检验

检验借千分表及校正心轴进行，参见图 18-13。

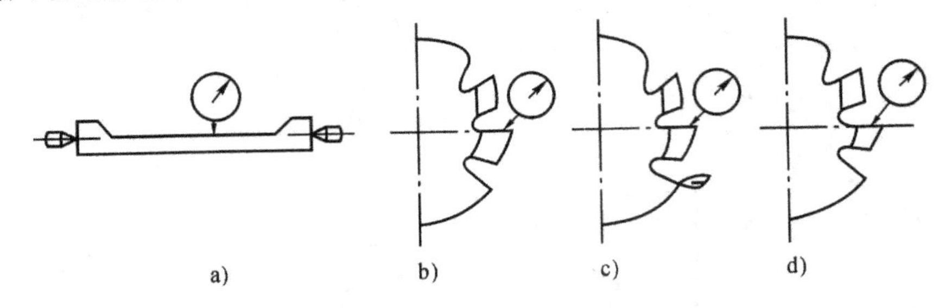

图 18-13　滚刀的检验

a)校正心轴上调零；　b)前面径向性；　c)圆周齿距；　d)容屑槽导程

校正心轴上有切口平面通过心轴中心，先装在两顶针间，千分表在其上调零(见图 18-13，a))，而后取下校正心轴；将被检滚刀套在心轴上，装在两顶针间。

检验前刀面径向性误差时，将千分表测头沿前刀面移动，正或负的读数即为偏差值(见图 18-13，b))；

检验圆周齿距误差时，因这误差常以圆周齿距的最大累积误差表示，所以先测出各齿的相邻圆周齿距误差(见图 18-13，c))，然后计算；

检验容屑槽导程时，如为直槽滚刀，则检验前刀面与轴线的平行线(见图 18-13，d))；如为螺旋槽滚刀，则千分表测头前刀面上沿滚刀轴向移动，同时滚刀转动，这两个运动的合成即螺旋运动的导程等于容屑槽的理论导程，因此据千分表沿轴向移动一定长度所读出的偏差值，就可算出滚刀实际导程偏差。

练　习　题　18

1．比较插齿刀和滚刀的工作原理？为什么同样的精度等级，滚刀所加工出来的齿轮精度总是比插齿刀所加工出来的齿轮精度低一级？

2．滚刀如刃磨的不当，将对所加工的齿轮的齿形产生哪些影响？应如何合理的使用、重磨、检验滚刀？

第十九章　剃齿刀

§19-1　剃齿刀的用途和工作原理

剃齿刀是精加工直、斜圆柱齿轮的刀具。齿轮在被剃之前，需先用插齿刀或滚刀加工出齿槽，并在齿侧面留有剃削余量。

常用的高速钢剃齿刀可剃削硬度低于HRC35的齿轮，精度达6～8级，表面粗糙度为R_a0.8～0.4；剃一个齿轮仅需1～3分钟；每次重磨后可加工1500个齿轮，每把剃齿刀约可加工一万个齿轮。但设计、制造麻烦，价昂。较广泛地用于大批、大量生产的金属切削机床、汽车、拖拉机等行业中。

盘形剃齿刀外观象斜齿轮，螺旋角常为5°或15°，齿侧面开有许多容屑槽以形成切削刃，

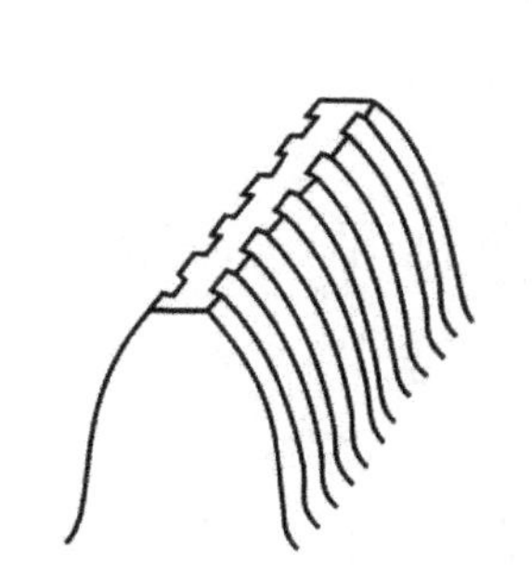

图19-1　剃齿刀的齿侧切削刃

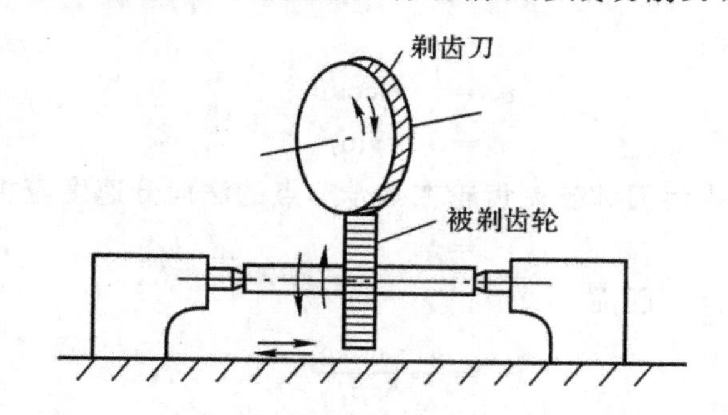

图19-2　剃齿刀工作情况

如图19-1所示。剃削时的情况表示在图19-2。剃齿刀与被剃齿轮轴线交错，它们之间没有传动链联系，被剃齿轮由剃齿刀带动，剃齿过程类似于交错轴传动的螺旋齿轮啮合，在每一个瞬时是一点接触，被剃齿轮齿侧面的接触点轨迹，直齿时是平行于端面的渐开线（见图19-3，a））；斜齿时是倾斜于端面的曲线（见图19-3，b））。实际，因接触处压力使齿侧面产生弹性变形，所以真实的情况是极小面积的接触区。啮合过程中，两者齿侧面间产生相对滑移，剃齿刀即靠齿侧面上的许多切削刃，在被剃齿轮的齿侧面上剃下接触处极细小的一层切屑。为了将齿形沿齿侧面都剃出，被剃齿轮还应沿其轴线相对于剃齿刀作纵向进给的往复移动，每一个往复行程后，剃齿刀相对于被剃齿轮径向进给，使中心距逐渐减少，直到剃除齿厚上的全部余量为止。

剃齿时的切削速度是指剃齿刀和被剃齿轮在啮合节点处的相对滑移速度。图19-4示出了用左旋剃齿刀剃削右旋齿轮的情况。它们的轴交角Σ为：

$$\Sigma=\beta_1\pm\beta_2 \tag{19-1}$$

式中β_1、β_2分别为被剃齿轮和剃齿刀节圆柱上的螺旋角，两者方向相同取正号；相反取负号。

剃齿刀在啮合节点的圆周速度v_o为：

$$v_o=\frac{\pi d_o n_o}{1000}(\mathrm{m/s}) \tag{19-2}$$

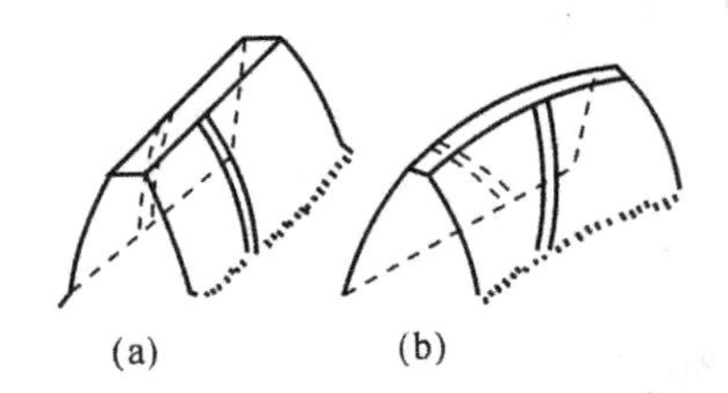

图 19-3 接触点轨迹

a)直齿； b)斜齿

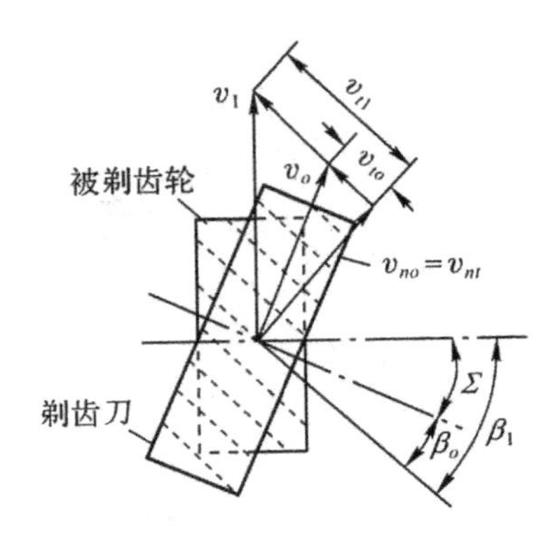

图 19-4 剃齿时的切削速度

式中 d_o——剃齿刀分圆直径(mm)；

n_o——剃齿刀转速[r/s]。

v_o 可分解为垂直、平行于牙齿方向的速度 v_{no}、v_{to}：

$$v_{no}=v_o\cdot\cos\beta_o;$$

$$v_{to}=v_o\cdot\sin\beta_o。$$

同样，被剃齿轮在啮合节点的圆周速度 v_1 也可分解为垂直、平行于牙齿方向的速度 v_{n1}、v_{t1}

$$v_{n1}=v_1\cdot\cos\beta_1;$$

$$v_{t1}=v_1\cdot\sin\beta_1。$$

剃齿刀和被剃齿轮在啮合节点的法向分速度应相等，即：

$$v_{no}=v_{n1}$$

因而

$$v_1=\frac{v_o\cdot\cos\beta_o}{\cos\beta_1}$$

剃齿刀和被剃齿轮在啮合节点的相对滑移速度 v 为沿牙齿方向的分速度之差或和，即：

$$v=v_{t1}\mp v_{to}$$

“—”或“＋”决定于剃齿刀和被剃齿轮牙齿的旋向，相反时取“—”，相同时取“＋”。

以 v_{t1}、v_{to}值代入，得

$$v=v_1\cdot\sin\beta_1\mp v_o\cdot\sin\beta_o=\frac{v_o}{\cos\beta_1}(\cos\beta_o\cdot\sin\beta_1\mp\sin\beta_o\cdot\cos\beta_1)$$

将式(19-1)代入，得

$$v=\frac{v_o}{\cos\beta_1}\cdot\sin\Sigma$$

或

$$v=\frac{\pi d_o n_o\sin\Sigma}{1000\cos\beta_1}\tag{19-3}$$

由式(19-3)可知，其他点上啮合时的相对滑移速度是变化的，分析计算证实，在齿顶和齿根处的相对滑移速度约为节点处的两倍。

式(19-3)还表明，轴交角 Σ 愈大，切削速度愈大，同时也加大纵向进给力，减小剃齿刀和被剃齿轮齿侧面点接触处的实际接触面积，削弱了剃齿刀的导向作用，容易发生振动，降低剃削

表面质量。一般 Σ 在 10°～20°之间；剃削双联齿轮中的小齿轮时，$\Sigma=5°$，以免剃齿刀碰到大齿轮。

标准 JB-2497-78 规定通用剃齿刀按精度分 A、B、C 三种，分别可剃削 6、7、8 精度的齿轮。订货时注明名称、分圆直径、模数，螺旋角、螺旋方向、精度等级。

§19-2 剃齿刀使用前的验算

如图 19-1 所示的盘形闭槽剃齿刀，用钝后一般在 Y7125 型齿轮磨床上重磨齿侧面，磨后分圆上齿厚减小，因此应再据分圆齿厚要求的齿顶高在外圆磨床上修磨顶圆。这样重磨后的剃齿刀就相当于是变位系数改变了的斜齿圆柱齿轮。为保证剃削时能与被剃齿轮正常啮合，使用前要进行验算：

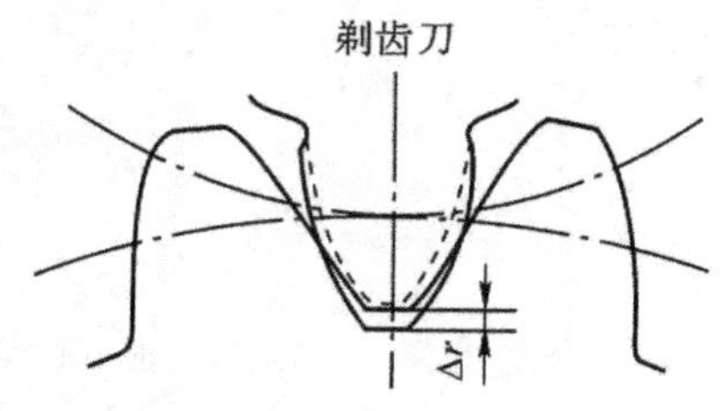

图 19-5 剃削时的径向间隙

1. 为避免剃削时损坏剃齿刀，剃齿刀的顶圆不应参加工作，并应使顶圆与剃齿轮的根圆之间存在着间隙 Δr（见图 19-5），即

$$\Delta r>0 \tag{19-4}$$

Δr 可据剃削时的中心距、剃齿刀的顶圆半径、被剃齿轮的根圆半径计算。

2. 为防止剃削时剃齿刀的齿角干涉被剃齿轮的过渡曲线而损坏，被剃齿轮 1 事先切出的渐开线长度应比要剃削的渐开线长度长或至少相等（图 19-6），即

$$\rho_{10}\leqslant\rho_{10}' \tag{19-5}$$

式中 ρ_{10}——被剃齿轮 1 事先切出的渐开线最低点处的曲率半径；

ρ_{10}'——被剃齿轮 1 应剃出的渐开线最低点处曲率半径。

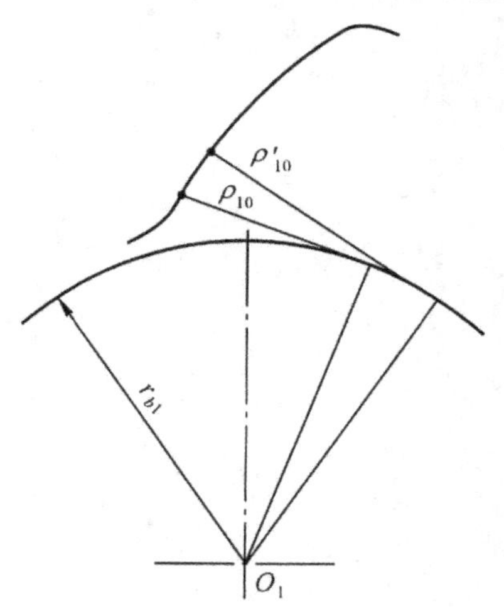

图 19-6 剃削的渐开线长度

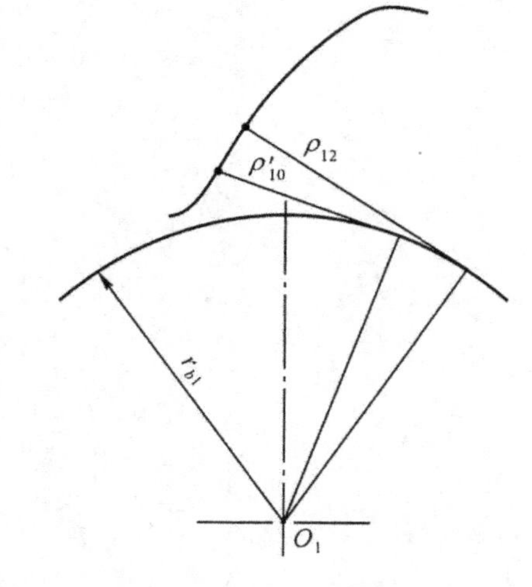

图 19-7 啮合的渐开线长度

3. 为使被剃削后的齿轮 1 能与配偶齿轮 2 正常啮合，被剃削后的齿轮 1 的渐开线长度应比齿轮 2 所要求齿轮 1 的渐开线长或至少相等（见图 19-7），即

$$\rho_{10}'\leqslant\rho_{12} \tag{19-6}$$

式中 ρ_{10}'——被剃削后的齿轮 1 的渐开最低点处的曲率半径；

ρ_{12}——齿轮 2 与齿轮 1 啮合时，其所要求齿轮 1 的渐开线长度最低点处的曲率半径。

式(19-5)、式(19-6)中 ρ_{10}、ρ_{12}的计算与插齿刀相同;ρ_{10}'的计算则应按一对变位的螺旋齿轮啮合进行。可参阅齿轮原理中的有关章节。

练　习　题　19

1. 剃齿刀适用于什么场合?加工齿轮时,切削速度是怎样产生的?
2. 剃齿刀加工齿轮时应进行哪些验算?为什么?

第三部分　专用刀具设计

第二十章　成形车刀

§20-1　成形车刀的特点，类型和装夹

一、特　点

成形车刀是用来在各类车床上加工内、外回转体成形表面的专用刀具，其切削刃形状是根据工件的廓形设计的。只要刀具设计、制造、安装正确，可保证加工表面形状、尺寸的一致性、互换性，基本不受操作工人技术水平的影响，并以很高的生产率加工出精度达 $IT9\sim10$ 级、粗糙度达 $R_a2.5\sim10\mu m$ 的成形零件。其重磨沿前刀面进行，方便，允许重磨次数多。唯设计、制造麻烦，价昂，较适于在成批、大量生产的纺织机械、汽车、拖拉机、轴承等行业中应用。

二、类　型

最常见的是沿工件径向进给的成形车刀，按其结构、形状分有平体、棱体、圆体三种，分别如图 20-1a)、b)、c)所示。

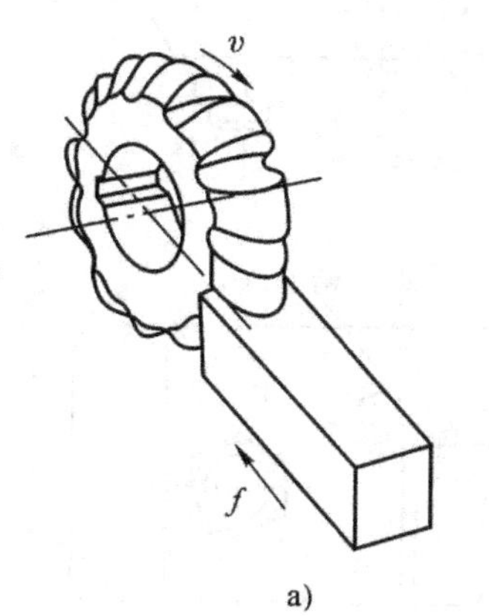

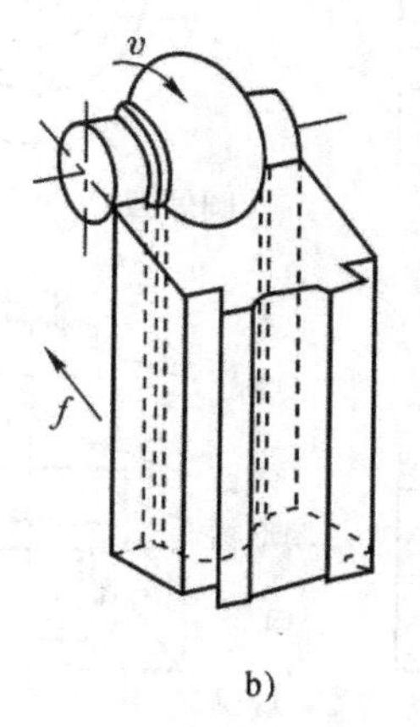

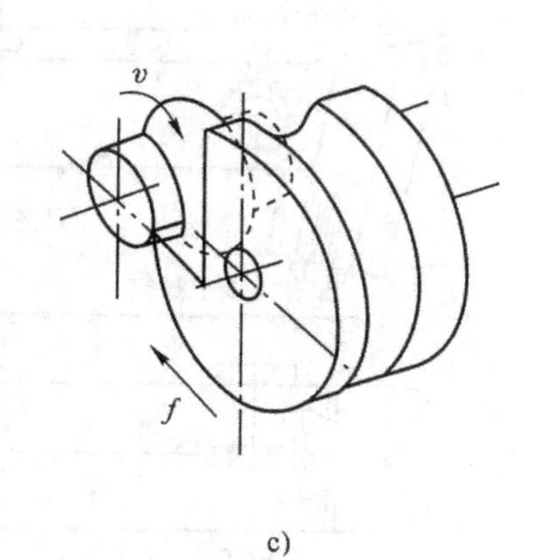

图 20-1　径向进给的成形车刀

a)平体；　b)棱体；　c)圆体

平体的因其允许的重磨次数不多，一般仅用于加工螺纹或铲制成形铣刀、滚刀的齿背；圆体的以其制造方便、允许重磨次数多、内外成形表面均可加工而用的较普遍，但加工精度、刚性低于棱体的。

除外，还有一种沿工件表面的切线方向切入的切向进给成形车刀，如图 20-2 所示。因切削刃相对于工件轴线有一较大的偏斜角，是逐渐切入、切出工件的，始终只有一小段切削刃在工件，从而减小切削力，很适用于加工细长、刚性差的外成形表面。但切削行程较长，影响生产率。

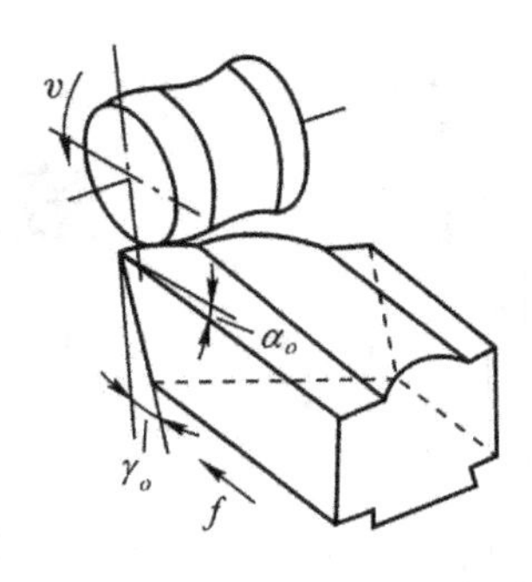

图 20-2 切向进给成形车刀

三、装 夹

成形车刀加工时，应采用专用的刀夹，以保证刀具的安装位置正确，夹固牢靠、刚性好，装卸、调整方便。

常用的径向进给棱体成形车刀和圆体成形车刀的装夹方式表示在图 20-3。

棱体刀一般以燕尾的底面作为夹持定位基准面，预夹在以夹紧螺钉夹固在机床刀架上的刀夹的燕尾槽内，见图(20-3,a))，借调节螺钉将切削刃上的基准点调整到与工件中心等高，旋紧紧固螺钉，刀具便固定在所需前、后角值的正确工作位置上。

圆体刀常以圆柱孔作为夹持定位基准(见图 20-3,b))，套装在刀夹上有螺钉防止转动的螺杆心轴上，并通过梢子与端面齿环(也可直接在刀体端成上做出端齿)联接，带有端面齿、且有梢子限制转动范围的扇形板，既与齿环咬合，又与蜗杆啮合，转动蜗杆就可微调切削刃上基准点使与工件中心等高，以获得所需的前、后角值，然后旋紧螺母，将刀具固定在正确的工作位置上。

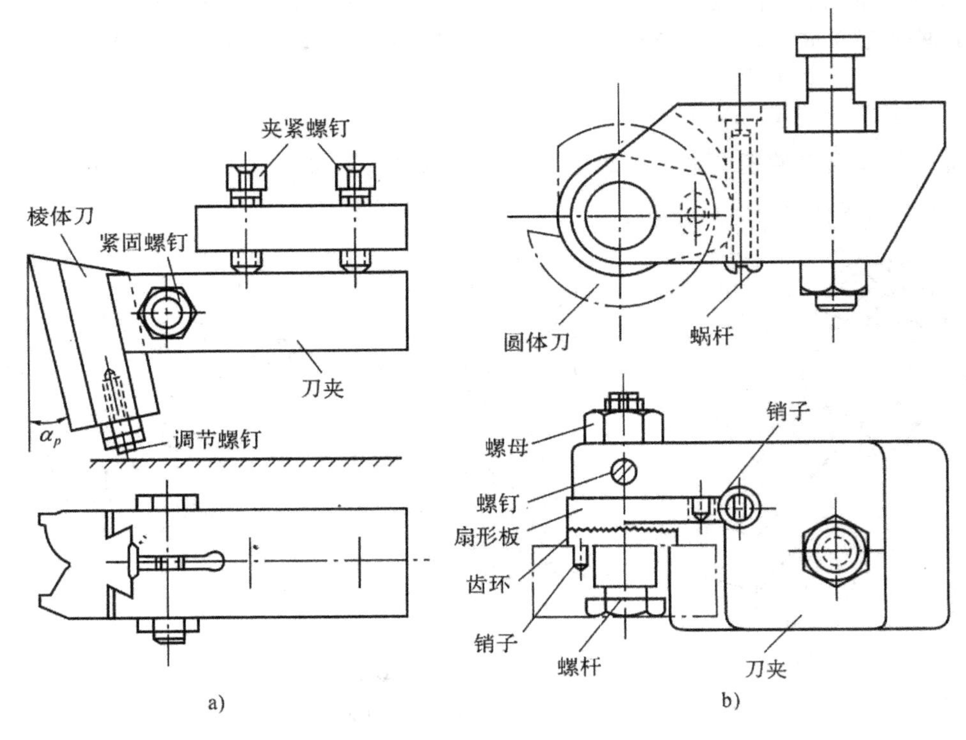

图 20-3 成形车刀的装夹

a)棱体； b)圆体

§20-2 成形车刀的前、后角

成形车刀的名义前、后角是当刀具安装在刀夹中并切削刃上的基准点与工件中心等高时得到的。但制造刀具时需先按名义前、后角之和在其上磨出 ε 角，如图 20-4a)、b)。

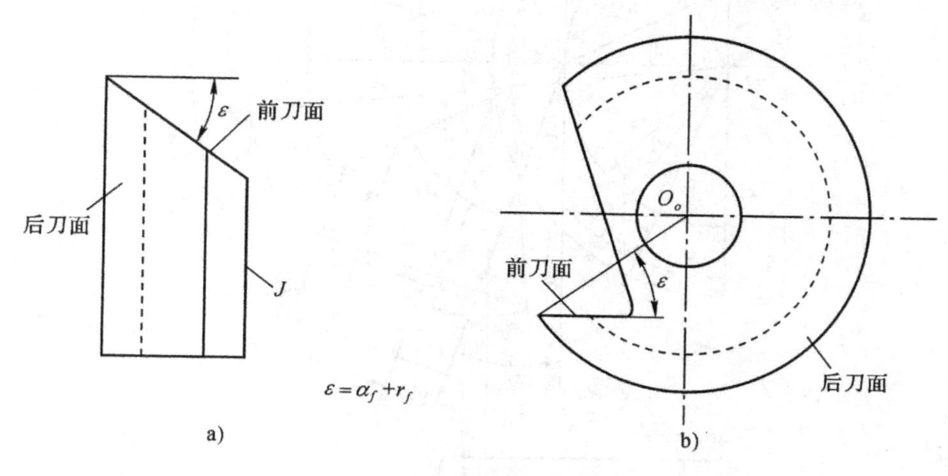

图 20-4 装夹前的成形车刀

a)棱体；b)圆体

成形车刀刃形决定于工件形式，较为复杂，可能有直线，有曲线，切削刃上各处的主剖面都不相同。为使重磨后刃形不变，其切削角度规定在进给方向剖面，即垂直于工件轴线的端剖面内。

1. 棱体成形车刀(图 20-5)

它的前刀面是平面，后刀面是成形柱面。靠燕尾、及其定位基准面 J 倾斜成一 α_f 角夹持在刀夹内；切削时，将切削刃上的基准点 1 调整到与工件中心等高。得后刀面的直母线与过点 1 的切削平面 P_s 之间的夹角，即进给方向后角 α_f；前刀面与点 1 的基面 P_γ 之间的夹角，即进给方向前角 γ_f。

在进给方向剖面内，前刀面与垂直于后刀面直母线的平面之间的夹角 ε 为

$$\varepsilon=\alpha_f+\gamma_f \tag{20-1}$$

或前刀面与后刀面直母线间的夹角，即楔角 β_f 为

$$\beta_f=90°-(\alpha_f-\gamma_f) \tag{20-2}$$

β_f 是定值，用钝后，可按它重磨前刀面。

切削刃上任意点 X' 处的基面、切削平面分别是 $P_{\gamma x}$、P_{sx}，其前、后角相应为 γ_{fx}、α_{fx}，显然

$$\gamma_{fx}\neq\gamma_f;$$

$$\alpha_{fx}\neq\alpha_f。$$

但

$$\gamma_{fx}+\alpha_{fx}=\gamma_f+\alpha_f=\varepsilon$$

或

$$\alpha_{fx}=\varepsilon-\gamma_{fx} \tag{20-3}$$

从图 20-5 得

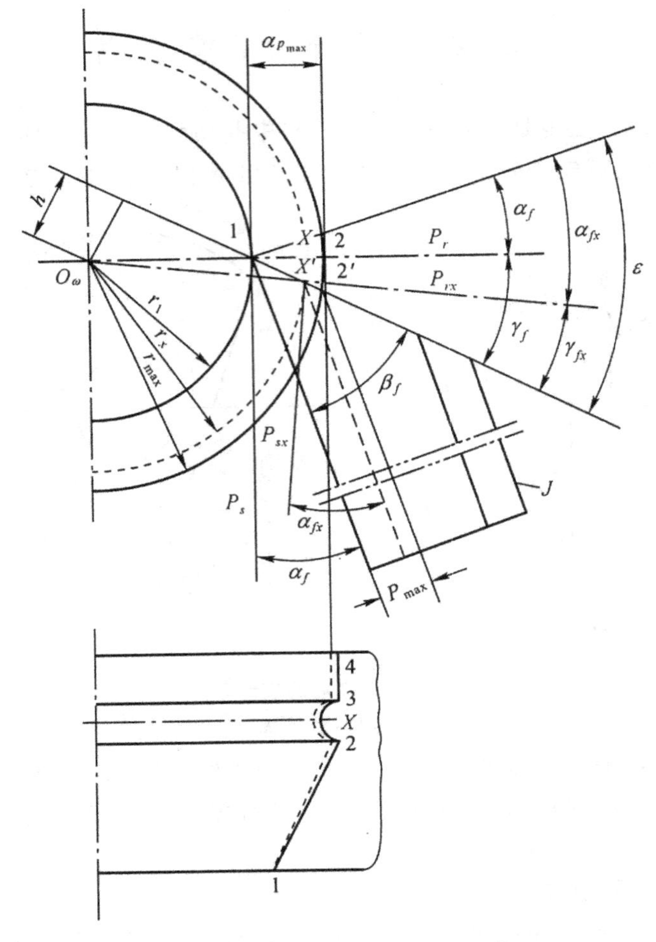

图 20-5 棱体成形车刀的前后角

$$r_1 \cdot \sin\gamma_f = r_x \cdot \sin\gamma_{fx} = h \tag{20-4}$$

所以

$$\sin\gamma_{fx} = \frac{h}{r_x} \tag{20-5}$$

式中 r_1、r_x——点 1、点 X' 处的工件半径；

γ_f、γ_{fx}——点 1、点 X' 处的前角。

求得 γ_{fx}后，即可从式(20-3)求得 α_{fx}。

2. 圆体成形车刀(图 20-6)

它的前刀面是平面，后刀面是成形回转表面。靠圆柱孔作为夹持定位基准套装在刀夹的心轴上；切削时，将切削刃上的基准点 1 调整到与工件中心等高，并将刀具的中心 O_c 装高于工件中心 O_1 一个距离 H，得后刀面在点 1 处的切线与过点 1 的切削平面 P_s 之间的夹角，即进给方向后角 α_f；前刀面与点 1 处的基面 P_γ 之间的夹角，即进给方向前角 γ_f。

H 值可据刀具半径 R_1，从图 20-6 中求得：

$$H = R_1 \cdot \sin\alpha_f \tag{20-6}$$

从图中还可看出：

$$\alpha_f + \gamma_f = \varepsilon = \alpha_{fx} + \gamma_{fx} - \theta_x$$

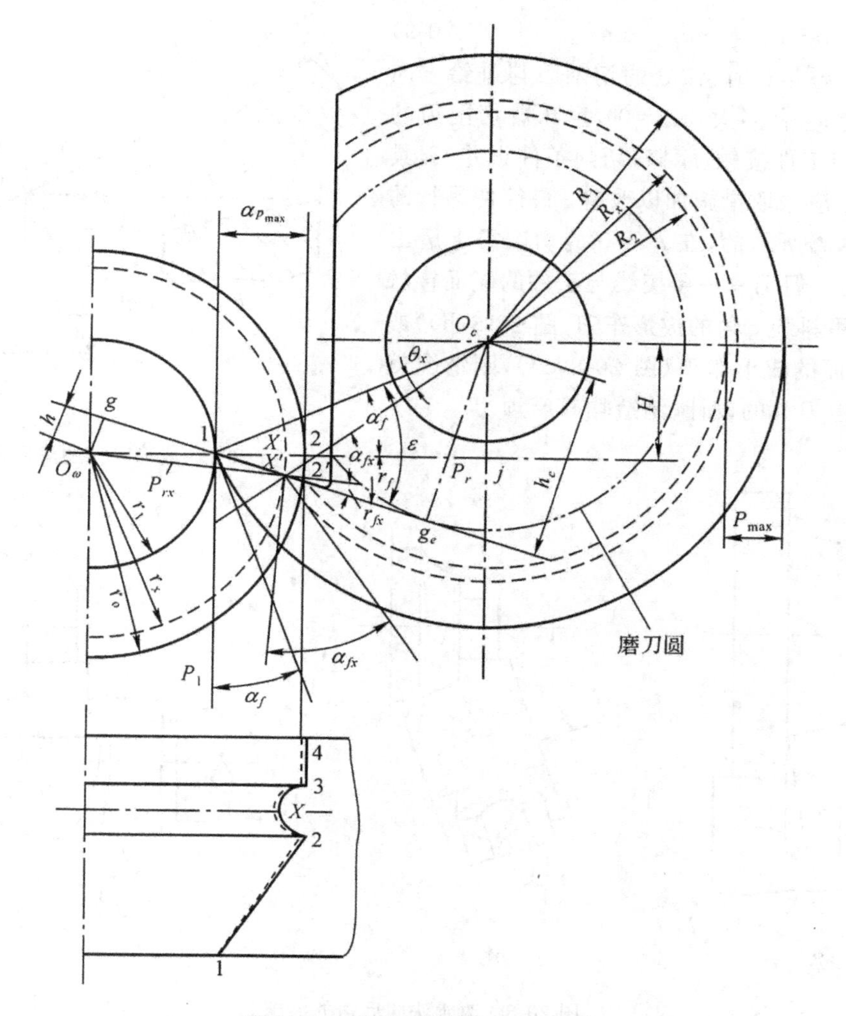

图 20-6　圆体成形车刀的前、后角

或

$$\alpha_{fx}+\gamma_{fx}=\varepsilon+\theta_x \tag{20-7}$$

式中　α_{fx}、γ_{fx}——切削刃上任意点 X' 处的后、前角；

θ_x——径向线 O_c1、O_cX' 之间的夹角。

即对于圆体成形车刀

$$\alpha_{fx}+\gamma_{fx}\neq\alpha_f+\gamma_f$$

当 R_1、γ_f、α_f 确定后，刀具中心 O_c 与前刀面之间的垂直距离 h_c 为定值：

$$h_c=R_1\cdot\sin(\alpha_f+\gamma_f) \tag{20-8}$$

以 O_c 为心，以 h_c 为半径画一圆，称磨刀圆。车制刀具时，应同时将它在刀具的端面上刻出，用钝重磨时，需将前刀面磨在这个圆的切平面内，以保持切削刃形状不变。

3. 成形车刀的法向后角

如图 20-7 所示，α_{fx}是切削刃上任意点 X 处进给方向剖面 F-F 内的后角；α_{nx}是 X 点处法向剖面内的后角；κ_{rx}是 X 点处切削刃在基面上的投影与进给方向之间的夹角，不难求证：

$$\tan\alpha_{nx}=\tan\alpha_{fx}\cdot\sin\kappa_{rx} \tag{20-9}$$

表明，当 $\kappa_{rx}=0°$时，该处的切削刃与进给方向平行，则不论 α_{fx}有多大，$\alpha_{nx}=0°$，意味着切削刃的后刀面全部与工件接触、摩擦，切削条件很差，刀具很快就磨损。应采取措施加以改善。最简便易行的是如图 20-8，a)所示的，在 $\kappa_{x}=0°$的切削刃上磨出 $\kappa_{\theta}\approx2°$的偏角。但仍有一条棱线与工件的端面接触摩擦。若采用斜装 τ 角的成形车刀(图 20-8，b))或螺旋形后刀面的成形车刀(图 20-8，c))，则情况就会更好些。但刀具的设计、制造均较麻烦。

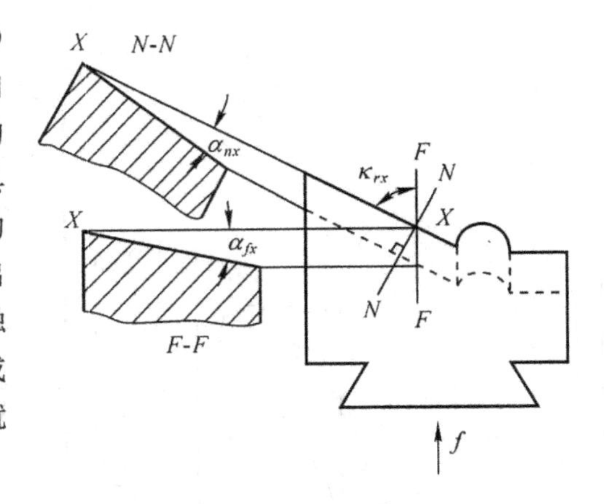

图 20-7　成形车刀的法向后角

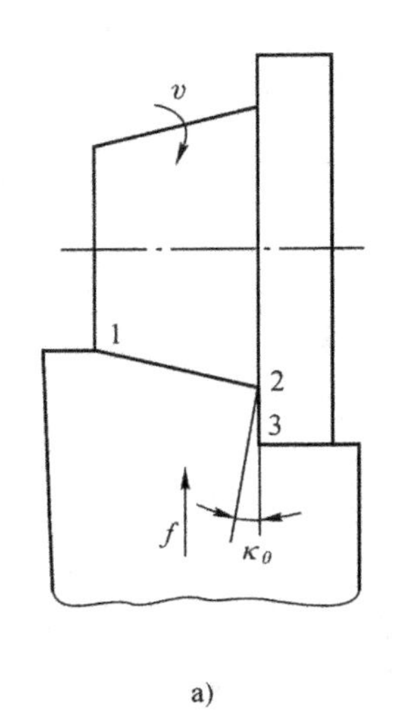

a)

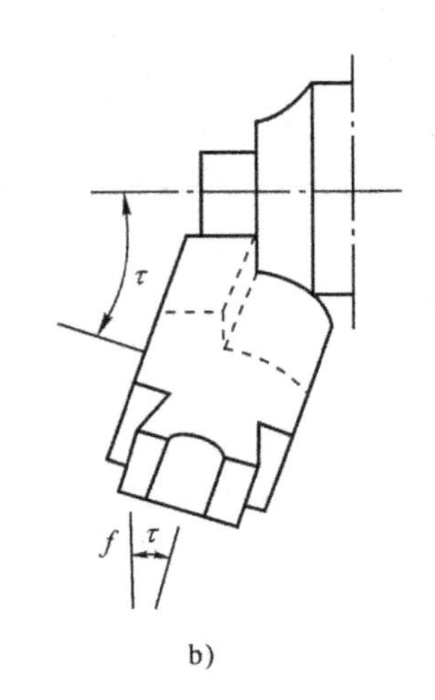

b)

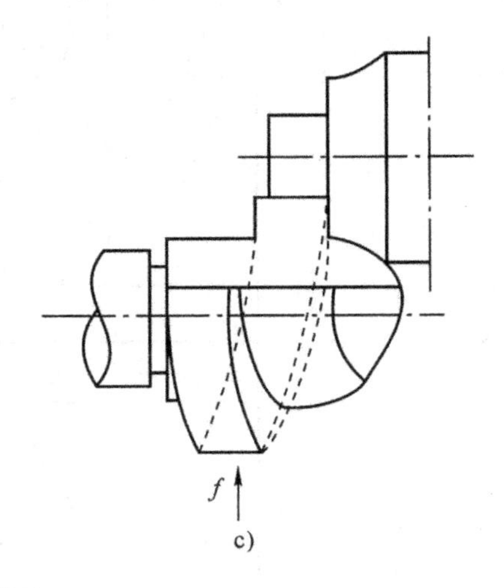

c)

图 20-8　改善法向后角的措施

a)磨出 κ_{θ}；　b)斜装 τ 角；　c)螺旋形的后刀面

§20-3　成形车刀的廓形设计

一、廓形设计的必要性

为了制造和测量的方便，成形车刀的廓形是以其后刀面的法剖面 N-N 内的形状来表示的。要担负切削工作的成形车刀必须有前、后角，因此其法剖面廓形就与工件的轴形廓形不相同，设计成形车刀时，必须根据工件轴向廓形和所选定的前、后角值求得刀具上相应的法向廓形。因刀具的轴向尺寸与工件的轴向尺寸一样，所以主要是求深度尺寸。

二、棱体成形车刀

如图 20-9 所示，以求切削刃上任意点 X 的深度 P_x 为例：

在$\triangle X'1O_W$ 中，由正弦定理得：

$$C_X=\frac{r_1\cdot\sin(\gamma_f-\gamma_{fx})}{\sin\gamma_{fx}}$$

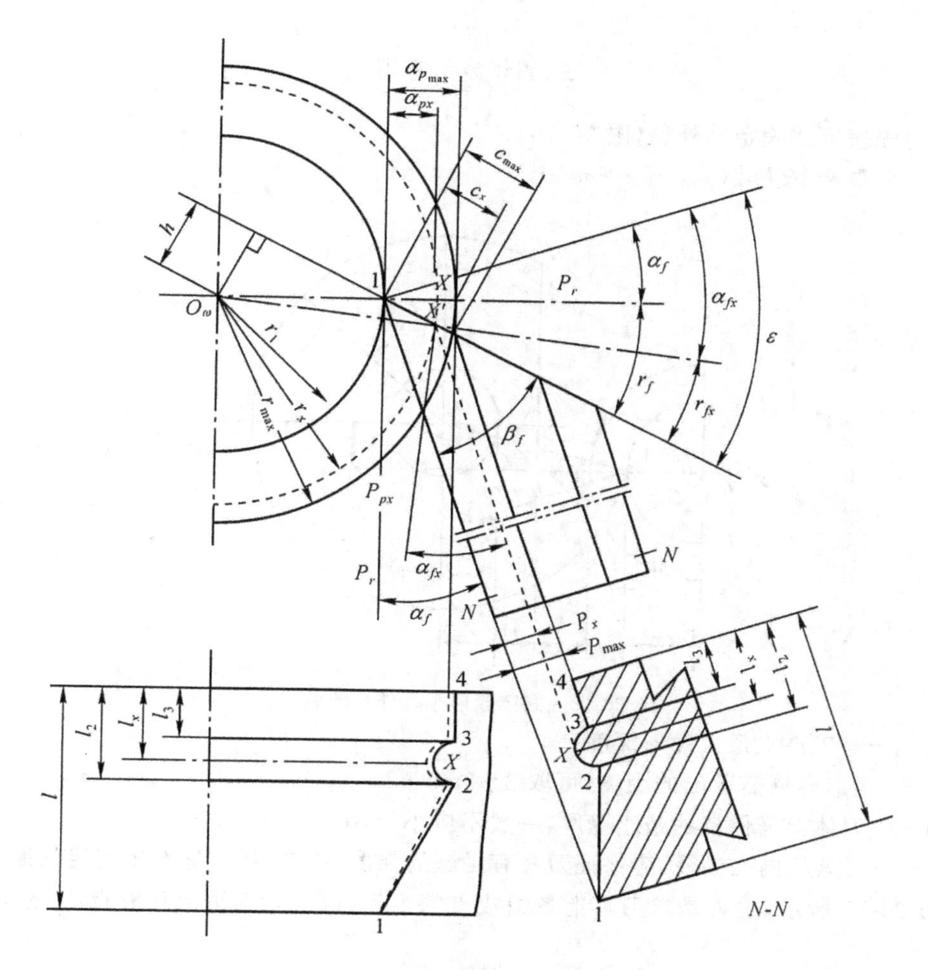

图 20-9 棱体成形车刀廓形设计

由式(20-4),有

$$\frac{r_1}{\sin\gamma_{fx}}=\frac{r_x}{\sin\gamma_f}$$

所以

$$C_x=\frac{r_x\cdot\sin(\gamma_f-\gamma_{fx})}{\sin\gamma_f} \tag{20-10}$$

在图 20-9 中有

$$P_x=C_x\cdot\cos(\alpha_f+\gamma_f)$$

因而

$$P_x=\frac{\cos(\alpha_f+\gamma_f)}{\sin\gamma_f}\cdot\gamma_x\cdot\sin(\gamma_f-\gamma_{fx}) \tag{20-11}$$

令

$$K=\frac{\cos(\alpha_f+\gamma_f)}{\sin\gamma_f} \tag{20-12}$$

则 $$P_x=K\cdot r_x\cdot\sin(\gamma_f-\gamma_{fx}) \tag{20-13}$$

由式(20-12)知,α_f、γ_f 取定后,K 为定值。因此,只需从式(20-5)求得各组成点处的 γ_{fx},并代入式(20-13),即可算出相应于 r_x 的各点处的 P_x 值。

三、圆体成形车刀

计算前先按下式确定其外径(图 20-10):

$$D_c=2R_c\geqslant 2(a_{p\max}+e+m+r_c) \tag{20-14}$$

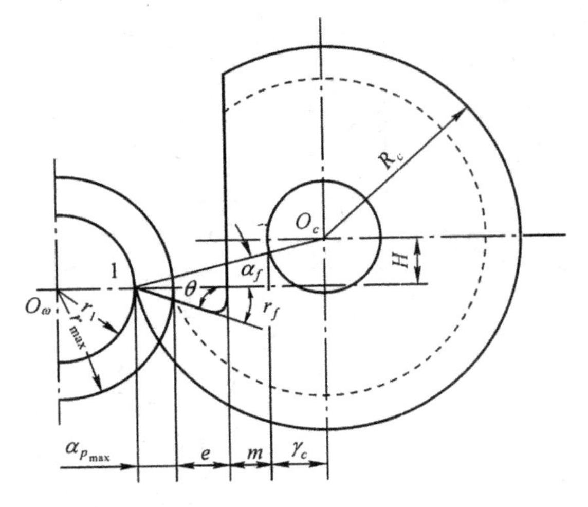

图 20-10　圆体成形车刀外径的确定

式中　$a_{p\max}$——工件上最大廓形深度;

e——考虑容屑需留出的距离,可取 3～8mm;

m——刀体上需保持的最小壁厚,一般不应小于$(0.5\sim1)r_c$;

r_c——刀具的内孔半径,应保证刀杆有足够的强度、刚度,可按标准中规定的系列选取。

如图 20-11 所示,主要是求刀具上各组成点的半径,以求切削刃上任意点 X 的半径 r_c 为例:

$$h_c=R_c\cdot\sin(\alpha_f+\gamma_f) \tag{20-15}$$

$$B_1=R_c\cdot\cos(\alpha_f+\gamma_f) \tag{20-16}$$

由式(20-10)求得 C_x,则

$$B_x=B_1-C_x \tag{20-17}$$

于是　$$R_x=\sqrt{h_c^2+B_x^2} \tag{20-18}$$

如图 20-9、图 20-11 所示,对工件上 2—3 段的圆弧表面,一般可在此段中取若干点,将圆弧表面分割成若干短的锥面,然后求得刀具上相应部分的廓形,显然,它是由若干折线逼近的,由此所加工出来的 2—3 段表面是不光滑的。

当工件上有的圆弧表面要求不高时,为了简化刀具的设计、制造,以及得到光滑的圆弧表面,刀具上的这部分切削刃也可用近似圆弧代替。

如图 20-12 所示,工件回转表面的轴向截形是圆弧$\overset{\frown}{123}$,其半径为 r,圆心在 O_r 点,廓形深度为 a_p。先按廓形设计方法求得刀具廓形深度 P_γ;然后过 1、2′、3 三点作一圆弧,代替刀具上的廓形曲线。这个圆弧的半径 r_c 及其中心位置 O_c 可从图中求得,因

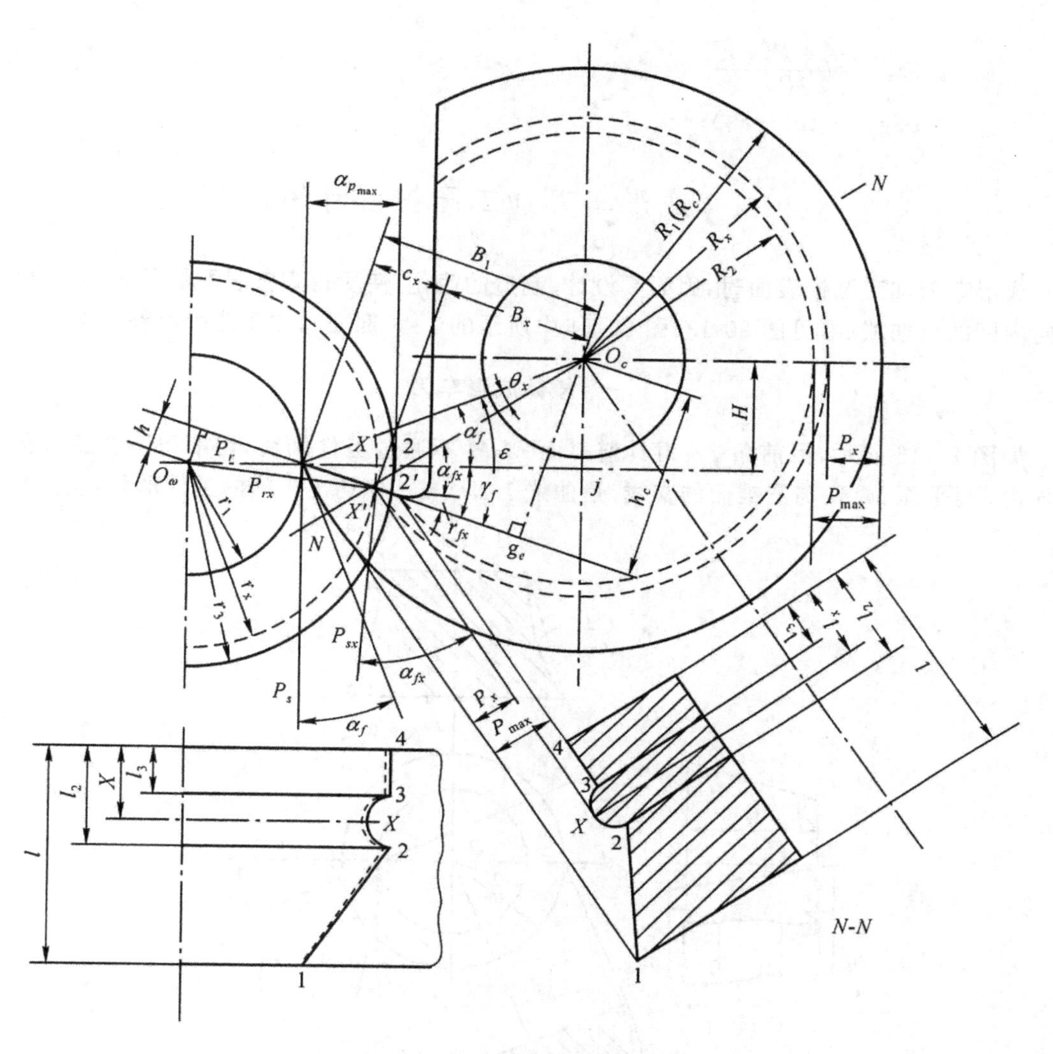

图 20-11 圆体成形车刀廓形设计

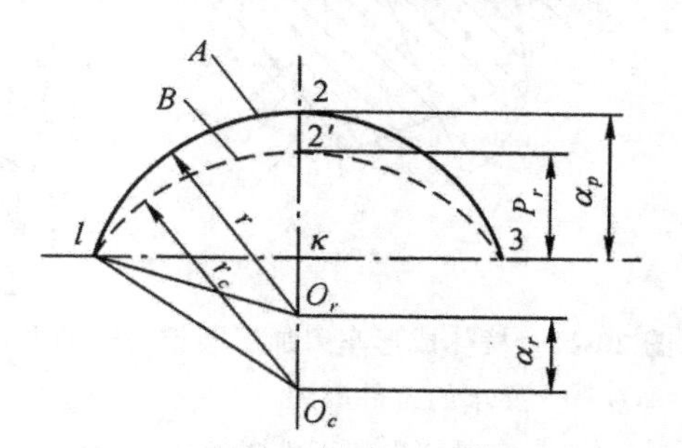

图 20-12 近似圆弧代替曲线

A——工件上的圆弧表面；

B——刀具上的代替圆弧

$$\sqrt{r^2-(r-a_p)^2}=\sqrt{r_c^2-(r_c-P_r)^2}$$

解得

$$r_c=\frac{3ra_p+P_r^2-a_p^2}{2P_\gamma} \tag{20-19}$$

$$a_r=r_e+(a_p-P_\gamma)-r \tag{20-20}$$

§20-4 成形车刀加工圆锥面时的误差

成形车刀加工圆锥表面时，因刀具设计、制造的简化，使所得圆锥表面的母线不是直线，而是向内凹的双曲线(参见图 20-13、图 20-14 中所示的 T-T 剖面)，称双曲线误差。

一、棱体成形车刀

如图 20-13 所示，因前角 γ_f，刀具前刀面 M-M 不通过工件轴线，切削刃不在工件的轴向剖面内。而平面 M-M 与圆锥面的交线，是曲线 1-2′(C_M)。要切出正确的工件形状，切削刃的形

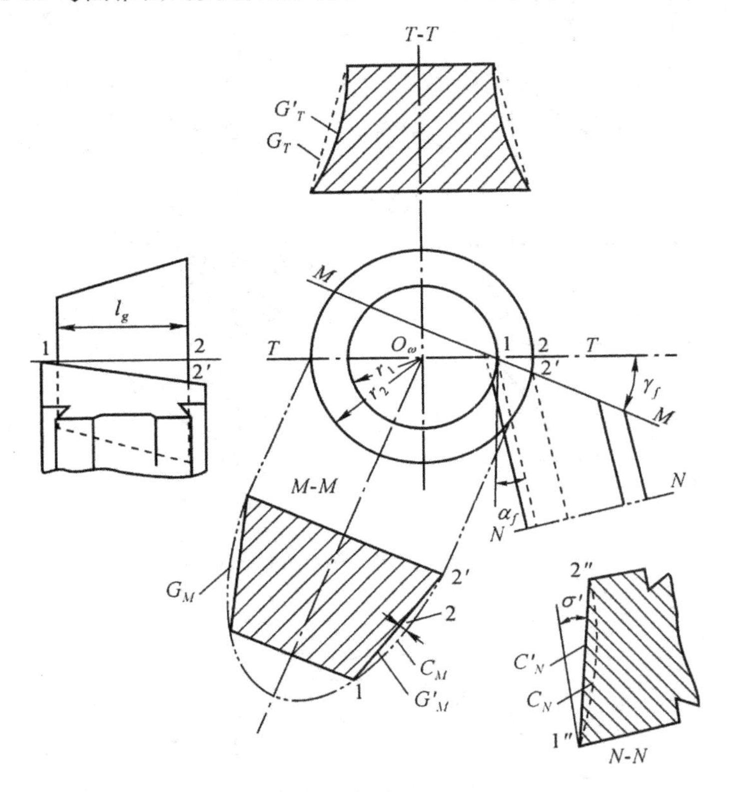

图 20-13 棱体成形车刀加工圆锥面时的误差

G_T——要求的工件廓形；

G_T'——实际切出的工件廓形；

G_M——剖面 M-M 内工件的正确廓形；

G_M'——剖面 M-M 实际切出的工件廓形；

C_M——剖面 M-M 内应有的切削刃形状；

C_N——刀具法剖面内应有的廓形；

C_N'——刀具法剖面内的实际廓形

状就应做得与这条曲线完一样，即刀具后刀面在法向剖面 N-N 内的廓形就应是向内凹的曲线 C_N，它使设计、制造复杂。为简便计，常将后刀面制成平面 C_N'，切削刃以直线 12′代替，其切

出的工件、在剖面 M-M 内的形状也为同样的直线。因这条直线不是包含在工件轴向平面内，由它形成的回转面就不是圆锥面，而是单叶双曲回转面。这样，双曲线误差就出现了，剖面 M-M 内的误差为 Δ_1。

二、圆体成形车刀

如图 20-14 所示，因前角 γ_f，刀具前刀面 M-M 也不通过工件轴线，它与锥面的交线是曲线 1-2′(C_M)。要切出正确的工件表面，切削刃也应按这条曲线的形状制造。如按直线 12′制造，则工件表面产生误差 Δ_1，但因此直线并未包含在刀具的轴向平面内，则刀具法剖面 N-N 内的廓形就是向内凹的曲线 C_N，它也使刀具的设计、制造复杂，为简便计，将其做成直线，即锥母线 C_N'。但此时的实际切削刃就不再是直线 12′，而是向工件内凹入的曲线 1-2′(G_M')，因此，又使工件多产生一个误差 Δ_2。

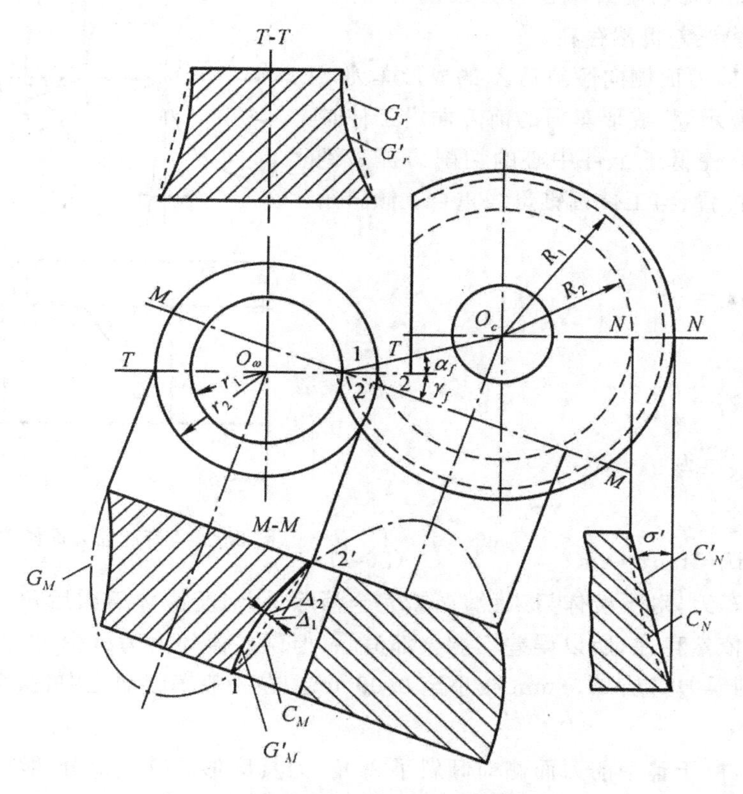

图 20-14　圆体成形车刀加工圆锥时的误差

G_T——要求的工件廓形；

G_T'——实际切出的工件廓形；

G_M——剖面 M-M 内工件的正确廓形；

G_M'——剖面 M-M 实际切出的工件廓形；

C_M——剖面 M-M 内应有的切削刃形状；

C_N——当切削刃要求为直线 12′时，刀具法剖面内应有的廓形；

C_N'——刀具法向剖面内的实际廓形

即用圆体成形车刀加工时，其在剖面 M-M 内的误差为 $\Delta_1+\Delta_2$，较用棱体成形车刀加工时的误差大。

双曲线误差值随锥角、锥体部分长度、前角增大而增加，对圆体成形车刀，误差还与后角，刀具外圆半径有关。对锥体长 20mm、锥角 45°，$\gamma_f=10°$，$\alpha_f=10°$的情况进行计算表明，误差：棱体刀为 0.05mm；圆体刀为 0.38mm。不可忽视。

三、避免或减少误差的措施

由误差产生的原因分析可知，要使工件获得正确的形状，则成形车刀的直线切削刃与工件圆锥面的母线重合，即切削刃应在工件的轴线平面上。

1. 采用前角 $\gamma_f=0°$的成形车刀

对于棱体刀，此时直线切削刃全部位于工件轴线平面上，与工件圆锥面母线重合，不存在双曲线误差。但对于圆体刀，因要取得后角，刀具中心应高于工件中心，则切削刃不在刀具轴线平面上，刀具本身的双曲线误差仍然存在。

2. 采用带有前刀面侧向倾斜角 λ_s 的成形车刀

如图 20-15 所示，将成形车刀的前刀面沿工件轴线方向倾斜 λ_s 角，使低于工件中心的切削刃提高到工件中心高度的位置，与工件圆锥母线重合。倾斜角 λ_s 可从图中求得

$$\tan\lambda_s=\frac{b}{l}$$

因

$$\sin\gamma_f=\frac{b}{a_p}$$

$$\tan\tau=\frac{a_p}{l}$$

所以

$$\tan\lambda_s=\tan\tau\cdot\sin\gamma_f \qquad (20\text{-}21)$$

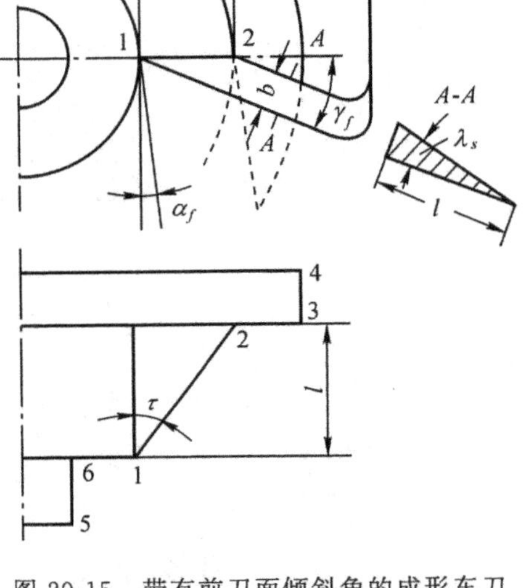

图 20-15　带有前刀面倾斜角的成形车刀

这种形式的车刀，对于棱体刀来说，误差完全消除了；对于圆体刀因后角而导致的刀具本身的双曲线误差依然存在，所以误差不能全部消除，但误差值却大为减少，如上例中将圆体刀改为这种形式，则误差将从 0.38mm 减小至 0.09mm。在一般车削加工中，这个误差值往往是允许的。

应注意的是，由于整个前刀面侧向倾斜了 λ_s 角，刀具廓形上其他部分的各点切削刃，如图 19-15 中的 3.4；5.6，将高于或低于工件中心线，则这些部分仍将有误差。设计时应全面考虑：需要避免或减少误差的部分，应该是廓形中要求较高的那部分。

§20-5　成形车刀的附加切削刃及宽度、样板

一、附加切削刃及宽度

图 19-16 示出了成形车刀加工棒料时的情况。其总宽度 L_c，应包括两端的附加切削刃，可按下式求得：

$$L_c=l_j+a+b+c+d \qquad (20\text{-}22)$$

式中 l_j——工件或成形表面宽度；

a——为避免出现尖刃而附加的切削刃宽度，一般为 2～5mm；

b——考虑工件端面的精加工和倒角而设，其值应大于端面精加工裕量和倒角宽度，可取 1～3mm；

c——为保证后续切断工序顺利进行而设的预切槽切削刃宽度，常取 3～8mm；

d——为保证该处切削刃延长到工件毛坯表面之外而设，约取 0.5～2mm；

κ_r——应保证该段切削刃在主剖面内有一定的后角，常取 15°～20°，或等于已知工件端面的倒角值。

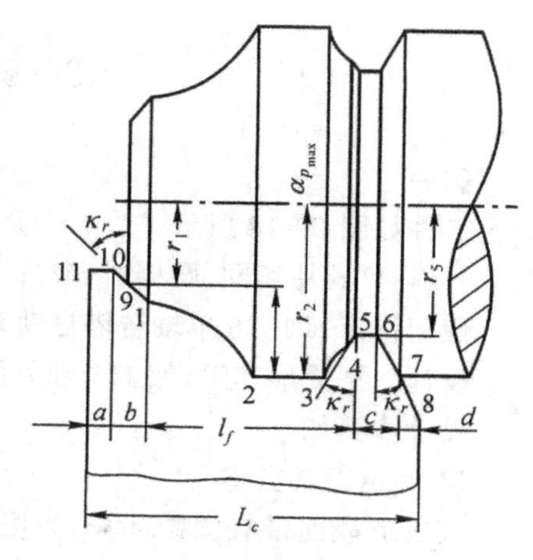

图 20-16 成形车刀的总宽度

附加切削刃的偏角 κ_r，7－8、4－5 段可取为工件端面倒角所要求的角度；6－7 段一般取 15°～20°。

为避免切削刃太宽而导致径向力过大产生振动，影响加工质量。刀具总宽度 L_c 与工件最小直径 $d_{\min}$之比，$\frac{L_c}{d_{\min}}$应有一定限制：一般，粗车为 2～3；半径车为 1.8～2.5；精车为 1.5～2。$d_{\min}$较小时取小值。若比值超出上列数值范围较多，可将成形表面分为几把成形车刀逐段加工。

二、样 板

制造成形车刀时，是用样板来检验刀具廓形的精确度的。成形车刀的廓形尺寸一般不注在刀具图上，而是详细地注在样板图上。

成形车刀的样板是成对制造的，如图 20-17 所示。一块为工作样板，用来检验成形车刀的廓形；另一块为检验样板，用来检验工作样板的精度。

样板用低碳钢 15 或 20 号钢制造，经表面渗碳淬火后硬度应达 HRC56～62。

样板的廓形应与包括附加切削刃在内的刀具廓形完全一致；各组成点的坐标尺寸应以刀具廓形上的点 1 为基准来标注，以减少累积误差；在廓形凹陷的各转折点处，应钻有小圆孔，以使两板上的廓形互相吻合得好和避免热处理时产生裂纹；为测量时手持的方便，图 19-17 中的 B_1、B_2 值不应小于 30mm，厚度 b_t＝1.5～2mm；边角上应钻有小孔，以便穿挂和热处理，常取 d_o＝3～5mm、l_o＝4～6mm、r_t＝2～3mm。

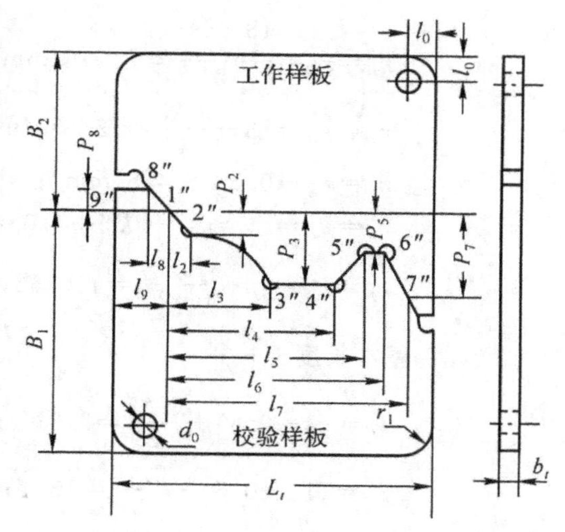

图 20-17 成形车刀的样板

§ 20-6　成形车刀设计举例

例一

工件如图 20-18 所示

材料：$Y15$ 易切网、圆棒料、$\phi 28$；

使用机床：$C1336$ 单轴转塔自动车床。

设计一把成形车刀，加工全部外圆表面并预切槽；以及样板。

设计步骤如下

1. 确定刀具类型

该成形表面带有圆锥部分，为提高其加工精度，确定采用棱体成形车刀。

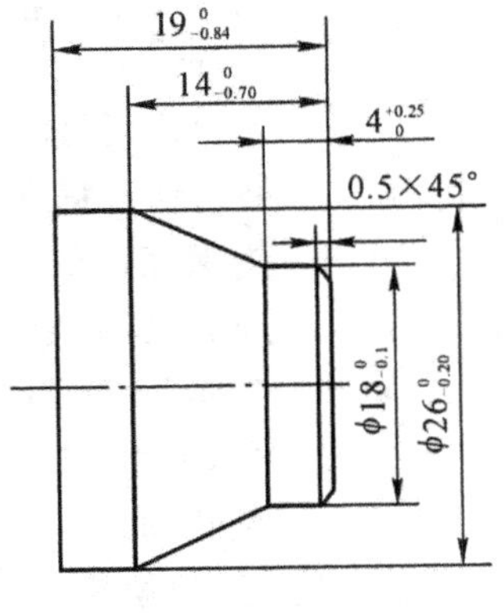

图 20-18　工件图

2. 选择刀具材料

用普通高速钢 W18Cr4V。

3. 选择前角 γ_f、后角 α_f

从附表 20-4 查得：$\gamma_f=15°$、$\alpha_f=12°$。

4. 画出包括附加切削刃在内的刀具廓形计算图，如图 20-19 所示。

取 $\kappa_r=20°$、$a=3\text{mm}$、$b=1.5\text{mm}$、$c=6\text{mm}$、$d=0.5\text{mm}$。标出工件郭形各组成点 1—10。

为便于对刀，通过 6—7 段切削刃，画 O-O 线作为基准，计算出各点处的计算半径 r_{fx}；以 1 点为基准，计算出计算长度 l_{fx}。（这是为避免尺寸偏差值对计算准确性的影响而采用的计算尺寸）：

1）$r_{jx}=$其本半径$\pm\dfrac{\text{半径公差}}{2}$

$$r_{j1}=r_{j2}=\frac{18-\dfrac{0.1}{2}}{2}=8.975(\text{mm})$$

$$r_{j3}=r_{j4}=13-\frac{0.28}{4}=12.930(\text{mm});$$

$$r_{j5}=r_{j1}-0.5=8.475(\text{mm});$$

$$r_{j6}=r_{j7}=r_{j0}=r_{j1}-(0.5+1.0)=7.475(\text{mm});$$

$$r_{j8}=r_{j9}=r_{j3}-\frac{0.5}{\tan 20°}=11.556(\text{mm})。$$

2）$l_{jx}=$基本长度$\pm\dfrac{\text{公差}}{2}$

$$l_{j2}=(4-0.5)+\frac{0.25}{2}=3.63(\text{mm});$$

$$l_{j3}=(14-0.5)-\frac{0.70}{2}=13.15(\text{mm});$$

$$l_{j4}=(19-0.5)-\frac{0.84}{2}=18.08(\text{mm})。$$

5. 计算切削刃总宽度 L_c，并校验$\dfrac{L_c}{d_{\min}}$值

$$L_c=l_{j4}+a+b+c+d=18.08+3+1.5+6+0.5=29.08(\text{mm})。$$

取 $L_c=29\text{mm}$；

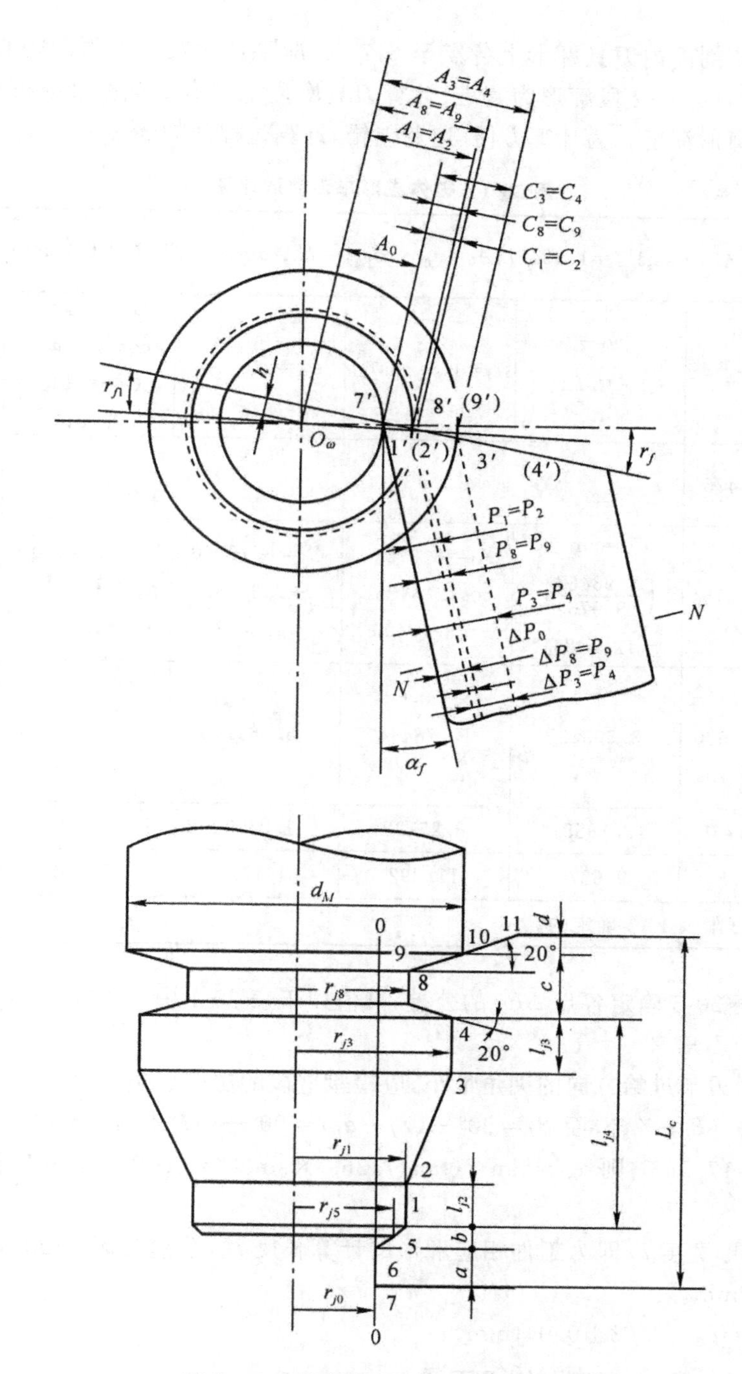

图 20-19 棱体成形车刀廓形计算图

$d_{\min}=2r_{j0}=2\times7.475=14.95\text{mm}$

$\dfrac{L_c}{d_{\min}}=\dfrac{29}{14.95}=1.94<2.5$，允许。

6. 确定结构尺寸

由附表 20-1 查得

$L_o=29\text{mm}$、$H=75\text{mm}$、$B=25\text{mm}$、$F=20\text{mm}$、$E=7.2\text{mm}$、

$d'=5\text{mm}$、$f=5\text{mm}$、$M=27.87\text{mm}$。

7. 计算 N-N 剖面内刀具廓形上各点至6,7点，即零点所在后刀面的垂直距离 P_x；之后选公差要求最严格的1—2段廓形为基准、计算刀具廓形上各点到该基准线的垂直距离 ΔP_x，即为所求的刀具廓形深度。为计算方便、避免差错，计算过程列如表20-1。

表20-1　棱体成形车刀廓形计算

$h=r_{j0}\cdot\sin\gamma_f=7.475\cdot\sin15°=1.93467$；$A_0=r_{j0}\cdot\cos r_f=7.475\cdot\cos15°=7.22030$(mm)、(度)

算式 组成点	r_{jx}	$\gamma_{fx}=\sin^{-1}\left(\frac{h}{r_{jx}}\right)$	$A_x=r_{jx}\cdot\cos\gamma_{fx}$	$C_x=A_x-A_0$	$P_x=C_x\cdot\cos(r_f+\alpha_f)$ （取值精度0.001）	$\Delta p=(P_x-P_1)\pm\delta$ （取值精度0.01）
6.7 （作为0点）	7.475					$\Delta p_0=-p_1=-1.38\pm0.1$
1.2	8.975	$r_{fx}=\sin^{-1}\left(\frac{1.93467}{8.975}\right)=12.44851°$	$A_1=8.975\cdot\cos12.44851=8.76400$	$C_1=8.76400-7.22030=1.54370$	$P_1=1.54370\cdot\cos(15°+12°)=1.375$	0
3.4	12.930	8.60528°	12.78444	5.56414	4.958	$\Delta P_3=4.958-1.375=3.58\pm0.02$
5	8.475	13.19581°	8.25122	1.03092	0.919	-0.46 ± 0.1
8.9	11.556	9.637°	11.392	4.1717	3.716	2.34 ± 0.1

ΔP 的公差是根据附表19-5确定的。

8. 根据附表20-5确定各点 ΔP_x 的公差，其值列于表20-1中。

9. 校验最小后角

4—8段切削刃与进给方向的夹角最小，应检验这段的法向后角。

因 $\alpha_{j8}=90°-(\beta_i-\gamma_{f8})$，而 $\beta_f=90°-(\gamma_f+\alpha_f)=90°-(15°+12°)=63°$；所以 $\alpha_{f8}=90°-(63°-9.637°)=17.363°$；则 $\alpha_{N8}=\tan^{-1}(\tan17.363°\times\sin20°=6.10°$。而一般要求是不小于2°～3°。合格。

10. 车刀廓形宽度 l_x 即为工件相应廓形的计算长度 l_{jx}，公差按附表20-5确定，表中未列出者约取±0.02mm。

$l_2=l_{j2}=3.63\pm0.04$(mm)；

$l_3=l_{j3}=13.15\pm0.10$(mm)；

$l_4=l_{j4}=18.08\pm0.10$(mm)；

$l_8=l_{j8}=0.5\pm0.2$(mm)。

11. 画出刀具、样板工作图，如图20-20、图20-21所示，技术条件参见附表20-5、附表20-6确定。

例二

工件如图20-22所示。

材料：Y15易切网、圆棒料、$\phi32$；

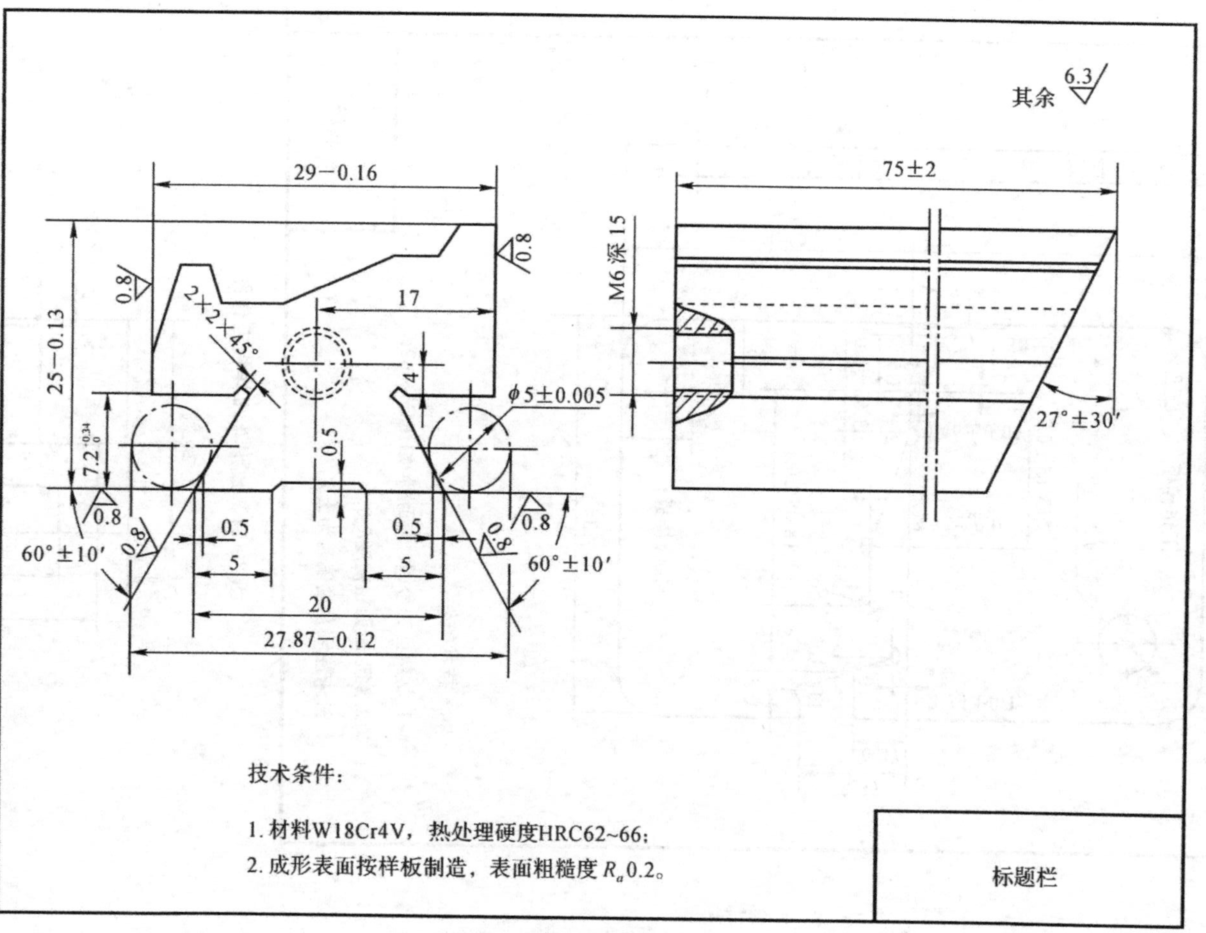

图20-20　棱体成形车刀工作图

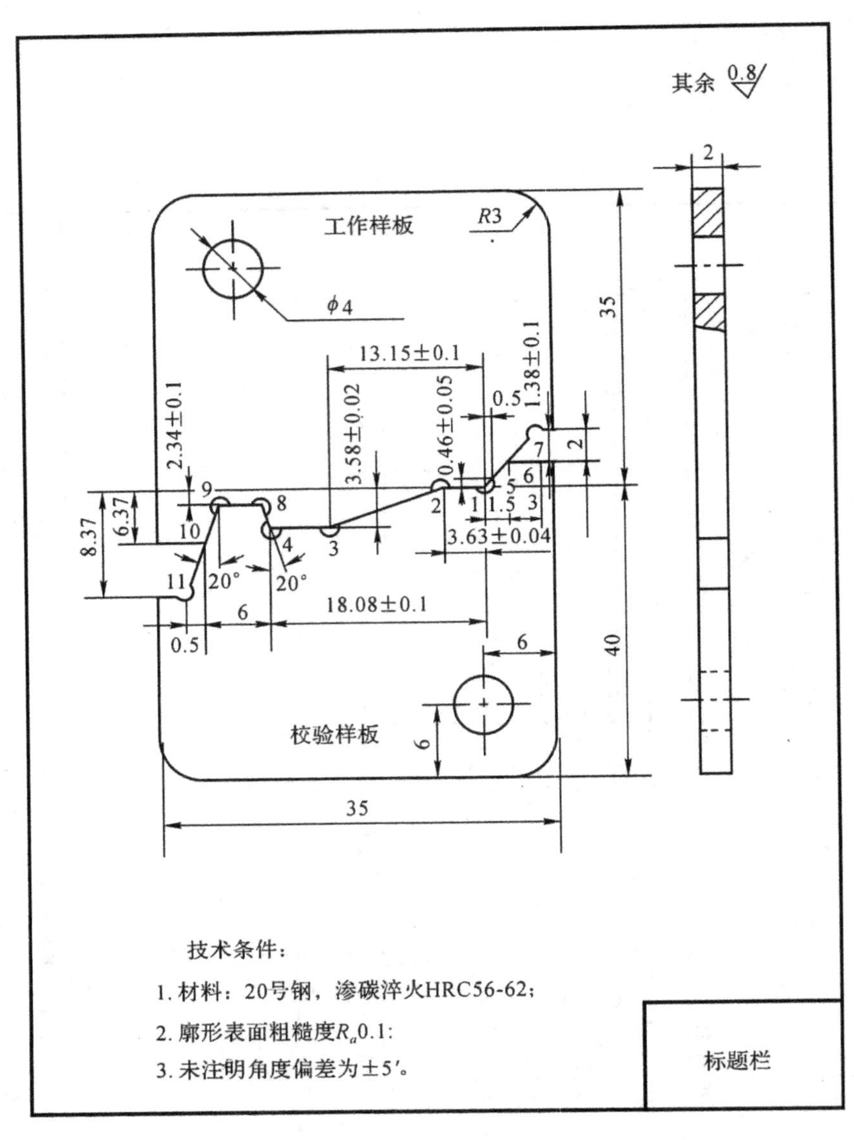

图 20-21　成形车刀样板工作图

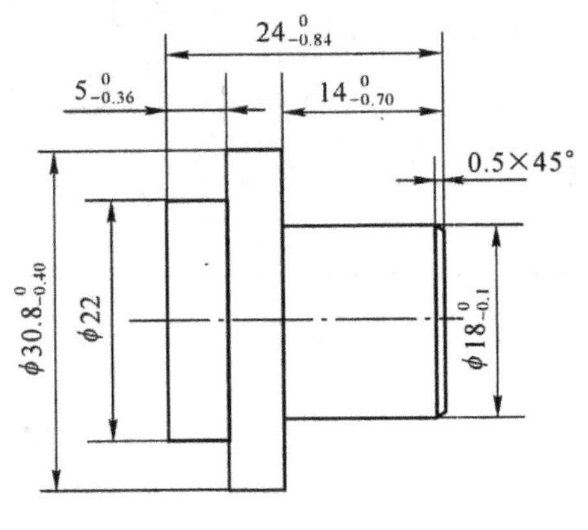

图 20-22　工件图

使用机床:$C1336$ 单轴转塔自动车床。

设计一把成形车刀,加工全部外圆表面并预切槽。

设计步骤如下

1. 确定刀具类型

该成形表面均为圆柱表面,无特殊要求,考虑到刀具制造方便以及有较多的重磨次数,确定采用圆体成形车刀。

2. 选择刀具材料

用普通高速钢 W18Cr4V

3. 选择前角 γ_f、后角 α_f

从附表 20-4 查得:$\gamma_f=15°$、$\alpha_f=10°$。

4. 画出包括附加切削刃在内的刀具廓形计算图,如图 20-23 所示。

取 $\kappa_r=20°$、$a=3\text{mm}$、$b=1.5\text{mm}$、$c=6\text{mm}$、$d=0.5\text{mm}$。标出工件廓形各组成点 1—13。

确定 O-O 线、1 点为基准,分别计算各点处的计算半径 r_{jx}、长度 l_{jx}:

1) $r_{j1}=r_{j2}=9-\dfrac{0.1}{4}=8.975(\text{mm})$;

$$r_{j3}=r_{j4}=15.4-\frac{0.4}{4}=15.300(\text{mm});$$

$$j_{j5}=r_{j6}=11.000(\text{mm});$$

$$r_{j7}=r_{j1}-0.5=8.475(\text{mm});$$

$$r_{j8}=r_{j9}=r_{i0}=r_{i1}-(0.5+1.0)=7.475(\text{mm});$$

$$r_{j10}=r_{j11}=r_{j5}-\frac{0.5}{\tan 20°}=9.626(\text{mm})。$$

2) $l_{j2}=l_{j3}=(14-0.5)-\dfrac{0.70}{2}=13.15(\text{mm})$;

$$l_{j5}=5-\frac{0.36}{2}=4.82(\text{mm});$$

$$l_{j6}=(24-0.5)-\frac{0.84}{2}=23.08(\text{mm})。$$

5. 计算切削刃总宽度 L_c,并校验 $\dfrac{L_c}{d_{\min}}$ 值

$$L_c=l_{j6}+a+b+c+d=23.08+3+1.5+6+0.5=34.08(\text{mm})。$$

取 $L_c=34(\text{mm})$;

$$d_{\min}=2r_{j0}=2\times 7.475=14.95(\text{mm})。$$

$$\frac{L_c}{d_{\min}}=\frac{34}{14.95}=2.3<2.5,\text{允许}。$$

6. 确定结构尺寸

参见图 20-10 和(20-14)有

$$R_c\geqslant(a_{p\max}+e+m+r_c)$$

据附表 20-3,查得 $C1336$ 单轴转塔自动车床所用圆体成形车刀 $D_c=68(\text{mm})$、$d_c=16(\text{mm})$;

又知毛坯半径为 16(mm),则有

$$a_{p\max}=16-r_{i7}=16-8.475=7.525=7.5(\text{mm})$$

代入上式,可得

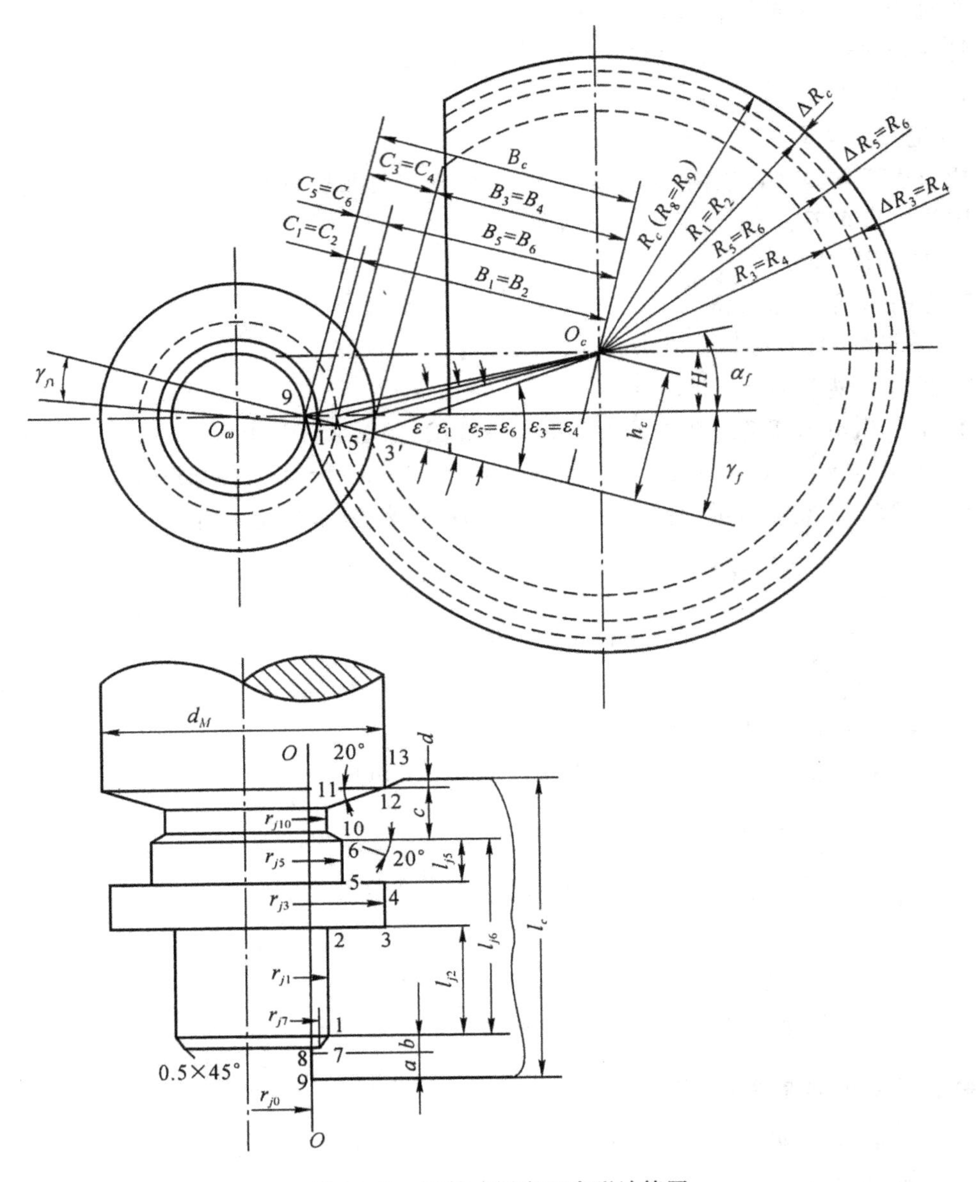

图 20-23　圆体成形车刀廓形计算图

$$e+m \leqslant R_c-a_{p\max}-r_c=34-7.5-8=18.5(\text{mm})。$$

取 $e=10(\text{mm})$、$m=8$。

确定用带销孔的结构形式。

7. 计算廓形各点所在圆的半径 R_x；选公差要求最严的 1—2 段廓形作为尺寸标注基准，确定其他各点廓形深度 ΔR，作为表示其径向尺寸。计算过程列如表 20-2。

表 20-2　圆体成形车刀廓形计算

$h_c=R_c\cdot\sin(\gamma_f+\alpha_f)=34\cdot\sin(15°+10°)=14.36902$

$B_c=R_c\cdot\cos(\gamma_f+\alpha_f)=34\cdot\cos(15°+10°)=30.81446$

算式 / 组成点	r_{jx}	$\gamma_{fx}=\sin^{-1}\left(\frac{r_{j0}}{r_{jx}}\cdot\sin\gamma_f\right)$	$C_x=r_{jx}\cdot\cos\gamma_{fx}-\gamma_{j0}\cdot\cos\gamma_f$	$B_x=B_c-C_x$	$\varepsilon_x=\tan^{-1}\left(\frac{h_c}{B_x}\right)$	$R_x=\frac{h_c}{\sin\varepsilon_x}$ （取值精度 0.001）	$\Delta R=(P_1-P_x)\pm\delta$ （取值精度 0.01）
8,9（作为 0 点）							$\Delta R_0=32.607-34=-1.39\pm0.1$
1,2	8.975	$\gamma_{f1}=\sin^{-1}\left(\frac{7.475}{8.975}\sin15°\right)=12.44852°$	$C_1=8.975\cdot\cos12.44852-7.475\cdot\cos15°=1.54370$	$B_1=30.81446-1.54370=29.27076$	$\varepsilon_1=\tan^{-1}\left(\frac{14.36902}{29.27076}\right)=26.14643°$	$R_1=\frac{14.36902}{\sin26.14643}=32.607$	0
3,4	15.300	7.26445°	7.95689	22.85757	32.15482°	27.000	5.61±0.03
5,6	11.000	10.12983°	3.60823	27.20623	27.84086°	30.768	1.84±0.1
7	8.475	13.19582°	1.03092	29.78354	25.75491°	33.069	−0.46±0.1
10,11	6.626	11.59451°	2.20928	28.60518	26.67140°	32.011	0.60±0.1

ΔR 的公差是根据附表 19-5 确定的

8. 根据附表 20-5 确定各点廓形深度 ΔR 的公差，其值列于表 20-2 中。

9. 检验最小后角

1）2—3 段、4—5 段切削刃与进给方向平行，$\alpha_N=0°$，为改善它们的切削条件，在此二段刀刃处磨出 $\kappa_r=1°30'$ 的偏角。参见图 20-24 工作图。

2）6—10 段切削刃与进给方向夹角最小，应检验这段的法向后角。其值为

$$\alpha_{N10}=\tan^{-1}[\tan(\varepsilon_{10}-\gamma_{f10})\cdot\sin20°]=\tan^{-1}[\tan(26.67-11.59)\cdot\sin20°]$$
$$=5.27°>2\sim3°\text{，合格。}$$

10. 车刀廓形宽度 $l_x=l_{ix}$，公差按附表 20-5 确定。

$l_1=l_{j2}=13.15\pm0.04\text{mm}$；

$l_5=l_{j5}=4.82\pm0.05\text{mm}$；

$l_6=l_{j6}=23.08\pm0.1\text{mm}$；

$l_7=l_{j7}=0.5\pm0.2\text{mm}$。

11. 画出刀具工作图，如图 20-24 所示，技术条件参见附表 19-5 确定。样板图略，可参见图 20-21。

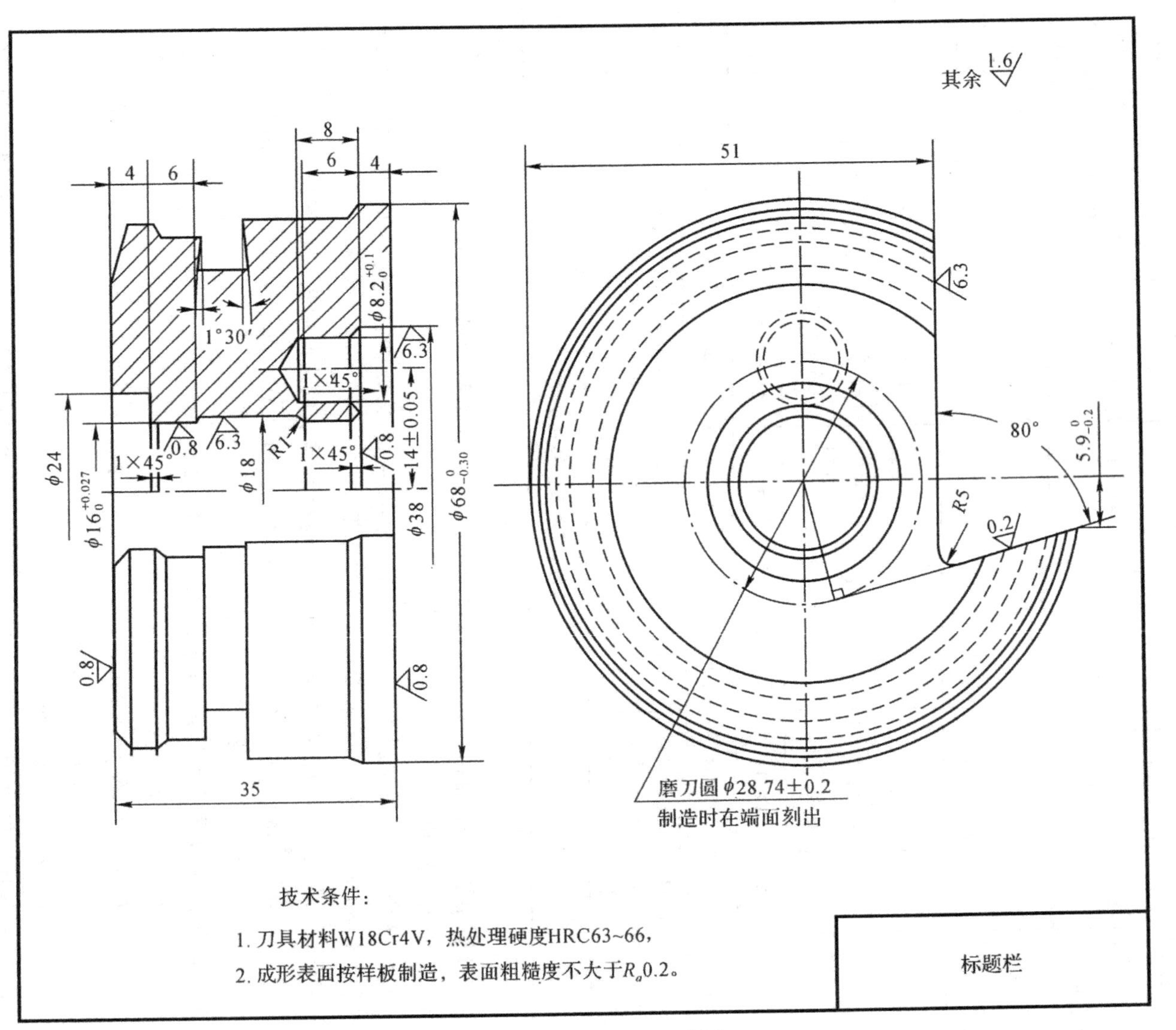

图20-24　圆体成形车刀工作图

练　习　题　20

1. 为什么要进行成形车刀的廓形设计计算？它的基本原理是怎样的？

2. 为什么加工圆锥面时所产生的加工误差，圆体成形车刀比棱体成形车刀大？

3. 什么叫法向后角，太小时可采取哪些改善措施？

4. 为什么要在圆体成形车刀的端面上刻出一个磨刀圆？

5. 设计一把成形车刀及其样板。

已知条件：工件如图 20-25 所示。要求加工出全部外表面和预切槽。工件材料 45 号钢棒料、$\phi 28$。使用机床为 C1336 单轴转塔自动画床。

画出成形车刀、样板工作图。

6. 设计一把成形车刀及其样板

已知条件：工件如图 20-26 所示。要求加工出全部外表面和预切槽。工件材料 40Cr，棒料，$\phi 34$。使用机床为 C1325 单轴转塔自动车床。

画出成形车刀、样板工作图。

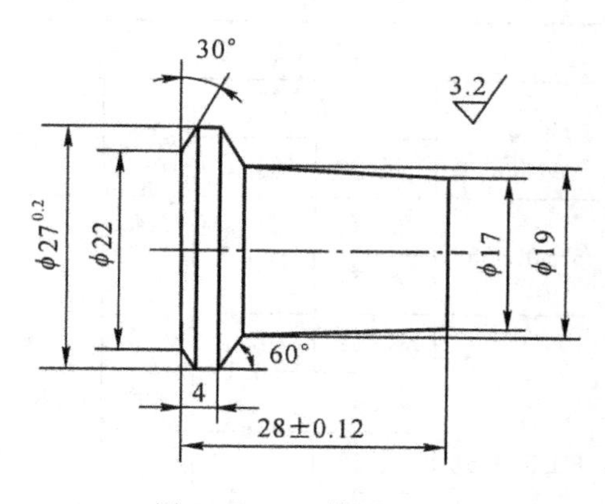

图 20-25　工件图(mm)

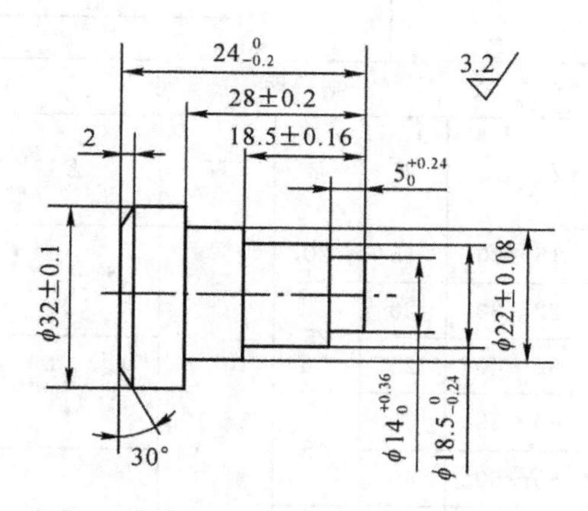

图 20-26　工件图(mm)

附录　成形车刀设计参考资料(部分)

附表 20-1　棱体成形车刀结构尺寸(mm)

结构图

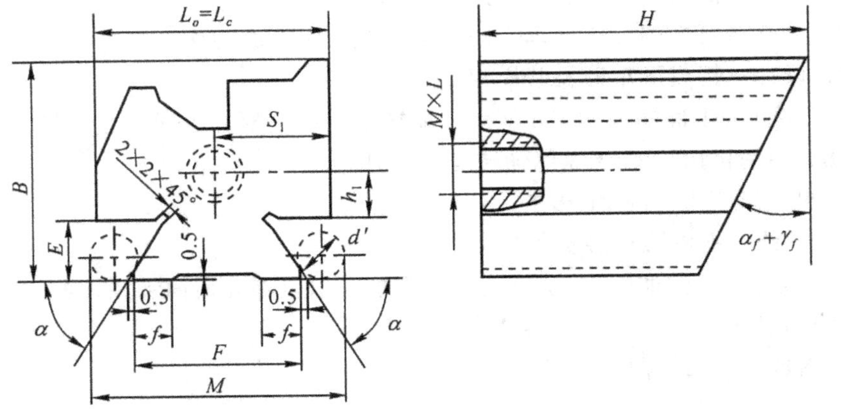

结构尺寸						燕尾尺寸				
$L_0=L_c$	F	B	H	E	f	d'	M 尺寸	M 偏差	$\alpha^{\pm 10'}$	r
15～20	15	20	75～100	$7.2^{+0.36}_{0}$	5	5±0.005	22.89	−0.1	60°	0.5
22～30	20	25					27.87			
32～40	25			$9.2^{+0.36}_{0}$	8	8±0.005	37.62	−0.12		
45～50	30	45					42.62			
55～60	40			$12^{+0.43}_{0}$	12		52.62	−0.14		
65～70	50	60					62.62			
75～80	60						72.62			

注　1. B 应保证刀体有足够强度,同时易于装入刀夹,切削顺利,排屑方便。最小的 B 应满足 $B\text{-}E-a_{p\max}\geqslant(0.25\sim0.5)L_o$;

2. H 应在机床刀夹空间允许的条件下,尽量取大些,以增加重磨次数。如采用焊接式,其高速钢部分长不小于 40mm 或 $\frac{H}{2}$;

3. M 值应与 L_c 相适应,若所用 d' 不是表中所列,M 按 $M=F+d'\left(1+\tan\frac{\alpha}{2}\right)$ 计算;

4. 底部螺孔可旋入螺钉,以调整刀具高度及增加切削时的刚度。s_1、h_1 据具体情况而定;L 应满足最大调整范围,视机床刀夹而定。

附表 20-2　端面带齿纹的圆体成形车刀结构尺寸(mm)

结构图

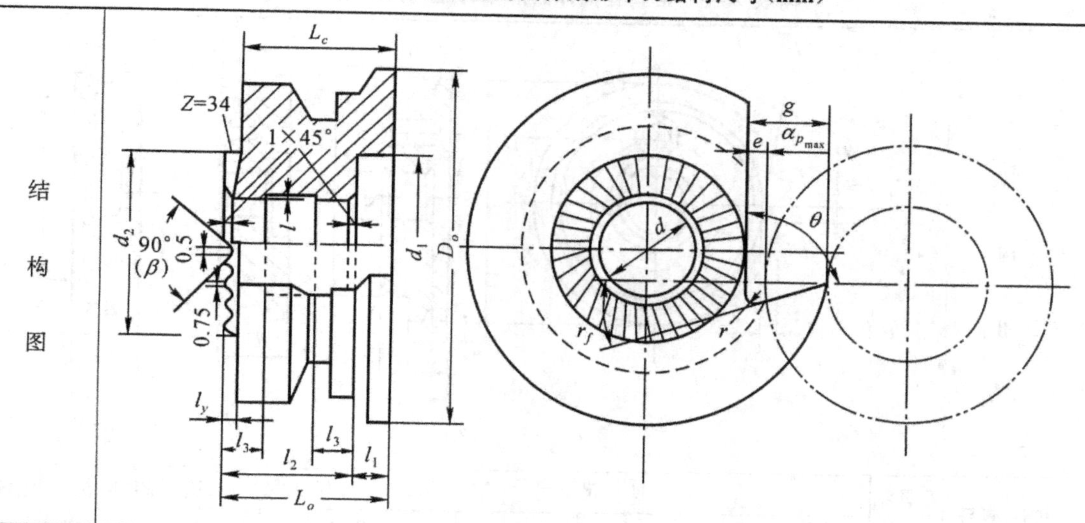

工件廓形深度 $a_{p\max}$	刀具尺寸						端面齿纹尺寸	
	D_c	d_c	d_1	$g_{\max}$	e	r	d_2	L_Y
<4	30	10	16	7	3	1	—	—
4～6	40	13	20	10	3	1	20	3
6～8	50	16	25	12	4	1	26	3
8～10	60	16	25	14	4	2	32	3
10～12	70	22	34	17	5	2	35	4
12～15	80	22	34	20	5	2	40	4
15～18	90	22	34	23	5	2	45	5
18～21	100	27	40	26	5	2	50	5

注　1. D_c 允许用于 $a_{p\max}$ 更小的情况；

2. $L_1=\left(\frac{1}{4}\sim\frac{1}{2}\right)L_o$；

3. $g_{\max}$ 是按 $a_{p\max}$ 上限给出的，由 $g=a_{p\max}+e$ 计算之 g 值圆整为 0.5 的倍数。内孔成形车刀之 e 值可小于表中之值；

4. $L_2>15$ 时，需加空刀槽，$L_3=\frac{1}{4}L_2$；

5. 当 $\gamma_f<15°$ 时，θ 取 80°；$\gamma_f>15°$ 时，θ 取 70°；

6. β 可为 60°或 90°，齿顶宽度为 0.75mm，齿底宽度为 0.5mm，齿数 $z=10\sim50$，如考虑通用，可取 $z=34$，$\beta=90°$；

7. 各种车床均有应用，较多用于普通车床。

附表 20-3　带销孔圆体成形车刀结构尺寸之一(mm)

结构图

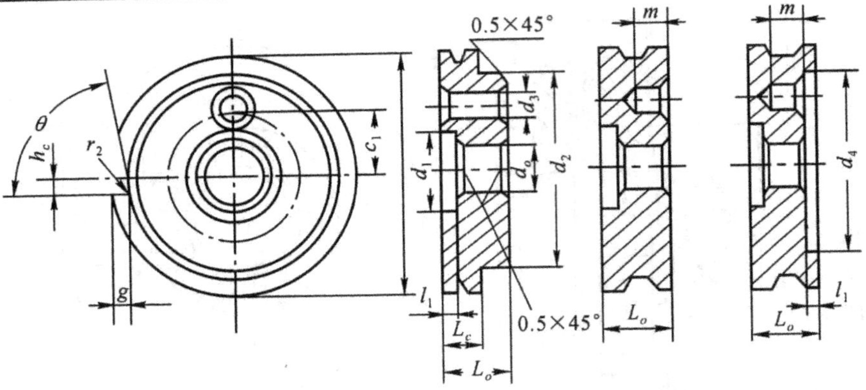

(A)　(B)　(C)

机床型号	刀具结构型式	刀具尺寸 L_o	D_c	d_c	d_1	d_2	L_1	g	L_c	d_4	销孔尺寸 d_3	m	C_1	适用的 $a_{p\max}$	电机功率(kW)	允许加工宽度
	A	～6	45	10	15	—	2～5	9	6	—	4.1	—	9	～6		
	B	>6														
C_{1312}	A	≤10				32			10							
C_{1318}	B	12～22	52	12	20		2～5	11		30	6.2	8	11	～8	3	50
	C	>22														
C_{1318}	A	≤10				32			10							
	B	12～22	60	16	24		3～5	10		35	5.2	8	12.5		4.2	50
	C	>22														
C_{1325}	A	≤10				32			10							
	B	12～22	68	16	24		2～5	14		8.2	8.2	8	14	～11	4.2	80
C_{1336}	C	>22														

注　1. h_c——刀具中心到前刀面的垂直距离，由 $h_c=R_1\cdot\sin(\gamma_f+\alpha_f)$ 求得；

2. 当 $\gamma_f<15°$ 时，θ 取 80°，$\gamma_f>15°$ 时，θ 取 70°；

3. 多用于单轴自动车床或多轴自动车床。

附表 20-4　成形车刀的前角和后角(度)

前角				后角	
被加工材料	材料的机械性能		γ_f	车刀类型	α_f
钢	σ_b GPa	＜0.5	20°	圆体型	10°～15°
		0.5～0.6	15°		
		0.6～0.8	10°		
		＞0.8	5°		
铸　铁	HB	160～180	10°	棱体型	12°～17°
		180～220	5°		
		＞220	0°		
青　铜			0°		
黄　铜　H62			0°～5°		
黄　铜　H68			10°～15°	平体型	25°～30°
黄　铜　H80～H90			15°～20°		
铝、紫铜			25°～30°		
铅黄铜 HPb59-1			0°～5°		
铝黄铜 HAI59-2					

注　1. 本表仅适用于高速钢成形车刀。如硬质合金成形车刀、加工钢料时,可取表中数值减去 5°;

2. 如工件为正方形、六角形棒料时,γ_f 值应减小 2°～5°。

附表 20-5　成形车刀部分公差及技术条件(mm)

廓形公差	工件直径或宽度公差	刀具廓形深度公差	刀具廓形宽度公差
	～0.12	0.020	0.040
	0.12～0.20	0.030	0.060
	0.20～0.30	0.040	0.080
	0.30～0.35	0.060	0.100
	＞0.50	0.080	0.200
其余部分公差	圆体成形车刀 1. 前刀面对轴线平行度误差在 100mm 长度上不得超过 0.15mm; 2. 图中未注出的角度偏差取±1°; 3. 前刀面至刀具轴线的垂直距离 h_c 的偏差取±0.1～±0.3mm; 4. 刀具按装角度的偏差,取－0.1～0.3mm。		

其余部分公差	棱体成形车刀 1. 两侧面对燕尾槽基面的垂直度误差在 100mm 长度上不得超过 0.02～0.03mm； 2. 廓形对燕尾槽基准面的平行度误差在 100mm 长度上不得超过 0.02～0.03mm； 3. 高度 H 的偏差取±2mm； 4. 宽度 L_0 和厚度 B 的偏差可按 $h11$ 选取； 5. 楔角 $\beta_f(\beta_f=90°-\gamma_f-\alpha_f)$的偏差取±10′～30′； 6. 廓形角度偏差，取±1°。
表面粗糙度	1. 前后刀面 R_a0.2； 2. 基准表面 R_a0.8； 3. 其余表面 R_a1.6～R_a3.2。
刀具材料	1. 整体式：全部用高速钢 HRC62～66； 2. 焊接式：切削部分用高速钢，有时也可用硬质合金。刀体部分用结构钢 45 号钢或 40Cr，淬火硬度 HRC38～45。

附表 20-6　样板公差(mm)、(度)

			工件廓形尺寸公差			
尺寸公差	工件廓形尺寸公差 / 公差值 / 公差类别		～0.30	0.30～0.50	0.50～0.80	>0.80
	工作样板制造公差		0.025	0.040	0.060	0.100
	工作样板磨损公差		0.020	0.030	0.040	0.050
	校验样板公差		0.012	0.020	0.030	0.050
	校验样板与工作样板的密合缝隙	新制造	0.025	0.040	0.060	0.100
		磨损后	0.045	0.060	0.085	0.125

		倾斜切削刃的长度					
角度公差	切削刃长 / 公差值 / 所处表面	1～6	6～10	10～18	18～30	30～50	<50
	廓形表面的角度公差	10′	6′	4′	3′	2′	1′10″
	非廓形表面的角度公差	6°	5°	4°	3°	2°	1°10′

所列公差值，其偏差为对称分布

第二十一章　铲齿成形铣刀

在大批量生产中，用来在铣床上铣削成形表面或成形沟槽的以铲齿成形铣刀居多，其切削刃廓形是根据工件的廓形设计、计算的。

§21-1　齿背曲线的铲齿加工

一、对铣刀后刀面的要求

为保证加工精度和刃磨方便，铣刀的前角常作成零度，即前刀面在铣刀轴平面上，并沿前刀面重磨。

为使每次重磨后的切削刃廓形不变和有适当的后角，要求铣刀各轴剖面中应有相同的廓形，并沿铣刀半径方向均匀地趋近铣刀轴线。为此，铣刀的后刀面应是以切削刃绕其轴线回转、同时均匀地向轴线移动而形成的表面。它常以铲齿的方法得到。

二、铲齿过程

铲齿可用 $\gamma_f=0°$、刃形与铣刀刀齿廓形相同，但凹凸相反的平体成形车刀，或称铲刀在铲齿车床上进行，如图 21-1 所示。图中还同时示意出铣刀铣削工件和用钝后重磨前刀面时的情况。

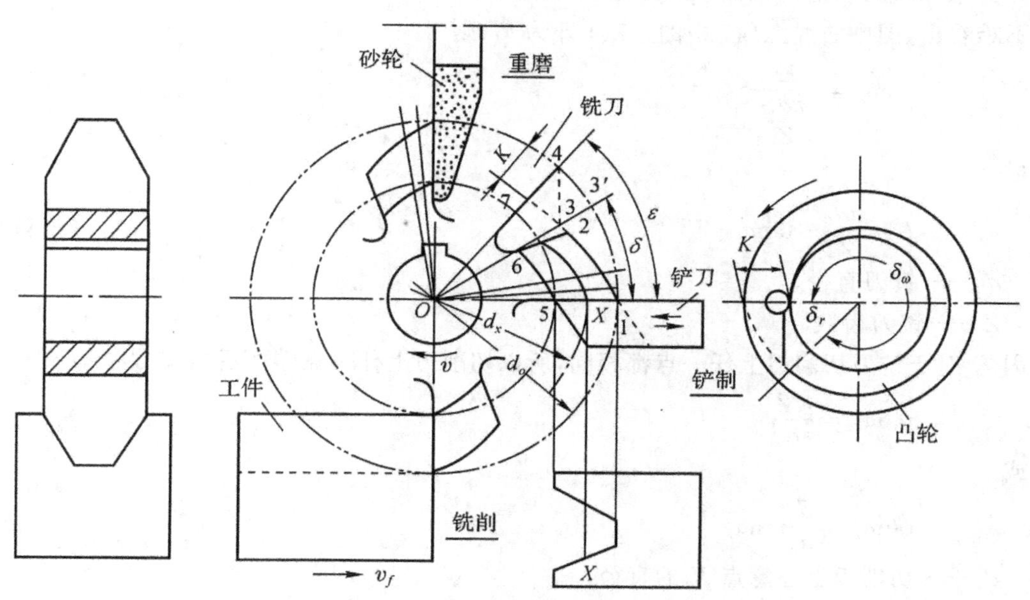

图 21-1　铲齿过程示意图

铲齿前，铣刀先完成成形部分的加工，$\gamma_f=0°$时，其轴剖面形状就是直槽工件的端面廓形；并铣出齿槽，以形成一个个刀齿。

铲齿时，铣刀安装在铲床心轴上作等速转动；装夹在刀架上的铲刀，其前刀面应准确地处在铲床中心平面内。当铣刀的前刀面转到铲床中心平面时，铲刀在凸轮作用下沿铣刀半径方向推进。铣刀转过一个 δ 角时，铲刀推进一个距离 3′-3，齿背曲线 1-2 到其等距线 5-6 间的全部后刀面被铲出。铲刀沿 3-4 路线快速回到起始位置，又重复上述过程铲削后一个刀齿。

由上可知，在任意半径上，齿背曲线与它的任一等距线间的距离是相同的，在同一等距线上不同各点处的齿宽度也是相同的，因此保证了铣刀任意轴向截形都是相同的。重磨时只要砂轮的刃磨面与铣刀轴平面重叠，则重磨后的刃形及其所加工出来的工件形状都与原来的相同。

§21-2　铲齿量及后角

一、铲齿量 K 及端面顶刃后角 α_f

图 21-1 所示，铲刀推进方向垂直于铣刀轴线，称径向铲齿。

铲齿量 K 是指铣刀转过一个齿间角 ε，铲刀沿铣刀半径方向推进的距离，如图中的 4-7。它是假设铲刀在铲完一个刀齿的齿背曲线后继续铲下去，直至到达后一个刀齿的刀尖半径线 0-4 上的点 7 时铲刀推进的距离。

K 由凸轮控制，当铣刀转过 ε，凸轮则转过一整转，其升高量，即 360°内的半径差值就等于 K。

考虑到制造上的方便，凸轮的轮廓曲线常用阿基米德螺线，以使铲刀获得等速运动。凸轮的转角及其升高量是与铣刀的转角和铲削量互相配合的，如铣刀转过 δ 角时，凸轮应转过 δ_w 角，此时凸轮的半径与 0°时的最小半径之差就等于铲刀推进的距离 3′-3。

K 是根据铣刀所需的端面顶刃后角 α_f 确定的。

不难看出，图中曲线△147 中的∠714 即为 α_f，则

$$\tan\alpha_f=\frac{K}{\frac{\pi d_0}{Z}}$$

或

$$K=\frac{\pi d_0}{Z}\cdot\tan\alpha_f \tag{21-1}$$

式中　d_0——铣刀直径；

　　Z——铣刀齿数。

因 K 对于铣刀切削刃上任一点都相同，所以切削刃上任一点端面后角 α_{fx} 为

$$\tan\alpha_{fx}=\frac{KZ}{\pi d_x}$$

或

$$\tan\alpha_{fx}=\frac{d_o}{d_x}\tan\alpha_f \tag{21-2}$$

式中　d_x——切削刃上任意点 X 的直径。

二、法向后角及其改善

1. 法向后角

如图 21-2 所示，切削刃上任意点 X 处的法向后角 α_{nx} 与该点端面后角 α_{fx} 的关系为：

$$\tan\alpha_{nx}=\tan\alpha_{fx}\cdot\sin\varphi_x$$

或

$$\tan\alpha_{nx}=\frac{d_0}{d_x}\cdot\tan\alpha_f\cdot\sin\varphi_x \tag{21-3}$$

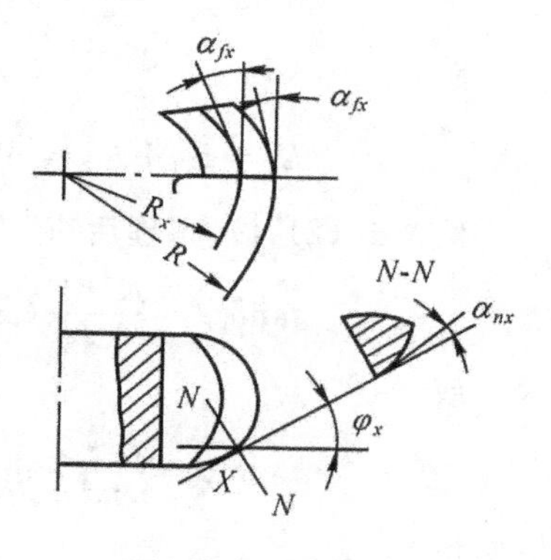

图 21-2　法向后角

式中　φ_x——切削刃上任意点 x 处的切线与铣刀端面的夹角。

表明，φ_x 小时，α_{nx} 也小，从切削条件考虑，要求 $\alpha_{nx}\nless 2°$～3°。设计时应验算。

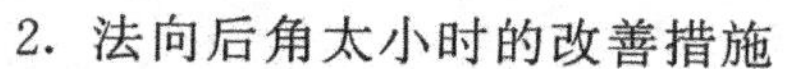
2. 法向后角太小时的改善措施

1）斜向铲齿

如图 21-3 所示，因 α_f 与 K 有直接联系，所以图中的 K 表示了 α_f。设当以 K 获得的 α_f 时的 α_{nx} 已太小，要满足要求应增至 α_{nx}'，即 K 应增至 K'。则铲齿时，为保证铲刀有足够的退刀时间，铣刀的齿间角 ε 应加大，因而齿数 Z 减少，影响了铣削的平稳性。

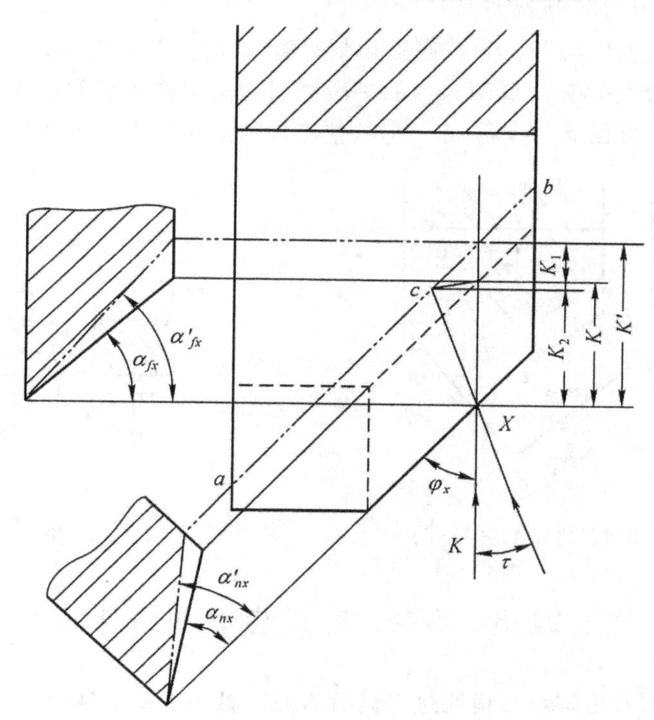

图 21-3　斜向铲齿

实际上，以同样的 K，改变铲齿方向，即斜向铲齿，也可达到增至 α_{nx}' 的目的。

斜向铲齿的方向可以 X 为心、K 为半径作弧交 ba 线于 C 点得到。其与径向铲齿方向的夹角 τ 可从图中求得：

因有

$$\tan\alpha_{nx}'=\tan\alpha_x'\cdot\sin\varphi_x$$

或

$$\tan\alpha_{nx}'=\frac{K'\cdot Z}{\pi d_x}\cdot\sin\varphi_x \tag{21-4}$$

而

$$K'=K_1+K_2=\frac{K\cdot\sin\tau}{\tan\varphi_x}+K\cdot\cos\tau$$

代入式(21-4),整理后有

$$\tan\alpha_{nx}'=\frac{K\cdot Z}{\pi d_x}(\sin\tau\cdot\cos\varphi_x+\cos\tau\cdot\sin\varphi_x)$$

或

$$\tan\alpha_{nx}'=\frac{K\cdot Z}{\pi d_x}\sin(\tau+\varphi_x)$$

得

$$\tau=\sin^{-1}\left(\frac{\pi d_x}{K\cdot Z}\cdot\tan\alpha_{nx}'\right)-\varphi_x \tag{21-5}$$

2)改变工件的安装位置

工件如按图 21-4a)安装,切削刃 ab 处,$\varphi_{ab}=0°$,$\alpha_{nab}=0°$;若将工件相对铣刀轴线斜置一个 τ 角,如图 21-4,b)所示,则切削刃 ab 处的 $\varphi_{ab}>0°$,就能使 $\alpha_{nab}\geqslant 2°\sim 3°$。

3)适当修改铣刀切削刃形状

如图 21-5 所示的凸半圆铣刀,在圆弧切削刃两末端的 A、B 处,$\varphi_A=\varphi_B=0°$,$\alpha_{nA}=\alpha_{nB}=0°$。为改善此处的切削条件,将 C、D 两点后的一段圆弧切削刃修改成与圆弧相切的直线切削刃,如作成 $\varphi_A=\varphi_B=10°$,可使 $\alpha_{nA}=\alpha_{nB}\approx 2°$。但这使工件的形状发生变化,应注意。

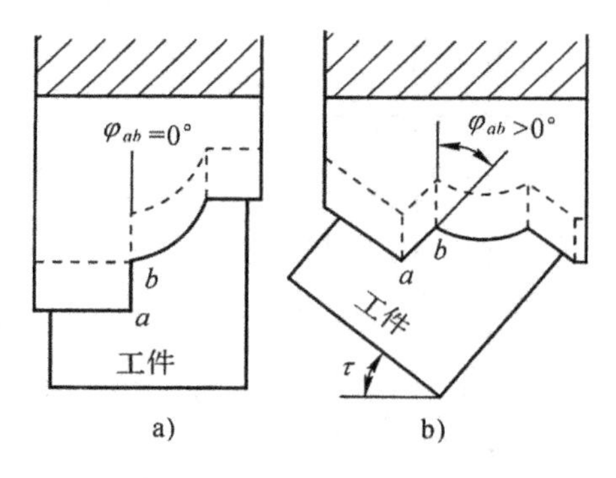

图 21-4 斜置工件铣削法

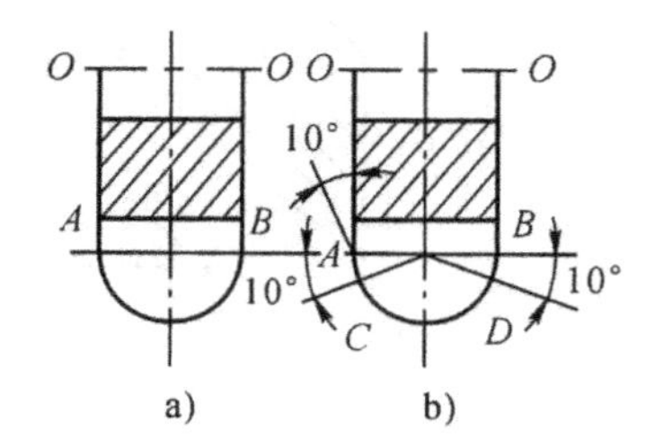

图 21-5 修改刀刃形状

§21-3 $\gamma_f>0°$时刀齿廓形的计算

铲齿成形铣刀的刀齿廓形是指通过刀齿后刀面的轴向截形。精加工,常使 $\gamma_f=0°$,这时刀齿廓形就是刀齿前刀面上的切削刃廓形,且与所要铣削的直槽工件的端面廓形相同。制造和重磨时都较易保证刀齿廓形精度;粗加工,为改善切削条件,常使 $\gamma_f>0°$,这时刀齿廓形就不同于前刀面上的切削刃廓形,且也都不同于工件端面廓形,所以应对刀齿廓形进行修正计算。

如图 21-6 所示,已知工件端面廓形 1-2-3-4 上每点的坐标尺寸,如 b_1、h_1 等;设铣刀半径 R、齿数 Z、前角 γ_f、后角 α_f,即铲齿量 K 都已确定。要求计算铣刀刀齿廓形尺寸。

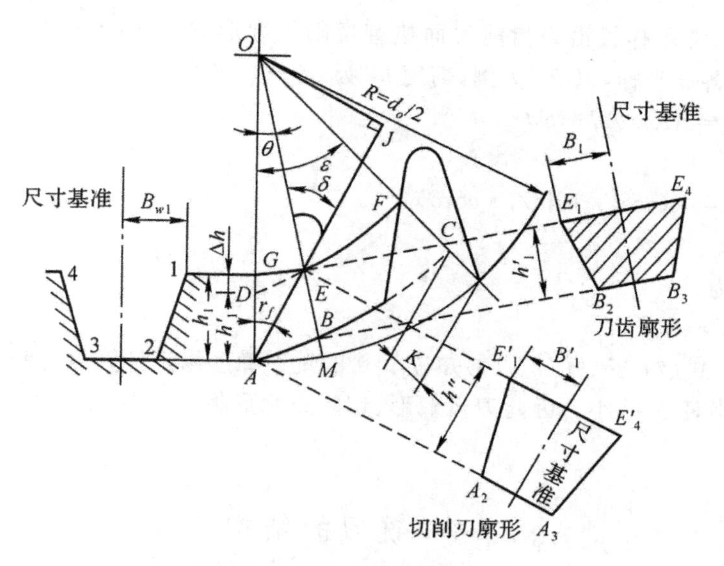

图 21-6　$\gamma_f > o°$刀齿廓形计算

有了 γ_f 后，刀齿前刀面上的切削刃廓形为 $A_2—A_3—E_4'—E_1'$，当铣刀绕其轴线作旋转切削运动时，工件廓形上的组成点由切削刃上的相应点旋转到 OA 线上时切出，如 2、3 点由 A_2、A_3 点在 A 点切出；1、4 点由 E_1'、E_4'点在 G 点切出。

ABC 是按阿基米德螺线凸轮升高量 K 作出的齿背曲线，过 E 点作 ABC 的径向等距线 DEF，可得刀齿廓形上 E_1 点的高度 h_1'为

$$h_1' = BE = AD = h_1 - \Delta h \tag{21-6}$$

式中　$\Delta h = DG = MB$

由铲齿过程知

$$K : \varepsilon = \theta : MB$$

而

$$\varepsilon = \frac{2\pi}{Z}$$

因此

$$MB = \frac{K \cdot Z \cdot \theta}{2\pi}$$

代入式(21-6)得

$$h'_1 = h_1 - \frac{K \cdot Z \cdot \theta}{2\pi} \tag{21-7}$$

式中 θ 可从△OAE 中利用正弦定理求出：

$$\frac{R}{\sin[180° - (\theta + \gamma_f)]} = \frac{(R - h_1)}{\sin\gamma_f}$$

得

$$\theta = \sin^{-1}\left(\frac{R \cdot \sin\gamma_f}{R - h_1}\right) - \gamma_f \tag{21-8}$$

由式(21-8)求得 θ 后，代入式(21-7)，即可求出刀齿廓形上 E_1 点的高度 h_1'；而 E_1 点的宽度 B_1 则仍与工件端面廓形上对应点 1 的宽度 B_{w1}相同，即

$$B_1 = B_{w1} \tag{20-9}$$

刀齿廓形上其他各点的坐标可同理求得。

铣刀铲制时，常用样板沿刀齿前刀面检查切削刃廓形 $A_2—A_3—E_4'—E_1'$，因此还必须求出切削刃廓形上各点坐标，以 E_1' 为例，高度 h_1'' 为

$$h_1''=AE=AJ-EJ$$

或

$$h_1''=R(\cos\gamma_f-\sin\gamma_f\cdot\cot\delta) \tag{21-10}$$

式中 $\delta=\theta+\gamma_f$。

而宽度 B_1' 为

$$B_1'=B_{w1} \tag{21-11}$$

由式(21-7)、式(21-8)、式(21-10)知，$\gamma_f>0°$的铣刀廓形修正计算值与铣刀半径 R 有关，铣刀用钝重磨后，半径 R 减小。因此刀齿廓形、切削刃廓形将发生变化，其所加工出来的工件廓形将产生误差。

§21-4 铣刀的结构参数

参见图 21-7。

1. 齿形高度 h 和宽度 B

常取

$$h=h_w+(1\sim2)\text{mm};$$
$$B=B_w+(2\sim3)\text{mm}。$$

式中 h_w、B_w 是工件廓形的高度、宽度。

2. 孔径 d

据铣削宽度、工作条件选取，应保证心轴的强度、刚度。表 21-1 是据生产经验按心轴标准系列推荐的数值。

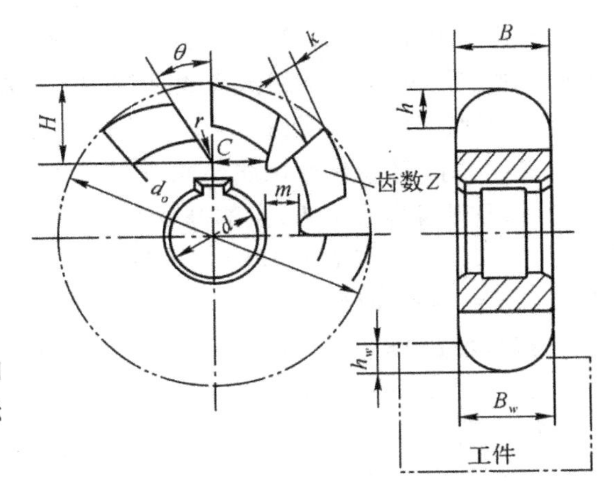

图 21-7 铣刀结构参数

表 21-1 成形铣刀内孔直径 d(mm)

铣削宽度		<6	>6~12	>22~25	>25~40	>40~60	>60~100
铣刀孔径 d	一般切削	13	16	22	27	32	40
	重切削	13	22	27	32	40	50

3. 外径 d_0

d_0 大的好处是：可增大孔径，提高心轴强度、刚度，容许使用较高的切削用量；在容屑空间足够时，刀齿 Z 可以多些，当每齿进给量 a_f 不变时，可增大每转进给量($f=a_f\cdot z$)；当 a_f 不变时，d_0 增大后可减小工件表面上残留面积的高度。但过大的 d_0 将增加铣削扭力矩($M=F_Z\cdot d_0/2$)，增加动力消耗和刀具材料消耗，且铣削时易发生振动。选择时应全面考虑。

d_0 应符合下式

$$d_0=d+2m+2H \tag{21-12}$$

式中 m——刀体壁厚；

H——容屑槽高度。

从结构图中可见 $H=K+h+r$，而 $K=\frac{\pi d_0}{Z}\cdot\tan\alpha_f$，因此不能直接用式(21-12)计算 d_0。而是先用下式估算，待确定其他参数后再按式(21-12)校验刀体强度。

$$d_\theta=(2\sim2.2)d+2.2h+(2\sim6)\text{mm} \tag{21-13}$$

确定后的 d_0 应圆整为 5 的整数倍。

4. 齿数 Z

Z 多，同时工作齿数多，铣削均匀性较好。d_0 一定时，应考虑刀齿强度和容屑槽空间来合理选择 Z。铣刀重磨前刀面，刀齿强度随重磨次数增加而降低，新刀应注意使齿根厚度有足够的大。

Z 与 d_0 有如下关系

$$Z=\frac{\pi d_0}{t} \tag{21-14}$$

式中　t——圆周齿矩

粗加工：考虑刀齿强度和容屑空间应大

$$t=(1.8\sim2.4)H; \tag{21-15}$$

精加工：$t=(1.3\sim1.8)H$。　(21-16)

因又涉及到 H，且 H 的确定与 Z 也有关。所以常先据 d_0 预选 Z，待其他参数确定后再校验它的合理性。表 21-2 是 Z 的推荐值。

表 21-2　成形铣刀的齿数 Z

d_0	40	40～45	50～55	60～75	80～105	110～120	130～140	150～230
z	18	19	14	12	11	10	9	8

为制造测量方便，一般 Z 宜取偶数。但在 Z 较少，增加或减少 Z 将对刀齿强度及重磨次数产生较大的影响时，允许取奇数。

5. 前角 γ_f

精加工，常取顶刃前角 $\gamma_f=0°$，即前刀面通过铣刀轴线；

粗加工，为改善切削条件，可取 $\gamma_f=5°\sim10°$。并按§21-3 进行刀齿廓计算。

6. 后角 α_f 及铲齿量 K

为保证刀齿强度，顶刃后角 α_f 不宜取得过大，一般为 $\alpha_f=10°\sim15°$。并按式(21-3)验算切削刃上任意点 X 的法向后角，应满足 $\alpha_{nx}=2°\sim3°$。随后按式(21-1)计算相应的铲齿量 K，并按机床凸轮升高量选取相近的数值。

7. 容屑槽

容屑槽夹角应保证铲齿加工顺利进行，并使铣刀有足够的容屑空间和刀齿强度。

铲齿凸轮行程角 δ_w、回程角 δ_r 与铣刀对应的铲刀铲削角 ε_w、铲刀退出角 ε_γ 表示在图 21-8。

1）槽角

$$\theta=\psi+\varepsilon_1+\varepsilon_2+\varepsilon_r \tag{21-17}$$

式中　ψ——齿背对径向线的倾斜角，考虑容屑空间，常取 15°～20°；

ε_1、ε_2——分别为铲刀的切入角、切出角。是确保刀齿完整铲出的安全角，常取 1°～2°；

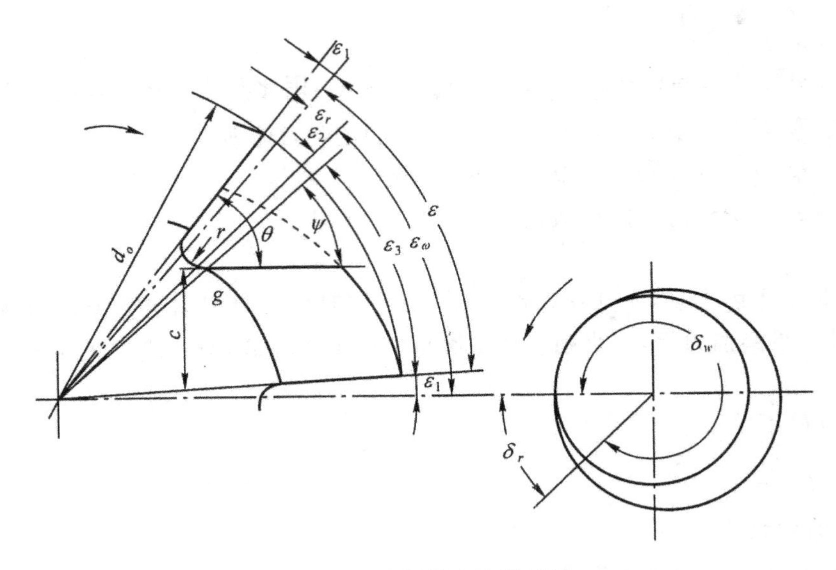

图 21-8　容屑槽夹角的计算

ε——铲刀退出角。与凸轮回程角 δ_r 有关。常用的 δ_r 为 60°或 90°。齿形高度 h 较大时，取大值。

当 $\delta_r=60°$时，$\varepsilon_r=\frac{1}{6}\varepsilon=\frac{1}{6}\cdot\frac{360°}{Z}=\frac{60°}{Z}$；

$\delta_r=90°$时，$\varepsilon_r=\frac{1}{4}\varepsilon=\frac{1}{4}\cdot\frac{360°}{Z}=\frac{90°}{Z}$。

确定后的 θ 应符合加工容屑槽所用的标准角度铣刀系列，即 18°、22°、25°、30°。

2）槽底圆弧半径 r

$$r=\frac{\pi[d_0-2(h+K)]}{Z\cdot A\cdot 2} \tag{21-18}$$

式中　A——与 δ 有关的系数；

$\delta_r=60°$时，$A=6$；

$\delta_r=90°$时，$A=4$。

3）槽深 H

$$H=h+K+r \tag{21-19}$$

4）刀齿强度验算

齿根厚度 C 可从下式求得

$$C=\left(\frac{d_0}{2}-\frac{K\cdot\varepsilon_3}{\varepsilon}-h\right)\cdot\sin\varepsilon_3 \tag{21-20}$$

式中　$\varepsilon_3=\varepsilon_w-(\varepsilon_1+\varepsilon_2)$

而 ε_w 与 δ_r 有关

当 $\delta_r=60°$时，$\varepsilon_w=\frac{5}{6}\varepsilon=\frac{300°}{Z}$；

$\delta_r=90°$时，$\varepsilon_w=\frac{3}{4}\varepsilon=\frac{270°}{Z}$。

要求

$$\frac{C}{H}\geqslant 0.8 \tag{21-21}$$

不满足时，可将平底式的槽底（见图 21-7）改为加强式的槽底，如图 20-9 所示。即将中部槽底的直径适当加大，但其离顶刃的距离宜为$(h+1)$，以便在一次调整机床后就将整个前刀面磨出；两侧 β 角视切削刃廓形而定，可是其等距线。这样，就可以在不增加 d_0 的情况下，既增加了刀齿强度，也保证了两侧刃处有较大的容屑空间。

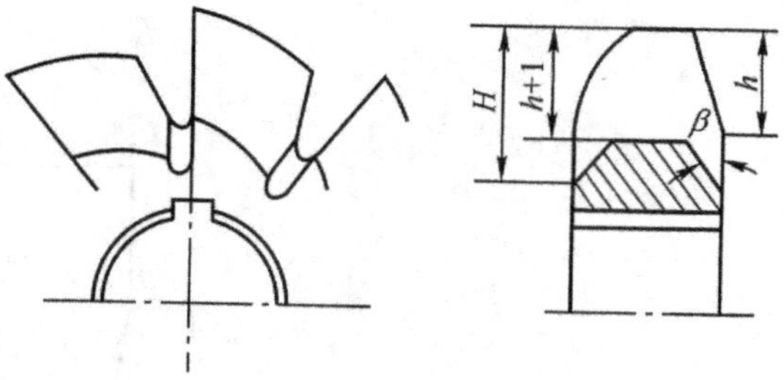

图 21-9 加强式的槽底

8. 校验刀体强度

由上可知，计算中 d_0、Z、K、H 等相互牵制，难以直接确定。因此，设计时是采用假设估算的(先参照标准成形铣刀初步假设选定几个参数，如 d_0、d、k 等)。初定的各参数是否合理，尚需校验刀体强度后证实。

对刀体的强度要求是

$$m \geqslant (0.3 \sim 0.5)d \tag{21-22}$$

m 按下式计算

$$m=\frac{d_0-2H-d}{2} \tag{21-23}$$

如不符要求，则应重新假设和计算，直到满意为止。

9. 分屑槽

铣刀宽度 $B>20\text{mm}$ 时，应在切削刃上做出分屑槽，相邻刀齿交错排列，如图 21-10 所示。常取

$$P_1=0.2B; \tag{21-24}$$

$$P=0.4B; \tag{21-25}$$

$$R \approx 2\text{mm}; \tag{21-26}$$

$$e \approx 1.2\text{mm} \tag{21-27}$$

分屑槽也需铲制，隔一齿铲削一次，铲削量为 $2K$。

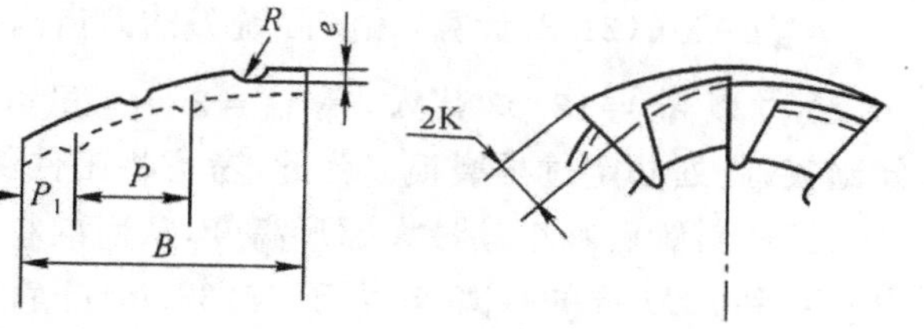

图 21-10 分屑槽

§21-5 成形铣刀设计举例

原始条件：

图 21-11a)所示为一汽轮机叶片，图 21-1b)为其法剖面内侧廓形，由半径 $R_1=30\text{mm}$、$R_1=45\text{mm}$ 两段圆弧组成，圆弧中心 a、b 及边界点 e、f、g 在 OXY 坐标系中如图中所示，其中 f 点是两圆弧的衔接点。成形表面廓形铣后允许误差为 0.1mm，表面粗糙度 $R_a3.2$。材料为 2Cr13。

设计要求：精加工铲齿成形铣刀

设计步骤

1. 对工件进行工艺分析

因是精加工，采用 $\gamma_f=0°$。工件法剖面廓形就是铣刀前刀面廓形。

分析工件廓形知，g 点附近曲线陡直，先验算其法向后角 α_{ng}。

g 点的切线与 y 轴的夹角 κ_{rg} 为

$$\kappa_{rg}=\cos^{-1}\frac{18.012+26}{45}=12.03°$$

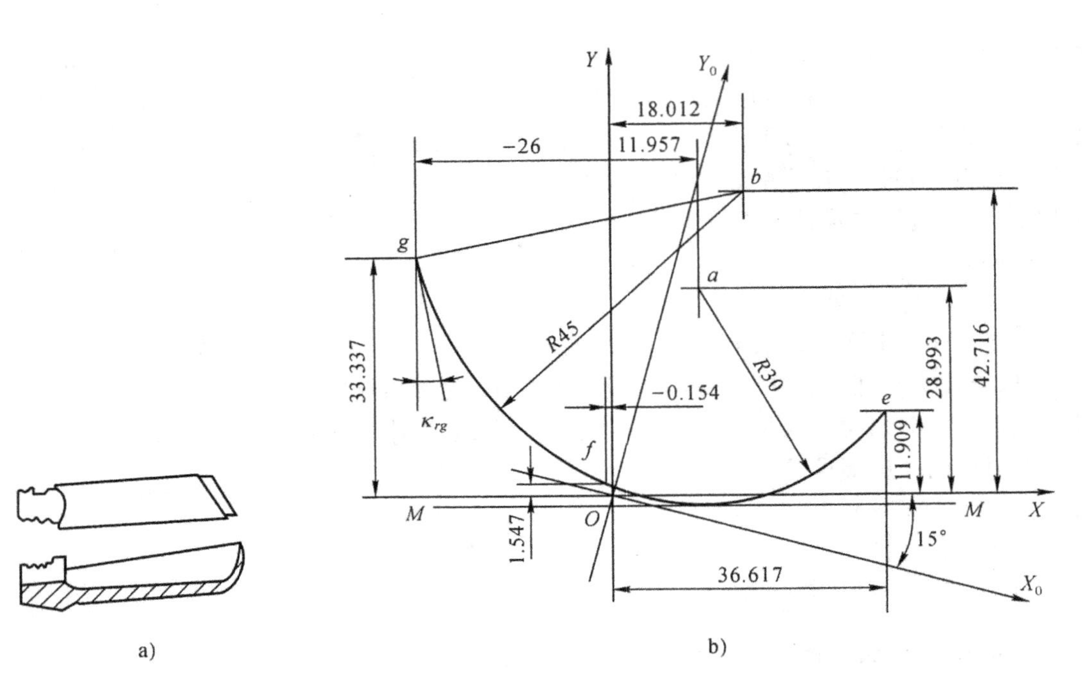

图 21-11　汽轮机叶片廓形

a)汽轮机叶片;b)法剖面内侧廓形

α_{ng}可按式(21-3)计算,因实际铣刀的刀齿高度与半径之比一般很小,可认为$\frac{d_0}{d_x}\approx1$。若取$\alpha_f=12°$,并以$\kappa_{rg}=12.03°$代入,得$\alpha_{ng}=2.54°$,虽可满足规定要求。但仍嫌较小,与切削刃其他部分比较,此处必定过早磨损。为此,考虑将工件斜置安装铣削。

工件斜置后减小其最大廓形高度,从而减小铣刀直径。如图中所见,斜置前,最大廓形高度为g点到MM线的距离,略大于33.337mm。斜置后,若以X_0方向为水平方向,最大廓形高度为在Y_0方向g点到曲线最低点间的距离,比斜置前大为减小。

2. 确定斜置角

既要考虑两边界点g、e的κ_r角都不太小,又要考虑使工件的最大廓形高度尽量减小。初选斜置角为15°。

工件斜置后其廓形尺寸应在OX_0Y_0坐标系中表示。OX_0Y_0与OXY之间的坐标转换关系为

$$X_0=X\cdot\cos15°-Y\sin15°;$$

$$Y_0=X\cdot\cos15°+Y\sin15°。$$

按上式将圆弧中心a、b及边界点e、f、g的坐标转换到新坐标系后,得到各点的坐标如图21-12所示。

斜置后g点与e点的坐标分别为25.74mm和20.98mm,比较接近;廓形最大高度,即g点齿廓高度接近最小。且g点的κ_{rg}增到15°+12.03°=27.03°;另一边界点e的κ_{rg}以同样方法计算后也约为20°。从而可保证铣刀两端都有较大、且接近的法向后角,因此斜置15°的方案可以成立。

3. 确定铣刀宽度与齿形高度

铣刀宽度应比工件廓形宽度略大。为此将R_1、R_2圆弧适当延长,使该坐标分别达到33mm与-35mm,取铣刀宽度为$B=33+35=68$mm。

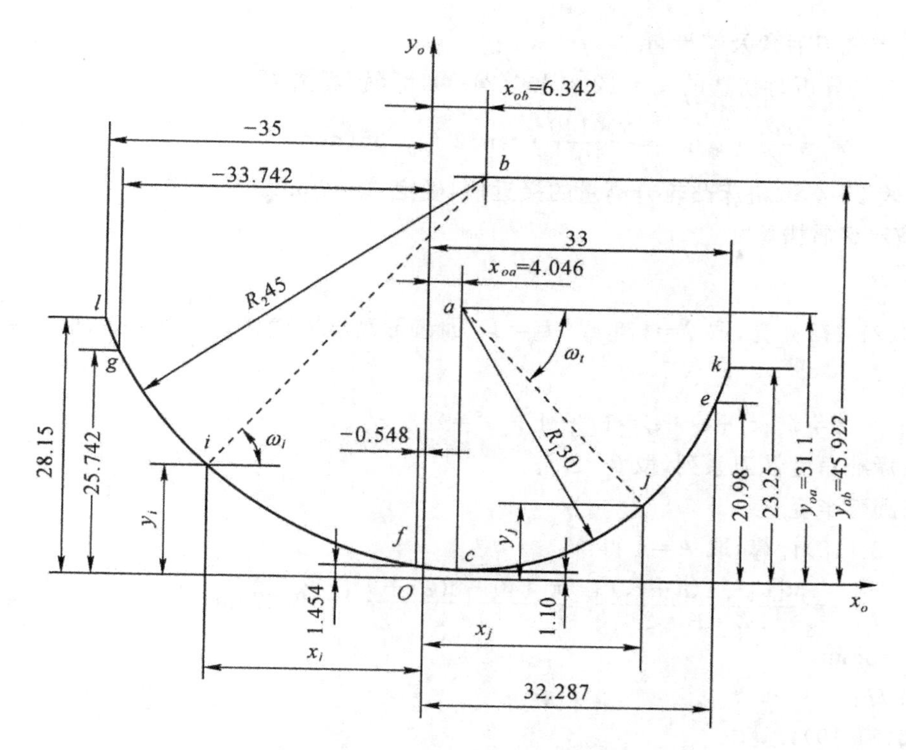

图 21-12　叶片斜置后圆弧中心及边界点坐标

l 点与 K 点范围内的曲线即为铣刀前刀面齿形，也是铣刀后刀面轴向齿形。

R_2 圆弧上任一点 i，当其横坐标 X_i 已知时，其纵坐标 Y_i 可用下式计算

$$\cos\omega_i=\left|\frac{X_i+X\ 0b}{R_2}\right|$$

$$Y_i=Y_{0b}-R_2\cdot\sin\omega_i$$

以 $X_l=X_i=-35$ 代人，可求出 $Y_l=Y_i=28.15\text{mm}$；

同理可求出 K 点 $Y_k=23.25mm$。

铣刀齿形最大高度为 l 点的齿形高度 h_l，而

$$h_l=Y_l-Y_c$$

式中

$$Y_c=Y_{0a}-R_1=31.1-30=1.1\text{mm}$$

所以得

$$h_1=28.15-1.1=27.05\text{mm}$$

最大齿形高度 $h=h_1=27.05\text{mm}$。

4. 确定铣刀孔径 d

按表 21-1，当铣刀宽度 $B=68\text{mm}$ 时，可取 $d=40\text{mm}$

5. 初选铣刀外径 d_0

按式(21-13)估算

$$d_0=(2\sim2.2)d+2.2h+(2\sim6)=(2)\cdot40+2.2\times27.05+3=142.51$$

圆整为 5 的倍数后，初选 $d_0=140\text{mm}$。

6. 初选铣刀齿数 Z

按附表 21-2，据 d_0，并考虑到制造测量方便，初选 $Z=10$。

7. 确定铣刀后角及铲齿量

取按工艺分析时初选的 $\alpha_f=12°$；据式(21-1)计算铲齿量 K

$$K=\frac{\pi d_0}{Z}\cdot\tan\alpha_f=\frac{\pi\times140}{10}\cdot\tan12°=9.35(\text{mm})$$

查附表 21-4，取机床凸轮升高量的接近值，确定 $K=9\text{mm}$。

8. 确定容屑槽尺寸

槽角 θ：

按式(21-17)计算，取 $\psi=17°$，$\varepsilon_1+\varepsilon_2=1°$，因齿形高度 h 较大，选 $\delta_r=90°$，取 $\varepsilon_r=\frac{90}{Z}=\frac{90}{10}=9°$，得

$$\theta=\psi+\varepsilon_1+\varepsilon_2+\varepsilon_r=17°+1°+9°=27°$$

参照标准角度铣刀系列，取 $\theta=25°$。

槽底圆弧半径 r：

按式(21-18)计算，取 $A=4$ 得

$$r=\frac{\pi[d_0-2(h+K)]}{Z\cdot A\cdot 2}=\frac{\pi[140-2(27+9)]}{10\cdot4\cdot2}=2.67\text{mm}$$

取 $r=3\text{mm}$。

槽深 H：

按式(21-19)计算

$$H=h+K+r=27+9+3=39\text{mm}$$

取 $H=40\text{mm}$。

齿根强度验算：

齿根厚度 C 按式(21-20)计算。取 $\varepsilon_w=\frac{270°}{Z}=\frac{270°}{10}=27°$，得 $\varepsilon_3=\varepsilon_w-(\varepsilon_1+\varepsilon_2)=27°-1°=26°$

$$C=\left(\frac{d_0}{2}-\frac{K\cdot\varepsilon_3}{\varepsilon}-h\right)\cdot\sin\varepsilon_3=\left(\frac{140}{2}-\frac{9\cdot26°}{\frac{360°}{10}}-27\right)\cdot\sin26°=16\text{mm}$$

求比值

$$\frac{C}{H}=\frac{16}{40}=0.4<0.8$$

即如采用平底式槽底时，其刀齿强度不够，故改用加强式的槽底，其形状参见附表 21-3。因齿形高度 h 及宽度 B 都很大，要求槽底尺寸尽量加强，因而可不考虑在一次调整机床后就磨出整个前刀面。可这样作出容屑槽底：距铣刀切削刃为 $H_1=K+r=12\text{mm}$ 作切削刃的等距线，如图 21-13 中的点划线所示，然后作一低于此等距线的折线，即为铣刀槽底。

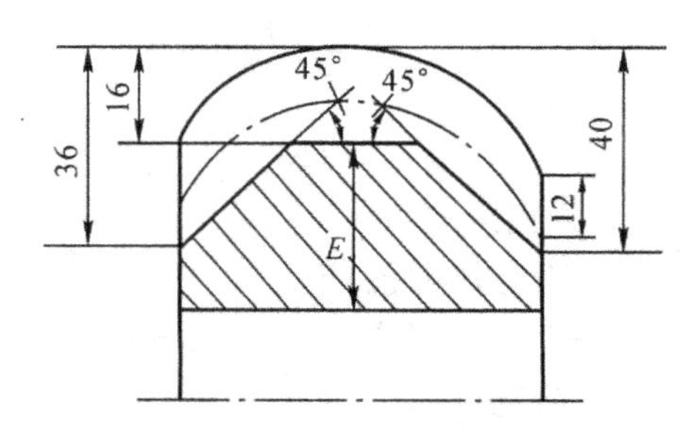

图 21-13　槽底形状和深度

9. 校验刀体强度

据刀体强度要求，按式(21-22)计算 m 的最小值应为 $m=0.4\times d=0.4\times40=16\text{mm}$；

据初定铣刀结构尺寸，按式(21-23)计算 m 值，式中 H 应取加强槽底后的槽深值，可直接从图 20-12 中量得为 16mm，于是

$$m=\frac{d_0-2H-d}{2}=\frac{140-2\cdot16-40}{2}=97.84\text{mm}$$

大于刀体强度要求值。

至此，可认定所确定的各参数值是合理的。

10. 分屑槽尺寸

因铣削宽度 $B>20$mm，所以应在切削刃上做出分槽，有关参数参见图 21-10，按式(21-24)、式(21-25)、式(21-26)、式(21-27)确定。

11. 确定内孔空刀、键槽尺寸

分别按附表 21-6、附表 21-7 确定。

12. 确定铣刀的技术条件

确定铣刀刃形样板检查。根据工件要求的精度，即铣刀刃形公差为工件廓形公差的$\frac{1}{3}$，即为 0.03mm；内孔公差按附表 21-5，选取 $H7$；其他技术条件可参考附表 21-5。

13. 画铣刀工作图。

如图 21-14 所示。

练　习　题　21

1. 为什么要对铲齿成形铣刀的齿背进行铲制？斜向铲齿使用在什么场合？为什么？
2. 当铲齿成形铣刀的前角 $\gamma_f>0°$时，为什么要进行铣刀刀齿的廓形计算？
3. 当铲齿成形铣刀的刀齿强度不够时，怎么办？
4. 设计一把铲齿成形铣刀

已知条件：铣制模数 $m=8$mm、齿形角 $\alpha_0=20°$齿条的齿槽，$\overset{3.2}{\bigtriangledown}$。齿条材料为 40Cr。画出铲齿成形铣刀工作图。

5. 设计一把铲齿成形铣刀。

已知条件：铣制 $8\times\phi60^{-0.03}_{-0.08}\times\phi52^{0}_{-0.4}\times10^{-0.015}_{-0.055}$mm 的矩形齿花键轴的键槽，键底圆角半径 $r=0.5$mm，$\overset{3.2}{\bigtriangledown}$。花键轴材料为 45 号钢。

画出铲齿形成铣刀工作图

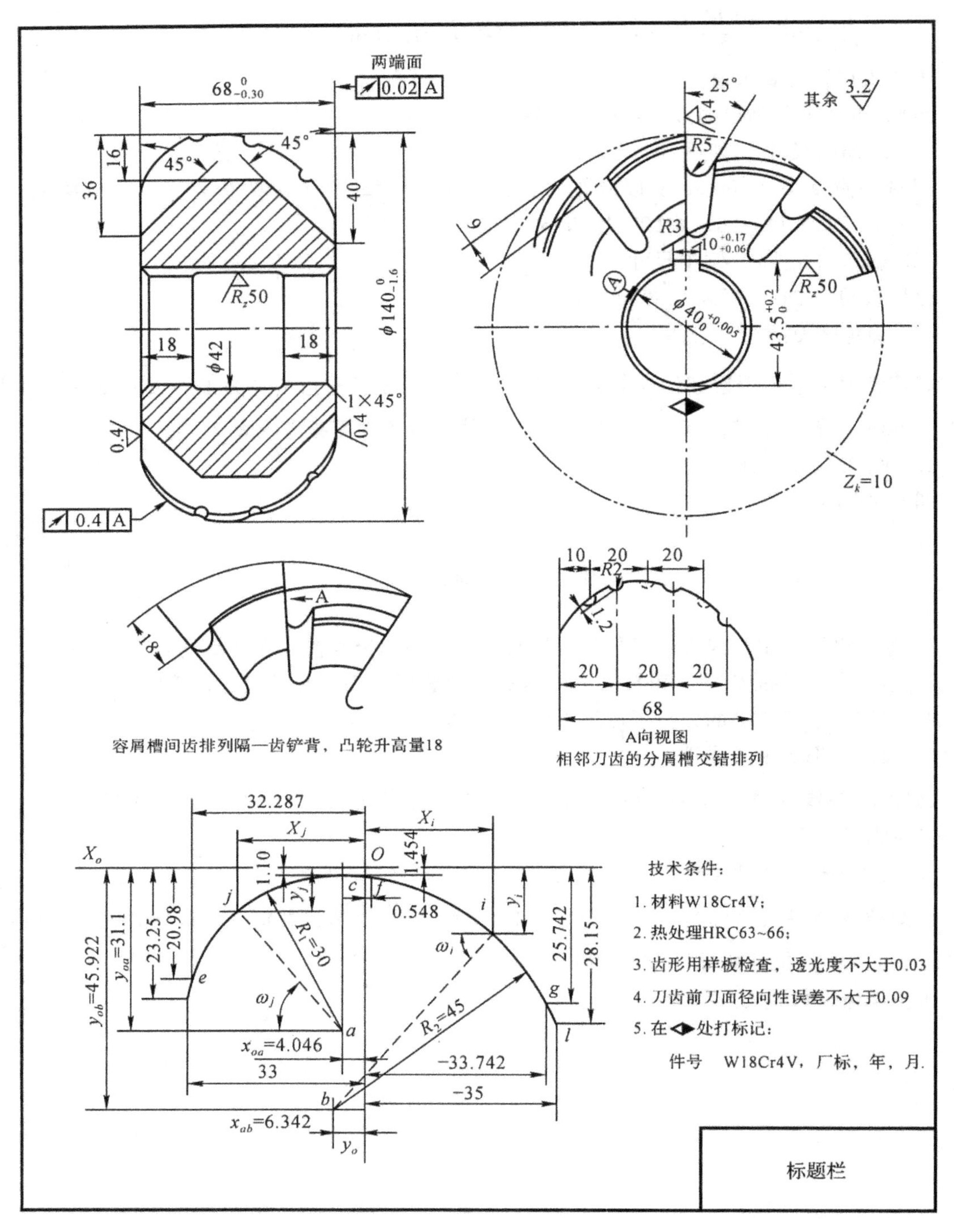

图 21-14 形成铣刀工作图

附录　铲齿成形铣刀设计参考资料(部分)

铲齿成形铣刀的结构尺寸,除按上述方法计算外,也可参照根据生产经验确定的尺寸系列选取,如附表 21-1、附表 21-2。

附表 21-1　平底式容屑槽成形铣刀结构尺寸(mm)

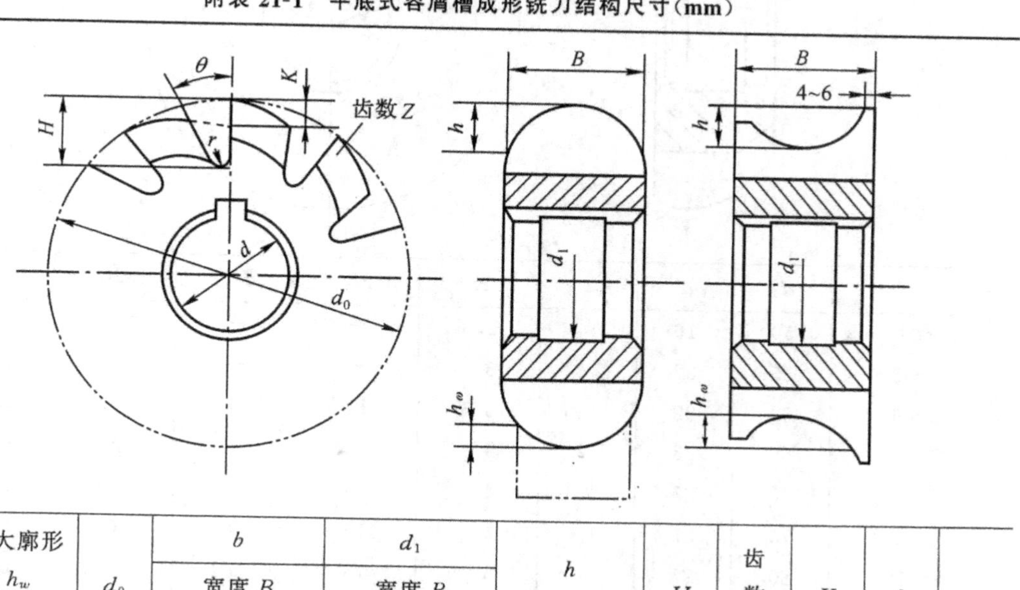

工件最大廓形高度 h_w		d_0	b		d_1		h		H	齿数 Z	K	θ	r
			宽度 B		宽度 B								
大于	到		到 40	大于 40	到 40	大于 40	大于	到					
—	3	60	22	27	23	28	—	4	8	14	2	30°	0.75
3	5	70	27	27	28	28	4	6	11	12	2	30°	1.0
5	7	80	27	32	28	34	6	8	14	10	4	25°	1.5
7	9	90	32	32	34	34	8	10	17	10	4.5	25°	1.5
9	11	100	32	32	34	34	10	12	20	10	5	25°	2
11	13	110	32	32	34	34	12	14	23	10	6	25°	2
13	15	120	32	40	34	42	14	16	27	10	6.5	25°	2.5
15	17	130	40	40	42	42	16	18	29	10	7	25°	2.5
17	19	140	40	40	42	42	18	20	32	10	7.5	25°	3
19	21	150	40	50	42	52	20	22	34	10	8	25°	3
21	23	160	40	50	42	52	22	24	37	10	8.5	25°	3

注:键槽尺寸见附表 20-7。

附表 21-2　加强式容屑槽成形铣刀结构尺寸(mm)

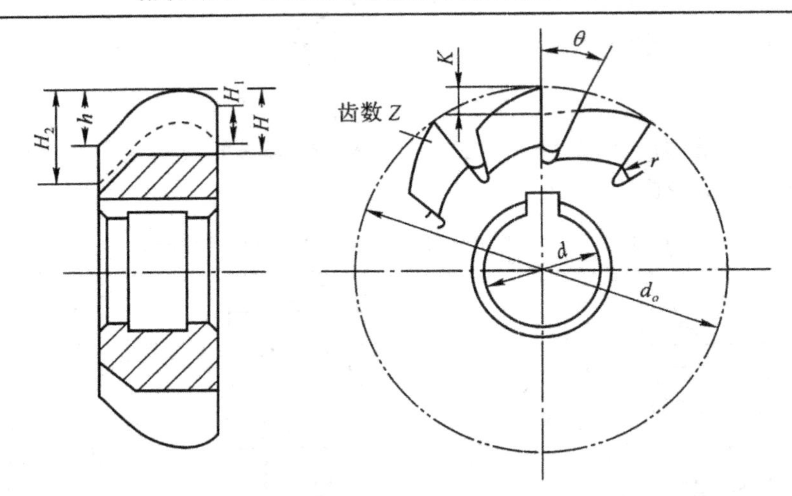

h	d_0	d	z	K	H_2	H_1	H	r
<4	50	16	14	2.5	—	—	8	1.25
4～5	55	22	14	3	—	—	9.5	1.25
5～6	60	22	12	3.5	11	6	7.5	1.25
6～7	65	23	12	4	12.5	7	8.5	1.25
7～8	70	27	12	4	13.5	8	9.5	1.5
8～9	75	27	12	4.5	15	9	10.5	1.5
9～10	80	27	12	5	16.5	9	11.5	1.5
10～11	85	27	12	5	17.5	9	12.5	1.5
11～12	90	32	12	5.5	19.5	10	14	1.75
12～13.5	95	32	12	5.5	21	10	15.5	1.75
13.5～15	100	32	12	6	23	11	17	1.75
15～17	105	32	12	6.5	25.5	11	19	1.75
17～19	110	32	10	6.5	27.5	12	21	2
19～21	115	32	10	7	30	13	23	2
21～23	120	32	10	7.5	33	14	25.5	2.5
23～26	130	32	10	8	36.5	15	28.5	2.5
26～29	140	40	10	9	41	16	32	3
29～32	150	40	10	9.5	44.5	17	35	3
32～35	160	40	10	10	48	18	38	3
35～38	170	40	10	11	52	19	41	3

附表 21-3　加强式容屑槽的形状及画法

加　强　容　屑　槽　槽　底　形　式

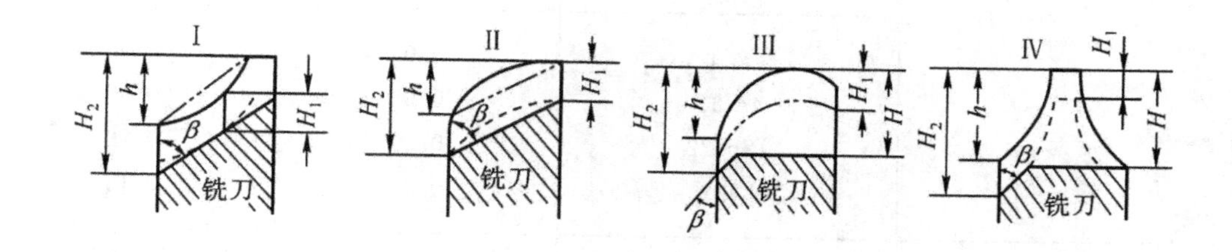

槽　底　的　画　法	
过切削刃曲线的两极限点作直线，如图中的点划线所示；再距切削刃为 $H_1=K+r$ 作切削刃的等距线，亦用点划线画出；作与切削刃两端直连线平行并与等距线相切（Ⅰ型）或相交（Ⅱ型）的直线，即为槽底。H_2 及 β 可由图中量得，显然，$H_2 \geqslant h+K+r$。	作距齿顶为 $H=h+r$ 且平行于铣刀轴的直线；再距切削刃为 $H_1=K+r$ 作切削刃的等距线，如图中的点划线所示；过等距线与端面的交点（对Ⅲ型，为齿形高度较大的那个端面的交点），作逼近但低于等距线的倾斜直线，与距齿顶为 H 的水平直线相交，即得铣刀槽底。其中倾斜直线的倾斜角 β 由图量得。由于 $H>h$，因此磨前刀面时，可在一次调整机床后磨出。 若使容屑槽底距铣刀齿顶的距离大于 H_1 而小于 $h+r$ 亦可。但前刀面不能在一次调整机床后磨出。对Ⅲ型，需调整机床二次，对Ⅳ型，需调整机床三次。

附表 21-4　铲床常用凸轮的升距(mm)

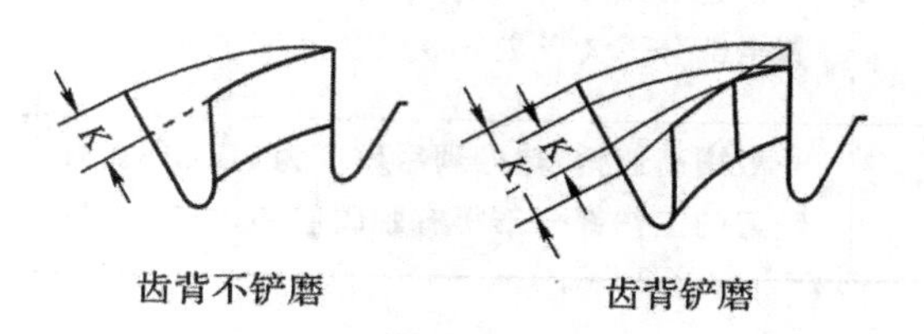

齿背不铲磨　　　齿背铲磨

K	2	2.5	3	3.5	4	4.5	5	5.5	6	6.5	7	8	9	10	11	12
K_1	3	4	4.5	5.5	6	7	7.5	8.5	9	10	10.5	12	13.5	15	16.5	18

附表 21-5 成形铣刀的公差及技术条件(mm)

<table>
<tr><td rowspan="6">齿形公差</td><td rowspan="2">齿形高度 h</td><td colspan="2">透　光　度</td></tr>
<tr><td>齿形基本部分</td><td>齿顶及圆周部分</td></tr>
<tr><td>≤4</td><td>0.03</td><td>0.06</td></tr>
<tr><td>4～12</td><td>0.05</td><td>0.09</td></tr>
<tr><td>12～22</td><td>0.07</td><td>0.12</td></tr>
<tr><td>>22</td><td>0.08</td><td>0.15</td></tr>
<tr><td rowspan="9">形状位置公差</td><td>项　目</td><td>铣刀尺寸范围</td><td>公　差</td></tr>
<tr><td rowspan="2">切削刃的径向及端面跳动</td><td>$d_0<100$</td><td>0.03</td></tr>
<tr><td>$d_0\geq100$</td><td>0.04</td></tr>
<tr><td rowspan="2">刀体端面跳动</td><td>$d_0<100$</td><td>0.02</td></tr>
<tr><td>$d_0\geq100$</td><td>0.03</td></tr>
<tr><td rowspan="4">零度前角铣刀前刀面的径向性
(只许凹入)</td><td>$H\leq10$</td><td>0.04</td></tr>
<tr><td>$10<H\leq30$</td><td>0.06</td></tr>
<tr><td>$20<H\leq30$</td><td>0.09</td></tr>
<tr><td>$H>30$</td><td>0.12</td></tr>
<tr><td rowspan="4">主要结构尺寸公差</td><td>名　　称</td><td colspan="2">公　　差</td></tr>
<tr><td>外径 d_0</td><td colspan="2">$h15$</td></tr>
<tr><td>宽度 B</td><td colspan="2">$h12$</td></tr>
<tr><td>孔径 d</td><td colspan="2">$H7$</td></tr>
<tr><td>粗　糙　度</td><td colspan="3">刀齿前面、内孔表面、端面不大于 $R_a0.8$；
不铲磨的齿背不大于 $R_a1.6$；
其余部分不大于 $R_a6.3$。</td></tr>
<tr><td>材料及热处理</td><td colspan="3">一般用高速钢，热处理后硬度为 HRC63-66；
铣刀的工作部分不得有脱碳层和软点。</td></tr>
</table>

附表 21-6　刀具内孔空刀尺寸(mm)

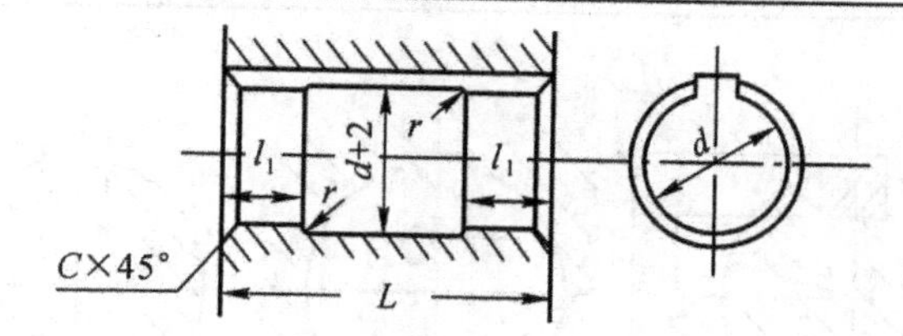

L \ l_1 \ d	13	16	19	22	27	32	40	50	60 以上
22	5	6	7	7	8	8			
24	6	7	7	8	8	8	8		
26	6	7	7	9	9	9	10		
28	6	7	7	9	9	9	11		
30	7	8	9	9	10	10	11	12	
35	7	8	9	9	10	11	12	13	
40	8	9	9	10	11	12	13	14	
45	9	10	10	11	12	13	14	15	
50	9	11	11	12	13	14	15	16	18
55	10	11	11	12	14	15	16	18	20
60	11	12	12	13	15	16	18	18	20
65	12	13	13	14	15	18	18	20	22
70		14	14	15	16	18	20	20	22
75		15	15	16	18	18	20	22	24
80		15	15	16	18	20	22	24	26
85			16	18	20	20	24	25	27
90			16	18	20	22	24	25	27
95				20	20	22	25	26	27
100				20	22	24	26	28	30
110				22	22	26	28	30	32
120				22	24	28	30	32	34
130					26	30	32	35	37
140					28	32	34	38	40
150					30	34	36	40	42
160						36	38	42	44
170						38	40	44	48
180						40	42	46	50
190						42	44	48	52
200						44	46	50	54
210						46		52	56
220								56	60
230								58	62
240								60	65
250								62	68

附表 21-7　刀具内孔、芯轴及键的尺寸和公差(参考)(mm)

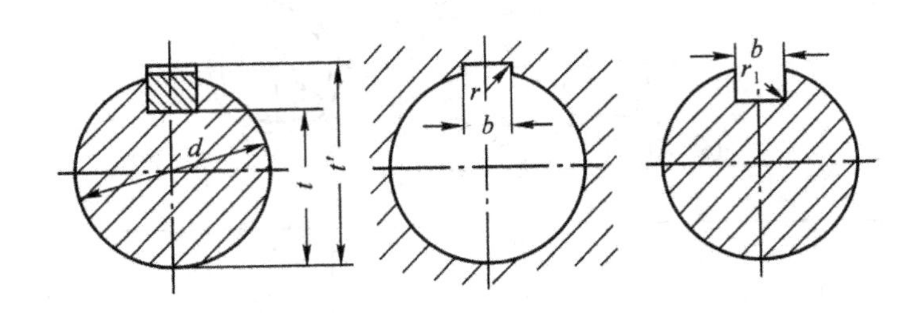

<table>
<tr><th rowspan="2">d</th><th rowspan="2">b</th><th colspan="2">t</th><th colspan="2">t'</th><th colspan="2">r</th><th colspan="2">r₁</th></tr>
<tr><th>尺寸</th><th>偏差</th><th>尺寸</th><th>偏差</th><th>尺寸</th><th>偏差</th><th>尺寸</th><th>偏差</th></tr>
<tr><td>8</td><td>2</td><td>6.7</td><td rowspan="6">0
−0.10</td><td>8.9</td><td rowspan="6">+0.10
0</td><td rowspan="3">4.0</td><td rowspan="3">0
−0.10</td><td rowspan="4">0.16</td><td rowspan="4">0
−0.08</td></tr>
<tr><td>10</td><td rowspan="2">3</td><td>8.2</td><td>11.5</td></tr>
<tr><td>13</td><td>11.2</td><td>14.6</td></tr>
<tr><td>16</td><td>4</td><td>13.2</td><td>17.7</td><td>0.6</td><td>0
−0.12</td></tr>
<tr><td>19</td><td>5</td><td>15.6</td><td>21.1</td><td rowspan="2">1.0</td><td rowspan="5">0
−0.30</td><td rowspan="4">0.20</td><td rowspan="4">0
−0.09</td></tr>
<tr><td>22</td><td>6</td><td>17.6</td><td>24.1</td></tr>
<tr><td>27</td><td>7</td><td>22.0</td><td rowspan="8">0
−0.20</td><td>29.8</td><td rowspan="8">+0.20
0</td><td rowspan="3">1.2</td></tr>
<tr><td>32</td><td>8</td><td>27.0</td><td>34.4</td></tr>
<tr><td>40</td><td>10</td><td>34.5</td><td>43.5</td><td rowspan="5">0.40</td><td rowspan="5">0
−0.15</td></tr>
<tr><td>50</td><td>12</td><td>44.5</td><td>53.5</td><td rowspan="2">1.6</td><td rowspan="5">0
−0.50</td></tr>
<tr><td>60</td><td>14</td><td>54.0</td><td>64.2</td></tr>
<tr><td>70</td><td>16</td><td>63.5</td><td>75.0</td><td rowspan="2">2.0</td></tr>
<tr><td>80</td><td>18</td><td>73.0</td><td>85.5</td></tr>
<tr><td>100</td><td>25</td><td>91.0</td><td>107.0</td><td>2.5</td><td>0.60</td><td>0
−0.20</td></tr>
</table>

公差

d——孔：*H*6、*H*7；芯轴：*h*5、*h*9

b——孔槽：*C*11；芯轴键槽　松配合：*H*9；紧配合：*N*9，键：*h*9

第二十二章　拉　　刀

§22-1　拉削特点

图 22-1 是拉刀工作时的情况。它沿轴线作直线运动，以其后一刀齿高于前一刀齿来完成拉削任务。特点是：

1. 拉削速度较低，一般为 $v=2\sim8\text{m/min}$，拉削平稳，且切削厚度很薄，因此拉削精度可达 $IT7\sim9$，表面粗糙度达 $R_a2.5\sim1.25\mu\text{m}$。

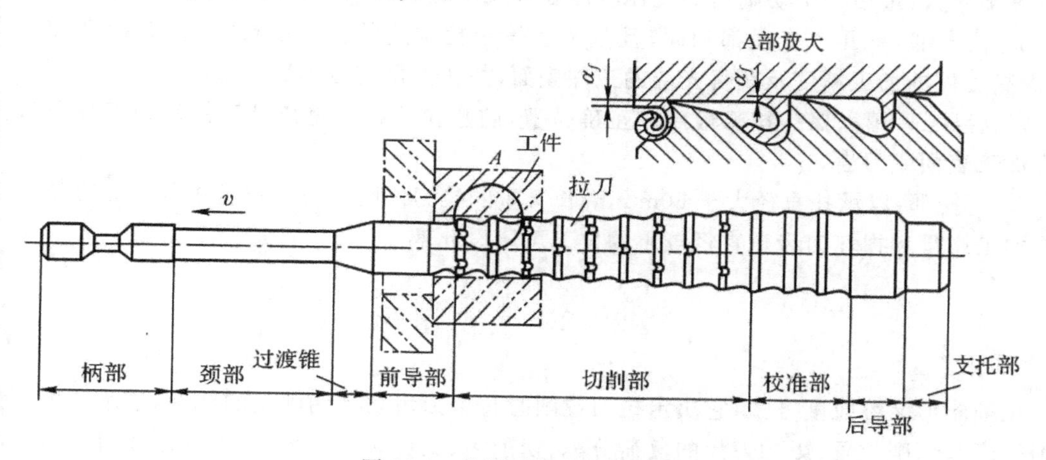

图 22-1　拉削过程及拉刀结构

2. 同时工作的刀齿多，切削刃长，一次行程完成粗、精加工，生产率高。
3. 每一刀齿在工作行程中只切削一次，刀齿磨损慢，刀具的耐用度高、寿命长。
4. 拉削时只有主运动，拉床结构简单，操作方便。

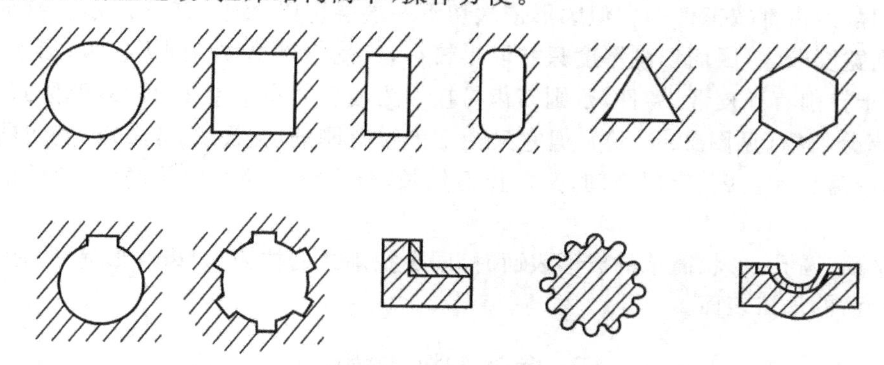

图 22-2　用拉刀加工各种工件表面形状

5. 加工范围广，可拉削各种形状的通孔和外表面，图 22-2 给出了其中的一些例子。但拉刀的设计、制造复杂，价格昂贵，较适于大批量生产中应用。

§22-2 拉刀的结构

拉刀种类很多，结构各有特点，但它们的组成部分还是相同的。以图 22-1 所示的圆孔拉刀为例，其组成部分包括：

1. 柄部：由拉床的夹头夹住，带动拉刀前进。

2. 颈部：连接柄部与其后各部分，使拉刀的第一个刀齿尚未进入工件孔之前，柄部有可能被夹住在拉床夹头内；还可在这部分打标记。

3. 过渡锥：使拉刀容易进入拉削前的孔中，起对准中心的作用。

4. 前导部：起导向和定心作用，防止拉刀歪斜，并可检查拉削前的孔径是否过小，以免拉刀的第一个刀齿负荷太重而损坏。

5. 切削部：担负全部切削工作，包括粗切齿、过渡齿和精切齿，它们的直径由第一个刀齿向后逐渐增大，最后一个切削齿的直径应保证被拉削孔获得所要求的尺寸。

6. 校准部：有几个直径都相同，且基本上等于拉削后的孔径的校准齿，起校准和修光作用，提高工件的加工精度及获得光洁的工件表面，并作为精切齿的后备齿。

7. 后导部：用以保持拉刀最后的正确位置，防止拉刀在即将离开工件时因工件下垂而损坏已加工表面或刀齿。

8. 支托部：以承托直径大于 60mm 既长又重的拉刀。防止拉削过程中因拉刀自重下垂而影响加工质量和损坏刀齿。直径较小的拉刀可不设此部。

§22-3 拉削图形

拉削图形又称拉削方式，它决定拉刀拉削时每个刀齿切下切削层的截形，表示了各刀齿的切削顺序和切削位置。影响刀齿的负荷分配、切削力、工件表面质量、拉刀耐用度，拉刀长度、拉削生产率。是拉刀设计中应首先确定的一个重要环节。

一、同廓拉削图形

每个切削刀齿都按工件的相似廓形依次切下一层层切屑，如图 22-3 所示。参加切削的切削刃即切削宽度较大，因而切削厚度只好取得较小，这就使得单位切削力较大；齿数增多，拉刀加长；不适于拉削有硬皮锻、铸件，否则刀齿易损。为使切屑易于卷曲，前后相邻刀齿上开有交错分布的窄分屑槽(见图 22-4,a))，但它又使切削带有刚筋(见图 22-4,b))，使切屑的卷曲半径加大，相应需加大齿距、容屑空间，又使拉刀加长；分屑槽由薄片砂轮磨出，此处的副后角很小，易磨损。

拉削平面、圆孔、形状简单的成形表面时，同廓拉削式的拉刀，刀齿廓形简单、制造容易，且可获得较光洁的加工表面。

二、分块(轮切)拉削图形

按这种图形设计的拉刀有几组刀齿，每组中包含两个或三个刀齿。同一组刀齿的直径相同或基本相同，共同切除拉削余量中的一层材料。每个刀齿的切削位置相互错开，各切除一层材

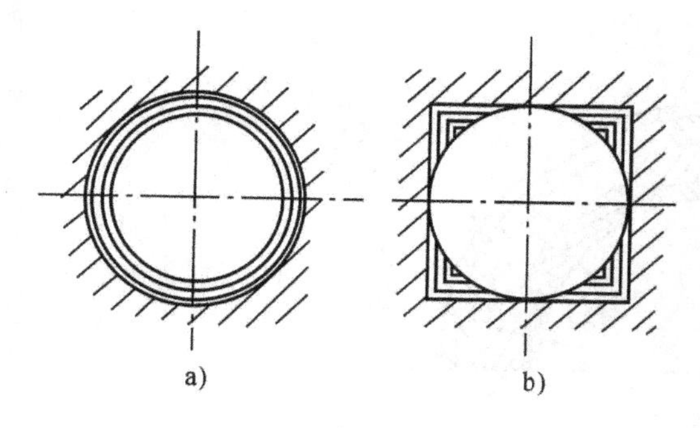

图 22-3　同廓拉削图形

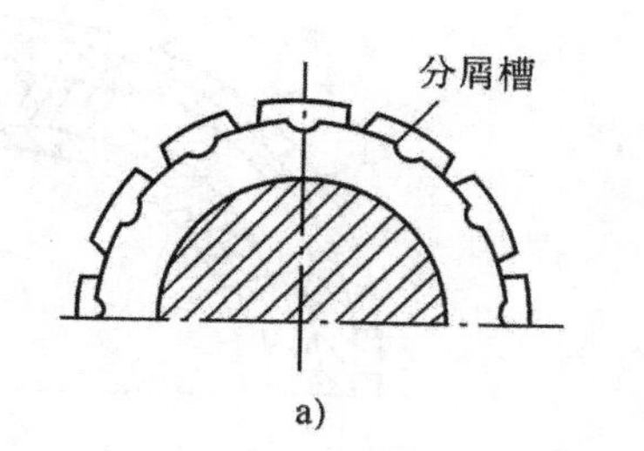

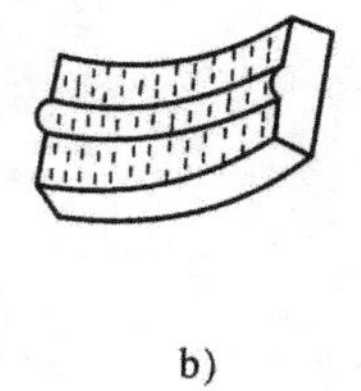

图 22-4　同廓拉削拉刀的分屑槽
a)分屑槽；　b)带刚筋的切屑

料中的一部分。全部余量由几组刀齿按顺序切完。

图 22-5 是这种图形的示意图，图中表示的拉刀有四组切削刀齿。每组中包含两个直径相同的刀齿，先后切除同一层材料的黑、白两部分余量。

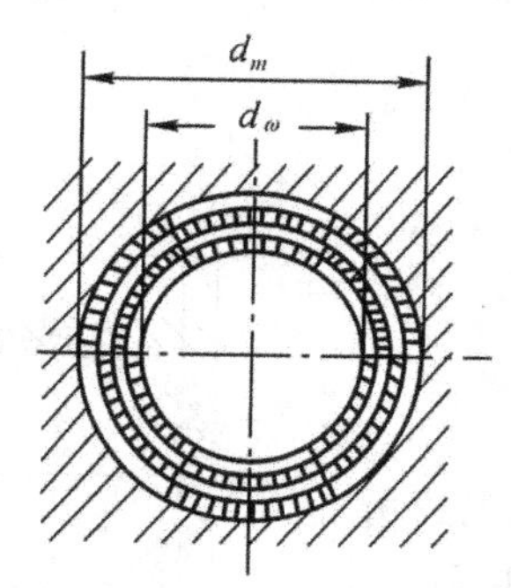

图 22-5　分块拉削图形

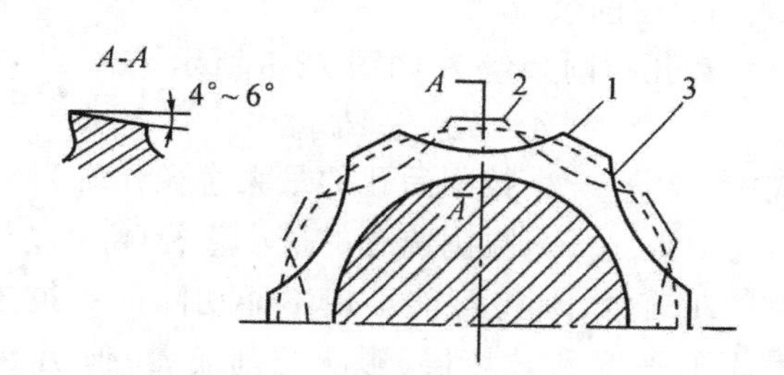

图 22-6　轮切式圆孔拉刀截形 1、2、3 分别为第一、第二、第三切削刀齿截形

图 22-6 是三个切削刀齿为一组的轮切式拉刀的截形。第一、第二切削刀齿都做成同样的圆弧凹槽截形，但相互错开，各切除同一层中的几段材料。剩下未切去的部分，由同一组中的第三、不作圆弧凹槽的切削刀齿切除，但其直径应比同组的其他切削刀齿小 0.02～0.04mm，以防止因刀齿间制造公差的原故，使它有可能切下整圈的材料。

这种图形的优点是：与同廓式比较，每个切削刀齿参加工作的切削刃宽度较小，因而切削厚度可增大二倍以上，单位切削力小；在相同的拉削余量下，齿数减少，拉刀缩短，既节省贵重的刀具材料，又提高生产率；它还可拉削带有硬皮的锻、铸件。

但拉刀的结构复杂，制造较难；拉削后的工作表面也比较粗糙。

三、综合拉削图形

它是上述两种图形综合在一起的图形，如图 22-7 所示。粗切齿、过渡齿按轮切图形工作；第一刀齿分段地切去第一圈材料层宽度的一半；第二刀齿除切去第一刀齿切剩的第一圈一半外，还分段地切去第二圈材料层的一半，即其切削厚度比第一刀齿大一倍；第三、第四刀齿的切除情况以此类推。精切齿按同廓图形工作：如第五、第六刀齿，不够，第五刀齿除切去本圈的材料层外，还要切去第四圈中切剩下的一半。

目前，专业工具厂生产的圆孔拉刀，一般无采用综合拉削图形。因它既缩短了拉刀长度，提高生产率，又能获得较好的光洁的工作表面。

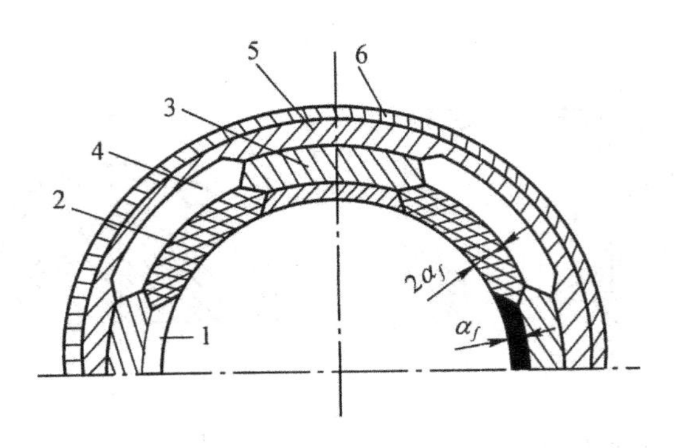

图 22-7　综合拉削图形

§22-4　圆孔拉刀设计

一、切削部

1. 拉削余量 A

圆孔拉削余量 A 如图 22-8 所示。

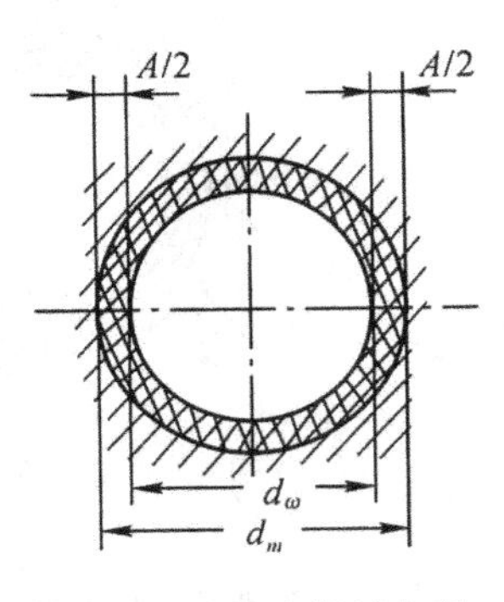

图 22-8　圆孔拉削余量

$$A=d_{m_{\max}}-d_{w\min} \tag{22-1}$$

式中　$d_{m_{\max}}$——拉削后孔的最大直径(mm)；

$d_{w\min}$——拉削前孔的最小直径(mm)。

A 若太小，将可能出现不能切除前一道工序留下的加工误差、表面不平度和破坏层，影响拉削质量；但 A 太大，拉刀刀齿必然增多，拉刀长，使拉刀制造困难，增加刀具材料消耗。

常据拉削前的孔径精度，按下列经验公式确定 A，而后由式(22-1)求得拉削前孔径。

$$A=0.005d_m+m\cdot\sqrt{l}\ (\text{mm}) \tag{22-2}$$

式中　d_m——拉削后孔的公称直径(mm)；

m——系数。决定于拉削前孔的精度，它与加工方法有关。一般取，钻孔 0.1，扩孔钻 0.075，精扩孔或镗孔 0.05；

l——拉削孔的长度(mm)。

2. 确定拉削方式

拉削方式不同，拉刀的结构、设计方法也不同。综合拉削方式有较多优点，广泛用于生产中。下面主要以综合拉削式圆孔拉刀为例说明拉刀的设计方法。

3. 齿升量 a_f

相邻两个或两组切削齿的半径差。

a_f 大，切削齿数少，拉刀短，成本低、生产率高；但拉削力大，影响拉刀强度、机床负荷、拉削表面粗糙度。

全部粗切齿约切去拉削余量的 80%，各齿的 a_f 相等，可较大，但也应避免大于 0.15mm；为逐渐降低拉削负荷，各过渡齿的 a_f 不等，由粗切齿的 a_f 逐齿递减至精切齿的 a_f；精切齿的 a_f 一般取 0.005～0.025mm，a_f 小于 0.005mm 是不允许的，因切削刃不可能绝对锋利，它无法切下很薄的金属层，而使挤压作用加剧，刀齿易损，且较难获得光洁的加工表面。

4. 几何参数

1）前角 γ_0

一般据工件材料选取。

拉削钢料时，为减小切削变形、便于卷屑，使切削力降低，获得光洁的表面和提高拉刀耐用度，r_0 可大些，约 15°～20°；

拉削铸铁时，为加强切削刃强度，r_0 应小些，约 5°～10°。

为提高精切齿的耐用度，有时也可在其前刀面上做出 $\gamma_{0j}=5°\sim-5°$、$b_{rj}=0.5\sim1\text{mm}$ 的倒棱。

2）后角 α_0

圆孔拉刀属于精加工、控制工件尺寸的刀具，为使刀齿沿前刀面重磨后直径变化较少，以延长拉刀总的使用寿命，其 α_0 应选得较小。一般粗切齿 $\alpha_{or}\approx3°$，精切齿 $\alpha_{0j}\approx2°$。

3）刃带宽度 b_{a1}

为使拉刀制造时便于测量刀齿直径和拉削时起支托作用，重磨后又能保持直径不变，各刀齿的后刀面上留有宽度为 b_{a1}、后角为零的刃带。但 b_{a1} 不宜太大，以免增加摩擦并使加工表面粗糙。一般粗切齿 $b_{a1r}\leqslant0.2\text{mm}$；精切齿 $b_{a1j}=0.3\text{mm}$。

5. 齿距 P

相邻两刀齿间的轴向距离。

P 小，拉刀短，且同时工作齿数多，拉削过程平稳，拉削表面光洁，但过小的 P，使容屑槽容积变小，切屑易挤塞于槽内而折断刀齿。

粗切齿齿距 P_r 的确定，是以同时工作齿数 3～8 个为宜，按下列经验公式计算：

$$P_r=(1.25\sim1.75)\sqrt{l} \tag{22-3}$$

式中 l——拉削长度(mm)。

计算后，P_r 取接近的标准值。

最大同时工作齿数 Z_e 按下式计算

$$Z_e=\frac{l}{P_r}+1 \tag{22-4}$$

当孔内有空刀槽时(见图 22-9)

$$Z_e=\left(\frac{L'}{P_r}+1\right)-\frac{l_2'}{P_r}$$

或

$$Z_e=\frac{L'-l_2'}{P_r}+1 \tag{22-5}$$

式中 L'——孔的总长(mm)；

l_2'——空刀槽宽度(mm)。

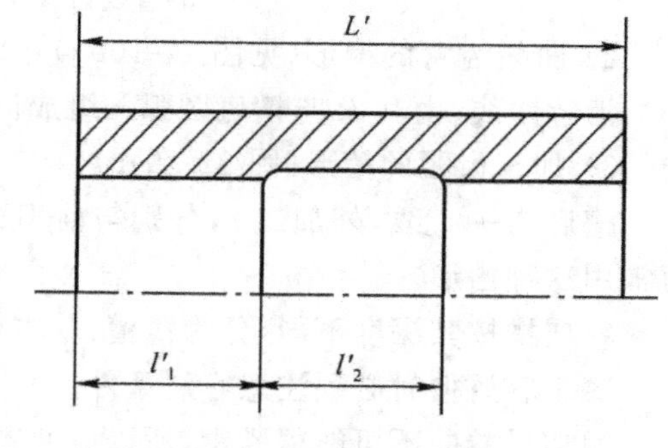

图 22-9 带空刀槽的孔

计算后，Z_e 略去小数，仅取整数部分。

过渡齿的齿距 Z_g 取与粗切齿的齿距 P_r 相等，即

$$P_g=P_r \tag{22-6}$$

精切齿的齿距 P_j 按下列情况确定

当 $P_r>10\text{mm}$ 时

$$P_j=(0.6\sim0.8)P_r \tag{22-7}$$

当 $P_r \leqslant 10\text{mm}$ 时，为了制造方便，可取

$$P_i = P_r \tag{22-8}$$

6. 容屑槽

拉削属于封闭式切削，切屑被封闭于容屑槽中。所以对容屑槽的要求是：有足够的空间并能使切屑自由卷曲，以免堵塞和损坏刀齿；能使刀齿有足够的强度和较多的重磨次数。常用的槽形有

1）直线齿背的槽形（见图 22-10a））

齿背直线、槽底有一圆弧 r，形状简单、制造容易。有效容屑空间较小，常用于拉削脆性金属及一般钢料。

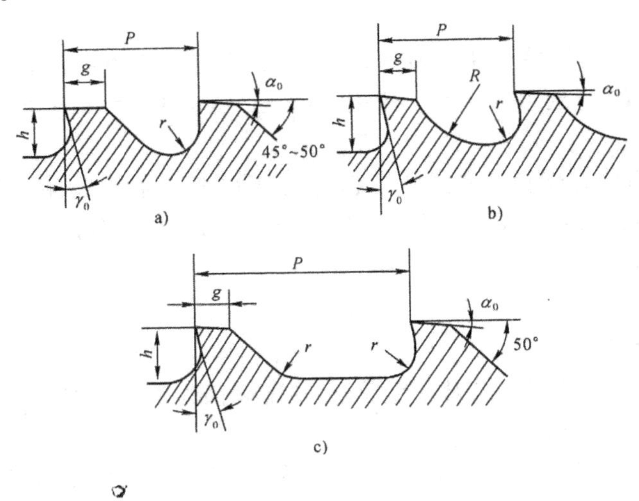

图 22-10　容屑槽形

a）直线齿背；b）曲线齿背；c）加长齿距

2）曲线齿背的槽形（见图 22-10b））

齿背曲线，由其 R 与槽底圆弧 r 组成。有利于切屑卷成螺卷，很适于拉削韧性金属。

3）加长齿距的槽形（图 22-10，c））

槽底为一直线，外加二 r，分别与前刀面、齿背连接，有较足够的容屑空间，综合拉削式拉刀常用这种槽形。

容屑槽按其深度不同，分为浅槽、基本槽、深槽。可据具体情况选用。

决定容屑槽时必须注意容屑条件。

因切屑卷曲不可能很紧密，所以应使容屑槽的有效容积 V_g 大于切屑体积 V_c，即

$$K = \frac{V_g}{V_c} > 1 \tag{22-9}$$

K 称容屑系数。

由于切屑的宽度变形较小，可忽略不计。因此 K 可用拉刀轴向剖面内容屑槽的面积 F_g 及切削层的面积 F_c 之比表示，即

$$K = \frac{F_g}{F_c} \tag{22-10}$$

F_g 用下式近似计算

$$F_g=\frac{\pi h^2}{4}\ (\mathrm{mm}^2) \tag{22-11}$$

式中　h——容屑槽的深度(mm)

F_c 为

$$F_c=a_c\cdot l(\mathrm{mm}) \tag{22-12}$$

式中　a_c——切削厚度(mm)。

对于同廓拉削式拉刀,$a_c=a_f$;

对于综合拉削式拉刀,$a_c=2a_f$。

l——拉削长度(mm)。

由式(22-10)、式(22-11)、式(22-12)解得

$$h=1.13\sqrt{K\cdot a_c\cdot l} \tag{22-13}$$

计算后,h 选用接近的标准值。

为使容屑槽有足够的空间,K 的数值应选用恰当,它随加工材料的性质、齿升量的不同而异,常在 2～4.5 之间。塑性材料较大;脆性材料可较小。

7. 分屑槽

圆孔拉刀拉削韧性金属时,如果切削刃上没有分屑槽,则每个刀齿切下的金属层是一个圆筒,切屑要经受很大变形才能卷成圆环,对拉削过程不利,且它会套在容屑槽中,使切屑清除困难。所以对直径较大的拉刀,在前、后相邻切削齿的切削刃上要做出交错分布的分屑槽,将切屑分成许多小段,使卷屑顺利、清除方便。拉削脆性材料时,因是崩碎切屑,可无需做出分屑槽。

同廓拉削的圆孔拉刀的粗切齿、过渡齿、精切齿及综合拉削的圆孔拉刀的精切齿的分屑槽形状如图 22-11 所示。采用三角形槽,槽侧角 ε 大于 90°,以利于散热和使副切削刃上有后角;槽深 h' 应大于 a_f;槽宽 $b\approx0.8\sim1.5\mathrm{mm}$;槽底圆弧 $r\approx0.2\sim0.4\mathrm{mm}$;槽底与拉刀轴线成 $\alpha_0+2°$,槽数 n_h,与拉刀直径 d_0 有关,可取 $n_h=(0.4\sim0.66)d_0$。

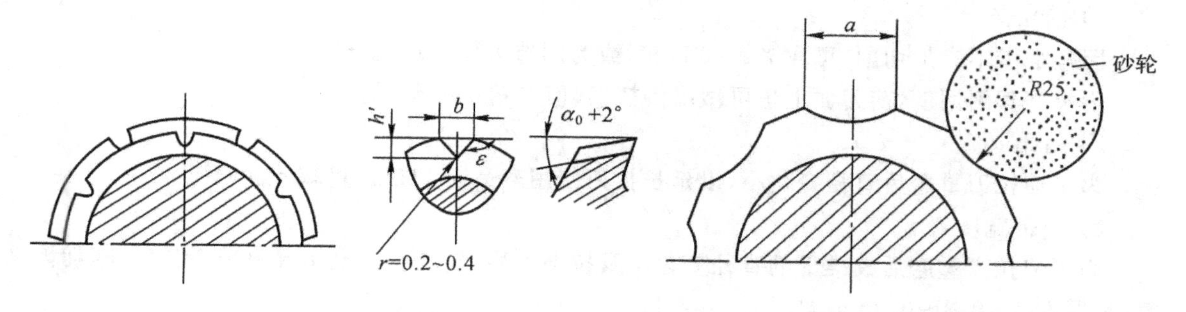

图 22-11　角形分屑槽

图 22-12　弧形分屑槽

综合拉削的圆孔拉刀的粗切齿、过渡齿采用弧形分屑槽,如图 22-12 所示,以实现分块拉削。槽宽 a 决定于拉刀直径。

为了保证拉削质量,在最后一个精切齿上不应有分屑槽。

8. 切削齿的齿数 Z_c 与直径

1) Z_c

$$Z_c=Z_r+Z_g+Z_j \tag{22-14}$$

式中　Z_r、Z_g、Z_j——分别为粗切齿、过渡齿、精切齿齿数。

Z_r 根据它切去的余量与 a_f 决定

$$Z_r=\frac{A-(A_g+A_j)}{2a_f}+1 \tag{22-15}$$

式中 A_g、A_j——分别为过渡齿、精切齿的切削余量(mm)。

A_g、A_j 可据 Z_g、Z_j 确定。一般 $Z_g=3\sim5$；$Z_j=3\sim7$。

式中等号右边加1，是因第一个粗切齿的直径一般与前导部的直径相同，即不设齿升量，以避免这个刀齿因拉削前孔的制造精度的原因，使拉削余量不均匀或金属内含有杂质而承受过大的偶然负荷。

求出的 Z_r 应取成整数。若因按"四舍五入"原则取较小的一个整数而剩下了一个小于 a_f 的余量，则应根据具体情况将它分摊给过渡齿或第一个切削齿。

2）直径

第一个切削齿的直径 d_{01} 可以下式表达

$$d_{01}=d_{w_{man}}+2a_{f1} \tag{22-16}$$

式中 a_{f1}——第一个切削齿的齿升量。

一般情况下，$a_{f1}=0$；

对综合拉削的圆孔拉刀或可取为 $a_{f1}=(0.15\sim0.25)a_f$；

对拉削前孔的精度较高，如 $H10$ 以上时，因偏差较小，则第一切削齿也可参加部分切削工作，可取 $a_{f1}=0.5a_f$。

以后各齿的直径即按各刀齿的齿升量，以 $2a_f$ 依次递增计算，最后一个精切齿直径等于校准齿的直径。

二、校准部

校准部的校准齿没有齿升量，只起校准和修光作用，也不开分屑槽。

1. 几何参数

1）前角 γ_{0ji}

因校准齿不参加切削，可取 $\gamma_{0ji}=0°\sim5°$；或为制造方便，取 $\gamma_{0ji}=\gamma_0$。

为提高其耐用度，前刀面上也可做出倒棱，其值与精切齿相同。

2）后角 α_{0ji}

为了使拉刀重磨后直径变化小，以延长拉刀使用寿命，$\alpha_{0ji}<\alpha_{0r}$，可取 $\alpha_{0ji}\approx1°$。

3）刃带宽度 b_{a1ji}

为了使拉刀重磨后校准部的直径变化小及拉削平稳，校准齿上也作有刃带，其宽比精切齿大，常取 $b_{a1ji}=0.3\sim0.8$mm。

2. 校准齿的齿数 Z_{ji}

孔的精度高，Z_{ji} 应多些。常取 $Z_{ji}=3\sim7$。

重磨拉刀时，只需重磨第一个切削齿到最后一个精切齿的这部分刀齿，最后一个精切齿因重磨后直径减小了，于是第一个校准齿就成为新的最后一个精切齿。以后再重磨，照此类推。

3. 校准齿直径 d_{0ji}

为增加拉刀重磨次数，使其有较长的使用寿命，d_{0ji} 应等于被拉削孔的最大直径 $d_{m_{\max}}$。

但考虑到拉削后的孔径时常会发生扩张或收缩的变化，d_{0ji} 实际应取：

$$d_{0ji}=d_{\max}\pm\delta \tag{22-17}$$

式中 δ——拉削后孔的扩张量或收缩量(mm)。

拉削后，若孔径扩张，取“－”号，若孔径收缩，取“＋”号。

在一般情况下，被拉削的孔径总是大于校准齿直径的。

扩张量应通过试验确定。其值与孔径公差有关，约可取 $\delta\approx(0.12\sim0.14)$孔公差(μm)。

收缩现象常发生在拉削薄壁工件或韧性金属时。

拉削韧性金属时，可取收缩是 $\delta=0.01$mm；

加工薄壁工件时，δ 可以下式计算：

拉削 3 号钢或 5 号钢时

$$\delta=0.3d_{m_{\min}}-1.4T(\mu m) \tag{22-18}$$

拉削 40Cr 或 18CrNiMnWA 时

$$\delta=0.6d_{m_{\min}}-2.8T(\mu m) \tag{22-19}$$

式中 $d_{m_{\min}}$——拉削后孔的最小直径(mm)；

T——孔壁厚度(mm)。

4. 校准齿的齿距 P_{ji}与齿形

因校准齿只起修光作用，P_{ji}可以短些，以缩短拉刀长度。

当粗切齿的齿距 $P_r>10$mm 时，可取

$$P_{ji}=(0.6\sim0.8)P_r \tag{22-20}$$

当 $P_r\leqslant10$mm 时，为制造方便，取

$$P_{ji}=P_r \tag{22-21}$$

校准齿的槽形做成与切削齿相同。

三、其他部分与总长度

1. 柄部

应尽量采用快速装夹的型式，如图 22-13 所示，d_1 应比拉削前的孔径小 0.5mm，并选用标准值。

2. 颈部与过渡锥

颈部长度 l_2 参见图 22-13，按下式计算

$$l_2\geqslant m+B+A-l_3(\text{mm}) \tag{22-22}$$

式中 m——拉床夹头与床壁的间隙，可取 10－20mm；

B——拉床床壁厚度(mm)；

A——拉床花盘等厚度(mm)；

l_3——过渡锥长度，通常取成 10、15、20mm；

颈部直径 d_2 可比 d_1 小 0.3～0.5mm；也可与柄部一次磨出，即 $d_2=d_1$。

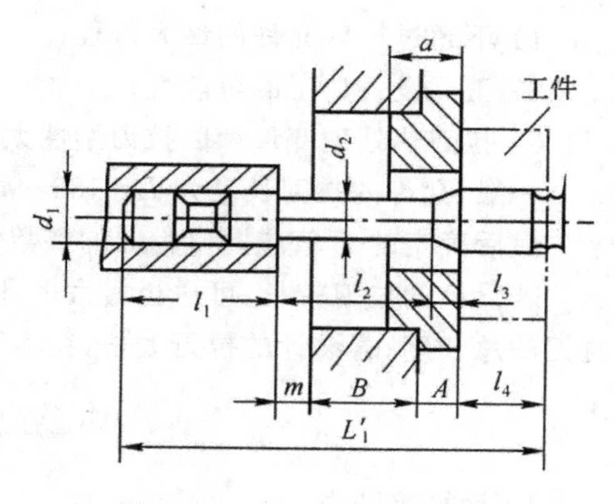

图 22-13 拉刀的柄部及颈部

拉刀图纸上通常不标注颈部长度，而标注柄部前端到第一个切削齿的长度 L_1'：

$$L_1'=l_1+l_2+l_3+l_4 \tag{22-23}$$

式中 l_1——柄部长度(mm)；

l_2——颈部长度(mm)；

l_3——过渡锥长度(mm)；

l_4——前导部长度(mm)。

3. 前导部

前导部直径 d_4 应等于拉削前孔的阳小直径 $d_{m_{min}}$,偏差取 $f7$;

前导部长度 l_4 是由过渡锥终端到第一个切削齿的距离,一般等于拉削孔的长度 l;若孔的长度和直径之比大于 1.5 时,可取 $l_4=0.75l$,但不小于 40mm。

4. 后导部

后导部直径 d_7 取等于拉削后孔的最小直径 $d_{m_{min}}$,偏差为 $f7$;

后导部长度 $l_7=(0.5\sim0.7)l$,但不小于 20mm;

当内孔有空刀槽时(见图 22-9),l_7 取为:

$$l_7=l_1'+l_2'+(5\sim10)(\text{mm}) \tag{22-24}$$

5. 支托部

支托部长度 $l_8=(0.5\sim0.7)d_m$,但不小于 20~25mm,d_m 为拉削后孔的公称直径;支托部直径 d_8 可取为 $d_8=(0.5\sim0.75)d_m$,随拉床托架尺寸而定。

6. 中心孔

圆孔拉刀两端做有带保护锥的中心孔,它是拉刀制造和重磨时的基准,如图 22-14 所示,各参数按标准选定。

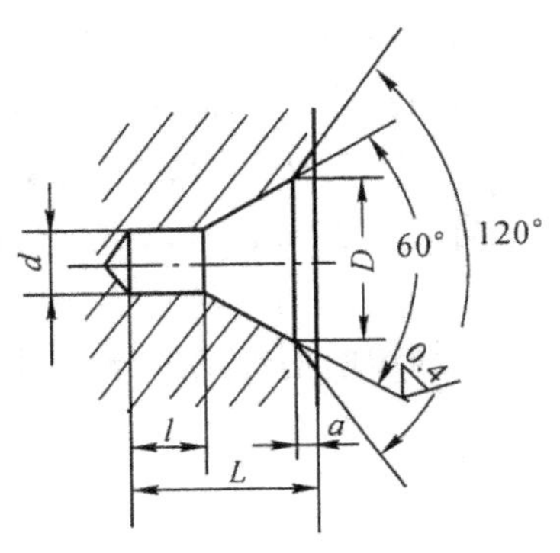

图 22-14 拉刀中心孔

7. 拉刀总长度 L

它是拉刀所有组成部分长度的总和

$$L=l_1+l_2+l_3+l_4+l_5+l_6+l_7+l_8(\text{mm}) \tag{22-25}$$

式中的 l_5、l_6 分别是切削部、校准部长度(mm)。

L 在 1000mm 以内时,偏差取 ±2mm,在更长时取 ±3mm。

确定 L 时还应考虑下列诸条件

1) 不超过拉床允许的最大行程;

2) 工厂设备加工的可能性;

3) 拉刀热处理变形和因拉刀刚性太差而造成的加工困难等。

一般,允许的拉刀长度为 $L=(30\sim40)d_0$。当 d_0 小及容屑槽深时,取小值。

最后确定的 L 值应圆整为 5 的整数倍。

若设计的拉刀较长,可适当增大齿升量或适当缩小齿距来缩短切削部分的长度,从而缩短拉刀的总长度;若设计的拉刀太长,在不得已的情况下,可设计成两把以上的成套拉刀。

四、强度与拉床拉力的校验

1. 计算拉削力

拉刀最大拉削力 F_{max} 可按下式计算:

$$F_{max}=F_Z'\cdot a_W\cdot Z_e\cdot K\ (\text{N}) \tag{22-26}$$

式中 F_Z'——拉刀单位长度切削刃上的拉削力(N/mm)。可据工件材料、a_f(综合拉削的拉刀为 $2a_f$)从切削用量手册中查得。或参见附表 22-7;

a_W——切削刃长度(mm);

对于同廓拉削的圆孔拉刀,$a_W=\pi d_m$(mm);

对于综合拉削的圆孔拉刀，$a_W=\frac{\pi d_m}{2}$(mm)。

式中 d_m 是拉削后孔的公称直径(mm)

Z_e——最大同时工作齿数。

K——各因素对拉削力修正系数的积，可从切削用量手册中查得。

2. 拉刀强度校验

拉削时产生的拉应力 σ 应小于拉刀材料的许用应力$[\sigma]$、即

$$\sigma=\frac{F_{max}}{A_{min}}[\sigma]\ (MPa) \tag{22-27}$$

式中 A_{min}——拉刀的危险断面面积(mm^2)。危险断面可能在柄部或颈部，也可能在第一个切削齿的容屑槽处；

若用高速钢做成整体拉刀，可用这两处中断面较小的面积校验；若拉刀切削部分是高速钢，柄部和颈部是合金钢，则必须在这两处分别校验。

$[\sigma]$——拉刀材料许用应力(MPa)。

高速钢(W18Cr4V)，$[\sigma]=343\sim392$MPa；

合金钢(40Cr)，$[\sigma]=245$MPa。

3. 机床拉力校验

拉床新旧不同，实际输出的拉力也不同。拉削时产生的最大拉削力，一定要小于拉床的实际拉力 F_s；为保险起见，F_s 还应小于拉床的额定拉力 F_e，即

$$F_{max}\leqslant F_s\leqslant F_e \tag{22-28}$$

对于新拉床，$F_s=0.9F_e$；

良好状态的旧拉床，$F_s=0.8F_e$；

不良状态的旧拉床，$F_s=(0.5\sim0.7)F_e$。

经上述多方面的校验后，若发现超过许可值，则应减小拉力 F_{max}。其方法是减小齿升量，或加长齿距以减少同时工作齿数等。如有可能，也可调换型号较大的拉床。

§22-5 圆孔拉刀设计举例

原始条件

工件内孔直径 $\phi50H7\left(\begin{matrix}+0.025\\0\end{matrix}\right)$mm，长度 30～50mm，内孔表面精糙度 $\overset{1.6}{\bigtriangledown}$，材料 45 钢，调质处理后硬度 HB220～250，抗拉强度 $\sigma_b=0.75$GPa；

预制孔用钻头加工；

使用 L6140 型、不良状态的旧拉床；

拉削时采用 10%级压乳化液。

要求设计圆孔拉刀，考虑拉削后孔的收缩量为 0.01mm。

设计步骤

1. 选择拉刀材料

拉刀结构复杂，造价昂贵，因此要求采用耐磨的刀具材料，以提高其耐用度；考虑到还应有良好的工艺性能，确定采用高速钢 W18Cr4V。

2. 选择拉削方式

采用可缩短拉刀长度、并能保证被拉孔获得较小的表面粗糙度的综合拉削式拉刀。

3. 选择几何参数

按附表 22-1，取切削齿 $\gamma_0=15°$；为提高精切齿、校准齿耐用度，前刀面采用倒棱，取 $b_{\gamma1j}=b_{\gamma1ji}=0.5\sim1\text{mm}$、$\gamma_{01f}=\gamma_{01ji}=5°$；取粗切齿 $\alpha_{0r}=3°$、$b_{\alpha1r}\leqslant0.2\text{mm}$；精切齿 $\alpha_{0j}=2°$、$b_{\alpha1j}=0.3\text{mm}$；取校准齿 $\alpha_{0ji}=1°$、$b_{\alpha1ji}=0.6\text{mm}$。

4. 确定校准齿直径 d_{0ji}：

据式(22-17)及原始条件

$$d_{0ji}=50.025+0.01=50.035\text{mm}$$

5. 确定拉削余量 A

据式(22-2)并取 $m=0.1$，先确定 A 的初值为 $A=0.005\cdot50+0.1\cdot\sqrt{50}=0.96\text{mm}$；再据式(22-1)求拉削前孔的最小直径 $d_{w_{\min}}=d_{m_{\max}}-A=50.035-0.96=49.065\text{mm}$，取标准钻头直径 $\phi49$，即确定拉削前的最小直径应为 $d_{w_{\min}}=49\text{mm}$，因而 A 的最后确定值应是

$$A=d_{w_{\max}}-d_{w_{\min}}=50.035-49=1.035\text{mm}$$

6. 选取齿升量 a_f

按附表 22-2，取粗切齿齿升量 $a_f=0.04\text{mm}$。

7. 设计容屑槽

1) 计算齿距

粗切齿齿距 P_r 据式(22-3)计算，并参照附表 22-3 取接近的标准值

$$P_r=(1.25\sim1.75)\sqrt{l}=(1.25\sim1.75)\sqrt{10}\approx10\text{mm};$$

过渡齿齿距 P_g 据式(22-6)取

$$P_g=P_r=P_{10}=10\text{mm};$$

精切齿齿距 P_j 据式(22-7)计算

$$P_j=(0.6\sim0.8)P_r=(0.6\sim0.8)10=7\text{mm}$$

标准齿齿距 P_{ji} 据式(22-20)计算

$$F_{ji}=(0.6-0.8)P_r=(0.6-0.8)10=7\text{mm}$$

2) 选取容屑槽形状及尺寸

选用曲线齿背的槽形。按附表 22-3 的基本槽形：粗切齿、过渡齿取 $h=4\text{mm}$，$g=3\text{mm}$，$r=2\text{mm}$，$R=7\text{mm}$；精切齿、校准齿取 $h=2.5\text{mm}$，$g=2.5\text{mm}$，$r=1.3\text{mm}$，$R=4\text{mm}$。

3. 校验容屑条件

据式(22-13)，取 $a_c=2a_f$，按附表 22-4，取 $k=2.7$，计算

$$h=1.13\sqrt{k\cdot a_c\cdot l}=1.13\sqrt{2.6\cdot2\cdot0.04\cdot50}=3.71\text{mm}$$

小于已选定的容屑槽深度，合格。

4) 校验同时工作齿数 Z_e

按式(22-4)计算

$$Z_e=\frac{l}{P_r}+1=\frac{50}{10}+1=6$$

满足了同时工作齿数 3～8 为宜的条件。

8. 确定分屑槽参数

粗切齿、过渡齿用弧形分屑槽，按附表 22-5 取槽数 $n_k=12$，槽宽 $a=d_{o_{\min}}\cdot\sin\dfrac{90°}{n_k}-(0.3$

$\sim 0.7)=49\cdot\sin\dfrac{90^\circ}{12}-(0.3\sim 0.7)=6\text{mm}$

精切齿用三角形分屑槽，按附表 22-5 取槽数 $n_k=\left(\dfrac{1}{7}\sim\dfrac{1}{6}\right)\pi d_0=\left(\dfrac{1}{7}\sim\dfrac{1}{6}\right)\pi\cdot 4.9=24$，槽宽 $b\approx 1\sim 1.2\text{mm}$，槽深 $h'=0.5\text{mm}$。

前、后相邻齿分屑槽应交错排列。

最后一个精切齿、校准齿不做分屑槽。

9. 选择柄部尺寸

按附表 22-6 取 $d_1=45\text{mm}$，最小断面处的直径为 $d_0=34\text{mm}$。其他尺寸直接标注在工作图中。

10. 校验拉刀强度与拉床拉力

1）据式(21～24)计算最大拉削力 $F_{\max}$

按附表 21-7 查得 $2a_f$ 时的 $F_Z'=275$；

取 $a_W=\dfrac{\pi d_m}{2}=\dfrac{\pi\cdot 50}{2}$；$Z_e=6$；

按附表 22-8 确定 $k_0=1.27$、$k_1=1.15$、$k_2=1.13$、$k_3=1$、$k_4=1$，得

$$F_{max}=F_Z'\cdot a_W\cdot Z_e\cdot K=275\cdot\frac{\pi\cdot 50}{2}\cdot 6\cdot 1.27\cdot 1.15\cdot 1.13\cdot 1\cdot 1=214000\text{N}$$

2）计算危险断面面积 $A_{\min}$

柄部最小断面处的直径 $d_0=34\text{mm}$；

第一个切削齿的容屑槽处直径 $d_1'=d_{w_{\min}}-2h=49-2\cdot 4=41\text{mm}$

应以 $d_0=34$ 计算危险断面面积

$$A_{\min}=\frac{\pi\cdot 34^2}{4}=908\text{mm}^2$$

3）据式(22-27)计算危险断面处的应力

$$\sigma=\frac{F_{\max}}{A_{\min}}=\frac{214000}{908}=270\text{MPa}$$

小于高速钢(W18Cr4V)许用应力[σ]=343～392MPa，拉刀强度合格。

4）校验拉床拉力

据式(22-28)，按附表 22-9，取拉床的实际拉力为

$$F_s=0.6\cdot F_e=0.6\cdot 40000=240000\text{N}$$

大于最大拉削力，合格。

至此，容屑条件、拉刀强度、拉床拉力均校验合格，因而以上所选择的各参数均被确定认可。

11. 确定齿数及每齿直径

粗切齿齿升量已定为 $a_f=0.04\text{mm}$；为逐渐降低拉削负荷，取过渡齿、精切齿的齿升量为 0.035、0.030、0.025、0.020、0.015、0.010、0.005mm。后四个小于 $0.5a_f$，称精切齿，初定 $Z_j=4$；前三个称过渡齿，即 $Z_g=3$。

过渡齿，精切齿切除的余量为

$$A_g+A_j=2\cdot(0.035+0.030+0.025+0.02+0.015+0.01+0.005)=0.28\text{mm}$$

粗切齿齿数 Z_r 据式(22-15)为

$$Z_r=\frac{A-(A_g+A_j)}{2a_f}+1=\frac{1.035+(0.28)}{2\cdot 0.04}+1=10$$

因一般第一个粗切齿不参加切削，则粗切齿、过渡齿、精切齿共切除余量应为

$$(10-1)\cdot 2\cdot 0.04+0.28=1.0\text{mm}$$

因此尚有 1.035－1＝0.035mm 的余量，可确定再增加一个精切齿，即最后确定 $Z_j=5$，并对其齿升量重新确定为 0.021、0.018、0.014、0.009、0.0055。

各齿直径按各刀齿的齿升量，以 $2a_f$ 依次递增计算，列表附在工作图中。

按附表 22-9 取校准齿齿数 $Z_{ji}=6$

计算总齿数 Z 为

$$Z=Z_r+Z_g+Z_j+Z_{ji}=10+3+5+6=24\ 个$$

24. 其他部分设计

按 § 22-4，三　确定

1）前导部直径与长度

$$d_4=d_{w_{\min}}=49.00\text{mm}$$

$$l_4=l=\frac{30+50}{2}=40\text{mm}$$

2）后导部直径与长度

d_7 应等于拉削后孔的最小直径 $d_{m_{\min}}$，取

$$d_{m_{\min}}=d_{0ji}-尺寸极限偏差值$$

按附表 22-10，据被加工孔的公差，查得偏差值为 $^{-0.007}_{0}$，得

$$d_7=50.035-0.07=50.028\text{mm}$$

$$l_7=(0.5\sim0.7)l=(0.5\sim0.7)\cdot 40=25\text{mm}$$

3）柄部直径与长度

按附表 22-6，已取 $d_1=45$mm；取 $l_1=110$

4）颈部直径与长度及过渡锥长度

$$d_2=d_1-(0.3\sim0.5)=45-0.5=44.5\text{mm}$$

l_2 据式(22-22)确定，取 $m=20$；按附表 21-9 取 $B=100$、$A=50$；过渡锥长度 l_3 取 15mm 得

$$l_2=m+B+A-l_3=20+100+50+15=155\text{mm}$$

据式(22-23)计算拉刀图纸中应标注的柄部前端到第一个切削齿的长度 L_1' 为

$$L_1'=l_1+l_2+l_3+l_4=110+155+15+40=320\text{mm}。$$

5）支托部

因拉刀直径小于 60mm，不设此部。

13. 计算和校验拉刀总长度

据式(22-25)确定，其中切削部分长度 l_5 包括了粗切齿、过渡齿、精切齿的长度，应据它们的齿距、齿数计算，为

$$l_5=10\cdot(10+3)+7.5=165\text{mm};$$

校准部分长度 l_6 为

$$l_6=7\cdot 6=42\text{mm}$$

得

$$\begin{aligned}L&=l_1+l_2+l_3+l_4+l_5+l_6+l_7+l_8\\&=110+155+15+40+165+42+25+0=552\text{mm}\end{aligned}$$

因允许的拉刀长度为 $L=(30\sim40)d_0=40\cdot50=2000$mm，所得的计算值在允许范围之内。

最后取 $L=560$mm，并将 L' 改为 328mm。

14. 选定中心孔尺寸

按附表 22-11，据拉刀直径选取，直接标注在拉刀工作图中。

15. 制定技术条件

按附表 22-10 确定

16. 绘制拉刀工作图

如图 22-15 所示。

练　习　题　22

1. 什么叫拉削方式？
2. 拉刀的齿升量、齿距的决定各应考虑哪些因素？为什么？
3. 如何进行拉刀容屑槽的核算？
4. 为什么圆孔拉刀应采用带保护锥的中心孔？
5. 设计一把圆孔拉刀

已知条件：拉削后孔的直径为 $\phi32^{+0.027}$mm，孔的长度为 45mm，$\overset{1.6}{\nabla}$。拉削后孔的收缩量为 0.01mm。工件材料 45 号钢。

拉削时采用 10%极压乳化液；使用 $L6140$ 型不良状态的旧拉床。预制孔用钻头加工。

画出拉刀工作图。

6. 设计一把圆孔拉刀

已知条件：拉削后孔的直径为 $\phi50^{+0.30}$mm，孔的长度为$\overset{1.6}{\nabla}$，考虑拉削后孔径要扩张，工件材料为 40Cr 钢。

拉削时采用 10%极压乳化液，使用 $L6140$ 型新拉床。预制孔用扩孔钻加工。

画出拉刀工作图。

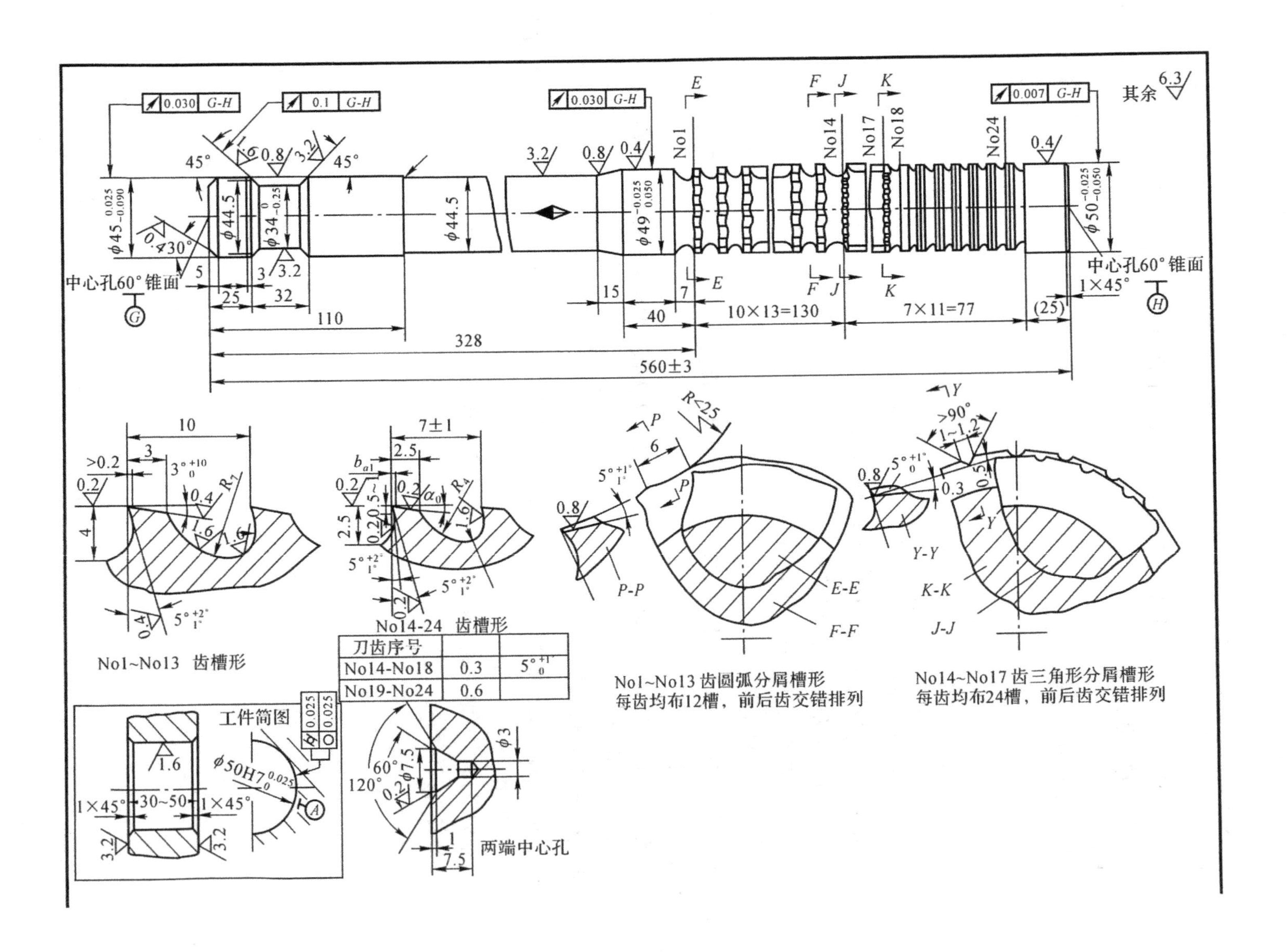

刀齿序号		
No14-No18	0.3	$5^{\circ}{}^{+1^{\circ}}_{\ 0}$
No19-No24	0.6	

齿号 No	直径基本尺寸 (mm)	直径公差 (mm)	齿号 No	直径基本尺寸 (mm)	直径公差 (mm)
1	49.000	±0.015	14	49.942	0 −0.010
2	49.080		15	49.978	
3	49.160		16	50.006	
4	49.240		17	50.024	
5	49.320		18	50.035	0 −0.007
6	49.400		19		
7	49.480		20		
8	49.560		21		
9	49.640		22		
10	49.720		23		
11	49.790		24		
12	49.850	±0.010			
13	49.900				

技术条件

1. 拉刀材料：$W18Cr_4V$；
2. 拉刀热处理硬度，刀齿及后导部HRC63~66；前导部HRC60~66；前柄部HRC40~52允许进行表面强化处理；
3. No18~24齿外圆直径尺寸的一致性为0.005mm，且不允许有正锥度；
4. No1~15齿外圆表面对G-H基准轴线的径向圆跳动公差0.03mm；
5. No17~24齿外圆表面对G-H基准轴线的径向圆跳动公差0.007mm；
6. 拉刀各部径向跳动应在同一方向；
7. 拉刀表面不得有裂纹，碰伤、锈迹等影响使用性能的缺陷；
8. 拉刀切削刃应锋利，不得有毛刺、崩刃和磨削烧伤；
9. 拉刀容屑槽表面应磨光，且不得有凹凸不平等影响卷屑效果的缺陷；
10. 在拉刀颈部◆处打印：厂标、$\phi 50H7$、$r_0 15°$、L30-50，制造年、月、产品编号。
11. 拉刀按GB38-83标准验收。

标 题 栏

图22-15 圆孔拉刀工作图

附录　圆孔拉刀设计参考资料(部分)

附表 22-1　圆孔拉刀刀齿的前、后角

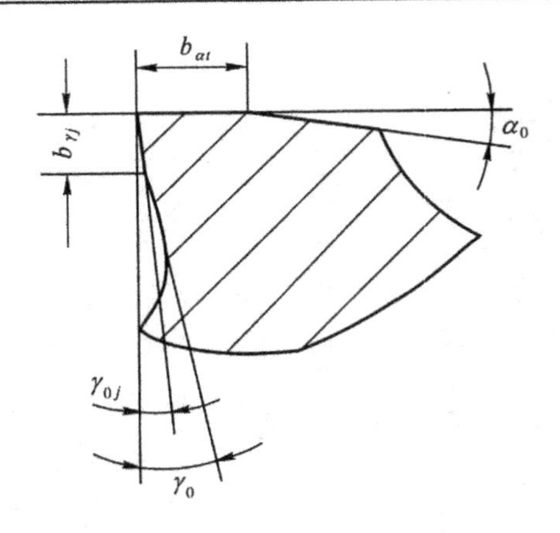

前角	工件材料		前角 γ_o	倒棱前角 精切齿 γ_{01j}； 校准齿 γ_{01ji}；	倒棱宽度(mm) b_{r1j}； b_{r1ji}；
	钢	HB≤197	16°～18°	5°	0.5～1
		HB198～229	15°		
		HB>229	10°～12°		
	灰铸铁	HB≤180	8°～10°	−5°	
		HB>180	5°		
	可锻铸铁		10°	5°	0.5～1
	一般黄铜		10°	−10°	
	不锈钢、耐热奥氏体		20°		
	高温合金		15°		
	钛合金		3°～5°		

注：1. 前刀面也可不倒棱，若倒棱仅精切齿、校准齿用；
　　2. 拉削钢料，当 d_m<20 时，允许减少前角到 $r_o=8°\sim10°$。

后角	拉刀类型	粗切齿		精切齿		校准齿	
		α_{0r}	b_{a1r}(mm)	α_{0j}	b_{a1j}(mm)	α_{0ji}	b_{a1ji}(mm)
	圆拉刀	2°30′～4°	≤0.2	2°	0.3	1°	0.3～0.8
	拉削耐热合金的内拉刀	3°～5°	0～0.05	取稍大于校准齿后角值	取稍大于粗切齿刃带宽度	2°～3°	取稍大于精切齿刃带宽度
	拉削钛合金的内拉刀	5°～7°					

附表 22-2 圆孔拉刀齿升量 a_f(mm)

粗切齿齿升量

拉刀类型		同廓式圆孔拉刀	综合轮切式圆孔拉刀
碳钢和低合金钢	σ_b<0.50GPa	0.015~0.020	0.03~0.08
	σ_b=0.5~0.75GPa	0.025~0.03	
	σ_b>0.75GPa	0.015~0.025	
高合金钢	σ_b<0.80GPa	0.025~0.03	
	σ_b>0.80GPa	0.010~0.025	
铸铁	灰铸铁	0.03~0.08	
	可锻铸铁	0.05~0.1	
铝		0.02~0.05	
青铜、黄铜		0.05~0.12	

注:1. 加工表面粗糙度要求较高时 a_f 取小值;

2. 工件材料的加工性较差时,a_f 取小值;

3. 对于小截面、低强度的拉刀,a_f 取小值;

4. 工件刚度低时(如薄壁筒等),a_f 取小值;

5. 小于 0.015mm 的 a_f 适用于精度要求很高或研磨得很锋利的拉刀。

过渡齿、精切齿的加工余量、齿数及齿升量。

粗切齿齿升量 a_f	过渡齿		精切齿 拉削表面粗糙度 R_a(μm)					
			R_a≥3.2			R_a≥0.80		
	齿升量	齿数(或齿组数)	单边余量	齿数(或齿组数)①	齿升量	单边余量	齿数(或齿组数)①	齿升量
≤0.05	—	—	—	—	均匀递减,但最后一个齿齿升量不得少于0.015	0.02~0.03	1~3	均匀递减但最后一齿齿升量不得少于0.005
>0.05~0.10	(0.4~0.6)a_f	≥1	0.03~0.05	1~2		0.035~0.07	3~5	
>0.10~0.20				2~3		0.07~0.10		
>0.20~0.30			0.06~0.08			0.10~0.16	6~8	

①成组拉削的拉刀精切部分可以做成齿组,亦可每齿都有齿升量。

注:精切齿的较少齿数或齿组数用于粗切齿齿升量较小的情况下。

附表 22-3　拉刀容屑槽形状及尺寸

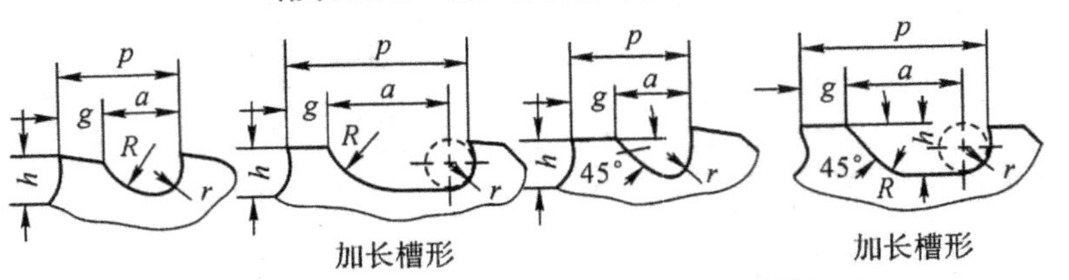

(a)曲线齿背　　(b)直线齿背

粗切齿齿距 P_r(mm)	浅槽					基本槽					深槽				
	h	g	r	R	F	h	g	r	R	F	h	g	r	R	F
	mm				mm^2	mm				mm^2	mm				mm^2
4	1.5	1.5	0.8	2.5	1.77	—	—	—	—		—	—	—	—	—
4.5	1.5	1.5	0.8	2.5		2	1.5	1	2.5	3.14	—	—	—	—	—
5	1.5	1.5	0.8	3.5		2	1.5	1	3.5		—	—	—	—	—
5.5	1.5	2	0.8	3.5		2	2	1	3.5		—	—	—	—	—
6	1.5	2	0.8	3.5		2	2	1	4		2.5	2	1.3	4	4.0
7	2	2.5	1	4	3.14	2.5	2.5	1.3	4	4.9	3	2.5	1.5	5	7.1
8	2	3	1	5		2.5	3	1.3	5		3	3	1.6	6	
9	2.5	3	1.3	5	4.9	3.5	3	1.8	5	9.6	4	3	2	7	12.6
10	3	3	1.5	7	7.1	4	3	2	7	12.6	4.5	3	2.3	7	15.9
11	3	4	1.5	7		4	4	2	7		4.5	4	2.3	7	
12	3	4	1.5	8		4	4	2	8		5	4	2.5	8	19.6
13	3.5	4	1.8	8	9.6	4	4	2	8		5	4	2.5	8	
14	4	4	2	10	12.6	5	4	2.5	10	19.6	6	4	3	10	28.3
15	4	5	2	10		6	5	2.5	10		6	5	3	10	
16	5	5	2.5	12	19.6	6	5	3	12	28.3	7	5	3.5	12	38.5
17	5	5	2.5	12		6	5	3	12		7	5	3.5	12	
13	6	6	3	12	28.3	7	6	3.5	12	38.5	8	6	4	12	50.3
19	6	6	3	12		7	6	3.5	12		8	6	4	12	
20	6	6	3	14		7	6	3.5	14		9	6	4.5	14	63.6
21	6	6	3	14		7	6	3.5	14		9	6	4.5	14	
22	6	6	3	16		7	6	3.5	16		9	6	4.5	16	
24	6	7	3	16		8	7	4	16	50.3	10	7	5	16	78.5
25	6	8	3	16		8	8	4	16		10	8	5	16	
26	8	8	4	18	50.3	10	8	5	18	78.5	12	8	6	18	113.1
28	8	9	4	18		10	9	5	18		12	9	6	18	
30	8	10	4	18		10	10	5	18		12	10	6	18	
32	9	10	4.5	22	63.6	12	10	6	22	113.1	14	10	7	22	153.9

注:1. 综合式拉刀宜用曲线齿背;2. 孔内有空刀槽使切屑形成两个以上屑卷时,应采用加长齿距槽形;

3. 表中 $g=\left(\frac{1}{4}\sim\frac{1}{3}\right)P_r$,必须加大容屑空间时可取 $g=\frac{1}{5}P_r$。

附表 22-4　拉刀容屑槽的容屑系数 K

拉刀类型	齿升量 a_f (mm)	加工材料				
		钢 σ_b(GPa)			铸铁、青铜、铜、黄铜	铜、紫铜铝、巴氏合金
		<0.4	0.4~0.7	>0.7		
		容屑系数 K				
同廓式拉刀	≤0.03	3	2.5	3	2.5	2.5
	>0.03~0.07	4	3	3.5	2.5	3
	>0.07	4.5	3.5	4	2	3.5

拉刀类型	齿升量 a_f (mm)	齿距 P_r (mm)		
		4.5~8	10~14	16~25
		容屑系数 K		
综合轮切式拉刀	≤0.05	3.3	3.0	2.8
	0.05~0.01	3.0	2.7	2.5
	>0.1	2.5	2.2	2.0

注：1. 本栏仅适用于当切屑宽度 $a_w \leqslant 1.2\sqrt{d_o}$ 时加工钢料。（d_o 为拉刀圆形齿直径基本尺寸）；

2. 加工灰铸铁时可取 $K=1.5$；

3. 当切屑宽度 $a_w>(1.2\sim1.5)\sqrt{d_o}$ 时，选用的 K 值应比表中的 K 值增大 0.3；

4. 当几个薄的工件重叠在一起的拉削时，若工件厚度（或孔的长度）为 3~10mm，则可取 $K=1.5$。

附表 22-5 拉刀分屑槽

三角形分屑槽

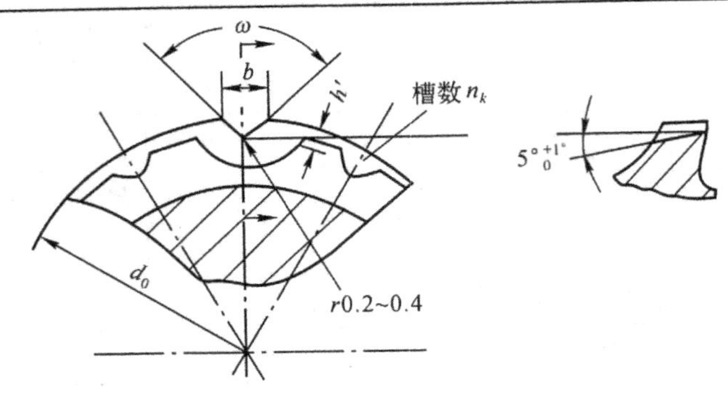

拉刀直径 d_o(mm)	分屑槽数 n_k(宜取偶数)	槽宽 b(mm)	槽深 h'(mm)	槽角 $\omega°$
⩽25	$n_k=\left(\frac{1}{6}\sim\frac{1}{5}\right)\pi d_0$	0.8～1.0	0.3～0.4	可用 $\omega=45°\sim60°$但最好用 $\omega\geqslant90°$
25～60	$n_k=\left(\frac{1}{7}\sim\frac{1}{6}\right)\pi d_0$	1.0～1.2	0.4～0.5	
＞60	$n_k=\left(\frac{1}{7}\sim\frac{1}{6.5}\right)\pi d_0$	1.2～1.5	0.5～0.6	

弧形分屑槽

弧形分屑槽　　　　平面形分屑槽

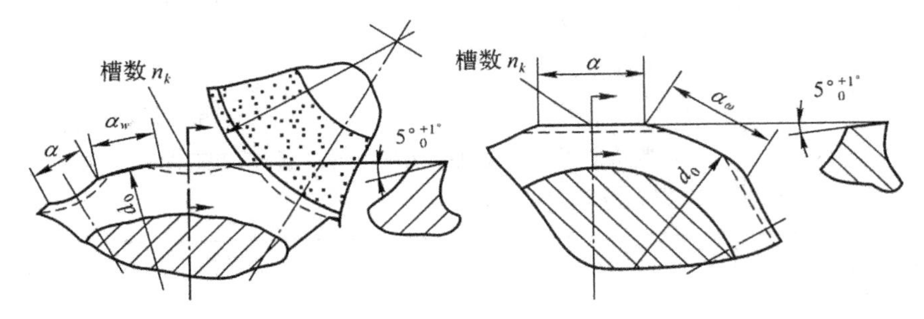

磨制弧形槽的砂轮半径<25mm

拉刀最小直径 $d_{0\min}$(mm)	8～13	13～21	21～31	31～41	41～53	53～65	65～76	76～89	89～104	104～120
槽数 n_k	4	6	8	10	12	14	16	18	20	24
拉刀类型	综合式					轮切式($z_c=2$)				
槽宽 a(mm)	$a=d_{0\min}\sin\frac{90°}{n_k}-(0.3\sim0.7)$					$a=d_{0\min}\sin\frac{90°}{n_k}+(0.15\sim0.4)$				
切削宽度 a_w(mm)	$a_w=2d_{0\min}\sin\frac{90°}{n_k}-a$									

注：1. a 和 a_w 计算精度为 0.1mm；

2. 当拉刀直径 d_o＜25mm 时，宜采用平面形分屑槽，但若拉刀齿升量比较大时，还必须验算分屑槽深，使其大于 a_f(综合式为 $2a_f$)。

附表 22-6 圆拉刀柄部标准(mm)

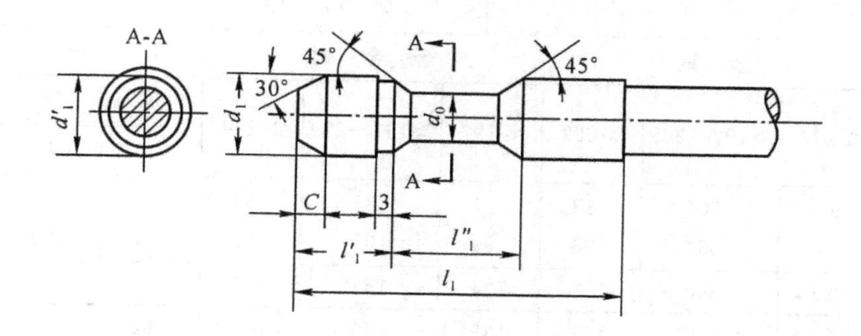

d_1 尺寸	d_1 公差 $f8$	d_2 尺寸	d_2 公差 $h12$	d_1'	l_1'	l_1''	l_1	c
8	−0.013 −0.035	6.0	0 −0.150	7.8	12	20	70	2
9		6.8		8.8			80	3
10		7.5		9.8				
11	−0.016 −0.043	8.2		10.8	16			
12		9.0		11.7				
14		10.5	0 −0.180	13.7				
16		12		15.7				
18		13.5		17.7				
20	−0.020 −0.053	15		19.7	20	25	90	4
22		16.5		21.7				
25		19	0 −0.210	24.7				
28		21		27.6				
32	−0.025 −0.004	24		31.6	25	32	110	5
36		27		35.6				
40		30		39.5				
45		34	0 −0.250	44.5				
50		38		49.5				
56	−0.030 −0.076	42		55.4	32	40	130	6
63		48		62.4				
70		53	0 −0.300	69.4				
80		60		79.2	40	50	160	8
90	−0.036 −0.090	68		89.2				
100		75		99.2				

注:l_1 内应保证 d_1 公差为 $f8$;l_1 称磨光长度,为参考尺寸。

附表 22-7　拉刀切削刃上 1mm 长度上的切削力(N/mm)

齿升量 a_f (mm)	工件材料 HB								
	碳钢			合金钢			铸铁		
							灰铸铁		可锻铸铁
	≤197	＞197～229	＞229	≤197	＞197～229	＞229	≤180	＞180	
0.01	64	70	83	75	83	89	54	74	62
0.015	78	86	103	99	108	122	67	80	67
0.02	93	103	123	124	133	155	79	87	72
0.025	107	119	141	139	149	165	92	101	82
0.03	121	133	158	154	166	182	102	114	92
0.04	140	155	183	187	194	214	119	131	107
0.05	160	178	212	203	218	240	137	152	123
0.06	174	191	228	233	251	277	148	163	131
0.07	192	213	253	255	277	306	164	181	150
0.075	198	222	264	265	286	319	170	188	153
0.08	209	231	275	275	296	329	177	196	161
0.09	227	250	298	298	322	355	191	212	176
0.10	242	268	319	322	347	383	203	232	188
0.11	261	288	343	344	374	412	222	249	202
0.12	280	309	368	371	399	441	238	263	216
0.125	288	320	380	383	412	456	245	274	226
0.13	298	330	390	395	426	471	253	280	230
0.14	318	350	417	415	448	495	268	297	245
0.15	336	372	441	437	471	520	284	315	256
0.16	353	390	463	462	500	549	299	330	271
0.17	371	408	486	486	526	581	314	346	285
0.18	387	428	510	515	554	613	328	363	296
0.19	403	446	530	544	589	649	339	381	313
0.20	419	464	551	565	608	672	353	394	320
0.21	434	479	569	569	631	697	368	407	332
0.22	447	493	589	608	654	724	378	419	342
0.23	459	507	604	628	675	748	387	430	351
0.24	471	521	620	649	696	771	492	442	361
0.25	486	535	638	667	716	795	413	456	369
0.26	500	550	653	693	739	818	421	468	383
0.27	515	563	669	708	761	842	436	478	394
0.28	530	577	687	726	783	866	446	491	405
0.29	539	589	706	746	814	903	453	500	411
0.30	553	603	716	770	829	915	467	512	423

附表 22-8　拉削力修正系数

修　正　系　数	工　作　条　件	数　值
切削状态修正系数 κ_0	直线刃拉刀 曲线刃、圆弧刃拉刀	1 1.06～1.27
刀齿磨损状况修正系数 κ_1	具有锋利的切削刃 后刀面正常磨损 VB=0.3mm	1 1.15
切削液状况修正系数 κ_2	用硫化切削油 用 10%乳化液 干切削拉削钢料	1 1.13 1.34
刀齿前角状态修正系数 κ_3	$\gamma_0=10°\sim12°$ $\gamma_0=6°\sim8°$ $\gamma_0=0°\sim2°$	1 1.13 1.35
刀齿后角状态修正系数 κ_4	$\alpha_0=2°\sim3°$ $\alpha_0\leqslant1°$加工钢料 $\alpha_0\leqslant1°$加工铸铁	1 1.20 1.12

附表 22-9　常用卧式拉床有关参数(参看图 22-13)

拉床型号	额定拉力 F_c(N)	床壁孔径 (mm)	床壁厚度 (mm)	花盘孔径 (mm)	花盘厚度 a(mm)	花盘法芯厚度 A(mm)	最大行程 (mm)
L6110	100000	125	60	100	60	30	1400
L6110－1	100000	150	70	100	70	30	1250
L6120	200000	200	75	150	75	35	1600
L6120－1	200000	200	80	150	90	40	1600
L6140	400000	260	100	180	120	50	2000

注:在拉刀总长必需减小尺寸时,允许将花盘厚度 a 或花盘法兰厚度尺寸减小 10mm

附表 22-10　圆孔拉刀公差及技术条件

<table>
<tr><td rowspan="3">粗切齿、过渡齿外圆直径极限偏差(mm)</td><td>直径齿升量</td><td>~0.06</td><td>>0.06~0.10</td><td colspan="2">>0.10~0.12</td><td>>0.12</td></tr>
<tr><td>外圆直径尺寸极限偏差</td><td>±0.01</td><td>±0.015</td><td colspan="2">±0.020</td><td>±0.025</td></tr>
<tr><td>相邻齿的直径齿升量差</td><td>0.010</td><td>0.015</td><td colspan="2">0.020</td><td>0.025</td></tr>
<tr><td rowspan="4">校准齿、精切齿外圆直径极限偏差(mm)</td><td>被加工孔的直径尺寸公差</td><td>~0.018</td><td>>0.018
~0.027</td><td>>0.027
~0.036</td><td>>0.036
~0.046</td><td>>0.046</td></tr>
<tr><td>校准齿及其尺寸相同的精切齿外圆直径尺寸的极限偏差</td><td>0
-0.005</td><td>0
-0.007</td><td>0
-0.009</td><td>0
-0.012</td><td>0
-0.015</td></tr>
<tr><td>其余精切齿外圆直径尺寸的极限偏差</td><td colspan="5">0
-0.010</td></tr>
<tr><td colspan="6">校准齿及其尺寸相同的精切齿外圆直径尺寸的一致性为 0.005。校准齿部分不允许有正锥度。</td></tr>
<tr><td rowspan="5">外圆表面对拉刀基准轴线的圆跳动公差(mm)</td><td rowspan="3">对基准轴线的径向圆跳动公差</td><td colspan="2">校准齿及其相邻两个精节齿</td><td colspan="3">校准齿外圆直径极限偏差</td></tr>
<tr><td rowspan="2">其余部分</td><td>全长与基本直径的比值</td><td>~15</td><td>>15~25</td><td>>25</td></tr>
<tr><td>圆跳动公差</td><td>0.03</td><td>0.04</td><td>0.06</td></tr>
<tr><td colspan="3">拉刀柄部与卡爪接触的锥面对拉刀基准轴线的斜向圆跳动公差</td><td colspan="3">0.1</td></tr>
<tr><td colspan="6">拉刀各部分跳动应在同一方向</td></tr>
<tr><td>前、后导部外圆直径公差</td><td colspan="6">前导部 $f7$;后导部 $f7$</td></tr>
<tr><td>拉刀全长偏差(mm)</td><td colspan="6">小于或等于 1000mm 进,取±3mm;大于 1000mm 时,取±5mm</td></tr>
<tr><td>几何角度偏差</td><td colspan="6">前角$^{+2°}_{-1°}$,切削齿后角$^{+1°}_{0}$,校准齿后角$^{+0°30'}_{0}$</td></tr>
<tr><td rowspan="5">拉刀表面粗糙度(μm)</td><td colspan="5">拉刀表面</td><td>R_a≤</td></tr>
<tr><td colspan="5">刀齿刃带表面,精切齿,校准齿前、后面</td><td>0.2</td></tr>
<tr><td colspan="5">粗切齿前、后面,前、后导部外圆表面,中心孔工作锥面</td><td>0.4</td></tr>
<tr><td colspan="5">柄部外圆表面</td><td>0.8</td></tr>
<tr><td colspan="5">容屑槽底(磨光)表面</td><td>1.6</td></tr>
<tr><td>拉刀材料及热处理</td><td colspan="6">常用高速钢 W18Cr4V,热处理硬度刀齿和后导部 HRC63~66,前导部 HRC60~66,柄部 HRC40~52。允许进行表面强化处理。</td></tr>
<tr><td>拉刀标志</td><td colspan="6">在颈部处清晰标志:制造厂商标、产品编号、规格、前角、拉削长度、制造年月</td></tr>
</table>

附表 22-11 刀具中心孔尺寸(mm)

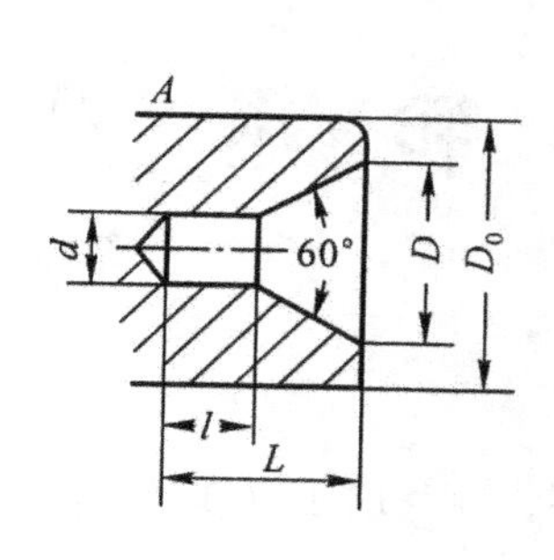

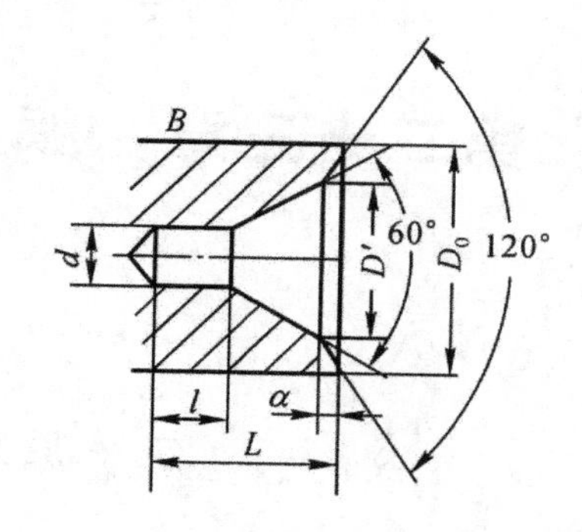

d	D (不大于)	L	l (不小于)	a ≈	选择中心也参数的数据		
					轴的端部最小直径 D_0	轴的最大直径 D_1	工件的最大重量 kg
0.5	1	1	0.5	0.2	2	2～3.5	—
0.7	2	2	1	0.3	3.5	3.5～4	—
1	2.5	2.5	1.5	0.4	4	4～7	—
1.5	4	4	1.8	0.6	6.5	7～10	15
2	5	5	2.4	0.8	8	10～18	120
2.5	6	6	3	0.8	10	18～30	200
3	7.5	7.5	3.8	1	12	30～50	500
4	10	10	4.8	1.2	15	50～80	800
5	12.5	12.5	6	1.5	20	80～120	1000
6	15	15	7.2	1.8	25	120～180	1500
7	20	20	9.6	2	30	180～220	2000
8	30	30	14	2.5	42	220～260	3000

注:1. 选用中心孔时,应优先采用国标 GB145-59,如果 GB145-59 不能满足工具精度要求时,则可采用此表中的数据;

2. 中心孔的粗糙度,按其用途自行规定。

第二十三章　蜗　轮　滚　刀

§23-1　工作原理和切削方式

一、工作原理

蜗轮滚刀是用于加工与圆柱蜗杆相啮合的蜗轮。

外观上它像是蜗杆，即主要尺寸与工作蜗杆相同的蜗杆，不够在其上开了若干容屑槽，以形成一个个刀齿；并对刀齿进行铲背，以获得切削角度，如图23-1所示，切削时，它的轴线位于被切蜗轮的中心平面内，模拟着工作蜗杆与蜗杆的啮合过程，它们的轴交角、切出蜗轮全部齿形时的中心距等均与工作蜗杆与蜗轮啮合时对应相等。为了加工出蜗轮的齿底圆弧，滚刀不能沿被切蜗轮的轴线移动。

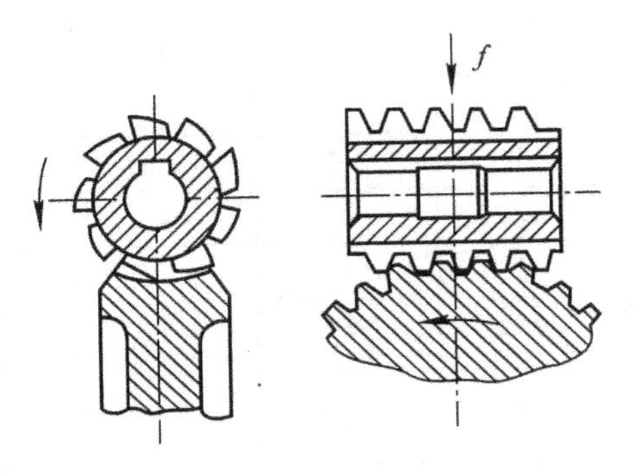

图23-1　蜗轮滚刀工作原理

由上可知，蜗轮滚刀是专用的刀具，它必须根据蜗轮、蜗杆有关的技术参数设计。

二、切削方式

根据进给方向不同，有两种切削方式。

1. 径向进给

如图23-2a)所示，滚刀沿被切蜗轮半径方向进给，直到规定的中心距为止，滚刀再把蜗轮切几圈，包络出蜗轮的完整齿形。展成运动由蜗轮转过的齿数等于滚刀的头数形成；滚刀每个

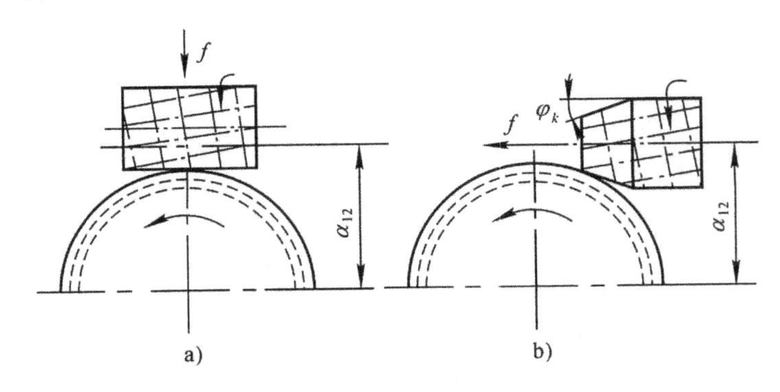

图23-2　蜗轮滚刀的进给方向
a)径向进给；b)切向进给

刀齿是在相对于蜗轮曲线的一定位置切出齿形上一定的部位。

2. 切向进给

如图 23-2b)所示，把滚刀与被切蜗轮的中心距调整到等于规定的中心距，滚刀沿其轴线方向进给。展成运动除了滚刀每转一圈，蜗轮转过与滚刀头数相等的齿数外，蜗轮还必须有与滚刀沿轴线运动相应的附加转动。每个刀齿在蜗轮上的造形点不断改变位置，其包络蜗轮齿形的切线数目不仅决定于滚刀的刀齿数，还与滚刀沿轴线方向的进给量大小有关，进给量愈小，切线数目愈多，齿面愈光洁。为减轻第一个切入刀齿的负荷和提高滚刀的耐用度，在其前端做有切削锥部，锥角 φ_k 约 11°～13°。

切向进给、生产率较低，且需用滚齿机专用附件切向刀架，传动链较长，被加工的齿面精度降低。所以，一般在加工蜗轮，包括精密蜗轮，常用径向进给的方式。

§23-2 径向进给的蜗轮滚刀设计

由工作原理可知，滚刀的基本蜗杆类型、主要尺寸应与工作蜗杆相同，设计前应先从蜗杆、蜗轮图纸中了解有关技术参数。

常用的工作蜗杆是阿基米德型的，以轴向模数 m 和轴向齿形角 α_x 表示。因此滚刀的基本蜗杆也必须是阿基米德型、也以同样大小轴向模数和轴向齿形角 α_{x0} 表示。

滚刀的设计包括结构、齿形二部分，如图 23-3 所示。

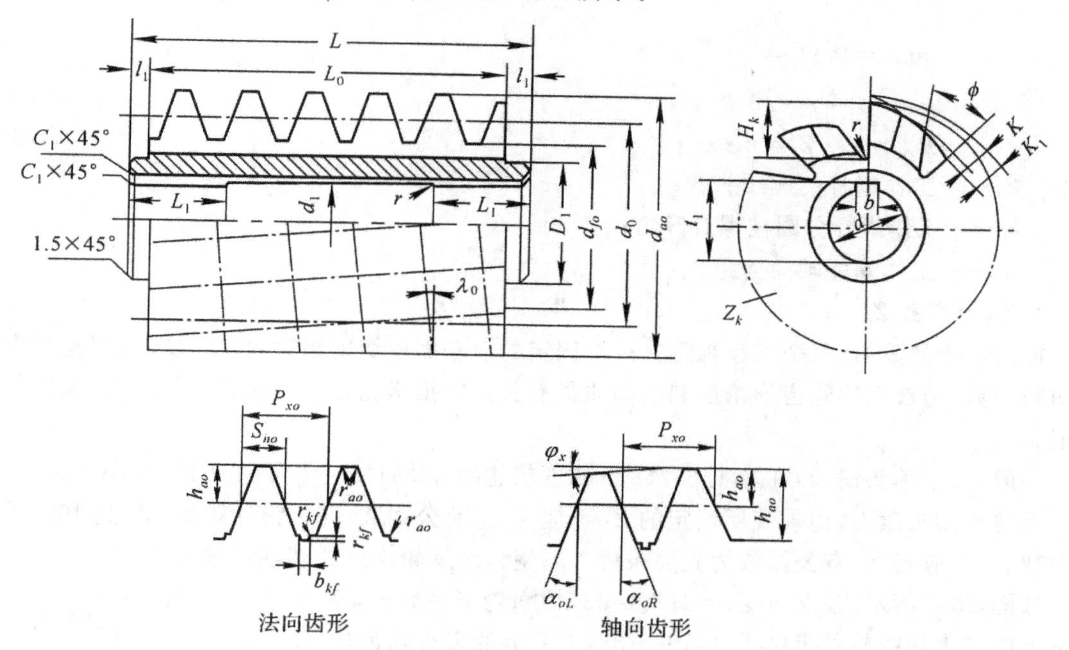

图 23-3 径向进给的蜗轮滚刀

一、结构设计

1. 直径

1）分圆柱直径 d_0

$$d_0 = d_1 = q \cdot m \tag{23-1}$$

式中　d_1——工作蜗杆分圆柱直径；

q——工作蜗杆特性系数；

m——工作蜗杆轴向模数。

2）外径 d_{a0}

切削时，滚刀和被切蜗轮的中心距必须等于工作蜗杆与蜗轮的中心距。确定 d_{a0} 时应考虑：滚刀应切出蜗杆、蜗轮啮合时的径向间隙；铲齿的滚刀重磨后外径减小，使被切出的蜗轮根圆直径增大，径向间隙减小，为使滚刀有较多的重磨次数，新刀时宜将滚刀的外径适当加大，常取半径的加大量为 0.1m。这样，新滚刀的外径 d_{a0} 应为：

$$d_{a0}=d_{a1}+2(C_{21}+0.1m) \tag{23-2}$$

式中　d_{a1}——工作蜗杆的外径；

C_{21}——工作蜗杆齿顶与蜗轮齿根的径向间隙。

3）根圆柱直径 d_{f0}

$$d_{f0}=d_{f1} \tag{23-3}$$

式中　d_{f1}——工作蜗杆根圆柱直径

2. 螺旋参数

螺纹头数 Z_0、分圆柱螺旋升角 λ_0、轴向齿距 p_{x0}、导程 P_{x0}、螺旋方向等均与工作蜗杆对应相等，即

$$Z_0=Z_1 \tag{23-4}$$

$$\tan\lambda_0=\tan\lambda_1=\frac{Z_1}{q} \tag{23-5}$$

$$p_{x0}=p_x=\pi\cdot m \tag{23-6a}$$

$$P_{x0}=p_x\cdot Z_1=\pi\cdot m\cdot Z_1 \tag{23-6b}$$

式中　Z_1——工作蜗杆的螺纹头数；

λ_1——工作蜗杆分圆柱螺旋升角；

p_x——工作蜗杆轴向齿距。

3. 圆周齿数 Z_k

径向进给的滚刀，每个刀齿都是在一个固定的沿垂面内切削蜗轮的。齿数 Z_k，即包络齿面的切削刃数，与被切蜗轮齿形精度和表面质量有关。常据蜗轮精度等级，参照生产经验推荐值确定。

一般，对于单头滚刀，在加工 6、7、8、9 精度蜗轮时，Z_k 的相应值可取为 12、10、8、6。

但对于多头滚刀，尚须使所确定的 Z_k 不应与 Z_0 有公因数；并以设计蜗轮、蜗杆副时，蜗轮的齿数 Z_2 不应与 Z_1 有公因数为先决条件。以使包络蜗轮齿形的切削刃数增多。

如图 23-4 所示，设 $Z_0=Z_1=2$；$Z_2=33$，切蜗轮第一转时，滚刀Ⅰ头上的刀齿切蜗轮的齿槽 1、3、5……33；Ⅱ头上的刀齿切齿槽 2、4、6……32，切第二转时，两个头上的切齿互相调换切削上述各个齿槽。以此为前提，当 Z_k 与 Z_0 有公因数时，如图 23-5a）所示，设 $Z_0=2$，$Z_k=8$，Ⅰ头上的刀齿 a、b、c……分别地与Ⅱ头上的刀齿 a'、b'、c'……是在滚刀同一端剖面内，a 和 a'、b 和 b'、c 和 c'……是在蜗轮齿形的相同位置切削，包络齿形的切削刃数仍为 Z_k；当 Z_k 与 Z_0 无公因数，如图 23-5b）所示，设 $Z_0=2$，$Z_k=7$，Ⅰ头上的刀齿 a、b、c……

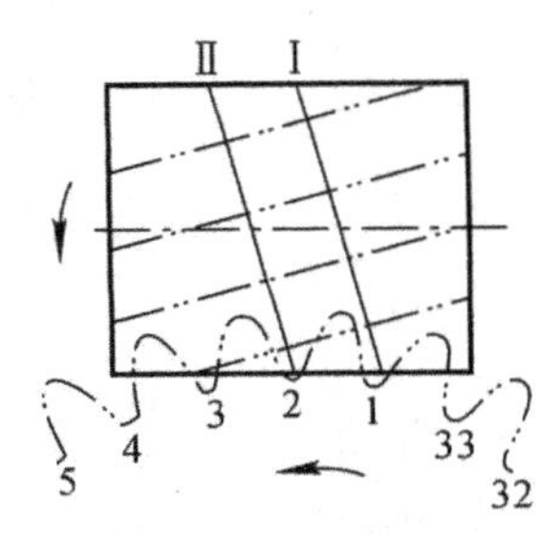

图 23-4　z_0 与 z_2 的关系

分别地与Ⅱ头上的刀齿 a'、b'、c'……在滚刀的轴线方向上错开，包络齿形的切削刃数是 $2\cdot Z_k$。

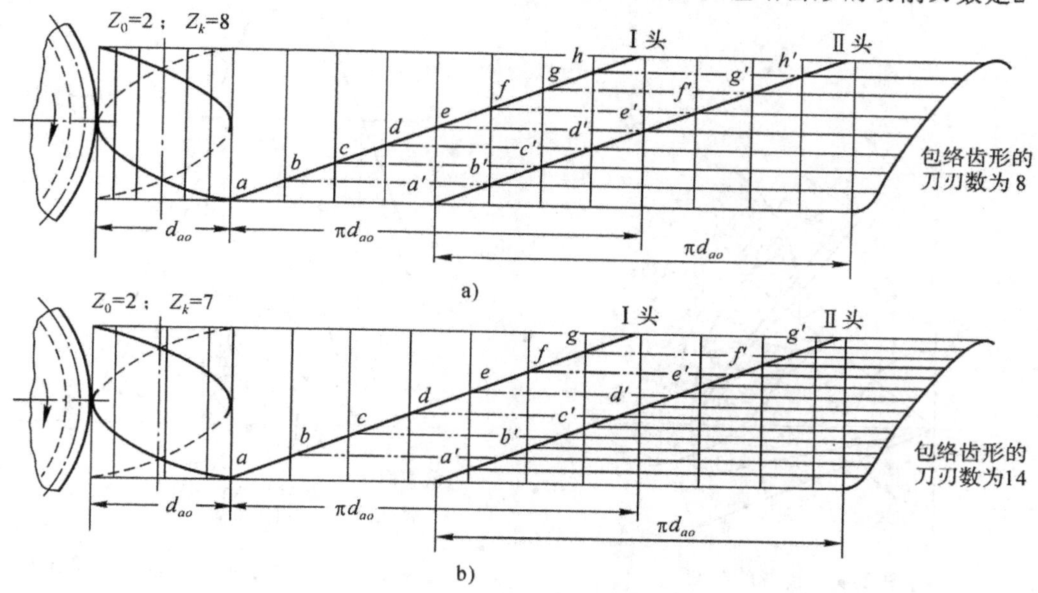

图 23-5　径向进给滚刀圆周齿数的选择

4. 后角与铲齿量

滚刀顶刃端面后角 α_p，由径向铲齿获得。它与铲齿量 K 的关系为

$$K=\frac{\pi d_{a0}}{Z_k}\cdot\tan\alpha_p \tag{23-7}$$

当 $\lambda_0\geqslant15°$ 时，齿顶所在的螺旋线方向与端面间的夹角很大，顶刃螺纹方向的后角 α_P' 与 α_P 相差较大。切削时，考虑顶刃的工作后角是在顶后刀面的螺纹方向，即 α_P' 较为合理，它与 α_P 的关系为

$$\tan\alpha_P=\tan\alpha_P'\cdot\cos\lambda_{a0}$$

式中　λ_{a0}——外圆柱螺旋升角。

可取

$$\lambda_{a0}\approx\lambda_0$$

得

$$\tan\alpha_P\approx\tan\alpha_P'\cdot\cos\lambda_0 \tag{23-8}$$

代入式(23-7)得

$$K=\frac{\pi d_{a0}}{Z_k}\cdot\tan\alpha_P'\cdot\cos\lambda_0 \tag{23-9}$$

常取 α_P' 为 10°～12°。

齿背应进行铲磨，以消除热处理变形对齿形精度的影响。如图 23-6 所示，铲磨时，砂轮直径较大，为防止砂轮碰到下一个刀齿，一般不可能，也不必要将整个铲齿背都铲磨；为避免砂轮将 B 点以前磨光后，在 B 点以后形成凸台，齿背应做成双重铲齿的形式：铲齿时，先用升高量为 K 的凸轮铲削后，再以升高量为 K_1 的凸轮铲一次，即将不铲磨的 BC 段多铲去一些。一般取

$$K_1=(1.2\sim1.5)K \tag{23-10}$$

铲磨部分的 BC 段，其值应通过作图检验确定。

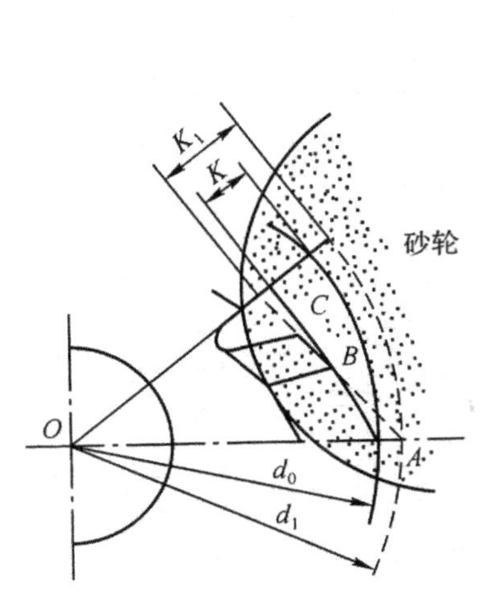

图 23-6 齿背的铲磨

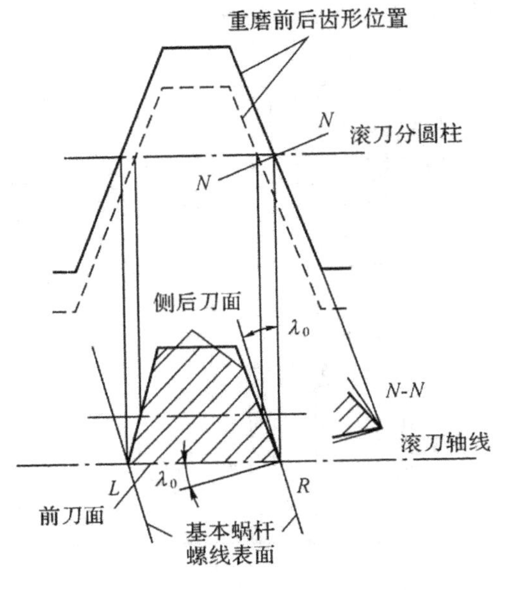

图 23-7 刀齿在分圆柱上的截形展开图

5. 前角及容屑槽

为保证被切蜗轮的齿形精度，前角常作成零度。

容屑槽据 λ_0 值的大小，有直槽和螺旋槽二种型式。

1）直槽

适用于 $\lambda_0 \leqslant 5°$

$\gamma_P=0°$时，直槽滚刀的前刀面是平行于轴线的平面、且通过轴线。刀齿在滚刀分圆柱面上的截形展开图，如图 23-7 所示。前刀面与两侧后刀面的交点 L、R 位于处在基本蜗杆螺纹表面上的左、右两侧刃上。切削时，基本蜗杆螺纹表面和被切蜗轮的齿面啮合，刀齿的切削平面与基本蜗杆螺纹表面相切，如图 23-8a）所示。前刀面的截线与基本蜗杆螺纹表面垂线的夹角就是侧刃在分圆柱面上的前角，左、右两则刃的 γ_{po} 相等而正负号相反。它们的绝对值即为图 23-7 中所示的基本蜗杆分圆柱螺旋升角 λ_0。

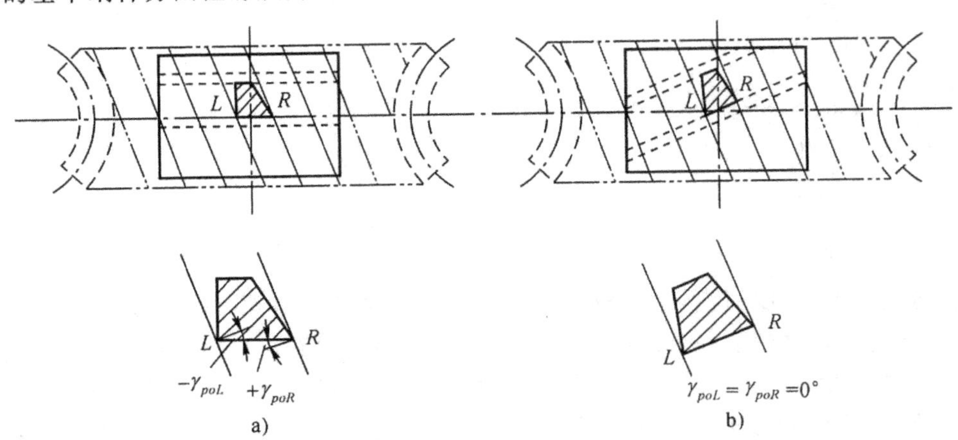

图 23-8 滚刀侧刃的工作角度

设侧刃的轴向齿形角为 α_{x0}，则侧刃的法向前角 γ_c 不难从图 23-7 中求得

$$\tan\gamma_c=\pm\tan\lambda_0\cdot\cos\alpha_{x0} \tag{23-11}$$

对于右旋滚刀，右侧刃 γ_c 为正值；左侧刃 γ_c 为负值。

两侧刃切削条件不同，磨损、耐用度也不同。惟 λ_0 小时、影响较小，考虑滚刀制造、检验、刃磨的方便，乃做为直槽。

2）螺旋槽

适用于 $\lambda_0>5°$

$\gamma_p=0°$时，螺旋槽滚刀的前刀面是螺旋面，其在端剖面中的截形是直线，且通过轴线。如图 23-8b)所示，螺旋槽的方向与基本蜗杆的螺旋槽方向相反，前刀面在分圆柱上的截线垂直于基本蜗杆螺纹表面，两侧刃的前角都是 0°，切削条件相同。

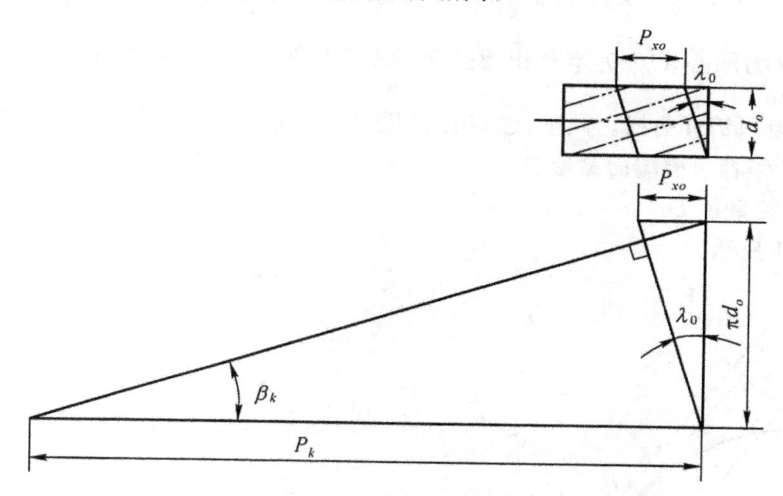

图 23-9　滚刀螺旋槽的导程

为了制造、刃磨，须知螺旋槽的导程 P_k，其在分圆柱上的展开图如图 23-9 所示。螺旋槽在分圆柱上的螺旋角 β_k 应等于基本蜗杆的分圆柱螺旋角 λ_0，所以 P_k 可写为

$$P_k=\frac{\pi d_0}{\tan\lambda_0}=\frac{p_{x0}}{\tan^2\lambda_0} \tag{23-12}$$

式中　p_{x0}——滚刀轴向齿距。

p_{x0}应等于工作蜗杆轴向齿距 p_x，即

$$p_{x0}=p_x=\pi\cdot m \tag{23-13}$$

6．容屑槽端面参数

1）槽深 H_k

$$H_k=\frac{d_{a0}-d_{f0}}{2}+\frac{K+K_1}{2}+r \tag{23-14}$$

式中　r——槽底圆弧半径，为便于计算，可取 1～1.5mm；但滚刀图纸中 r 的数值应按下式计算。

2）槽底圆弧半径 r

18)，对铲磨的滚刀，取 $\delta_r=90°$时，$A=4$，得

$$r=\frac{\pi(d_{a0}-2H_k)}{8Z_k} \tag{23-15}$$

3）槽角 θ

常取 22°或 25°。

7. 检验铲磨齿背时砂轮是否和下一个刀齿发生干涉

一般采用作图法，如图 23-10 所示，步骤为：

1）据 d_0、Z_k 定出 OA、OC，分别从第一、第二个刀齿的顶点 A、C 沿径向取 $h_0=\frac{d_{a0}-d_{f0}}{2}$，得 G、P 点，自 C 点沿径向取 K，得 B 点；分别以 A、B 为圆心，$\frac{d_0}{2}$为半径作圆弧交于 O' 点，以 O' 点为圆心，$\frac{d_0}{2}$为半径作圆弧连 A、B 二点，得第一条近似的齿顶铲背曲线。设拟铲磨部分为整个齿背的$\frac{2}{3}$时，据经验 K、K_1 的交界约在$\frac{\varepsilon}{2}$处，因此作 ε 角的等分角线 OH，在 OC 线上量 $CD=BF=\frac{K_1-K}{2}$，以 O 为圆心，OD 为半径作圆弧交 OA 延长线于 E 点，按作$\overset{\frown}{AB}$的方法，作$\overset{\frown}{EHF}$，得第二条近似的齿顶铲背曲线。同理，过 G 点作近似的齿底铲背曲线$\overset{\frown}{GL}$、$\overset{\frown}{LM}$。

据 H_k、r、θ 作容屑槽端面截形。

2）确定砂轮直径 D_s

如图 23-11 所示。

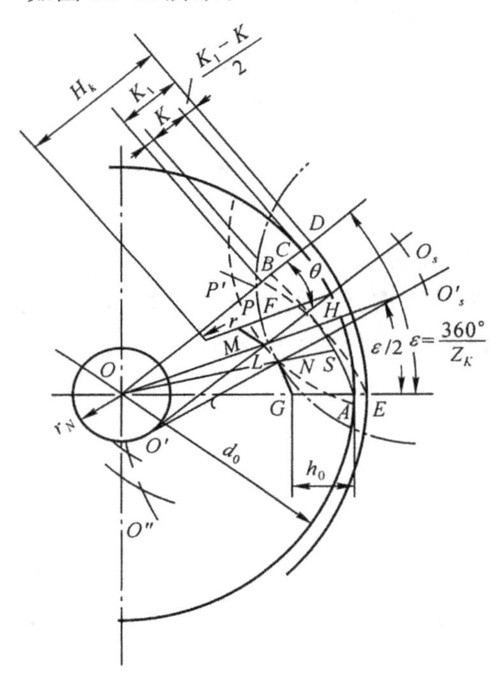

图 23-10　铲磨干涉的检验

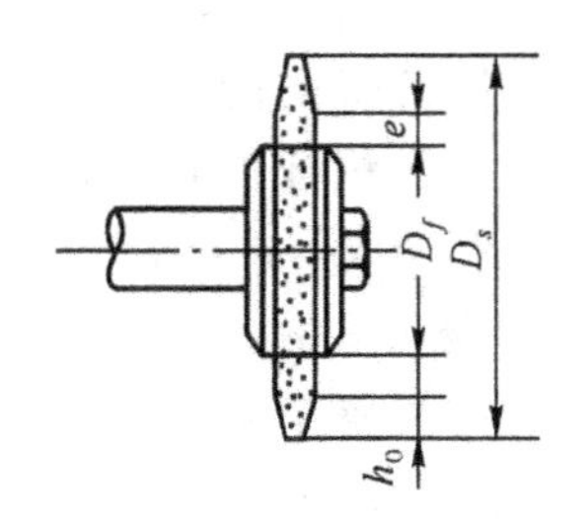

图 23-11　砂轮直径

$$D_s \geqslant 2 \cdot h_0 + D_f + 2 \cdot e \tag{23-16}$$

式中　h_0——齿全高

$$h_0=\frac{d_{a0}-d_{f0}}{2} \tag{23-17}$$

D_f——法兰盘直径，约 25mm；

e——可取 2～3mm。

一般

$$60 \leqslant D_s \leqslant 120 \tag{23-18}$$

3）确定砂轮中心位置

如图 23-12 所示，铲磨齿顶铲背曲线 A 点时；砂轮的外圆周必然与 A 点的切线 AB 相切，即 AB 垂直于砂轮中心线。为得后角 α_p，铲磨过程中，砂轮中心线的延长线应与半径为 $r_H=\dfrac{d_0}{2}\cdot\sin\alpha_P$ 的圆相切。所以过 A 点作此圆的切线并沿砂轮径向延长，自 A 点截取 $AO_2=\dfrac{D_S}{2}$得砂轮中心位置 O_S。

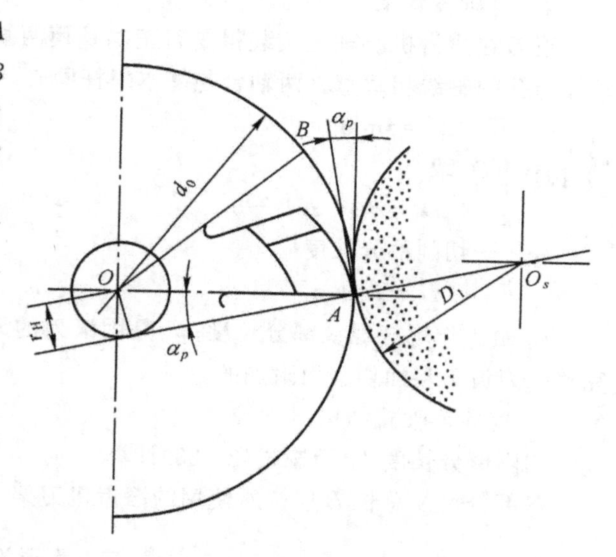

图 23-12　砂轮的中心位置

4）检验

在图 23-10 中作半径为 r_H 的圆，过 L 点作此圆的切线并得 O_S，以 O_S 为圆心，$\dfrac{D_S}{2}$为半径作圆，得砂轮外圆周（图中以虚线表示），并切$\widehat{GL}$于 L 点。此时，砂轮外圆周在下一个刀齿 P 点的下方，表明发生干涉，这是不允许的。避免的措施，可以是改变设计中的一些参数，如减少 Z_k、K 等，但它们牵涉到包络齿面的切削刃数、同时工作齿数、铣削平稳性、工作后角、滚刀耐用度等。较合理的方法应是减少铲磨部分长度：据干涉值 PP'，在$\widehat{GL}$上取 N 点，使 $NL\approx PP'$，过 N 点按同样方法定出 O_S'得砂轮外圆周如图中双点划线所示，它在 P 点之上，不干涉。即使 $CD<BF$，将第一、第二铲背曲线的交界线从初定的 LH 移至 NS 处，略为缩减滚刀的重磨次数。

铲磨部分长度以约$\dfrac{1}{2}$齿背宽为合理。

8. 刀体强度验算

据生产经验，以满足下列不等式表明刀体强度足够：

$$\frac{d_{a0}}{2}-H_k-\left(t'-\frac{d}{2}\right)\geqslant 0.3d \tag{23-19}$$

式中　t'——键槽尺寸，按孔径选取；

d——孔径，据 d_{a0}按心轴标准系列选取。

因外径受到工作蜗杆外径限制，有时外径相对于模数来说比较小，当采用这种套装式结构的刀体强度不够、或改用了如图 23-13 所示的端面键后乃不够时，则应采用如图 23-14 所示的整体连轴式结构。

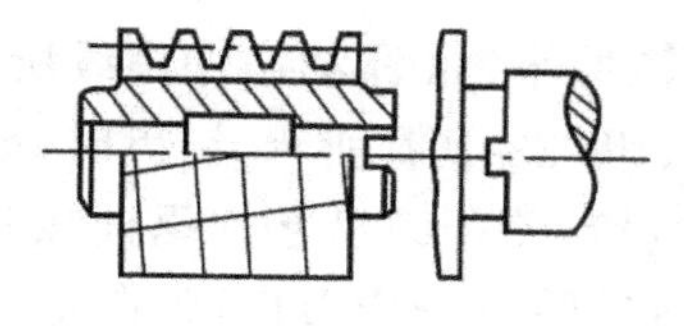
图 23-13　端面键

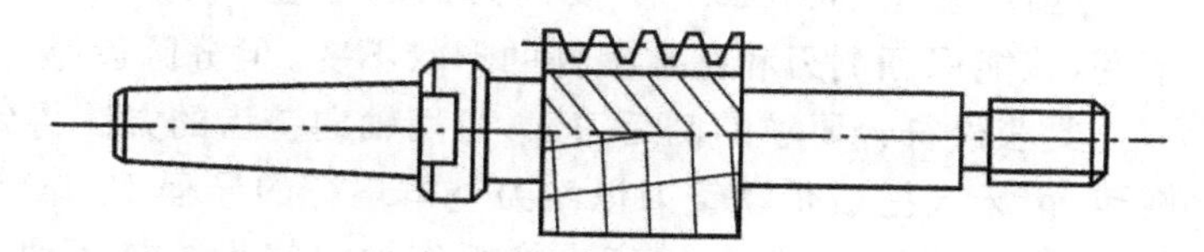
图 23-14　整体连轴式结构

9. 长度 L

1）套装式结构

$$L=2l_1+L_0 \tag{23-20}$$

l_1——轴台长度。

滚刀在滚齿机心轴上按装得是否正确是用两端轴台径向跳动来检验的，制造时应保证两端面与孔的轴线相垂直。两轴台与基本蜗杆同心，一般取：

$$l_1 = 5\text{mm} \tag{23-21}$$

轴台直径 D_1 取

$$D_1 = d_{a0} - 2H_k - 5 \tag{23-22}$$

L_0——切削部分长度

$$L_0 = L_1 + p_x \tag{23-23}$$

L_1 是工作蜗杆螺纹部分长度；p_x 是因滚刀的刀齿按螺旋线分布，为使边缘上几个齿形不完整的刀齿不参加切削而附加的。

2）整体连轴式结构

切削部分长度 L_0 乃按式(23-23)计算；

各部分尺及总长 L 应按所使用的滚齿机刀架上的有关参数决定。

二、齿形设计

1. 后刀面的形成

为了得到后角和重磨后刀口形状不变，滚刀的顶后刀面和侧后刀面都是用铲齿的方法得到的。

顶后刀面的铲制与铲齿成形铣刀相同，不够它们不在一个端剖面内，而是缩在基本蜗杆外圆柱螺旋面之内（参见图 18-5 中的顶后刀面）。

侧后刀面是基本蜗杆螺纹表面与前刀面相交的侧刃绕轴线作螺旋运动而形成的表面，且缩在基本蜗杆两则螺旋面之内（参见图 18-5 中的侧后刀面）。

图 23-15 是螺旋槽滚刀的一个刀齿在分圆柱面的截形展开图，为得到侧刃后角，侧后刀面的导程：对于右旋滚刀，其右侧后刀面的导程 P_{xR} 大于基本蜗杆螺纹的导程 p_{x0}，左侧的 P_{xL} 小于 p_{x0}；对于左旋滚刀则相反。$\Delta\lambda_{0L}$、$\Delta\lambda_{0R}$ 分别是左右侧刃在分圆柱面上的后角。侧刃的法向后角 α_c 为：

$$\tan\alpha_c = \tan\alpha_p \cdot \sin\alpha_n \tag{23-24}$$

式中　α_n——滚刀的法向齿形角，即基本蜗杆的法向齿形角。

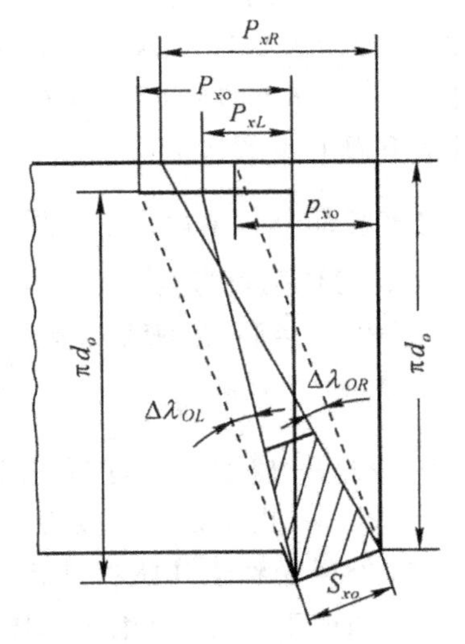

图 23-15　刀齿侧后刀面的导程

这样，重磨前刀面时，只要前刀面的导程 P_k、顶刃前角 r_p 不变，就能保证侧刃和基本蜗杆的形状不变。但分圆齿厚、齿顶高减小，如图 23-7 中虚线所示。

要获得符合要求的侧后刀面，可用轴向铲齿的方法得到。如图 23-16a)所示，铲齿时，滚刀旋转，铲床大拖板带动铲刀以滚刀基本蜗杆的导程 P_0 作轴向进给，使铲刀沿基本蜗杆螺旋面前进，与此同时，凸轮使铲床小拖板作轴向铲齿往复运动，滚刀每转过一个刀齿，轴向铲齿一次，铲削量为 K_x。但因滚刀刀齿在轴向没有足够的铲刀退刀空间，实现这种铲齿方法比较困难。生产中是采用径向铲齿，如图 23-16b)所示，铲刀作径向铲齿往复运动，径向铲削量为 K。这是因为，当滚刀刀齿侧后刀面轴向剖面的齿形是直线时，径向铲齿与轴向铲齿得到的后刀面的性质是相同的。如图 23-17a)所示，以刀齿右齿侧面的铲齿为例，当滚刀转过一个刀齿时，若为轴向铲齿，铲刀移到位置Ⅱ；若为径向铲齿，铲刀移到位置Ⅰ。Ⅰ、Ⅱ重合于同一直线上，结果相同，铲出的侧后刀面都是圆柱螺旋面。但当滚刀侧后刀面的轴向齿形是曲线时，如图23-17b)所示，滚刀转过一个刀齿，轴向铲齿时，刀移到位置Ⅱ，得到的侧后刀面是圆柱螺旋面；径向铲齿时，铲刀移到位置Ⅰ，虽齿形曲线形状未改变，但它对于滚刀轴线在半径方向的相对位置改变了，得到的侧后面是圆锥螺旋面，不符合对滚刀侧后刀面的要求。

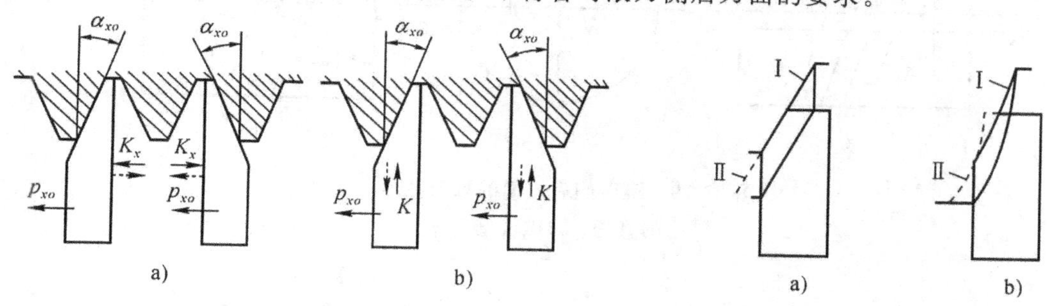

图 23-16　滚刀刀齿的铲制

a)轴向铲制；　b)径向铲制

图 23-17　径向铲齿

a)直线齿形；　b)曲线齿形

可见，滚刀的侧后刀面轴向剖面的齿形是直线时，将使滚刀的铲齿方便。

2. 轴向齿形角

生产中检查滚刀齿形时，不仅要检查切削刃的形状，而且要在离切削刃$\frac{l}{2}$范围内，如图23-18所示，检查几个轴向剖面中的齿形，才能保证滚刀沿前刀面重磨后齿形不变，切出的齿轮齿形也正确。检查时，将千分表或扭簧比较仪置于滚刀轴向剖面中，将千分表移动导轴准确地转成d_{x0}，前后移动千分表即可检查。

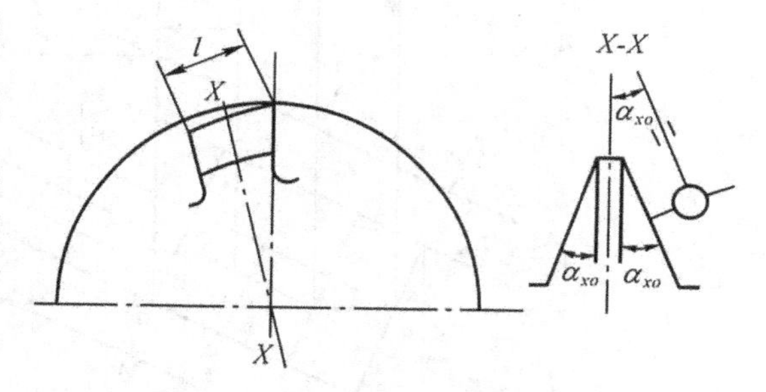

图 23-18　检查侧后刀面的轴向齿形

在滚刀工作图中，应画出齿形作为检查的依据。

对于阿基米德蜗轮滚刀，轴向齿形是直线，应画出轴向齿形、标出齿形角，螺旋槽的滚刀还要画出法向齿形，标出法向齿厚等。

1) $\gamma_p=0°$的直槽滚刀

其两侧后刀面是轴向截形为两对称直线的阿基米德基本蜗杆与前刀面是平行且通过滚刀轴线的平面相交的左右侧刃分别以导程P_{xL}、P_{xR}绕轴线作螺旋运动所形成。如图23-19a)所示，两侧后刀面的轴向截形乃是两对称直线，即

$$\alpha_{xL}=\alpha_{xR}=\alpha_{xO}=\alpha_X \tag{23-25}$$

2) $\gamma_p=0°$的螺旋槽滚刀

其两侧后刀面是轴向截形为两对称直线的阿基米德基本蜗杆与前刀面在端剖面中的截形是直线、且通过轴线的螺旋面相交的左右侧刃分别以导程P_{XL}、P_{XR}绕轴线作螺旋运动所形成。两侧后刀面的轴向截形是不对称的两直线，如图23-19b)中虚线所示。其左、右齿形角可从图23-20所示意图中求得。

铲齿前，基本蜗杆的轴向截形为$a'b'c'd'$，左、右齿形角相等为α_{XO}，铲齿后，滚刀侧后刀面的轴向截形为$a'b_1''c_1''d_1''$，左侧齿形角为α_{XL}，右侧齿形角为α_{XR}，$b'b_1''$，$c'c_1''$、$d'd_1''$可分别从A向

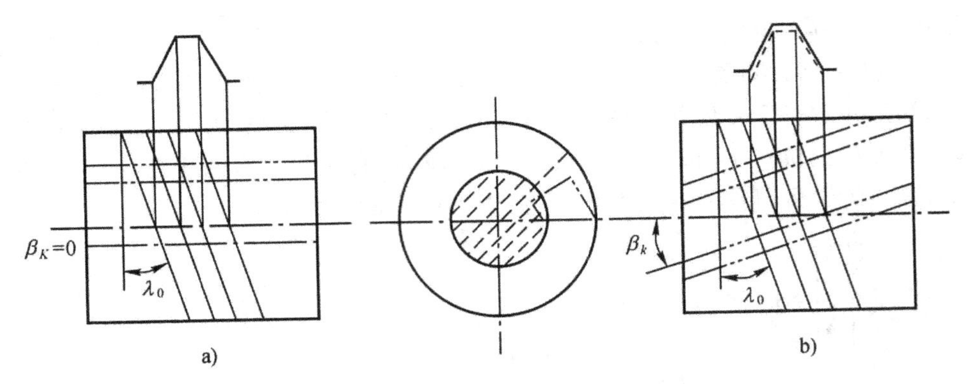

图 23-19　滚刀侧后刀面的轴向截形

a)直槽；b)螺旋槽

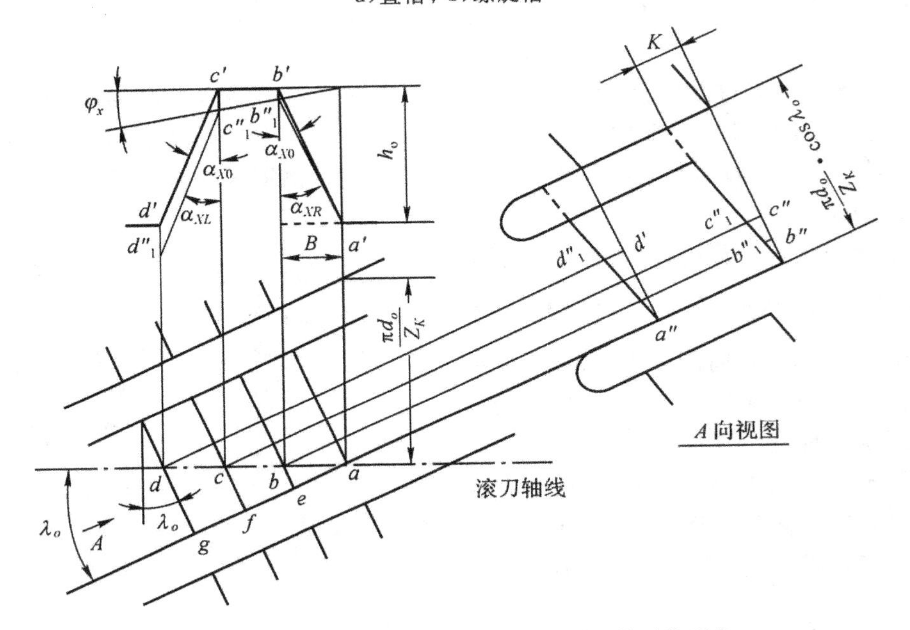

图 23-20　求螺旋槽滚刀侧后刀面的轴向截形齿形角

视图中的相应点量得。

以求右旋滚刀右侧齿形角 α_{XR} 为例：

$$\cot\alpha_{XR}=\frac{h_0-b'b_1''}{B}=\cot\alpha_{XO}-\tan\varphi_X \tag{23-26}$$

$$\tan\varphi_x=\frac{b'b_1''}{B} \tag{23-27}$$

因

$$b'b_1'' : eb=K : \frac{\pi d_0}{Z_k}\cdot \mathrm{co}\lambda_0$$

得

$$b'b_1''=\frac{B\cdot\sin\lambda_0\cdot K\cdot Z_k}{\pi d_0\cdot\cos\lambda_0}=\frac{B\cdot K\cdot Z_k\cdot\tan\lambda_0}{\pi d_0}$$

以式(23-12)代入得

$$b'b_1''=\frac{B\cdot K\cdot Z_k}{P_k}$$

代入式(23-27)得

$$\tan\varphi_x=\frac{K\cdot Z_k}{P_k} \tag{23-28}$$

代入式(23-26)得

$$\cot\alpha_{XR}=\cot\alpha_{XO}-\frac{K\cdot Z_k}{P_k} \tag{23-29}$$

同理可得左侧齿形角 α_{XL} 为：

$$\cot\alpha_{XL}=\cot\alpha_{XO}+\frac{K\cdot Z_k}{P_k} \tag{23-30}$$

以同样方法也可求得左旋滚刀右、左侧齿形角为

$$\cot\alpha_{XR}=\cot\alpha_{XO}+\frac{K\cdot Z_k}{P_k} \tag{23-31}$$

$$\cot\alpha_{XL}=\cot\alpha_{XO}-\frac{K\cdot Z_k}{P_k} \tag{23-32}$$

对于直槽滚刀，因 $P_k=\infty$，代入上式后也可得式(23-25)。

式(23-28)的 φ_x 称轴向齿顶斜角。这是因为滚刀的顶刃必须位于滚刀的外圆柱面上，以防止切出的齿轮槽底歪斜。对于螺旋槽滚刀，当顶刃位于外圆柱面上时，顶后刀面在轴剖面中的截线就与轴线倾斜成 φ_x 角。

铲齿时，为了使滚刀得到 φ_x 角，铲刀切削刃必须与滚刀轴线倾斜成 φ_x 角。

3. 法向齿距 P_{no}、齿厚 S_{no}

$$P_{no}=p_{XO}\cos\lambda_0 \tag{23-33}$$

S_{no}应考虑：滚刀重磨后，分圆柱齿厚减小(图 23-7)，在中心距不许改变的条件下，将使蜗轮的齿厚增大而侧向间隙减小，所以新滚刀的分圆柱齿厚应预先加大 ΔS_{no}，即

$$S_{no}=\frac{P_{no}}{2}+\frac{\Delta S_{no}}{2} \tag{23-34}$$

式中 ΔS_{no}是按照蜗轮蜗杆副的保证侧隙类别及蜗轮精度选取的最小减薄量。

对用于粗加工的 S_{no}则应考虑齿厚的精切余量。

4. 齿高

齿顶高 h_{ao}

$$h_{ao}=\frac{d_{ao}-d_o}{2} \tag{23-35}$$

齿全高 h_o 见式(23-17)

5. 齿顶、齿根圆弧半径 r_{eo}、r_{io}

滚刀重磨后外径减小，r_{eo}太小，将可能使经几次重磨后切出的蜗轮有效齿形部分长度过小，因此一般取

$$r_{eo}=0.2\text{m} \tag{23-36}$$

r_{io}可取较大些，以减少淬火时可能出现的裂纹：

$$r_{io}=0.3\text{m} \tag{23-37}$$

6. 齿底退刀槽尺寸

$m>4$ 的铲磨滚刀齿底应做出铲磨砂轮的退刀槽。

槽宽 b_{kf}应小于齿底宽度 S_{fo}，可取

$$b_{kf}=0.75S_{fo} \tag{23-38}$$

式中　S_{fo}可按下式近似计算

$$S_{fo}=P_{no}-[S_{no}+2(h_o-h_{ao})\cdot\tan\alpha_{XO}]$$

槽深 h_{kf}可取为 0.5～2mm；

槽底圆弧半径 r_{kf}取 0.5～1.5mm

§23-3　蜗轮飞刀

每一把蜗轮滚刀只能用于加工一定参数的蜗轮，当制造的蜗轮数量较少时，专门设计、制造一把滚刀来加工是很不经济的，此时可改用飞刀加工。

所谓蜗轮飞刀，如图 23-21 所示，就是在刀杆上装一把切刀，它像是蜗轮滚刀的一个刀齿。飞刀（见图 23-22a)）的切削刃应位于滚刀的基本蜗杆螺纹表面上。为了改善切削条件，飞刀的前刀面应垂直于基本蜗杆的螺纹（见图 23-22b)）；为防止它在切削过程中转动，可利用带斜面的拉杆将它夹紧（见图 23-b)中的 A-A 剖面）。可见飞刀的切削刃形状应是基本蜗杆螺纹表面法剖面中的截形。它可以由计算法求出；也可以用工艺的方法确定，即在蜗杆磨床上磨好工作蜗杆后，随即将装有飞刀毛坯的刀杆装上该机床，在飞刀毛坯的侧后刀面上磨 0.01～0.02mm 的棱边。这样，飞刀的切削刃是与工作蜗杆螺纹表面在蜗杆磨床的同一次调整中磨出的，它们的一致性是无可置疑的。

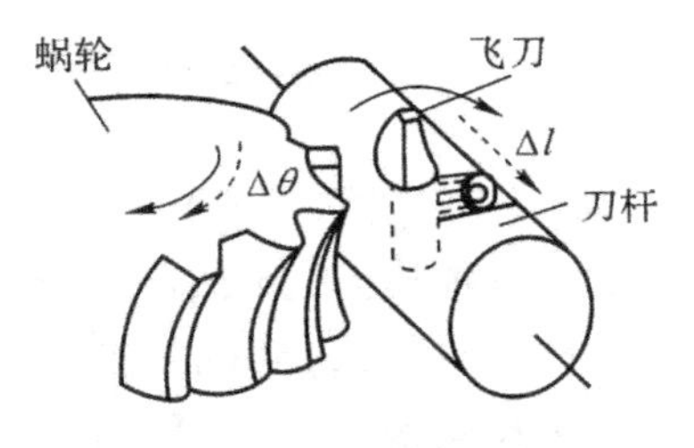

图 23-21　用飞刀加工蜗轮

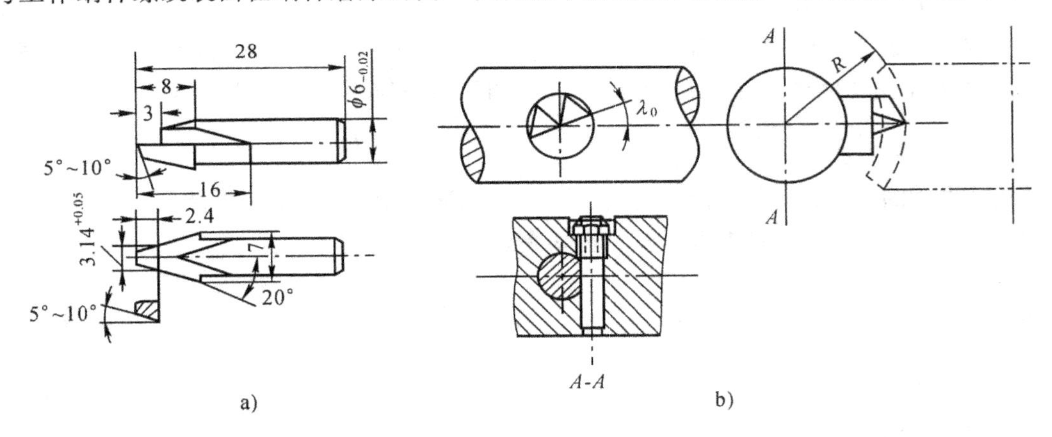

图 23-22　飞刀及其在刀杆上的法向装夹

a)飞刀；　b)在刀杆法向装夹

因飞刀就相当于是 $Z_k=1$ 的蜗轮滚刀，为使它的切削刃也能包络出蜗轮的正确齿形，加工时应采用切向进给的方式，最好是在有切向刀架的滚齿机上进行，以便同时完成分齿运动，即飞刀每转一圈，蜗轮转过的齿数等于工作蜗杆的头数，和展成运动，即飞刀刀杆沿轴线缓慢移动，蜗轮应作相应的附加转动。例如在加工直角传动的蜗轮，当飞刀移动距离 Δl 时，蜗轮应有 $\Delta\theta$ 的附加转动，即

$$\Delta\theta=\frac{\Delta l}{r_2} \tag{23-39}$$

式中　r_2——蜗轮的分圆半径。

在滚齿机没有切向刀架附件时，展成运动也可靠人工实现。加工时，被切蜗轮装夹在已夹

固在滚齿机工作台的分度头上，当蜗轮转一圈后即停机调整：藉千分表或块规使飞刀刀杆沿轴线移动ΔL；藉分度头使蜗轮转过$\Delta\theta$，继续加工，调整次数决定于加工要求，调整次数愈多，包络蜗轮齿形的切线数目愈多。

由分齿运动可知，在设计蜗杆、蜗轮副时最好使头数Z_1、齿数Z_2没有公因数，如$Z_1=1$、$Z_2=40$，或$Z_1=2$、$Z_2=39$等，以便在一次进给后切出蜗轮上的所有齿槽。若Z_1、Z_2有公因数，如$Z_1=2$、$Z_2=40$，则用一把飞刀只能在一次进给后切出蜗轮上齿槽数的一半，弥补的办法可以是采用分度或把飞刀数增加到等于Z_1和Z_2的公因数。显然，它们都使蜗轮的齿距增加一些额外的误差。

用飞刀加工蜗轮，生产率很低，仅滚刀加工时的$\frac{1}{4}\sim\frac{1}{2}$倍。但因飞刀设计、制造简单，在单件生产或修配工作中采用是合算的。

§23-4 径向进给蜗轮滚刀设计举例

原始条件

工作蜗杆：蜗杆类型：阿基米德蜗杆；蜗杆头数：$Z_1=3$；分圆柱螺旋升角：$\lambda_1=15°15'18''$；螺旋方向：右旋；轴向模数：$m=4$mm；分圆柱直径：$d_1=44$mm；外径：$d_{a1}=52$mm；根圆直径：$d_{f1}=34.4$mm；轴向齿距：$p_x=\pi m=12.566$mm；导程$P_x=37.698$mm；螺纹部分长度：$L_1=72$mm。

蜗轮：齿数：$Z_2=50$；最大外径：$d_{e2}=214$mm；与蜗杆啮合时的中心距：$a=122$mm 顶隙：$a_{21}=(0.2\text{m})$mm；蜗轮精度等级：8级；蜗轮保证侧隙类别：j_n。

使用机床：YB3150E滚齿机(无切向进给刀架)

要求：设计径向进给的蜗轮滚刀

设计步骤：(重要计算项目的后面，括号内的数字为该项的取值精度)

一、结构设计

1. 直径

据式(23-1)，$d_0=d_1=44$mm；

据式(23-2)，$d_{a0}=d_{a1}+2(c_{21}+0.1m)=52+2(0.2\cdot4+0.1\cdot4)=54.4$mm；

据式(23-3)，$d_{f0}=d_{f1}=34.4$mm。

2. 螺旋参数

均与工作蜗杆一致，确定为：阿基米德蜗杆、右旋，据式(23-4)、式(23-5)、式(23-6)、式(23-6a)，$Z_0=Z_1=3$、$\lambda_0=\lambda_1=15°15'18''$、$p_{x0}=p_x=12.566$mm、$P_{x0}=p_x\cdot Z_1=12.566\cdot3=37.698$mm。

3. 圆周齿数Z_k

据蜗轮精度，按生产经验推荐的Z_k值，考虑到$Z_1=3$、$Z_2=50$，二者无公因数，所以应使Z_k与Z_o也无公因数，以增加包络齿面的切削刃数，初定$Z_k=8$。

4. 后角与铲齿量

据式(23-9)，取$\alpha_P'=11°$得

$$K=\frac{\pi d_{a0}}{Z_k}\cdot\tan\alpha_P'\cdot\cos\lambda_0=\frac{\pi\cdot54.4}{8}\cdot\tan11°\cdot\cos15°15'18''=4.0\text{mm}$$

参见附表21-4，取$K=4$mm

据式(23-10)得

$$K_1=(1.2\sim1.5)K=(1.4)\cdot 4=5.6\text{mm}$$

参见附表 21-4,取 $K_1=6\text{mm}$。

5. 前角及容屑槽

确定前角 $\gamma_p=0°$。

因 $\lambda_0>5°$,确定制成螺旋槽,据式(23-12)计算容屑槽导程 P_k(0.5)

$$P_k=\frac{\pi d_0}{\tan\lambda_0}=\frac{\pi\cdot 44}{\cot 15°15'18''}=506.85\text{mm}$$

取 $P_k=506.5\text{mm}$

6. 容屑槽端面参数

1) 槽深 H_h(0.5)

据式(23-14)

$$H_k=\frac{d_o-d_{f0}}{2}+\frac{K+K_1}{2}+r=\frac{54.5-34.4}{2}+\frac{4+6}{2}+1.5=16.5\text{mm}$$

2) 槽底圆弧半径 r(0.5)

据式(23-15)

$$r=\frac{\pi(d_{a0}-2H_k)}{8\cdot Z_k}=\frac{\pi(54.4-16.5)}{8\cdot 8}=1.05\text{mm}$$

取 $r=1.0\text{mm}$。

3) 槽角 θ

取 $\theta=25°$。

7. 检验铲磨齿背时砂轮是否和下一个刀齿发生干涉。

据§23-2、一、7·所述的方法作图检验,如图 23-23 所示,确定不发生干涉时,直接从图中量得刀齿可铲磨部分长度为 5.5mm,约占齿背宽的$\frac{1}{2}$,可认为是合理的。因此上列各参数即被确定。

铲磨部分长度应标注在工作图中。

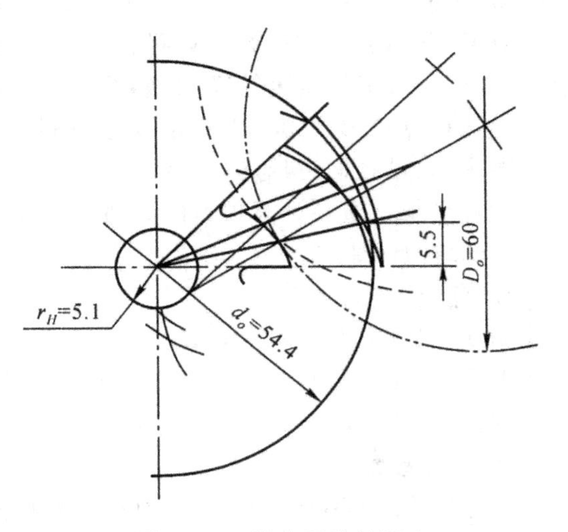

图 23-23 铲磨干涉的检验

8. 刀体强度验算

据式(23-19),按附表 23-1 查得 $d=22\text{mm}$;按附表 21-7 查得 $t'=24.1\text{mm}$,得

$$\frac{d_{a0}}{2}-H_k-\left(t'-\frac{d}{2}\right)=\frac{54.4}{2}-16.5-\left(24.1-\frac{22}{2}\right)$$
$$=-1.9\ngtr 0.3d=0.3\cdot 22=6.6\text{mm}$$

表明刀体强度不够,应制成整体连轴式结构。

9. 长度 L

1) 切削部分长度 L_0

据式(23-23)得

$$L_0=L_1+p_x=72+12.566=84.566\text{mm}$$

取 L_0 为 85mm。

2) 整体连轴式结构各部分尺寸及总长 L 参见附表 23-2 确定

按附表23-3查得YB3150E滚齿机主轴为5号莫氏锥；同表查得扁方尺寸。再以5号莫氏锥查附表23-4得莫氏锥和螺孔尺寸，直接画入工作图中。其中莫氏锥长度 $L_x=162\text{mm}$；查附表23-3得 $L_{W1}=60\text{mm}$，取 $d_{W1}=22h6\text{mm}$；

取螺纹尺寸 $L_{x1}=35\text{mm}$，$d_M=20M$。

查附表23-3得 $L_{1\min}=100\text{mm}$，$L_{1\max}=170\text{mm}$；$L_{2\min}=120\text{mm}$；$L_{2\max}=190\text{mm}$ 代入附表23-2中的附式(23-2)、附式(23-3)得

$$L_{W2}\geqslant L_{2\min}-\frac{L_0}{2}=120-\frac{85}{2}=77.5\text{mm}，取\ L_{W2}=80\text{mm}，d_{W2}=25\text{mm}；$$

$$L_{W3}\geqslant L_{1\min}-\frac{L_0}{2}=100-\frac{85}{2}=57.5\text{mm}，取\ L_{W3}=60\text{mm}，d_{W3}=25\text{mm}；$$

代入附式(23-4)，$L_{1\min}+L_{2\min}\leqslant L_{W2}+L_0+L_{W3}\leqslant L_{1\max}+L_{2\max}$ 得

$$120+100<80+85+60<170+190$$

因此确定 $L_{w2}=80\text{mm}$，$L_{w3}=60\text{mm}$ 满足机床使用要求。

据附式(23-1)总长度 L 为

$$L=L_x\times L_{w1}+L_{x1}+L_{w2}+L_0+L_{w3}$$
$$=162+80+85+60+60+35=482\text{mm}。$$

将 L 圆整到485mm

二、齿形设计

1. 齿形角 α_{XR}、α_{XL}(1′)

据式(22-29)、式(22-30)

$$\cot\alpha_{XR}=\cot\alpha_{XO}-\frac{K\cdot Z_k}{P_k}=\cot20^\circ-\frac{4.8}{506.5}=2.6842987$$

$$\alpha_{XR}=20^\circ25'56''$$

取 $\alpha_{XR}=20^\circ26'$。

$$\cot\alpha_{XL}=\cot\alpha_{XO}+\frac{K\cdot Z_k}{P_k}=\cot20^\circ+\frac{4.8}{506.5}=2.8106561$$

$$\alpha_{XL}=19^\circ35'06''$$

2. 轴向齿顶斜角 φ_x(1′)

据式(23-28)

$$\varphi_x=\tan^{-1}\frac{K\cdot Z_k}{P_k}=\tan^{-1}\left(\frac{4.8}{506.5}\right)=3^\circ36'54''$$

取 $\varphi_x=3^\circ37'$

3. 法向齿距 p_{no}、齿厚 S_{no}(0.001)

据式(23-33)

$$p_{no}=p_{xo}\cdot\cos\lambda_0=12.566\cdot\cos15^\circ15'18''=12.123\text{mm}$$

据式(23-24)，按附表22-5查得 $\Delta S_{no}=0.25\text{mm}$ 得

$$S_{no}=\frac{P_{no}}{2}+\frac{\Delta S_{no}}{2}=\frac{12.123}{2}+\frac{0.25}{2}=6.187\text{mm}。$$

4. 齿顶高 h_{ao}、齿全高 h_o(0.01)

据式(23-35)、式(23-17)

$$h_{ao}=\frac{d_{ao}-d_o}{2}=\frac{54.4-44}{2}=5.20\text{mm}；$$

$$h_o=\frac{d_{ao}-d_{fo}}{2}=\frac{54.4-34.4}{2}=10.00\text{mm}。$$

5. 齿顶、齿根圆弧半径 r_{eo}、r_{io}(0.1)

据式(23-36)、式(23-37)

$$r_{eo}=0.2\cdot m=0.2\cdot 4=0.8\text{mm};$$

$$r_{io}=0.3\cdot m=0.3\cdot 4=1.2\text{mm}。$$

6. 齿底退刀槽尺寸

槽宽 b_{kf}

据式(23-38)

$$S_{fo}=p_{no}-[S_{no}+2(h_o-h_{ao})\cdot\tan\alpha_{xo}]$$

$$=12.123-[6.19+2(10-5.20)\cdot\tan 20°]2.45\text{mm 得}$$

$$b_{hf}=0.75\cdot S_{fo}=0.75\cdot 2.45=1.8\text{mm};$$

取槽深 $h_{kf}=0.6$mm；

取槽底圆弧半径 $r_{kf}=0.5$mm。

三、确定各部分公差、制定技术条件

按附表 23-6、附表 23-7、附表 23-8 确定。

四、绘制蜗轮滚刀工作图

如图 23-24 所示。

练 习 题 23

1. 蜗轮滚刀是模拟蜗轮蜗杆副啮合原理加工蜗轮的，但为什么它的外径却还要比蜗杆的外径略大？

2. 蜗轮滚刀圆周齿数的确定应考虑哪些因素？

3. 开螺旋槽的蜗轮滚刀为什么会出现一个所谓轴向齿顶斜角？

4. 在什么条件下可用飞刀加工蜗轮？它的加工原理是什么？

5. 设计一把径向进给的蜗轮滚刀。

已知条件(参见图 23-25)：

蜗杆：阿基米德型、右旋、$Z_1=3$、$\lambda_1=12°59'41''$、$m=2$mm、$\alpha_X=20°$、$d_1=26$mm、$d_{a1}=30$mm、$d_{f1}=21.2$mm、$p_x=6.283$mm、$P_x=18.850$mm、$L_1=32$mm；

蜗轮：$Z_2=40$、$d_{e2}=87$mm、$a=53$mm、$c=0.2$、精度等级为 8、侧隙类别为 j_n；

使用机床：YB3150E 滚齿机。

画出蜗轮滚刀工作图。

6. 设计一把径向进给的蜗轮滚刀

已知条件(参见图 23-25)：

蜗杆：阿基米德型、右旋、$Z_1=3$、$\lambda_1=16°41'57''$、$m=5$mm、$\alpha_X=20°$、$d_1=50$mm、$d_{a1}=60$mm、$d_{f1}=38$mm、$p_x=15.708$mm、$P_x=47.124$mm、$L_1=80$；

蜗轮：$Z_2=50$、$d_{e2}=267$mm、$a=150$mm、$c=0.2$。精度等级为 8 级、侧隙类别为 j_n；

使用机床：YB3150E 滚齿机。

画出蜗轮滚刀工作图。

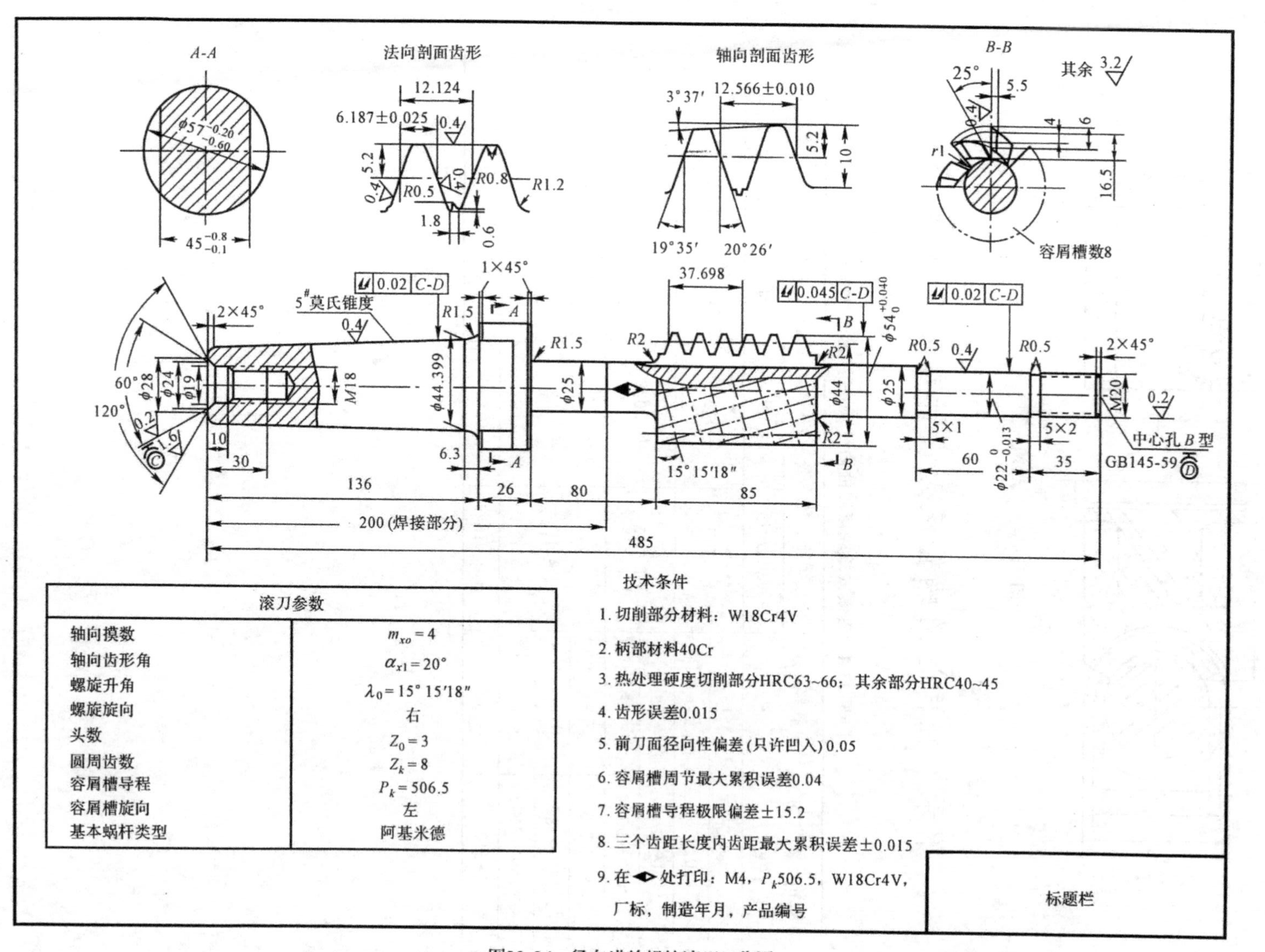

滚刀参数	
轴向摸数	$m_{xo}=4$
轴向齿形角	$\alpha_{x1}=20°$
螺旋升角	$\lambda_0=15°15'18''$
螺旋旋向	右
头数	$Z_0=3$
圆周齿数	$Z_k=8$
容屑槽导程	$P_k=506.5$
容屑槽旋向	左
基本蜗杆类型	阿基米德

技术条件

1. 切削部分材料：W18Cr4V
2. 柄部材料40Cr
3. 热处理硬度切削部分HRC63~66；其余部分HRC40~45
4. 齿形误差0.015
5. 前刀面径向性偏差（只许凹入）0.05
6. 容屑槽周节最大累积误差0.04
7. 容屑槽导程极限偏差±15.2
8. 三个齿距长度内齿距最大累积误差±0.015
9. 在◆处打印：M4，P_k506.5，W18Cr4V，厂标，制造年月，产品编号

标题栏

图23-24　径向进给蜗轮滚刀工作图

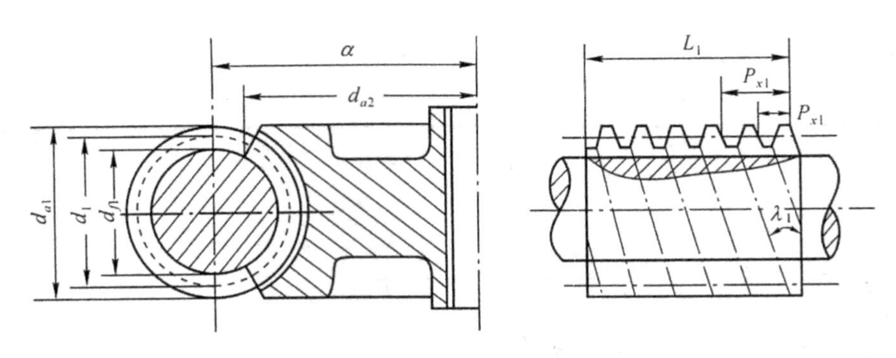

图 23-25 蜗轮蜗杆副

附录 径向进给蜗轮滚刀设计参考资料(部分)

附表 23-1 套装式蜗轮滚刀的内径、轴台和偏差(mm)

蜗轮滚刀外径 d_{a0}	孔径 d	孔径公差		轴台尺寸	
		AA、A、B 级	C 级	直径 D_1	长度 l_1
～30	13	+0.011	+0.019	22	5
>30～50	16			25	
>50～70	22	+0.013	+0.023	35	
>70～90	27			40	
>90～130	32	+0.15	+0.027	50	
>130～180	40			60	
>180～240	50			75	
>240	60	+0.018	+0.030	85	

附表 23-2 整体连轴式蜗轮滚刀结构参数

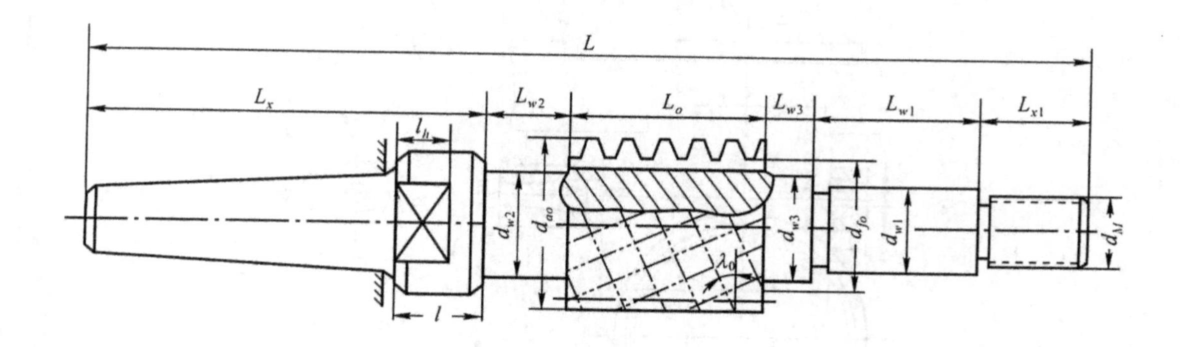

滚刀总长度

$$L=L_x+L_{w1}+L_{x1}+L_{w2}+L_0+L_{w3} \quad \text{附(23-1)}$$

式中各长度和对应直径用下述方法确定：

L_w——莫氏锥和扁方长度。根据滚齿机型号查附表 23-3 得莫氏锥和扁方尺寸，由莫氏锥号查附表 23-4 得莫氏锥各部尺寸和螺孔尺寸；

L_{w1}——与滚齿机支承套配合的轴颈长度。根据滚齿机型号查附表 23-3 得 L_{w1} 和 d_{w1}，d_{w1}是支承套内孔尺寸；

L_{x1}——刀杆螺纹长度。考虑到安装方便，螺纹直径 d_m 应小于 d_{w1}，最大是等于 d_{w1}；

L_{w2}、L_0、L_{w3}——与滚齿机主轴端面到支承端面间的距离相关的尺寸。

对于径向进给整体连轴式滚刀，希望滚刀切削部分尽可能在刀架迴转中心，由此决定

$$L_{w2}\geqslant L_{2\min}-\frac{L_0}{2} \quad \text{附(23-2)}$$

$$L_{w3}\geqslant L_{1\min}-\frac{L_0}{2} \quad \text{附(23-3)}$$

为了使整体连轴式滚刀能在选定的滚齿机上工作，求出的 L_{w2}和 L_{w3}必须满足不等式：

$$L_{1\min}+L_{2\min}\leqslant L_{w2}+L_0+L_{w3}\leqslant L_{1\max}+L_{2\max} \quad \text{附(23-4)}$$

式中 L_0——蜗轮滚刀切削部分长度；

$L_{1\min}$，$L_{2\min}$，$L_{1\max}$，$L_{2\max}$——滚齿机刀架参数，根据滚齿机型号由附表 23-3 查得。

与其对应的直径 d_{w2}、d_{w3}应从提高刀杆刚性出发取得等于或略小于 $d_{a0}-2H_k$，但不得小于 d_{w1}必要时允许大于 $d_{a0}-2H_k$，这时铣削蜗轮滚刀容屑槽时，将会碰到这段刀杆，但对滚刀工作没有影响。

附表 23-3 常用滚齿机刀架参数

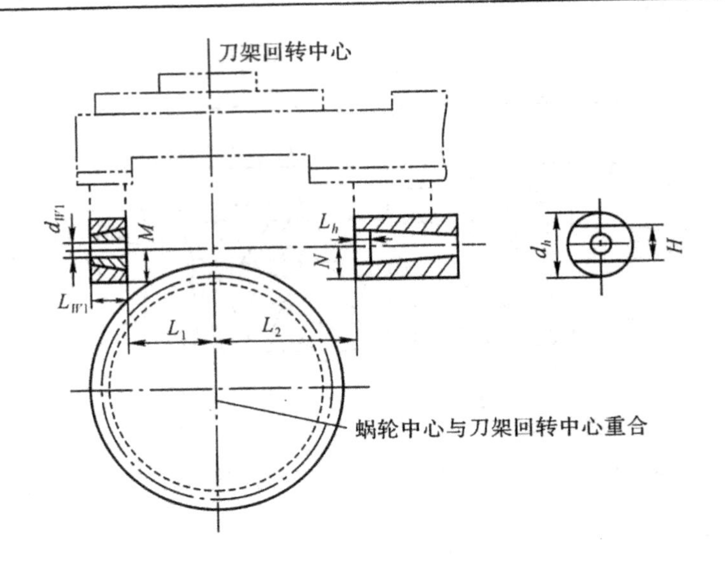

滚齿机型号	M	N	主轴莫氏锥	支承套		调节范围		扁方尺寸			随机刀杆	最大装刀直径
				L_{W1}	d_{W1}	L_{1min}/L_{1max}	L_{2min}/L_{2max}	d_h	H	L_h		
Y3150E	42	60	5#	60	22 27	70/125	120/175	55	$45^{-0.1}_{-0.8}$	13	22 27 32	160
YB3150E	42	60	5#	60	22 27	100/170	120/190	55	$45^{-0.1}_{-0.8}$	13	22 27 32	140
Y3180H	42	65	5#	60	22 27 32	100/150	150/200	55	$45^{-0.1}_{-0.8}$	13	22,27 32,40	180
Y38-1	38	53	4#	65	22 27 32	55/145	70/235	50	32	16	22 27 32	120
Y38	40	55	5#	55	22 27	95/140	66/116	57	$45^{-0.8}_{-0.1}$	13	22 27 32	120

注:1. YB3150E 为半自动滚齿机;

2. Y38-1 有切向刀架;

3. Y38 支承可调节范围为 90mm。

附表 23-4　莫氏锥和螺孔尺寸

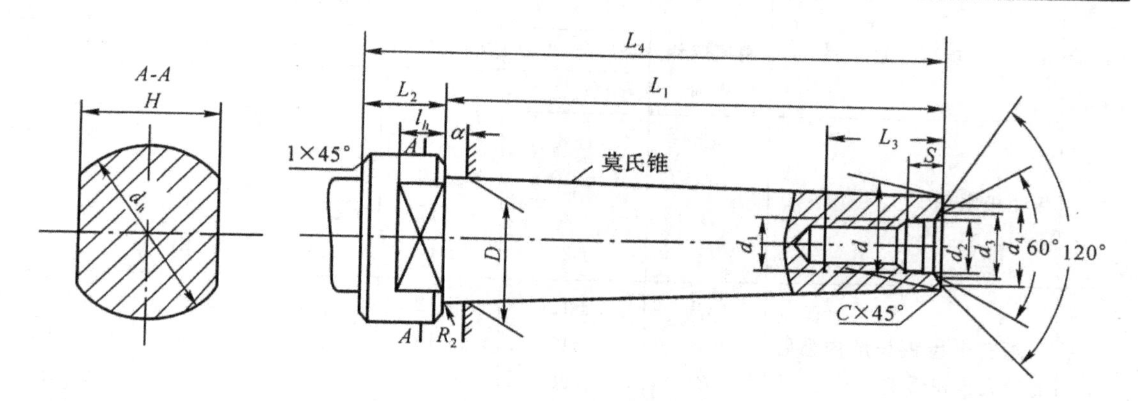

莫氏锥号	D	d	l_1	a	d_1	l_3	c	d_2	d_3	d_4	S	l_2
3	28.825	19.784	85	4.5	M12	28	0.80	12.5	15	17.5	6	20
4	31.267	25.933	108	5.3	M14	32	1.5	15	19	22	8	22
5	44.399	37.573	136	6.3	M18	40	2	19	24	28	10	26
6	63.348	53.605	189	7.9	M24	50	3	25	31	36	11	32

附表 23-5　蜗杆齿厚最小减薄量 ΔS_{no} 和粗加工蜗轮的齿厚精切余量 ΔS

蜗杆齿厚最小减薄量 ΔS_{no}

精度等级	综合形式	偏差代号	模数(mm)	中心距 >40~80 (μm)	中心距 >80~160 (μm)	中心距 >160~320 (μm)	中心距 >320~630 (μm)
7	j_n	ΔS_{no}	>1~2.5	150	200	280	360
			>2.5~6	160	210	280	380
			>6~10	170	220	280	380
			>10~16	—	240	300	400
8	j_n	ΔS_{no}	>1~2.5	190	250	320	420
			>2.5~6	200	250	320	420
			>6~10	210	260	340	450
			>10~16	—	300	360	450
9	j_n	ΔS_{no}	>1~2.5	240	300	400	500
			>2.5~6	250	320	400	530
			>6~10	280	340	420	530
			>10~16	—	380	450	560

粗加工蜗轮的齿厚精切余量 ΔS

模数(mm)	>3~6	>6~10	>10~14	>14~20
ΔS(mm)	0.2	0.3	0.4	0.5

附表 23-6　蜗轮滚刀制造公差

序号	项目	精度等级	模数(mm) >1.0～2.25	>2.25～4	>4～6	>6～8	>8～10
			(μm)				
1	齿距极限偏差	*AA*	±8	±8	±10	±12	±15
		A	±10	±10	±15	±15	±25
		B	±15	±15	±25	±25	±35
		C	±25	±40	±40	±40	±40
2	任意三个齿距长度内齿距的最大累积误差	*AA*	±12	±12	±15	±18	±25
		A	±15	±15	±25	±25	±40
		B	±25	±25	±40	±40	±50
		C	±40	±60	±60	±60	±60
3	轴向或法向齿距误差(以长度计)	*AA*	8	10	12	15	25
		A	12	15	18	25	30
		B	18	25	30	35	40
		C	30	50	70	70	70
4	刀齿前刀面的径向性偏差(只许凹入)	*AA*	30	40	50	60	60
		A	40	50	70	90	120
		B	60	80	110	140	160
		C	90	120	150	200	250
5	刀齿的径向跳动　直槽滚刀	*AA*	20	20	30	30	40
		A	30	30	40	40	50
		B	40	50	60	60	80
		C	50	70	70	70	90
	刀齿的径向跳动　螺旋槽滚刀　单头	*AA*	20	20	30	30	40
		A	30	30	40	40	50
		B	40	50	60	60	80
		C	50	70	70	70	90
	刀齿的径向跳动　螺旋槽滚刀　多头	*AA*	30	30	45	45	60
		A	45	45	60	60	70
		B	60	70	70	80	100
		C	70	90	90	90	110
6	刀齿前刀面对滚刀轴线的不平行度(直槽滚刀)	*AA*	30	40	40	50	60
		A	35	45	50	60	70
		B	45	55	65	70	90
		C	—	—	—	—	—

续附表 23-6

序号	项目			精度等级	模数 (mm)				
					>1.0～2.25	>2.25～4	>4～6	>6～8	>8～10
					(μm)				
7	容屑槽周节最大累积误差			*AA*	30	30	40	40	50
				A	50	50	60	60	80
				B	80	90	100	100	120
				C	100	100	120	120	140
8	外径锥度允差	直槽滚刀		*AA*	30	30	40	40	50
				A	30	30	40	40	50
				B	40	40	45	45	50
				C	80	80	120	120	120
		螺旋槽滚刀	单头	*AA*	40	40	40	50	60
				A	40	40	40	50	60
				B	50	50	55	55	60
				C	90	90	130	130	130
			多头	*AA*	50	50	60	60	70
				A	50	50	60	60	70
				B	60	60	65	65	70
				C	100	100	140	140	140
9	轴台或带柄滚刀的锥柄及支承部分的径向跳动			*AA*	10	10	10	10	15
				A	15	15	15	15	20
				B	20	20	20	20	20
				C	30	30	30	30	30
10	支承端面跳动			*AA*	8	8	8	10	10
				A	10	10	10	15	15
				B	15	15	15	20	20
				C	20	20	25	25	25
11	齿厚偏差（以齿顶为基准测量）			*AA*	±20	±25	±30	±40	±50
				A	±20	±25	±30	±40	±50
				B	±20	±25	±30	±40	±50
				C	±30	±40	±50	±60	±70
12	螺旋槽导程 P_k 偏差（螺旋槽滚刀）			*AA*	$\pm 0.02P_k$	$\pm 0.02P_k$	$\pm 0.016P_k$	$\pm 0.016P_k$	$\pm 0.012P_k$
				A	$\pm 0.03P_k$	$\pm 0.03P_k$	$\pm 0.025P_k$	$\pm 0.025P_k$	$\pm 0.02P_k$
				B	$\pm 0.05P_k$	$\pm 0.05P_k$	$\pm 0.04P_k$	$\pm 0.04P_k$	$\pm 0.03P_k$
				C					

附表 23-7 滚刀外径偏差

外径 d_{a0}	>18～30	>30～50	>50～80	>80～120	>120～180	>180～260
偏　差	+0.28	+0.34	+0.40	+0.46	+0.53	+0.60

附表 23-8 滚刀各表面粗糙度及主要技术条件

<table>
<tr><td rowspan="11">各表面粗糙度</td><td colspan="2" rowspan="3">检查表面</td><td colspan="4">精度等级</td></tr>
<tr><td>AA</td><td>A</td><td>B</td><td>C</td></tr>
<tr><td colspan="4">精糙度 (μm)</td></tr>
<tr><td colspan="2">齿侧和齿顶后刀面</td><td rowspan="2">0.4</td><td rowspan="2">0.4</td><td rowspan="2">0.8</td><td rowspan="2">0.8</td></tr>
<tr><td colspan="2">前刀面</td></tr>
<tr><td rowspan="2">套装式</td><td>内孔表面</td><td>0.2</td><td rowspan="2">0.4</td><td>0.4</td><td rowspan="2">0.8</td></tr>
<tr><td>轴台表面及端面</td><td>0.4</td><td>0.8</td></tr>
<tr><td rowspan="2">整体连轴式</td><td>锥柄表面</td><td rowspan="2">0.4</td><td rowspan="2">0.4</td><td>0.4</td><td rowspan="2">0.8</td></tr>
<tr><td>支承表面</td><td>0.8</td></tr>
<tr><td rowspan="2">顶针孔</td><td>60°锥面</td><td colspan="4">0.12</td></tr>
<tr><td>120°锥面</td><td colspan="4">1.6</td></tr>
<tr><td colspan="3">其余表面</td><td colspan="4">3.2</td></tr>
<tr><td>主要技术条件</td><td colspan="6">蜗轮滚刀是一种按展成法加工的复杂刀具，除对材料、硬度和表面质量等有要求外，为了保证加工齿形的精度，还对影响切削刃是否在基本蜗杆螺旋面上的因素和安装基准提出了严格要求。
A、B、C 精度等级的滚刀分别检验滚刀齿距误差、前刀面径向性误差、圆周齿距误差、螺旋槽导程误差、齿形误差等代替实际切削刃偏离基本蜗杆螺旋面的检查，此外还应检查安装基准的跳动量。AA 级精度的滚刀直接检查实际切削刃偏离基本蜗杆螺旋面的误差。
滚刀重磨后形成了新的前刀面，故应检查前刀面径向性误差，周距误差和螺旋槽导程误差等。
综合上述，蜗轮滚刀的技术条件如下：
1. 切削部分材料：高速钢 W18Cr4；柄部：合金钢 40Cr；
2. 热处理硬度：切削部不低于 HRC63；柄部和螺纹部分 HRC40～45；
3. 切削部分不得有裂纹、崩刃和烧伤等缺陷；
4. 滚刀两端不完全齿应切去，到顶宽为 2mm 左右；
5. 滚刀其他圆柱部分和长度的尺寸偏差：直径按 h12 级规定，长度按 h11 级规定；
6. 滚刀各部分的表面粗糙度应符合本表上列规定；
7. 滚刀的制造公差应符合附表 23-6、附表 23-7 的规定。</td></tr>
</table>

第二十四章　花键滚刀齿形的求法

用滚切展成原理加工非渐开线齿形的工件，如花键轴、链轮、棘轮、摆线齿轮等是很普遍的，特别是大批量生产中，以提高生产率和加工精度。

本章以花键滚刀为例，叙述如何据已知花键轴齿形，按展成原理求花键滚刀的齿形。

§24-1　花键滚刀法向齿形的求法

常用的直边矩形花键轴截形如图 24-1 所示。有下列主要参数：外圆半径 r_a、根圆半径 r_f、键宽 b、倒角尺寸 c、小沟深度 f 及宽度 e、键数 Z。若花键顶部无倒角，则 $c=0$；若根部无小沟，则 $f=0$、$e=0$。

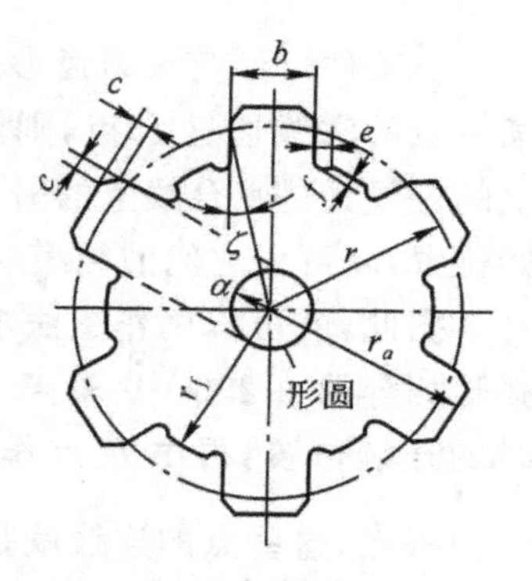

图 24-1　花键轴截形的主要参数

图中的 r 是节圆半径，它是根据一定要求确定的(详见 §24-2 一节)。当 r 求得后，即可求得节圆上的齿形角 ζ：

$$\sin\zeta=\frac{b}{2r} \tag{24-1}$$

设以花键轴的轴线为中心，以 $a=\frac{b}{2}$ 为半径作一圆，则键齿侧面的延长线必切于此圆，这个圆称"形圆"，因此有

$$\sin\zeta=\frac{a}{r} \tag{24-2}$$

节圆齿距 P

$$P=\frac{2\pi r}{Z} \tag{24-3}$$

节圆齿厚 S

$$S=2r\zeta \tag{24-4}$$

知此齿形后，就可根据齿形啮合的基本条件求得与其共轭的滚刀齿形。在实际生产中，通常是以能与工件啮合的齿条齿形作为滚刀基本蜗杆的法向齿形，也就是把滚刀和工件近似地看成是齿条和齿轮的啮合。当滚刀的螺旋升角较小时，这种齿形设计法的精度是足够的。具体方法很多，下面仅介绍其中之一，即据齿形法线原理(或称啮合线原理)的作图法和计算法。

一、作图法

比较直观，能够全面而清晰地把结果表示出来，适用于齿形复杂而精度要求不高的场合。

此法的理论基础就是齿形啮合基本原理，即一对共轭齿形在任何接触点处的公法线必定通过啮合节点。

在图 24-2 中，已知工件齿形 PA，并取工件节圆半径为 r，它和齿条(即滚刀)的节线 XX 相切纯滚动，切点即为啮合节点 P。把纯滚动过程中工件齿形通过节点 P 时的位置(即 PA 位

置)称为起始位置。此时,齿形在 P 点的法线当然也通过 P 点,所以 P 点就是此时工件与滚刀齿形的接触点,也就是滚刀齿形上的一点,而该点在固定平面上就是啮合线上的一点。

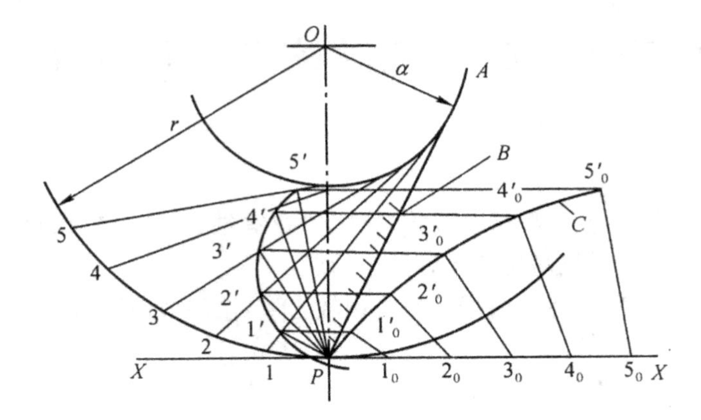

图 24-2　齿形法线原理的作图法

当工件齿形与滚刀齿形按节圆和节线的纯滚动规律运动到另一个位置时,若工件齿形上某一点的法线通过 P 点,则该点就是在该位置上工件和滚刀齿形的接触点,而它在固定平面上的位置又是啮合线上的另一点。设将工件齿形与滚刀齿形按节圆和节线的纯滚动退回到起始位置,就可由它们的纯滚动长度得到滚刀齿形在起始位置上的另一点。

据此,就可以用作图法求得与工件齿形共轭的滚刀齿形:先在节圆上由 P 点起向左截取弧长相等的 1、2、3……等点,并从这些点作直线与形圆相切,它们就是花键轴齿形在作纯滚动时的连续位置,再由 P 点作这些线的垂线,便得到法线 $\overline{P1'}$、$\overline{P2'}$、$\overline{P3'}$……及其垂足 $1'$、$2'$、$3'$……等点,这些点的连线就是啮合线;在齿条的节线上,由 P 点起向右截取长度等于 $\overset{\frown}{P1}$ 的 1_0、2_0、3_0……等点,并从 1_0 点作 $\overline{1_0 1_0'}$ 平行于法线 $\overline{P1'}$ 又从 $1'$ 点作 $\overline{1 1_0'}$ 平行于节线,则这两直线的交点 $1_0'$ 就是滚刀齿形上的一点。用同样方法可以作出 $2_0'$、$3_0'$……等点,连接这些点,包括 P 点的曲线就是滚刀的齿形。

二、计算法

能确定滚刀齿形上各点的精确尺寸,且可用电子计算机简捷地完成。

据作图法的概念,也可用算式求出啮合线方程式,进而可求得滚刀齿形若干点坐标值。

在图 24-3 中,花键轴截形上的实线表示花键轴齿形与共轭的滚刀齿形在节点 P 的啮合情况;虚线表示两共轭齿形在 A_1 点的啮合情况。曲线 PA_1D 是啮合线,其方程式可写为:

$$X_1 = -PA_1 \cdot \cos\alpha$$

因

$$PA_1 = PE - A_1E = r \cdot \sin\alpha - r \cdot \sin\zeta$$

所以

$$\left.\begin{aligned} X_1 &= -r(\sin\alpha - \sin\zeta) \cdot \cos\alpha \\ Y_1 &= r(\sin\alpha - \sin\zeta) \cdot \sin\alpha \end{aligned}\right\} \tag{24-5}$$

令相应于啮合线 A_1 点 (X_1, Y_1) 的滚刀齿形上的某点 B 的坐标为 (X, Y),可得

$$X = BA_1 - (-X_1)$$

而因

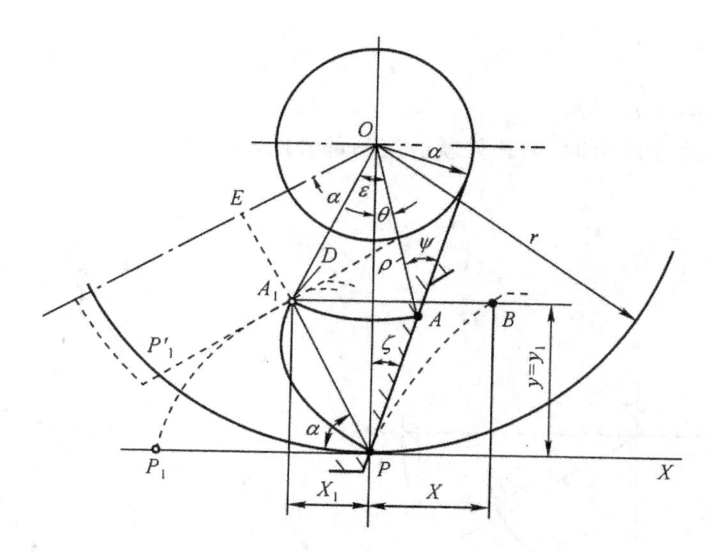

图 24-3 滚刀齿形的计算法

$$BA_1=\overline{PP_1}=\widehat{PP_1}'=r\cdot(\alpha-\zeta)$$

所以

$$\left.\begin{aligned}X&=r(\alpha-\zeta)+X_1\\Y&=Y_1\end{aligned}\right\}\tag{24-6}$$

式中 α、$\xi\zeta$ 均为弧度值。

将啮合线方程式(5)代入式(6)，则得与花键齿形共轭的滚刀齿形的方程式为：

$$\left.\begin{aligned}X&=r[(\alpha-\zeta)-(\sin\alpha-\sin\zeta)\cdot\cos\alpha]\\Y&=r(\sin\alpha-\sin\zeta)\cdot\sin\alpha\end{aligned}\right\}\tag{24-7}$$

式中 α 为参变数，即瞬时啮合角，可由下式计算：

$$\cos\alpha=\frac{\sqrt{\overline{OA_1}^2-a^2}}{r}\tag{24-8}$$

式中$\overline{OA_1}$—— 花键齿形上 A_1 点的半径。

具体计算时，先据节圆半径 r 由式(24-2)算得 ζ，再将花键轴的顶圆半径(减去倒角 c)和根圆半径分别代替式(24-8)的$\overline{OA_1}$算出 α 角的极大值和极小值，在此范围内取一定数量的 α 值后，最后就可由式(24-7)算出滚刀齿形上一系列点坐标。

§24-2 工件节圆半径 r 的确定

正确地选择工件的节圆半径 r 是很重要的。r 太小，会使工件齿顶处切不出完整的齿形；太大，又会使工件齿根处留下较高的过渡曲线。

一、r 最小值的确定

从齿形啮合原理知，工件齿形上任一点处的法线与节圆的交点旋转到通过啮合节点时，这一点就成为这一瞬间的接触点。因此，要能加工出工件齿形，首要的条件是齿形上各点的法线必须能与节圆相交，这是选择节圆半径最小值的第一个条件。

如图 24-4 所示，对齿形是直线 AB 的花键轴，为使 AB 上各点的法线都能与节圆相交，则

r 最小值应为：

$$r_{\min(i)}=\sqrt{r_a^2-a^2} \tag{24-9}$$

这是因为当 r 小于此值时，齿顶处就会有一部分的法线不与节圆相交，因而就求不出与它共轭的齿形。

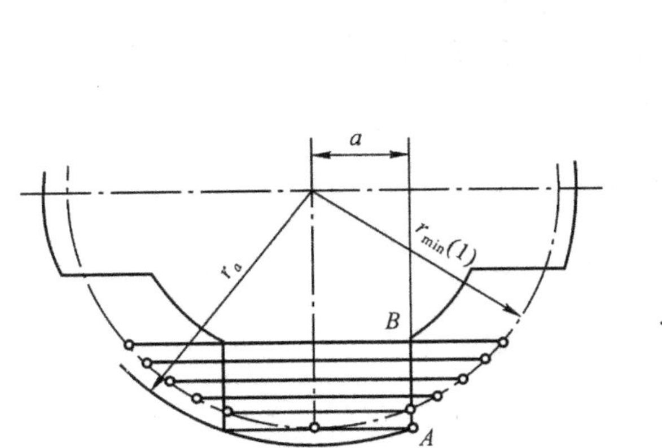

图 24-4　节圆半径最小值的第一个条件

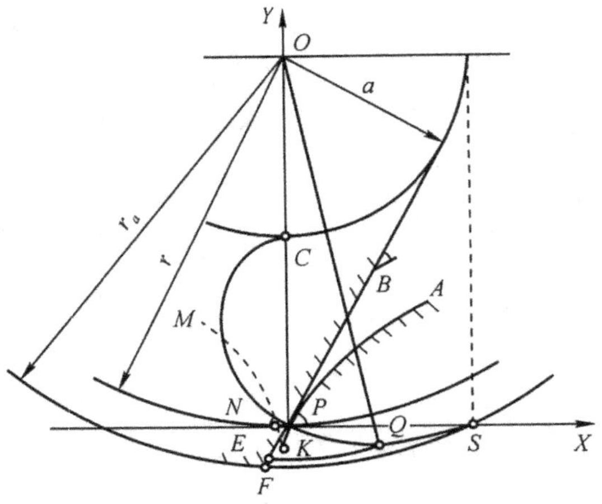

图 24-5　节圆半径最小的第二个条件

但仅考虑这条件还不够，事实上，如果取 $r=r_{\min(1)}$，则花键轴齿侧面 A 点附近还会有一小段齿形在齿条上得不到相应的能够实现的共轭齿形而加工不出。

如图 12-5 所示，若已知花键轴的齿形，在假设一个节圆半径 r 后，用作图法或计算法都可以求得它与滚刀齿形啮合时的啮合线 $CPQS$，可以证明它有一个最低点 Q 和一个半径最大的点 S，因而滚刀齿形 APK 到 K 点就要向上反折成 KNM。K 点是滚刀齿形上的最低点，而花键齿形上与 K 点啮合的点是 E。花键齿形与滚刀齿形的详细啮合过程是这样的：滚刀齿形 APK 与花键齿形 $\overline{BE}$ 段的外面（没有阴影线的一面）啮合，啮合线是 CPQ 这一部分；滚刀的反折齿形 KN 段与花键齿形 EF 段的内面（有阴影线的一面）啮合，啮合线是 QS 部分。N 点与 F 点在 S 点啮合，半径 $OF=OS=\sqrt{r^2+a^2}$。在 S 点的右边，则是滚刀反折齿形 NM 段与花键齿形的 FB 段的内面继续啮合。显然，滚刀的反折齿形 KNM 段是不可能利用的。因此，当花键轴的节圆半径取为 r 时，它的外圆半径 r_a 不能大于 OQ（相等于 OE），否则，大出的部分就不可能在滚刀上有相应的共轭齿形，因而就加工不出来。

OQ 的求法如下：由于 Q 点是啮合线上 Y_1 坐标值最小的点，所以将啮合线方程式(24-5)中的 Y_1 对参变数 α 求导，并令导数等于零，即可解出相应于 Q 点的 α 值，并可求得 Q 点的坐标 X_{IQ} 和 Y_{IQ}。于是：

$$OQ=\sqrt{X_{IQ}^2+(r-Y_{IQ})^2}$$

式中 Y_{IQ} 前面取负号的原因是 Y_{IQ} 本身是负的。

由式(24-5)

$$\frac{\mathrm{d}Y_1}{\mathrm{d}\alpha}=r(2\sin\alpha-\sin\zeta)\cos\alpha$$

令

$$\frac{\mathrm{d}Y_1}{\mathrm{d}\alpha}=0$$

得

$$\sin\alpha=\frac{1}{2}\sin\zeta$$

把它代回式(24-5),有

$$X_{1Q}=\frac{r\cdot\sin\zeta}{2}\sqrt{1-\frac{\sin^2\zeta}{4}}$$

$$Y_{1Q}=r\cdot\frac{\sin^2\zeta}{4}$$

以式(24-2)代入,得:

$$\left.\begin{aligned}X_{1Q}&=\frac{a}{2}\sqrt{1-\frac{a^2}{4r^2}}\\Y_{1Q}&=-\frac{a^2}{4r}\end{aligned}\right\}\qquad(24\text{-}10)$$

因此

$$OQ=\sqrt{r^2+0.75a^2}$$

即

$$r=\sqrt{OQ^2-0.75a^2}$$

由于必须使 $r_a=OQ$,所以当花键轴的半径 r_a 为已知值时,则其节圆半径必须满足:

$$r\geqslant\sqrt{r_a^2-0.75a^2}$$

这就得到计算节圆半径最小值的又一个条件式为:

$$r_{\min(2)}=\sqrt{r_a^2-0.75a^2}\qquad(24\text{-}11)$$

把它和第一个条件式(24-9)比较一下可知,$r_{\min(2)}>r_{\min(1)}$,所以花键轴的节圆半径最小值应取为 $r_{\min(2)}$,才能保证将花键轴顶部完全加工出来。

对于有倒角尺寸 c 的花键轴,直线齿形部分的最大半径近似为 r_a-c,所以最小节圆半径成为:

$$r_{\min(2)}=\sqrt{(r^a-c)^2-0.75a^2}\qquad(24\text{-}12)$$

二、过渡曲线高度及带角花键滚刀

r 并非越大越好,它还与花键轴根部的过渡曲线有关。

如图 24-6 所示,花键滚刀的齿顶线是与花键轴齿根圆相切的直线,齿顶线与啮合线的交点 G 是啮合端点,这一点的半径 OG 大于根圆半径 r_f,所以从 G 点到根圆之间是由滚刀齿角切出的过渡曲线。其沿半径方向度量的高度 g 可以这样求得:令啮合线方程式(24-5)中的 Y_1 值等于 $r-r_f$,求出参变数 α 的值,把它代回式(24-5)求得 X_1 值,则过渡曲线高度即为:

$$g=\sqrt{r_f^2+X_1^2}-r_f\qquad(24\text{-}13)$$

计算结果表明:当 $r_{\min(2)}>r_f$ 时,节圆半径 r 愈大,g 值愈大,即过渡曲线愈高。从式(24-13)可知,只有当 $X_1=0$ 时,才能使 $g=0$,这只有当啮合线通过根圆与半径线$\overline{OP}$的交点才有可能。也就是说,节圆半径 r 应取得等于根圆半径 r_f 才行。但是,这样的节圆半径(即 r_f)通常已经小于节圆半径的最小值 $r_{\min(2)}$,则花键齿顶处又加工不完全了。

由此可知,用花键滚刀加工花键轴时,既要齿顶的齿形切得完整,又要齿根处没有过渡曲线，往往是不可能的。因此，在允许齿根处有一定过渡曲线的情况下，节圆半径必须选用式(24-11)或式(24-12)计算得到的值。

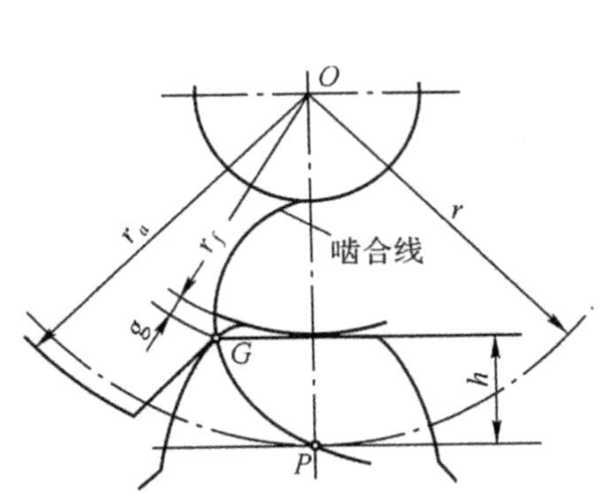

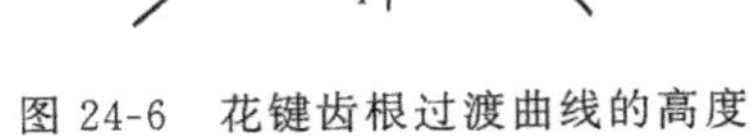

图 24-6　花键齿根过渡曲线的高度

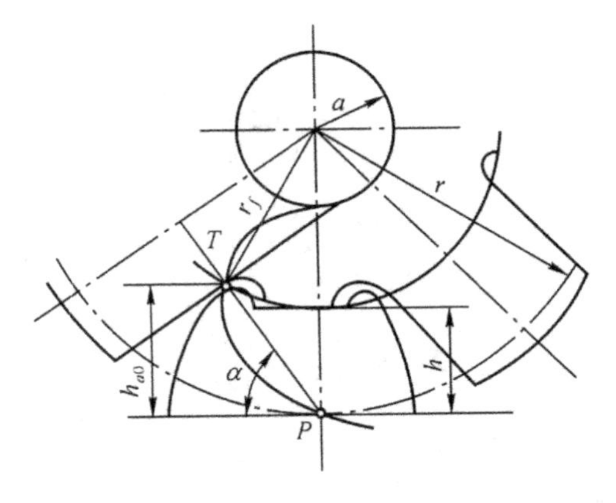

图 24-7　带角的花键滚刀

如果不允许存在过渡曲线，就需要采用带角滚刀，如图 24-7 所示。此时，为了完全消除过渡曲线，将滚刀齿形的齿顶两边加高到 h_{a0} 而形成齿角，使啮合端点 T 成为花键轴的根圆与啮合线的交点。

从图中可求得齿根圆处啮合角 α_i 为

$$\sin\alpha_i=\frac{\sqrt{r^2-(r_f^2-a^2)}}{r} \tag{24-14}$$

则由式(24-5)可得

$$h_{a0}=r\cdot\sin\alpha_i(\sin\alpha_i-\sin\zeta)$$

以式(24-14)，式(24-2)代入，得

$$h_{a0}=\left[\sqrt{r^2-(r_f^2-a^2)}-a\right]\frac{\sqrt{r^2-(r_f^2-a^2)}}{r} \tag{24-15}$$

当花键滚刀的齿角高度为 h_{a0} 时，齿角将切入花键轴根圆而挖出一个小沟，其深 f 为

$$f=h_{a0}-(r-r_f) \tag{24-16}$$

§24-3　用近似圆弧代替理论齿形

以计算法求得滚刀齿形，是理论齿形上若干点的连线，为使刀具的制造和检验方便，生产中常用圆弧来代替理论齿形，但须使用代替而产生的齿形误差约束在允许范围内。常用的方法有二。

一、三点共圆法

参见图 24-8，以计算法求得理论齿形上两个点的坐标值 (X_1Y_1) 和 (X_2Y_2)，连同啮合节点 $P(0,0)$ 在内共有三点，可作一个圆，其中半径 R_1 及圆心坐标 (X_a,Y_a) 可从图中求得：

$$R_1=\frac{X_2-X_1}{2\sin\beta\cdot\sin(\varphi-\varepsilon)} \tag{24-17}$$

$$\left.\begin{aligned}X_a&=R_1\cdot\cos(\beta+\varphi-\varepsilon)+X_2\\Y_a&=-R_1\cdot\sin(\beta+\varphi-\varepsilon)+Y_2\end{aligned}\right\} \tag{24-18}$$

式中 β、φ、ε 分别为：

$$\tan\beta=\frac{X_2-X_1}{Y_2-Y_1} \tag{24-19}$$

$$\tan\varphi=\frac{Y_1}{X_1} \tag{24-20}$$

$$\tan\varepsilon=\frac{Y_2}{X_2} \tag{24-21}$$

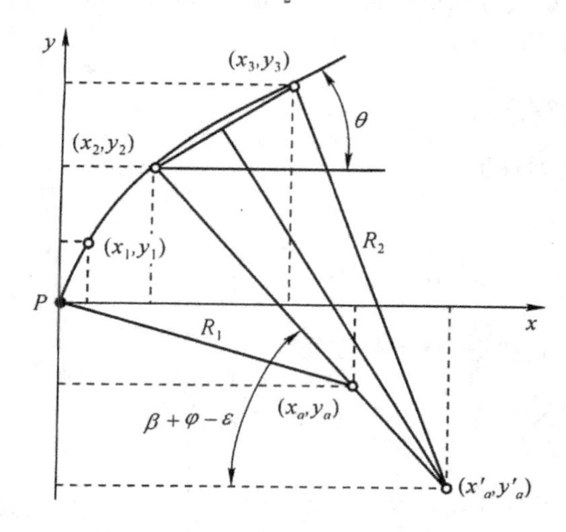

图 24-8　用一个圆弧代替理论齿形

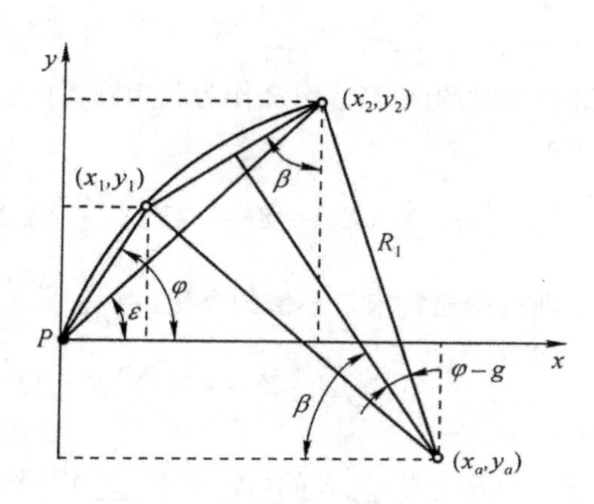

图 24-9　用两个圆弧代替理论齿形

用一个圆弧代替后，如误差超过容许值，则应用两个圆弧代替。此时要在理论齿形上求出三点的坐标 (X_1,Y_1)、(X_2,Y_2) 及 (X_3Y_3) 连同啮合节点 $P(0,0)$ 在内共四点，如图 24-9 所示。用第一个圆弧连接 $P(0,0)$、(X_1,Y_1) 及 (X_2,Y_2) 三点。其半径 P_1 和圆心坐标 (X_a,Y_a) 的求法仍与上述一样。第二个圆弧仅连接 (X_2,Y_2) 与 (X_3,Y_3) 两点，但它的圆心 (X_a',Y_a') 应与点 (X_2,Y_2) 及点 (X_a,Y_a) 在同一条直线上，这样才能使两个圆弧在点 (X_2,Y_2) 处圆滑地连接。第二个圆弧的半径 R_2 及圆心坐标 (X_a',Y_a') 可从图中求得

$$R_2=\frac{Y_3-Y_2}{2\sin\theta\cdot\cos(\theta+\beta+\varphi-\varepsilon)} \tag{24-22}$$

$$\left.\begin{aligned}X_a'&=R_2\cdot\cos(\beta+\varphi-\varepsilon)+X_2\\Y_a'&=-R_2\cdot\sin(\beta+\varphi-\varepsilon)+Y_2\end{aligned}\right\} \tag{24-23}$$

式中 θ 值为

$$\tan\theta=\frac{Y_3-Y_2}{X_3-X_2} \tag{24-24}$$

二、最小二乘法

此法求代替圆弧可得较高的精度，且可以电算简便地进行。

其原理是：由式(24-6)已确定了滚刀理论齿形上一系列点的坐标值，用 (X_i,Y_i) 表示，$i=0$、1、2、3……n。现在要用一个圆弧来代替，设它的半径为 R，圆心坐标为 (X_a,Y_a)，则它的方程式为

$$(X-X_a)^2+(Y-Y_a)^2=R^2 \tag{24-25}$$

式中 X_a、Y_a、R 都是待定的。

将式(24-25)展开整理后得：

$$X^2+Y^2-2X_aX-2Y_aY+c=0 \tag{24-26}$$

式中 $c=X_a^2+Y_a^2-R^2$ (24-27)

以理论齿形上各点的坐标(X_i,Y_i)代入式(24-26)，显然不会等于零，而是

$$X_i^2+Y_i^2-2X_aX_i-2Y_aY_i+c=\Delta_i \tag{24-28}$$

式中 Δ_i——代用圆弧上各点与理论齿形曲线上相应点的函数偏差值。

为使各点的偏差值都很小，应当采用偏差平方和为最小的办法，即最小二乘法来确定式(24-28)中的系数 X_a、Y_a 和 c。也就是说，采用偏差的平方和

$$\sum_{i=0}^{n}\Delta_i^2=\sum_{i=0}^{n}(X_i^2+Y_i^2-2X_aX_i-2Y_aY_i+c)^2$$

为最小值时的 X_a、Y_a 及 R 作为代用圆弧的圆心坐标及半径

令

$$\sum_{i=0}^{n}(X_k^2+Y_i^2-2X_aX_i-2Y_aY_i+c)^2=F(X_a,Y_a,c)$$

则根据通常求最小值的办法，由$\dfrac{\partial F}{\partial X_a}=0$、$\dfrac{\partial F}{\partial Y_a}=0$ 和$\dfrac{\partial F}{\partial c}$，得下列方程组

$$\left.\begin{aligned}2\Big(\sum_{i=0}^{n}X_i^2\Big)X_a+2\Big(\sum_{i=0}^{n}X_iY_i\Big)Y_a-\Big(\sum_{i=0}^{n}X_i\Big)c&=\sum_{i=0}^{n}(X_i^2+X_iY_i^2)\\2\Big(\sum_{i=0}^{n}X_iY_i\Big)X_a+2\Big(\sum_{i=0}^{n}Y_i^2\Big)Y_a-\Big(\sum_{i=0}^{n}Y_i\Big)c&=\sum_{i=0}^{n}(X_i^2Y_i+Y_i^2)\\2\Big(\sum_{i=0}^{n}X_i\Big)X_a+2\Big(\sum_{i=0}^{n}Y_i\Big)Y_a-nc&=\sum_{i=0}^{n}(X_i^2+Y_i^2)\end{aligned}\right\} \tag{24-29}$$

式(24-29)中除了 X_a,Y_a,c 之外的所有各值都可根据已知的(X_i,Y_i)算得，所以可由式(24-29)解出 X_a,Y_a,c，则代用圆弧的半径 R 为

$$R=\sqrt{X_a^2+Y_a^2-c} \tag{24-30}$$

三、代用圆弧引起的齿形误差

如图 24-10 所示，代用圆弧所产生的误差 $\Delta\rho$ 可以近似地沿代用圆弧的半径方向度量。因代用圆弧的圆心坐标为(X_a,Y_a)，而半径为 R，所以在理论齿形上坐标为(X_i,Y_i)的点，齿形误差 $\Delta\rho$ 为：

$$\Delta\rho=\sqrt{(X_i-X_a)^2+(Y_i-Y_a)^2}-R \tag{24-31}$$

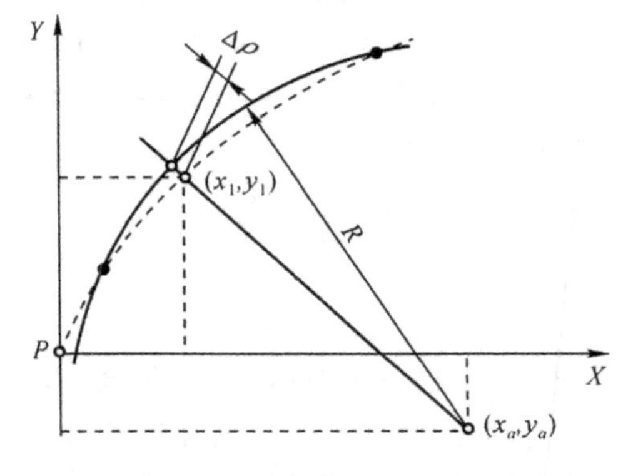

图 24-10　代用圆弧的齿形误差

把齿形上各点的坐标(X_i,Y_i)代入逐一计算，得到正的最大值$(\Delta\rho_1)$和负的最大值$(\Delta\rho_2)$，为了保证齿形精度，生产中规定这两个最大值的绝对值之和应不大于键宽公差 Δ 的三分之一，即要求：

$$|\Delta\rho_1|+|\Delta\rho_2|\leqslant\frac{1}{3}\Delta \tag{24-32}$$

花键滚刀的结构尺寸的确定与蜗轮滚刀相同或按标准选择。

练　习　题　24

1．确定花键滚刀齿形时，工件节圆半径 r 应如何确定？为什么？

2．以滚刀加工花键轴时，为什么在工件齿形根部会出现过渡曲线？如果不允许它存在，怎么办？

3．花键轴截形为：$6-50f7\times45b12\times12f7$，倒角 $c=0.4$(GB1801-79)

a）以作图法求滚刀齿形；

b）以计算法求滚刀齿形。

（廓形组成点数不少于 8）

主要参考文献

[1] 华中工学院陈日曜主编.金属切削原理.北京:机械工业出版社,1985

[2] 西安交通大学乐兑谦主编.金属切削刀具.北京:机械工业出版社,1985

[3] 哈尔滨工业大学刘华明主编.金属切削刀具课程设计指导资料.北京:机械工业出版社,1986

[4] 周泽华主编.金属切削原理.上海:上海科学技术出版社,1984

[5] 袁哲俊主编.金属切削刀具.上海:上海科学技术出版社,1984

[6] 南京工学院、无锡轻工学院主编.金属切削原理.福州:福建科学技术出版社,1984

[7] 山东工学院、上海交通大学主编.金属切削刀具.福州:福建科学技术出版社,1984

[8] 陆剑中,孙家宁主编.金属切削原理与刀具.北京:机械工业出版社,1985